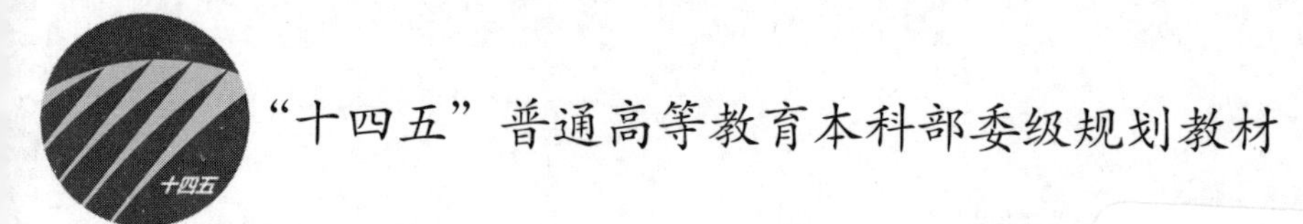

烹饪原料学

赵 廉 李春梅 主 编

中国纺织出版社有限公司

图书在版编目（CIP）数据

烹饪原料学 / 赵廉，李春梅主编 . -- 北京 ： 中国纺织出版社有限公司，2022.12

“十四五”普通高等教育本科部委级规划教材

ISBN 978-7-5229-0117-6

Ⅰ . ① 烹… Ⅱ . ① 赵… ②李… Ⅲ . ①烹饪–原料–高等学校–教材 Ⅳ . ① TS972.111

中国版本图书馆 CIP 数据核字（2022）第 225494 号

责任编辑：舒文慧　　责任校对：王蕙莹　　责任印制：王艳丽

中国纺织出版社有限公司出版发行

地址：北京市朝阳区百子湾东里 A407 号楼　邮政编码：100124

销售电话：010—67004422　传真：010—87155801

http://www.c–textilep. com

中国纺织出版社天猫旗舰店

官方微博 http://weibo.com/2119887771

三河市宏盛印刷有限公司印刷　各地新华书店经销

2022 年 12 月第 1 版第 1 次印刷

开本：710 × 1000　1/16　印张：26

字数：870 千字　定价：68.00 元

编委会

主　编　赵　廉　李春梅

副主编　刘　勇

编　者　（按姓名汉语拼音字母排序）

边振明（酒泉职业技术学院）

陈旭东（四川旅游学院）

韩昕葵（云南旅游职业学院）

李春梅（扬州大学）

李纯国（江苏建湖中等专业学校）

刘寿华（山东城市服务职业技师学院）

刘　勇（昆山开放大学）

任　俊（江苏溧阳天目湖中等专业学校）

王　莉（安徽建筑大学）

赵　廉（扬州大学）

前言

《烹饪原料学》是烹饪与营养教育专业的专业基础课。它是研究烹饪过程中所运用的一切烹饪原料的性质和规律的科学。本教材为高校教材，适用于烹饪营养与教育专业四年制本科生使用。

本教材是在由笔者主编的、中国纺织出版社2008年出版的国家“十一五”规划教材《烹饪原料学》的基础上修订编写的。本教材优先考虑教学的可操作性，除了在绪论中列出课程简介、课程研究与学习法、能力培养方法外，在每章的开篇设有教学重点、难点，教学知识与能力的具体目标，结尾设有学习引导、课堂讨论与课后练习。同时，为了便于学生拓展学习领域和从事探究性比较，在参考文献中尽可能详细地列出反映本课程研究进展和学术面貌的著作等，便于检索分析。

本教材以原料分类为主线加以构建，重点阐述各类原料的化学组成、组织结构、营养价值及烹饪运用的规律等内容。具体原料种类介绍则从形态特征、产地产季、品种特点、品质检验、贮藏保鲜、烹饪运用等几个方面进行详细阐述。大部分原料种类配有图片，并在二维码中呈现，这样既压缩了教材的篇幅，又改善了图片的呈现效果。编写内容在注重基本理论的基础上，突出强调烹饪原料的运用和营养保健作用，使学生能够快速地掌握和正确地运用各种烹饪原料。本次编写删除了原来的野生动、植物原料，增加了很多新型调味原料。对主要原料增加了优良品种的介绍，并以二维码的形式扫描阅读，大大增加了教材的信息量。为了加强实验环节教学，本教材增加了《烹饪原料学》实验指导。

本教材共分十一章。具体编写分工如下：第一章由赵廉编写；第二章由赵廉、李春梅编写；第三章由刘勇编写；第四章由赵廉、李春梅、李纯国编写；第五章由刘勇、任俊编写；第六章由李春梅、刘寿华编写；第七章由边振明编写；第八章由赵廉、韩昕葵编写；第九章由陈旭东、王莉编写；第十章由赵廉、任俊编写；第十一章由赵廉、李纯国编写。实验部分由赵廉、李春梅编写。赵廉、李春梅任主编，并对全书进行总纂。刘勇任副主编。

本书的编写，得到了许多同志的帮助和支持，特别是扬州大学旅游烹饪学院周晓燕教授对本书的编写体例提出了宝贵的建议，扬州大学章海风博士为本书的出版做了很多辅助工作，在此致以诚挚的谢意。

本书得到了扬州大学出版基金资助。在编写过程中参考了大量的书籍和资料，已列于书中，掠美之处，敬请见谅。限于编者的水平，加上编写时间较紧，缺点和错误在所难免，望使用本书的师生和读者批评指正。

主　编

2022.10 于扬州

《烹饪原料学》教学内容及课时安排

<table>
<tr><th>章 / 课时</th><th>课程性质 / 课时</th><th>节</th><th>课程内容</th></tr>
<tr><td rowspan="3">第一章
（2 课时）</td><td rowspan="9">第一篇
烹饪原料总论
（12 课时）</td><td></td><td>· 绪论</td></tr>
<tr><td>一</td><td>烹饪原料与烹饪原料学</td></tr>
<tr><td>二</td><td>烹饪原料的分类</td></tr>
<tr><td rowspan="3">第二章
（6 课时）</td><td></td><td>· 烹饪原料的化学组成和组织结构</td></tr>
<tr><td>一</td><td>烹饪原料的化学组成及营养价值</td></tr>
<tr><td>二</td><td>生物性原料的组织结构</td></tr>
<tr><td rowspan="3">第三章
（4 课时）</td><td></td><td>· 烹饪原料的品质检验和贮存保管</td></tr>
<tr><td>一</td><td>烹饪原料的品质检验</td></tr>
<tr><td>二</td><td>烹饪原料的贮存保管</td></tr>
<tr><td rowspan="4">第四章
（6 课时）</td><td rowspan="15">第二篇
动物性原料
（23 课时）</td><td></td><td>· 畜类及乳品原料</td></tr>
<tr><td>一</td><td>家畜类</td></tr>
<tr><td>二</td><td>畜肉制品</td></tr>
<tr><td>三</td><td>乳和乳制品</td></tr>
<tr><td rowspan="5">第五章
（5 课时）</td><td></td><td>· 禽类及蛋品原料</td></tr>
<tr><td>一</td><td>家禽</td></tr>
<tr><td>二</td><td>禽制品</td></tr>
<tr><td>三</td><td>蛋类和蛋制品</td></tr>
<tr><td>四</td><td>食用燕窝</td></tr>
<tr><td rowspan="6">第六章
（12 课时）</td><td></td><td>· 水产类原料</td></tr>
<tr><td>一</td><td>水产品概述</td></tr>
<tr><td>二</td><td>鱼类原料</td></tr>
<tr><td>三</td><td>虾蟹类原料</td></tr>
<tr><td>四</td><td>贝类原料</td></tr>
<tr><td>五</td><td>其他水产类原料</td></tr>
</table>

续表

章 / 课时	课程性质 / 课时	节	课程内容
第七章 （6 课时）	第三篇 植物性原料 （20 课时）		·粮食类原料
		一	粮食类原料概述
		二	谷类粮食
		三	豆类粮食
		四	薯类粮食
		五	粮食制品
		六	粮食的贮存
第八章 （10 课时）			·蔬菜类原料
		一	蔬菜类原料概述
		二	根菜类蔬菜
		三	茎菜类蔬菜
		四	叶菜类蔬菜
		五	花菜类蔬菜
		六	果菜类蔬菜
		七	菌藻类蔬菜
		八	蔬菜制品
第九章 （4 课时）			·果品类原料
		一	果品类原料概述
		二	鲜果
		三	干果
		四	果品制品
第十章 （5 课时）	第四篇 调辅原料 （9 课时）		·调味料
		一	调味料概述
		二	调味料的主要种类
第十一章 （4 课时）			·辅助原料
		一	食用油脂
		二	烹调添加剂

注　各院校可根据自身的教学特色和教学计划对课时数进行调整。

目录

第一篇　烹饪原料总论

第一章　绪　论 ………………………………………………………… 1
第一节　烹饪原料与烹饪原料学 ………………………………… 2
一、烹饪原料 ………………………………………………… 2
二、烹饪原料学 ……………………………………………… 5
第二节　烹饪原料的分类 ………………………………………… 9
一、烹饪原料分类的意义 …………………………………… 9
二、烹饪原料的分类方法 …………………………………… 10
本章小结 ……………………………………………………… 14
课堂讨论 ……………………………………………………… 14
复习思考题 …………………………………………………… 14
第二章　烹饪原料的化学组成和组织结构 ……………………… 15
第一节　烹饪原料的化学组成及营养价值 ……………………… 16
一、水 ………………………………………………………… 16
二、糖类（碳水化合物） …………………………………… 18
三、蛋白质 …………………………………………………… 21
四、脂类 ……………………………………………………… 24
五、维生素 …………………………………………………… 26
六、矿物质 …………………………………………………… 27
第二节　生物性原料的组织结构 ………………………………… 28
一、细胞 ……………………………………………………… 28
二、组织 ……………………………………………………… 35
三、器官 ……………………………………………………… 41
四、系统 ……………………………………………………… 41
本章小结 ……………………………………………………… 42
课堂讨论 ……………………………………………………… 42
复习思考题 …………………………………………………… 42
第三章　烹饪原料的品质检验和贮存保管 ……………………… 43

第一节　烹饪原料的品质检验……44
一、影响烹饪原料品质的基本因素……44
二、烹饪原料品质检验的标准……46
三、烹饪原料品质检验的方法……48
第二节　烹饪原料的贮存保管……51
一、烹饪原料在贮存过程中的质量变化……51
二、影响原料品质变化的外界因素……56
三、烹饪原料的贮存方法……57
本章小结……68
课堂讨论……68
复习思考题……68

第二篇　动物性原料

第四章　畜类及乳品原料……69
第一节　家畜类……70
一、家畜的种类……70
二、家畜肉……80
三、家畜副产品……98
第二节　畜肉制品……104
一、畜肉制品概述……104
二、畜肉制品的种类……106
第三节　乳和乳制品……115
一、乳类……115
二、乳制品……117
本章小结……122
课堂讨论……122
复习思考题……123
第五章　禽类及蛋品原料……125
第一节　家　禽……126
一、家禽的种类……126
二、家禽肉……135
第二节　禽制品……139
一、禽制品概述……139
二、家禽制品的种类……140

第三节 蛋类和蛋制品…… 143
一、蛋类…… 143
二、蛋制品…… 150
第四节 食用燕窝…… 152
一、燕窝的分类…… 153
二、燕窝的质量检验…… 154
三、燕窝的贮存…… 154
四、燕窝的营养价值及保健功能…… 155
五、燕窝的烹饪应用…… 155
本章小结…… 155
课堂讨论…… 155
复习思考题…… 155
第六章 水产类原料…… 157
第一节 水产品概述…… 158
一、水产品的概念…… 158
二、水产品的分类…… 159
三、水产品的营养价值…… 159
第二节 鱼类原料…… 160
一、鱼类概述…… 160
二、鱼类的主要种类…… 166
三、鱼类的品质检验及贮存…… 178
四、鱼制品…… 180
第三节 虾蟹类原料…… 186
一、虾蟹类原料概述…… 186
二、虾蟹的主要种类…… 187
三、虾蟹的品质检验及贮存…… 189
四、虾蟹制品…… 190
第四节 贝类原料…… 191
一、贝类原料概述…… 191
二、贝类的主要种类…… 193
三、贝类的品质检验及贮存…… 196
四、贝类制品…… 196
第五节 其他水产类原料…… 198
一、两栖动物类原料…… 202
二、棘皮动物类原料…… 205

三、腔肠动物类原料…………207
本章小结…………208
课堂讨论…………208
复习思考题…………208

第三篇 植物性原料

第七章 粮食类原料…………209
第一节 粮食类原料概述…………210
一、粮食的分类…………210
二、粮食的营养成分构成…………211
三、粮食的烹饪应用…………212
第二节 谷类粮食…………212
一、谷类粮食的结构特点…………212
二、谷类的营养成分…………214
三、谷类粮食的主要种类…………214
第三节 豆类粮食…………223
一、豆类粮食的结构特点…………223
二、豆类的营养成分…………223
三、豆类粮食的主要种类…………224
第四节 薯类粮食…………226
一、薯类粮食概述…………226
二、薯类粮食的主要种类…………226
第五节 粮食制品…………226
一、粮食制品概述…………226
二、粮食制品的种类…………227
第六节 粮食的贮存…………234
一、粮食贮存的基本原理…………234
二、粮食贮存的措施…………235
本章小结…………236
课堂讨论…………236
复习思考题…………236
第八章 蔬菜类原料…………237
第一节 蔬菜类原料概述…………238
一、蔬菜的概念…………238

二、蔬菜的分类……………………………………………… 238
三、蔬菜的化学组成和营养价值………………………… 242
四、蔬菜的烹饪运用……………………………………… 246
五、蔬菜的品质检验……………………………………… 248
六、蔬菜的贮藏保管……………………………………… 248
第二节 根菜类蔬菜……………………………………………… 251
一、根菜类蔬菜的结构特点……………………………… 251
二、根菜类蔬菜的主要种类……………………………… 251
第三节 茎菜类蔬菜……………………………………………… 254
一、茎菜类蔬菜的结构特点……………………………… 254
二、茎菜类蔬菜的主要种类……………………………… 254
第四节 叶菜类蔬菜……………………………………………… 261
一、叶菜类蔬菜的结构特点……………………………… 261
二、叶菜类蔬菜主要种类介绍…………………………… 262
第五节 花菜类蔬菜……………………………………………… 269
一、花菜类蔬菜的结构特点……………………………… 269
二、花菜类蔬菜的主要种类 ……………………………… 270
第六节 果菜类蔬菜……………………………………………… 272
一、果菜类蔬菜的结构特点……………………………… 272
二、果菜类蔬菜的主要种类……………………………… 272
第七节 菌藻类蔬菜……………………………………………… 277
一、食用菌类……………………………………………… 277
二、食用藻类……………………………………………… 285
第八节 蔬菜制品………………………………………………… 288
一、蔬菜制品的分类……………………………………… 288
二、蔬菜制品主要种类介绍……………………………… 289
本章小结…………………………………………………… 294
课堂讨论…………………………………………………… 294
复习思考题………………………………………………… 294
第九章 果品类原料……………………………………………… 297
第一节 果品类原料概述………………………………………… 298
一、果品的概念…………………………………………… 298
二、果品的化学成分及营养价值………………………… 298
三、果品的分类…………………………………………… 302
四、果品的烹饪运用……………………………………… 303

五、果品的品质检验……304
第二节 鲜 果……305
一、鲜果的概念和结构特点……305
二、鲜果的主要种类……305
第三节 干 果……311
一、干果的概念和结构特点……311
二、干果的主要种类……311
第四节 果品制品……314
一、果品制品概述……314
二、果品制品的主要种类……315
本章小结……317
课堂讨论……317
复习思考题……317

第四篇 调辅原料

第十章 调味料……**319**
第一节 调味料概述……320
一、调味料的概念……320
二、人的味觉生理……320
三、调味料在烹饪中的作用……320
四、调味料的分类……321
第二节 调味料的主要种类……322
一、咸味调味料……322
二、甜味调味料……328
三、酸味调味料……331
四、麻辣味调味料……333
五、鲜味调味料……337
六、香味调味料……341
本章小结……346
课堂讨论……346
复习思考题……346
第十一章 辅助原料……**347**
第一节 食用油脂……348
一、概述……348

二、食用油脂的主要种类…………………………………………… 351
第二节 烹调添加剂…………………………………………………… 358
一、概述…………………………………………………………… 358
二、食用色素……………………………………………………… 359
三、膨松剂………………………………………………………… 365
四、增稠剂………………………………………………………… 369
五、致嫩剂………………………………………………………… 373
六、凝固剂………………………………………………………… 374
本章小结…………………………………………………………… 377
课堂讨论…………………………………………………………… 377
复习思考题………………………………………………………… 377
参考文献……………………………………………………………… 379
附录 烹饪原料学实验……………………………………………… 381
实验一 显微镜的使用（2课时）…………………………………… 382
实验二 谷类和豆类粮粒的结构（2课时）………………………… 385
实验三 面粉中面筋含量及面筋质量的测定（2课时）…………… 387
实验四 蔬菜和果品细胞结构的观察（2课时）…………………… 389
实验五 蔬菜和果品细胞质壁分离与复原（1课时）……………… 391
实验六 根菜类和茎菜类的形态特征观察（1课时）……………… 392
实验七 果品的类型鉴别（2课时）………………………………… 394
实验八 家畜肉的组织结构和肌纤维的观察（2课时）…………… 395
实验九 鱼类原料部分种类的特征识别（2课时）………………… 396
实验十 海参类原料的部分种类特征识别（1课时）……………… 397
实验十一 虾蟹类原料的主要种类特征识别（1课时）…………… 398
实验十二 软体动物原料的部分种类特征识别（1课时）………… 399
实验十三 调香料的特征识别（1课时）…………………………… 399
实验十四 烹饪原料的市场调查（课余时间）……………………… 400

第一篇 烹饪原料总论

第一章 绪 论

本章内容：1. 烹饪原料的概念
2. 烹饪原料的发展历史
3. 烹饪原料学的研究内容及方法
4. 烹饪原料的分类

教学时间：2课时

教学目的：使学生了解烹饪原料的发展状况，掌握研究烹饪原料的方法，并能对烹饪原料进行分类

教学方式：老师课堂讲授结合学生课后查阅相关资料

第一节 烹饪原料与烹饪原料学

一、烹饪原料

（一）烹饪原料的概念

“烹饪原料”一词在不同的文献中有多种不同的名称，例如，“食物原料”“食品原料”“膳食原料”“烹饪原材料”“烹调原料”“饮食原料”“食料”等，在香港称为“饮食物料”。

“烹饪原料”一词在英文中至今未见到一个比较确切的对应词。可按字面翻译为“cooking materials”，或按含义翻译为“raw materials of diet”。

本教材对烹饪原料的定义为：烹饪原料是指可供烹饪加工应用的具有一定食用价值的物质材料。

烹饪原料的品质优劣，主要取决于烹饪原料的食用价值的高低和加工性能的好坏，其中食用价值的高低又起着决定性的作用。

烹饪原料食用价值的高低主要取决于三个方面：安全性、营养性和可口性。

1. 安全性

安全性是指由某种原料加工的菜点食用以后对人体无毒副作用。危害原料安全性的主要因素包括生物因素、原料生产因素、环境污染因素等。有些动植物体虽具有营养价值且具有良好的口感和口味，但含有有害物质，必须经过正确的烹饪加工才能食用，如河豚、四季豆、鲜黄花菜等；有些贮存保管不善的原料因变质失去安全性而不能使用，如死螃蟹、死甲鱼、发芽的马铃薯等；另外在污染环境中生长的原料通过食物链在体内造成有害物质的过量积蓄也不能使用。

2. 营养性

营养性是指烹饪原料中所含营养物质的多少。烹饪原料中所含营养物质含量的高低是决定烹饪原料食用价值的一个非常重要的方面。作为烹饪原料利用的物质，必须具有一定的营养价值，绝大多数的烹饪原料或多或少含有糖类、蛋白质、脂类、维生素、矿物质和水这六大类营养素。但在不同的烹饪原料中各类营养素的组成及比例差别较大，例如，谷类粮食中含淀粉较多，蔬菜和水果中含维生素和矿物质较多，畜禽肉中含蛋白质较多。因此，营养价值越高的烹饪原料，其食用价值也越高。

3. 可口性（适口性）

可口性是指烹饪原料的口感和口味，它是影响烹饪原料食用价值高低的第三个方面的因素。因为烹饪原料可口性的好坏，直接影响到烹制出来的菜肴的口感和口味。因此，即使含有一定量的营养素，但口感和口味极差的物质不宜用作烹饪原料。因此，烹饪原料的可口性越好，其食用价值也越高。

（二）烹饪原料的应用历史

烹饪原料的应用和发展历史是和人类社会的发展历史密切相关的，特别是和社会生产力的发展有着密切的关系。在什么样的社会生产力的条件下，就有什么样的烹饪原料。

1. 史前时期的人类食物

人类诞生在距今约370万年至350万年前，人类赖以生存的原始森林是他们的食物源泉。在这一时代早期，人类和其他动物一样茹毛饮血。经过漫长的实践过程，人类学会了用火制熟食物，由此诞生了烹饪技术，烹饪原料才真正形成。人们对烹饪原料的不断认识，也促进了烹饪技术的发展。

在旧石器时代，人类主要依靠采集、捕获的方式从自然界获取食物。在这一时代的早期，获取的食物主要是植物的果实、种子、块根、块茎、嫩的芽叶以及小型野生动物，并且是生食。在这一时代的后期，人类学会了用火制熟食物，食物范围不断扩大，从旧石器时代的多处遗址中发现了许多野生哺乳动物、鸟类、鱼类以及软体动物的化石，渔猎生活使野生动物成为这一阶段的主要食物原料。

人类进入新石器时代，由于生产工具的不断改进和多样化，人们向大自然作斗争的力量增强，原始农业和畜牧业开始出现。原始的农业和畜牧业使人类的食物来源有了基本保障，野生动、植物原料退居次要地位。据考古资料，人类在此时期已经饲养猪、牛、羊、马、犬、鸡等动物；种植粟、黍、稷、稻等粮食，以及白菜、芜菁、芥菜、芋、山药等蔬菜；并开始捕鱼，捕捞一些螺类、蚌蛤等软体动物；同时开始用盐调味。

2. 先秦时期的烹饪原料

随着生产工具的改进，夏代以后，我国社会生产力有了发展，人们的食物来源得以进一步的扩大。到了周代，生产进一步发展，食物来源比以前更丰富。先秦时期常用的烹饪原料包括以下几大类。

（1）粮食

稻谷、菽、麦、黍、粟、粱、稷、菰、牟（大麦）等。

（2）蔬菜

水芹、莼菜、王瓜、瓠瓜、韭菜、荠菜、野豌豆苗、芥菜、落葵、萝卜、竹笋、蒲笋、藕、瓢儿菜、芋等。

（3）果实

桃、梨、杏、李、樱桃、柑橘、柚、榛子、栗、木瓜、枸杞子、大枣、菱角等。

（4）食用菌

灵芝、木耳等。

（5）畜类

豚、牛、羊、马、犬、野猪、野兔、鹿、麋、熊、獐等[1]。

（6）禽类

鸡、鸭、雁、鹌鹑、斑鸠、野鸡、鸽等。

（7）水产

鲤、鲂、鲫、草鱼、鲢鱼、鲟、鳟、鲨鱼、鳢、河蚌等。

（8）调味品

盐、酒、醋、酱、饴、蜜、梅、姜、葱、椒、桂、甘草、茱萸、苦荼、蓼等。

3. 秦汉以后的烹饪原料

秦汉以后，随着人们对自然规律的进一步认识，科学文化知识的丰富，出现了多种多样的加工原料。如利用豆类制作豆腐、酱油、豆豉；在烹调菜肴时，使用多种自然色素；利用发酵技术制作各式各样的面食点心。特别是张骞出使西域，开辟了“丝绸之路”，唐代与海外人民的友好往来，明代郑和下西洋等几次对外的交往，引进了许多其他国家的烹饪原料。如葡萄、胡桃、无花果、安石榴、胡豆、胡萝卜、胡葱、胡椒、秦椒、胡瓜、西瓜、黄瓜、菠菜等，都或迟或早地在我国引种成功，丰富了我国人民的烹饪原料，促进了烹饪技艺的发展。航海事业的发展，使得海洋渔业迅猛发展，海产品也逐渐增多，海蟹、比目鱼、鲎、海蜇、玳瑁、蚝、乌贼、石花菜等也进入了食谱。交通的便利，文化的发展，一些珍奇美味如发菜、江瑶柱在一些地方也进入宴席。更加上南北朝、五代、元代、清代我国各族人民的几次大迁移、大交融，使各民族在饮食习惯上得到相互观摩借鉴的机会，烹饪原料也得到了流通。从西部新疆来的人们带来了他们的烤肉、涮肉；从南方闽粤来的人们带来了他们的烤鹅、鱼生；从东南江浙来的人们，带来了他们的叉烧、腊味；从西南湘蜀来的人们，带来了他们的红油鱼香……所有这些，都为中国烹饪原料的发展贡献了一份珍品。

4. 近现代的烹饪原料

近现代，随着科学技术的发展，在传统烹饪原料的基础上，又出现了许多新型食品，如转基因食品、强化食品、无土栽培食品等，这些原料的出现，为烹饪原料的发展提供了更广阔的发展空间。

随着人们生活水平的提高，对烹饪原料的品质要求也越来越高，因此有机食

[1] 此部分食材仅为对历史的呈现，后同。

品、绿色食品、无公害食品也应运而生。

（1）有机食品

有机食品是指完全不含人工合成的农药、肥料、生长调节素、催熟剂以及畜禽饲料添加剂的食品。

有机食品从基地到生产，从加工到上市，都有非常严格的要求，必须具备以下条件：①在其生产和加工过程中绝对禁止使用农药、化肥、激素、转基因等人工合成物质；②在生产中，必须发展替代常规农业生产和食品加工的技术和方法，建立严格的生产、质量控制和管理体系；③在整个生产、加工和消费过程中更强调环境的安全性，突出人类、自然和社会的持续和协调发展；④必须通过独立的有机食品认证机构认证。目前，通过认证的有机食品主要有粮食、蔬菜、水果、奶制品、畜禽产品、蜂蜜、水产品调料、中草药等。

（2）绿色食品

绿色食品是指遵循可持续发展原则，按照特定的生产方式，经专门机构认定，许可使用绿色食品标识商标的食品原材料。

绿色食品分 A 级和 AA 级两个等级。A 级绿色食品产地环境质量要求评价项目的综合污染指数≤1，在生产加工过程中，允许限量、限品种、限时间地使用安全的人工合成农药、兽药、鱼药、肥料、饲料及食品添加剂；AA 级绿色食品产地环境质量要求评价项目的单项污染指数≤1，生产过程中不得使用任何人工合成的化学物质，且产品需要三年的过渡期，其间生产的产品为“转化期”产品。绿色食品涵盖了有机食品和可持续发展的农业产品。

（3）无公害食品

无公害食品是指产地环境、生产过程和终端食品符合无公害食品标准及规范，经过专门机构认定，许可使用无公害食品标识的食品。

无公害食品的标识在我国由于认证机构不同而不同，目前山东、湖南、黑龙江、天津、广东、江苏、湖北等省市已先后分别制定了各自的无公害农产品标识。无公害食品不分级，在生产过程中允许使用限品种、限数量、限时间的安全的人工合成化学物质。

二、烹饪原料学

烹饪原料学是烹饪学的重要基础。它是以烹饪原料为研究对象，对烹饪原料的形态特征、理化性质、营养价值、商品流通、烹饪运用、品质鉴别、贮存保鲜等方面内容进行综合研究的课程。

（一）烹饪原料学的建立

我国对于烹饪原料的研究，先秦时期即已见于文献。到了清代，有关原料应用的论述已经比较集中。李渔的《闲情偶寄》、袁枚的《随园食单》等书中，都有这方面的内容。如《随园食单》论选料的一节："物性不良，虽易牙烹之，亦无味也。指其大略：猪宜皮薄，不可腥臊；鸡宜骟嫩，不可老稚；鲫鱼以扁身白肚为佳，乌背者，必崛强于盘中；鳗鱼以湖溪游泳为贵，江生者，必搓丫其骨节；谷喂之鸭，其膘肥而白色；壅土之笋，其节少而甘鲜。同一火腿也，而好丑判若天渊；同一台鲞也，而美恶分为冰炭。其他杂物，可以类推。"尽管其中的内容不一定都对，但仍不失为研究原料的一个资料。

到了20世纪80年代，随着第一个烹饪高等专业在江苏扬州的创立，烹饪原料学被确立为烹饪高等教育的专业必修课，烹饪原料学的学科体系得以建立。经过30多年的课程建设，烹饪原料学已成为一门成熟的烹饪专业基础课。

（二）烹饪原料学的研究内容

烹饪原料学以烹饪过程中所运用的原材料为研究对象，着重研究烹饪原料的化学组成、形态结构、营养价值、烹饪运用、品质检验、贮存保鲜、产地产季等内容。

1. 烹饪原料的化学组成

研究某一类或某一种原料的化学成分，以便了解烹饪原料的营养特点，了解烹饪原料在烹调过程中发生的化学变化。从而了解哪些成分在烹饪过程中要保护，哪些成分在烹饪过程中要去除。

2. 烹饪原料的形态结构

介绍某一类或某一种原料的形态特征、组织结构，以便正确地识别和加工烹饪原料，做到物尽其用。

3. 烹饪原料的品质检验

研究烹饪原料品质检验的标准和方法，以便准确地判断原料品质的优劣，从而正确地选择烹饪原料。

4. 烹饪原料的贮存保鲜

研究烹饪原料贮藏保鲜的原理和方法，防止原料的品质逆变，延长烹饪原料的使用期，减少原料的浪费。

5. 烹饪原料的烹饪运用

总结某一类或某一种原料在烹饪加工过程中的一般规律，以便合理地利用烹饪原料，充分发挥烹饪原料在烹饪中的作用。

6. 烹饪原料的产地产季

介绍某一类或某一种原料的产地和产季，以便充分地发挥地方名特产品的优势，把握原料的最佳上市期。

（三）烹饪原料学与其他学科的关系

烹饪原料学是烹饪学的基础和重要组成部分。烹饪原料学不仅可为烹饪工艺学科提供各种原材料的物理、化学、生化特性等基础知识，它还从营养学、医学的角度，对人们在膳食中正确选用食材，合理利用食物的营养成分，保持健康的饮食生活提供原料方面的知识。

烹饪原料学还包含了比烹饪工艺学更广泛的内容，即为餐饮业提供烹饪原料生产、流通、消费的宏观信息，包括质量标准、流通体系等。它还从人们的膳食营养需要和菜点的加工要求方面，对原料的生产、贮存、流通提出要求。这也对农、林、牧、渔业的种植、养殖、育种、栽培、管理有十分重要的意义。

烹饪原料学的重要内容是研究烹饪原料的性状、品质。而对于绝大多数由生物来源得到的烹饪原料来说，决定其性状和品质的是它的品种、生长环境和培育方法。因此，农学与原料学有着密切的联系。这里的农学不仅包括一般农作物的栽培、育种科学，还包括畜牧、水产、林产、微生物等更广义的生物生产科学。从这些学科，不仅可以了解影响烹饪原料品质、性状的生产条件方面的因素，同时烹饪原料学的研究，也为生物生产的育种，农业措施改善，生产环境进步等，不断提出指导性要求。

从烹饪原料的使用目的来看，该学科与人体营养学、医学有着非常密切的关系。人体需要的营养素来自原料，对原料的营养分析和评价自然是烹饪原料学重要的内容之一。我国自古就有“医食同源”的认识，近年来随着对医学、免疫学知识的深入研究，从烹饪原料中发现功能性成分，开发保健食品、功能性食品，已经成为重要课题。因此烹饪原料学与营养学、医学、卫生学的关系也越来越密切。

对烹饪原料的品质评价是原料学的重要内容，它的基础包括化学、生物学、物理学和数学等学科。对菜点的评价来说，感官评价是必要的、最直接的评价方法，因此，它还与心理学、生理学、社会学有一定关联。

由于现代餐饮业与市场、流通的关系越来越密切，因此烹饪原料学也要涉及经济学、市场学和关于食品流通的法律、法规方面的知识。

综上所述，烹饪原料学不仅是烹饪专业的专业基础课，也是汇集了多门学科知识的综合学科。

（四）烹饪原料学的学习目的和方法

1. 烹饪原料学的学习目的

（1）学习烹饪原料学是学好烹饪工艺的需要

烹饪原料学是烹饪工艺专业的专业基础课。烹饪原料与烹饪有着密切的关系，中国烹饪之所以在世界上享有盛誉，与其具有丰富的烹饪原料是分不开的。一切烹饪原料是烹饪加工的开始，是烹饪的依据，也是烹饪的物质基础，同时烹饪原料也是决定烹饪质量好坏的重要因素。因此，掌握烹饪原料的性能和特点，有利于烹饪工艺水平的发挥。“厨师六分艺，办料四分工”说的就是这个道理。

（2）学习烹饪原料学是充分发挥烹饪原料的食用价值的需要

烹饪原料中含有人类所需的各类营养物质，同时也含有各种风味成分。掌握这些知识，在烹调过程中就能够充分发挥烹饪原料的食用价值，尽可能地在烹调过程中保护烹饪原料中的各类营养素，同时充分利用好原料中本身所含的风味成分，烹制出营养价值高，色、香、味、形、质俱佳的菜点来。

（3）学习烹饪原料学有助于烹饪科学的发展

长期以来，限于科技发展的水平，人们对烹饪原料的认识缺乏系统的总结，对烹饪原料的利用一直处于经验状态。学习烹饪原料学，有助于我们将我国传统的烹饪原料实践经验和现代的科学知识结合起来，对烹饪原料进行科学的研究、归纳、总结，弄清烹饪原料发展和应用的内在规律。这不仅可以使烹饪原料学这门学科更加完善，而且可以使烹饪科学的理论体系更加完整、系统。因为中国烹饪的起源和发展始终与人类不断地开拓和生产丰富的烹饪原料紧密相连，而对烹饪原料进行系统的、全面的研究，就可以不断地充实、完善烹饪科学理论体系和实践过程，使中国烹饪更加科学，更加精妙，更加艺术化。

2. 学习烹饪原料学的方法

（1）理论联系实际，重视对实物的研究

每一种烹饪原料都是一种物质，因此，我们的研究工作应从具体的原料着手，根据研究内容的要求，对它进行全面的探讨，弄清它的实质。诸如研究原料的组织结构、营养成分，以及对原料的品种鉴别、质量鉴定、名特产品的认识、烹饪应用的特点等，都必须从具体的原料着手，通过对原料实物的调查、辨认以及应用实验手段来完成。

（2）研究单一的原料，更重视对原料组合的研究

烹饪原料的实际应用，从来不是单个的，而是若干原料混合在一起才能制成一道菜点。菜肴中有主料、配料、调味料、辅助料之分。因此，仅仅研究某一种原料并不够，还需要研究这一原料和其他原料相互之间的关系，为原料之间的搭配提供依据，什么主料用什么配料、调料是最佳组合，可以得到色、香、味、形、质、养俱佳的效果，这就需要既认识单个原料，也需要认识组合中的其他原料。

（3）总结、整理、发掘前人留下的宝贵经验

我国是一个有着数千年文明历史的国家，勤劳智慧的祖先，不仅通过农业、

畜牧业、养殖业等，为我们提供了众多的可供选择的食物，而且历代厨师经过反复实践，为我们筛选出一系列制作佳肴的烹饪原料，这是一笔十分珍贵的遗产，对其进行总结、挖掘，从而进一步借助自然科学研究成果，展开对烹饪原料的研究。

（4）引入相关学科的知识，为烹饪原料学服务

烹饪原料学是一门边缘科学，它与许多学科有着密切的关系，如生物学、商品学、化学、营养学、卫生学等。相对于烹饪原料学这门新学科来说，这些相关学科的内容和实验方法已比较成熟，我们可以有选择地吸收相关学科的知识，充实到烹饪原料学中去。

（5）宏观、微观相结合学好烹饪原料学

学习烹饪原料学，必须从宏观和微观两方面进行。所谓从宏观方面学习，就是学习烹饪原料的总概念，研究一切原料所具有的共同特性，找出它们的共同特点，对这些特点进行概括和归纳，总结出一般规律。所谓从微观方面学习，就是要研究某一种烹饪原料所具有的特点，如组成成分、化学变化、对人的作用等，从而利用这些特点制作出具有特殊香味、特殊色调、特殊味道、特殊造型的菜肴，以发挥这种原料的优势，而避开其不利的一面。

总之，在实践中研究原料，从中寻找原料应用的规律，上升到理论，然后回过头来指导实践，再认识，再提高。如此不断往复，使我们对烹饪原料的认识不断深化，这是研究烹饪原料的最根本的方法，任何脱离原料实物、脱离烹饪实践的研究方法都是不可取的。

第二节 烹饪原料的分类

一、烹饪原料分类的意义

我国具有辽阔的疆域，复杂的地形，多变的气候，这为各种动植物的生长繁衍提供了良好的自然环境，也为我们提供了众多的烹饪原料。因此我国的烹饪原料种类繁多，以其加工而成的制品亦非常丰富。据不完全统计，我国在烹饪中运用的原料多达近万种，经常使用的也有三千种左右。而这些原料面广量大，牵涉的内容较多，它们在自然界的存在关系极为复杂。所以，要对烹饪原料进行系统的、全面的、深入的研究，就必须按一定的标准将烹饪原料加以分类。只有按一定的分类体系将烹饪原料进行分类，才能使我们全面地、系统地了解烹饪原料的性质和特点。对烹饪原料进行分类有助于使烹饪原料学的学科体系更加科学化、系统化，有助于全面深入地认识烹饪原料的性质和特点，有助于科学合理地利用烹饪原料。

二、烹饪原料的分类方法

烹饪原料的分类就是按照一定的标准，对种类繁多的烹饪原料进行分门别类，排列成等级序列。由于目前对烹饪原料分类的标准和依据很不一致，因此烹饪原料的分类方法也比较多，主要有下列几种。

（一）按来源属性分类

1. 植物性原料

植物性原料包括粮食、蔬菜、果品等。

2. 动物性原料

动物性原料包括家畜、家禽、鱼类、贝类、蛋奶、虾蟹等。

3. 矿物性原料

矿物性原料包括食盐、碱、硝、明矾、石膏等。

4. 人工合成原料

人工合成原料包括人工合成色素、人工合成香精等。

该分类方法以原料的性质为分类标准，突出了原料的本质属性，具有很强的科学性，概念清楚明了，各类原料界限分明。但该分类方法不能包含所有的烹饪原料，如酿造类原料、混合原料和强化添加原料等。

（二）按加工与否分类

1. 鲜活原料

鲜活原料包括蔬菜、水果、鲜鱼、鲜肉等。

2. 干货原料

干货原料包括干菜、干果、鱼翅、鱿鱼干等。

3. 复制品原料

复制品原料包括糖桂花、香肠、五香粉等。

该分类方法以原料是否经过加工处理为分类标准，突出了原料的加工性能，对原料的初加工比较有用。但该分类方法同样不能包含所有的烹饪原料，而且分类过于简单化，应用不多。

（三）按烹饪运用分类

1. 主配料

主配料指一道菜点的主要原料及配伍原料，是构成菜点的主体，也是人们食用的主要对象。

2. 调味料

调味料指在烹调或者食用过程中用来调配菜点口味的原料。

3. 佐助料

佐助料指在烹制菜点过程中使用的帮助菜点成熟、成型、着色的原料。如水、油脂等。

该分类方法以原料在烹调过程中的地位和作用为分类标准，突出了原料的烹饪运用，并且与烹饪行业结合紧密。但该分类方法比较笼统，特别是主料和配料的界限不太清楚。如有些原料在某些菜点中是主料，但在另外一个菜点中却是配料，有些还可以作调料。

（四）按商品种类分类

1. 粮食

粮食包括大米、面粉、大豆、玉米等。

2. 蔬菜

蔬菜包括萝卜、青菜、番茄、食用菌、海藻等。

3. 果品

果品包括各种水果、干果、蜜饯等。

4. 肉类及肉制品

肉类及肉制品包括畜肉、禽肉、蛋奶、火腿、板鸭等。

5. 水产品

水产品包括鱼类、虾蟹、贝类、海蜇等。

6. 干货制品

干货制品包括鱼翅、海参、干贝、虾米、干菜等。

7. 调味品

调味品包括盐、糖、酱油、味精、醋、香料等。

该分类方法以原料的商品属性为分类标准，突出了原料在商品流通过程中的性质和特点，与人们的日常生活联系较紧密，便于采购和销售。但该法缺乏严谨的科学性，原料自身的性质突出不够，有时候有交叉重复的现象。

（五）按营养成分分类

许多国家为了加强对人们摄取营养的指导，参照当地人们的饮食习惯，把原料按其营养、形态特征分成若干群。如日本的三群分类法和六群、七群分类法，以及美国的四群分类法等。

1. 三群分类法

（1）热量素食品

又称黄色食品，主要含碳水化合物，包括粮食、瓜果、块根、块茎等。

（2）构成素食品

又称红色食品，主要含蛋白质，包括畜肉、禽肉、鱼类、蛋奶、豆制品等。

（3）保全素食品

又称绿色食品，主要含维生素和叶绿素，包括蔬菜、水果等。

2. 六群分类法

（1）鱼、肉、卵、大豆类

包括畜禽肉、蛋及其制品，鱼、贝等水产品，大豆及其制品等。

（2）牛奶、乳制品、小鱼、虾、海藻类

包括牛奶、羊奶、脱脂奶、干酪、酸奶等畜产品和可带骨整吃的鱼、虾、裙带菜、紫菜、沙丁鱼等水产品。

（3）黄绿色蔬菜类

包括胡萝卜、菠菜、油菜、小松菜、南瓜、番茄等。

（4）其他蔬菜和水果类

包括萝卜、白菜、甘蓝、黄瓜等蔬菜和橘子、苹果、草莓等水果。

（5）粮食、薯、主食类

包括米、面包、面制品、土豆、红薯及各种糕点等。

（6）油脂类

包括色拉油、黄油、蛋黄酱等多脂食品。

3. 四群分类法

（1）以粮谷为主的主食

（2）果蔬类

（3）动物性食品及坚果、豆、花生类

（4）油脂和糖

该分类方法以原料中所含有的主要营养素为分类标准，突出了原料的营养价值，此法目前在日本、美国应用较多。但和烹饪的联系不够紧密，不易被厨师和家庭主妇理解。

（六）部分文献中采用的分类体系

1.《烹饪原料学》（聂凤乔主编，中国商业出版社，1989）

将烹饪原料分为动物性原料（家畜、家禽、野味、水产、蛋奶、昆虫及其他）、植物性原料（粮食、蔬菜、果品）、加工性原料（肉制品、水产制品、蛋奶制品、粮豆制品、蔬果制品）、调味料、佐助料五大类。

2.《烹饪原料学》（黑龙江商学院编，中国商业出版社，1991）

将烹饪原料分为肉品、蛋乳及制品、水产品、果蔬、粮食、油脂、调味料、香辛料、添加剂九大类。

3.《吉林烹饪原料集》（吉林饮食服务公司编，吉林科技出版社，1988）

将烹饪原料分为畜肉、禽肉、蔬菜、水产品、干料、蛋类、乳类、粮食、果品、调味品、烹调药料十一大类。

4.《实用烹饪原料》（李常友主编，陕西科技出版社，1994）

将烹饪原料分为时鲜蔬菜、菌藻地衣、水产品、养殖肉品、野生动物、常用干货、干鲜果品、花卉药草、粮食豆品、调味和油脂品十大类。

5. *Food Preparation for Hotels, Restaurants, and Cafeterias*（《宾馆、餐馆、自助餐厅食物预制加工》，R.G. Haines 编著，American Technical Publishers Inc.1973）

将烹饪原料分为芳香植物与香辛料、沙拉原料、干酪、蔬菜、肉类（牛肉、羊肉、猪肉）、家禽与野味、鱼与贝类七大类。

6. *Complete Cookery Course*（《烹调大全》，D. Smith 编著，British Broadcasting Corp，1982）

将烹饪原料分为蛋类、鱼类、肉类、家禽、蔬菜、大米和其他谷物、干豆类、芳香植物、香辛料和调味品、干酪和奶油、水果十一大类。

从以上这些已出版的烹饪原料书籍来看，很少单一地采用上述某一种分类方法，而是将几个方面综合考虑。但在各主要和次要等级的处理方法上存在很大差别。

（七）生物学的分类

烹饪原料中的绝大部分种类是生物，而生物学界对生物的分类有着科学且严谨的分类方法，我们可以借鉴。有关生物分类的知识可扫描右侧二维码拓展阅读。

生物性烹饪原料的分类和命名

（八）本教材采用的分类体系

在本教材中，参考已有的各种分类方法，综合考虑各个等级的分类标准，结合上述各分类方法的优点，尽可能避免上述各分类方法的不足，采用以下的分类体系（图 1–1）。

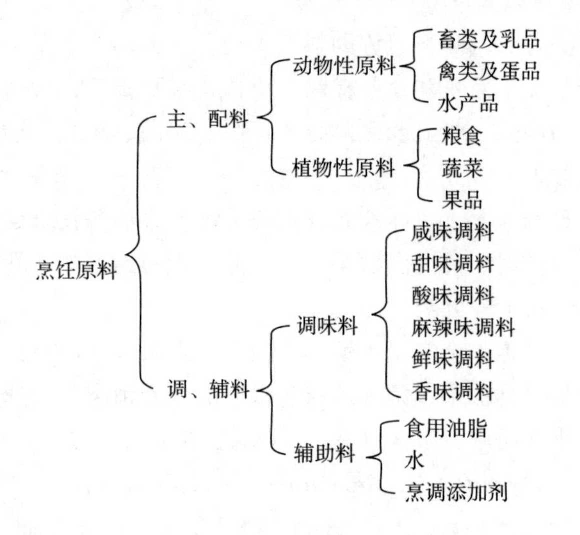

图 1–1　烹饪原料分类表

本章小结

烹饪原料是烹饪的物质基础，人们对烹饪原料的研究有着悠久的历史。通过本章的学习，要掌握烹饪原料的概念和烹饪原料的分类体系，为全面掌握各类烹饪原料知识打好基础。

课堂讨论

1. 烹饪原料学的学科地位。
2. 烹饪原料的开发利用前景。

复习思考题

1. 烹饪原料的概念是什么？烹饪原料的食用价值包括哪几方面？
2. 简述烹饪原料的发展变化历史。
3. 烹饪原料学的研究内容主要有哪些？

第二章　烹饪原料的化学组成和组织结构

本章内容： 1. 烹饪原料的化学组成及营养价值

2. 生物性烹饪原料的细胞、组织结构特点

3. 动物性原料与植物性原料结构特点比较

教学时间： 6 课时

教学目的： 使学生掌握烹饪原料的组成成分及营养价值，掌握动物性原料与植物性原料的结构特点，并根据特点正确地选择和运用原料

教学方式： 老师课堂讲授并通过实验验证理论教学

第一节　烹饪原料的化学组成及营养价值

尽管烹饪原料种类繁多，形态各异，但都是由各种化学物质构成的。这些化学物质中，绝大部分能够供应人体正常生理功能需要，被人们称为“营养素”。营养素按性质可分为有机物和无机物两大类：无机物包括水和各种矿物质；有机物包括糖类、脂类、蛋白质、维生素。这“六大营养素”占烹饪原料化学成分总量的99.9%以上，是决定烹饪原料品质的重要因素。有些化学物质，它们在烹饪原料中的含量尽管很少，但它们对烹饪制品的质量和风味特点往往会产生较大影响，例如，烹饪原料中的色素、呈味物质、呈香物质等；有些化学物质对人体有不良的影响，甚至有毒，则这些原料不能食用，或经过加工处理后方可利用，如河豚毒素、皂素、秋水仙碱、草酸等。

烹饪原料的化学组成可归纳成如图2–1所示。

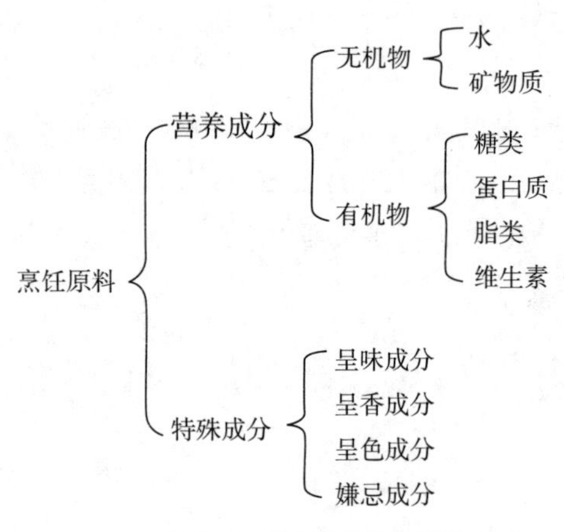

图2–1　烹饪原料的化学组成

烹饪原料的营养价值主要取决于烹饪原料中所含有的营养素的种类和含量。现将烹饪原料中营养素的类型和含量，以及营养素在烹饪过程中的变化情况分述如下。

一、水

水是绝大多数烹饪原料（特别是新鲜的动植物原料）中含量较多的成分。原料中水分含量的多少以及存在的状态对原料的品质有很大的影响。

（一）烹饪原料的含水量

烹饪原料的含水量主要与原料的种类有关。此外，也与原料的产地、成熟度以及贮藏保管的温度、湿度和贮存时间长短等因素有关。

在植物性原料中，新鲜蔬菜和水果的含水量较高，谷类粮食为12%～15%，油性种子（如花生、核桃仁、芝麻等）只有3%～4%。

在动物性原料中，肌肉组织和内脏的含水量较高，而畜禽骨骼的含水量仅为12%～15%，脂肪组织的含水量更低。

部分烹饪原料的含水量见表2–1。

表2–1　部分烹饪原料的含水量（%）

原料	含水量	原料	含水量
鱼类	67～81	绿色蔬菜	85～97
贝类	72～86	水果	80～95
乌贼	80～83	鲜食用菌	88～95
蛋类	72～75	薯类	10～80
乳类	87～89	豆类	12～16
猪肉	43～59	谷类	12～15
牛肉	46～76	油性种子	3～4
鸡肉	71～73		

（二）水分在原料中的存在形式

烹饪原料中的水分以自由水和束缚水两类形式存在。

1. 自由水

自由水又称为游离水，是指原料中不与其他成分结合而游离存在于细胞和组织间隙中的水。是鲜活动植物原料中含量最多的水。自由水主要有三种存在形式。

（1）滞化水

滞化水是指存在于动植物细胞内被细胞器与膜等所阻留的水，不能自由流动。

（2）毛细管水

毛细管水是指存在于细胞间隙的靠毛细管力所系留的水，又称细胞间水。

（3）自由流动水

自由流动水是指存在于动物原料的血浆、淋巴液和尿液中及植物导管和液泡中的可以循环流动的水。

自由水容易结冰，能够溶解溶质，流动性大，也会因蒸发散失。烹饪原料中的自由水可以为微生物所利用。故原料中自由水含量的高低对原料的贮存影响较大。在实际应用中，只要尽量减少原料中自由水的含量，就能抑制微生物生长、繁殖，从而保持原料的品质不发生变化。

2. 束缚水

束缚水又称结合水，主要是指以较强的水合作用与原料中其他成分相结合的水，又可分为胶体结合水和化合水。

（1）胶体结合水

这部分水分与原料本身所含的蛋白质、淀粉、果胶等亲水性胶体物质有比较牢固的结合能力，对那些在游离水中易溶解的物质不表现溶剂作用，不易蒸发散失，也不能为微生物所利用，其热容量比游离水小，低温下不易结冰。

（2）化合水

化合水是指存在于原料化学物质中并与这些化学物质分子呈化合状态的水。这部分水很稳定，一般不会因干燥作用而被排除，也不能被微生物利用。

烹饪原料中束缚水含量的高低对原料的贮存影响不大。

（三）水分含量对烹饪原料品质的影响

水分含量的多少对烹饪原料的品质有较大的影响。如新鲜蔬菜和水果，要求其含有较多的水分，如果其中的水分因大量蒸发而散失，则会使新鲜蔬菜和水果的重量减轻，外观萎蔫干缩，色泽发生变化，硬度下降，质地变得老韧，直接影响其食用价值；冷冻贮存的原料，若冻结与解冻的方法不当，则原料细胞组织易受损伤，细胞质脱水导致液汁大量流失，同时会发生蛋白质变性和凝固现象，从而影响到这些原料的营养价值和口感口味；与上述相反，水分增多对干货原料的质量有不良影响。干货制品含水量超过一定数值，易发生霉变等现象，进而引起在贮藏中的品质劣变。因此应将干货原料的含水量控制在适宜的范围。

二、糖类（碳水化合物）

糖类又称为碳水化合物。烹饪原料中的碳水化合物主要存在于植物性原料中。动物性原料中含量较少。糖类是生物的重要能源，又是所有植物和某些动物有机体的主要结构物质。

（一）烹饪原料中糖的种类

烹饪原料中含有的糖类物质较多，主要有以下几类。

1. 单糖

单糖是最简单的碳水化合物。烹饪原料中含有的单糖，主要包括葡萄糖、果糖、半乳糖、甘露糖等。

2. 双糖

双糖可以看成是两分子单糖失水形成的化合物。原料中的双糖有两类：分子中有一个游离的半缩醛羟基的称为还原性双糖，如乳糖和麦芽糖等；分子中无游离的半缩醛羟基存在的称为非还原性双糖，如蔗糖和海藻糖等。最主要的双糖是蔗糖和麦芽糖，也是烹饪中运用最多的糖。双糖经水解后可形成单糖。

3. 多糖

多糖是一类天然高分子化合物，是由数千个单糖或单糖衍生物以糖苷键相连形成的高聚体。原料中的多糖有两类：水解后可产生多个同一种单糖的称为“同多糖”，如淀粉、纤维素等；水解后可产生多个不同的单糖或单糖衍生物的称为“异多糖”，如果胶、琼脂、海藻胶等。多糖在自然界分布很广，构成植物骨架的纤维素和植物储藏的养分淀粉是最常见的多糖。动物性原料中的多糖主要是肝脏中的肝糖原和肌肉中的肌糖原，在畜类的肝脏中肝糖原含量较高。

部分烹饪原料的含糖量见表 2–2。

表 2–2　部分烹饪原料的含糖量（%）

原料	含量	原料	含量
稻米	75 ～ 78	莲子	59
红薯干	77.6	金针菜（干）	49
小麦面粉	71 ～ 76	大枣（干）	50
玉米	65 ～ 68	板栗	41
蚕豆	61	苹果	5 ～ 24
绿豆	58 ～ 60	桃子	10 ～ 16
豌豆	58	番茄	1.9 ～ 4.9
赤豆	60	胡萝卜	3.3 ～ 12.0

（二）烹饪原料中几种重要的糖类

1. 淀粉

淀粉是植物性原料中最重要的多糖。其主要存在于粮食作物的种子和一些植物变态的根、茎中，粮食中的淀粉含量最高，可达 80%。有些蔬菜淀粉含量也较高，例如荸荠、慈姑、藕、马铃薯、山药、菱角等。水果中的淀粉含量较少，未成熟果实含少量淀粉，成熟后逐渐转化为单糖。

淀粉是由许多葡萄糖单位组成的长链大分子，其密度为 1.5 ～ 1.6。淀粉可分为两类：直链淀粉和支链淀粉。直链淀粉由数百个葡萄糖单位组成，支链淀粉由数千个葡萄糖单位组成。淀粉不溶于冷水，且在冷水中易沉淀，但将淀粉液加热到一定温度时，淀粉粒被破坏而形成半透明黏稠状的淀粉糊，这种现象称为淀粉的糊化。其本质是随着温度的升高，淀粉粒的吸水量逐步增加，有序及无序态的淀粉分子间氢键断裂，淀粉粒解体，淀粉分子分散水中形成均匀的胶体溶液。淀粉在烹调中常作为上浆、挂糊、扑粉、勾芡的原料，就是利用了淀粉糊化这一特点，可使菜肴鲜嫩、饱满，而且淀粉糊化以后更有利于消化吸收。糊化后的淀粉经放置一段时间后，会出现变硬变稠、产生凝结甚至沉淀等现象，称为淀粉的老化。其本质是已糊化了的淀粉分子又自动重新排列成序，产生新的氢键，形成致密的、高度晶化的不溶解性的淀粉分子微束，实际上类似淀粉糊化的逆过程。食物中的淀粉老化后，不仅口感变硬，而且不易被淀粉酶水解，消化率也降低。但制作粉丝、粉皮和米线等，却正是利用了淀粉老化这一特点。

淀粉是构成人类主食的主要成分，是人类的重要能源物质。

2. 纤维素和半纤维素

纤维素广泛分布在植物性原料中，特别是蔬菜和粗粮含量较多。纤维素很少单独存在，通常与半纤维素结合构成植物细胞壁和输导组织的主要成分，同时还常与木质、角质、栓质和果胶等结合成为复合纤维素。纤维素也是由葡萄糖单位所组成的长链，一个简单的纤维素分子可含有 3000 以上的葡萄糖单位。由于人体不能分泌消化纤维素的酶，因此人类不能利用纤维素。所以，含纤维素多的蔬菜吃起来口感粗老，有渣多、粗糙的感觉。但它可使蔬菜具有一定的硬度和脆性。另外，纤维素可促进人体胃肠道的蠕动，有利于人体对其他物质的消化吸收，起着间接助消化的作用。

3. 果胶物质

果胶物质是植物组织中普遍存在的一类比较复杂的多糖物质，是构成细胞壁的成分之一，也是影响果实质地软硬或发绵的重要因素。果胶物质主要存在于果实、块茎、块根等植物器官中，山楂、苹果、番石榴、柑橘等果实中含量丰富。果胶物质以原果胶、果胶（可溶性）和果胶酸三种不同形态存在于植物性原料中，各种形态的果胶物质具有不同的特性，因此原料中果胶物质存在的形态不同，就直接影响到原料的食用性、加工性和耐贮性。原果胶多存在于未成熟果实的细胞壁间的中胶层中，不溶于水，无黏着性质，常和纤维素结合使细胞黏结，故未成熟的果实显得脆硬。随着果实的成熟，原果胶在原果胶酶的作用下，分解为果胶。果胶溶于水，与纤维素分离，使细胞间的结合力松弛，具黏性，使果实质地变软。成熟的果实向过成熟期变化时，果胶在果胶酶的作用下转化为果胶酸，果胶酸无黏性，果实便呈水烂状态。

果胶为白色无定形的物质，无味，能溶于水成为胶体溶液。果胶具有很好的凝冻能力，它与适量的糖及酸结合，可形成凝胶。果冻、果酱的加工即依此特性。

4. 蔗糖

蔗糖主要存在于甘蔗和甜菜中，大多数水果中也含有蔗糖。蔗糖是烹饪中所用的主要食用糖，其分子由一个葡萄糖和一个果糖组成。蔗糖可发生多种化学反应，因此在烹饪中运用较广。

（1）水解反应

蔗糖可水解为葡萄糖与果糖的混合物，该混合物的甜度为蔗糖的 1.3 倍，黏度低，吸湿性强，而且具有类似蜂蜜的良好风味。因此，利用该混合物制作糕点，能使制品提高甜度，松软可口，并有爽口的风味。

（2）重结晶现象

蔗糖的过饱和溶液能重新形成晶体，烹饪中利用该性质制作挂霜菜肴。成品外面挂有一层白霜，具有松脆、甜香、洁白似霜的质感和外观。

（3）无定形体（玻璃体）的形成

在蔗糖溶液过饱和程度稍低的情况下，在熬制过程含水量逐渐降低，当含水量为 2% 左右时，迅速冷却不会形成结晶，而是形成无定形体（玻璃体）。这种无定形体对压缩、拉伸有一定的强度，在低温时呈透明状、具有脆性。烹饪中利用该性质制作拔丝菜肴。

（4）焦糖化反应

蔗糖在没有含氨基的化合物存在的情况下，直接加热至 150 ～ 200℃时，经过聚合、缩合会生成黏稠状的黑褐色产物，这种作用称为蔗糖的焦糖化反应。其产物中含有呈色物质焦糖（糖色）和呈气味的醛、酮等物质。根据这一反应，常利用蔗糖制作焦糖色和焦糖风味物质，烹饪中利用该性质制作糖色烹制红烧类菜肴。

三、蛋白质

蛋白质是烹饪原料中的重要营养素之一，是人类获得氮素营养的唯一来源。蛋白质是生命物质的主要成分，也是生物体中最复杂的一种化合物。蛋白质是由氨基酸分子脱水缩合形成的高分子化合物。其结构复杂，不同蛋白质的分子量相差也很大。蛋白质最终可水解成氨基酸，目前从蛋白质中分离出来的氨基酸主要有 20 余种。根据人体的需要，可将这些氨基酸分为非必需氨基酸和必需氨基酸。

（一）烹饪原料中蛋白质的含量

在烹饪原料中，蛋白质的含量和质量有很大的差别。在植物性原料中，蛋白质含量较高的是一部分豆科植物的种子，在谷类粮食中也有一定的含量。其他植物性原料中的蛋白质含量较低，并且质量也较差。动物性原料中的蛋白质比植物性原料含量丰富、质量好，这是因为它们所含的必需氨基酸和非必需氨基酸的种类和比例不同，动物肉类中的蛋白质主要是完全蛋白质。

部分烹饪原料中蛋白质的含量见表 2–3。

表 2–3　部分烹饪原料中蛋白质的含量（%）

原料	含量	原料	含量
干贝	62	兔肉	18
淡菜	57	鸡肉	16 ～ 17
海参	55	鲤鱼	18
鲍鱼（干）	54	鳜鱼	18
腐竹	51	鲫鱼	17
青豆	36	鲢鱼	17
黄豆	36	对虾	16
花生米	27	鲜贝	14
猪肉	14 ～ 21	猪肚	14
羊肉	15 ～ 20	鸡蛋	13
牛肉	15 ～ 20	鲜牛奶	3 ～ 4
小麦粉	11.2	粳米	7.7
小米	9	籼米	7.7

（二）烹饪原料中蛋白质的种类

蛋白质的化学结构非常复杂，大多数蛋白质的化学结构尚未阐明，因此无法根据蛋白质的化学结构进行分类。目前只能依照蛋白质的化学组成、溶解度和形状进行分类。在营养学上也常按营养价值分类。

1. 按蛋白质化学组成和溶解度分类

（1）单纯蛋白

完全由氨基酸组成的蛋白质成为单纯蛋白。主要包括以下几类。

①白蛋白。普遍存在于动、植物组织中，如蛋类中的卵清蛋白、小麦中的麦清蛋白、豌豆中的豆清蛋白等。

②球蛋白。普遍存在于动、植物组织中，如肉类中的肌球蛋白、大豆中的大豆球蛋白、奶类中的乳球蛋白等。

③谷蛋白。仅存在于谷类种子中，如小麦中的麦谷蛋白和大米中的米谷蛋

白等。

④醇溶谷蛋白。仅存在于谷类种子中，如玉米中的玉米醇溶谷蛋白、小麦中的小麦醇溶谷蛋白等。

⑤组蛋白。为动物性蛋白质，主要存在于细胞核中，如胸腺组蛋白、肝组蛋白等。

⑥精蛋白。为动物性蛋白质，主要存在于鱼精、鱼卵等组织中。

⑦硬蛋白。为动物性蛋白质，如皮肤、骨骼中的胶原蛋白及弹性蛋白等。

（2）结合蛋白

由单纯蛋白与其他一些物质（又称为辅基）结合而成的蛋白质称为结合蛋白。主要包括以下几类。

①磷蛋白。由单纯蛋白质与磷酸组成。如蛋类中的卵黄磷蛋白、奶类中的酪蛋白等。

②脂蛋白。由单纯蛋白质与脂肪或类脂组成。如蛋类中的卵黄球蛋白、血液中的血清脂蛋白等。

③色蛋白。由单纯蛋白质与含金属的色素物质组成。如植物性原料中的叶绿素蛋白、动物性原料中的血红蛋白、肌红蛋白等。

④糖蛋白。由单纯蛋白质与碳水化合物组成。重要的代表物是黏蛋白，存在于骨骼、肌腱、唾液及其他动物体黏液中，鱼类等水产动物的体表黏液中也存在。

2. 按蛋白质形状分类

（1）纤维状蛋白

纤维状蛋白多为结构蛋白，是组织结构不可缺少的蛋白质，由长的氨基酸肽链连接成为纤维状或卷曲成盘状结构，成为各种组织的支柱，如皮肤、肌腱、软骨及骨组织中的胶原蛋白。

（2）球状蛋白

球状蛋白的形状近似于圆形或椭圆形。许多具有生理活性的蛋白质，如酶、转运蛋白、蛋白类激素与免疫球蛋白补体等均属于球蛋白。

3. 按蛋白质的营养价值分类

食物蛋白质的营养价值取决于所含氨基酸的种类和数量，所以在营养上可根据食物蛋白质的氨基酸组成，分为完全蛋白质、半完全蛋白质和不完全蛋白质。

（1）完全蛋白质

所含必需氨基酸种类齐全、数量充足、比例适当，不但能维持成人的健康，并能促进儿童生长发育，如乳类中的酪蛋白、乳白蛋白，蛋类中的卵白蛋白、卵磷蛋白，肉类中的白蛋白、肌蛋白，大豆中的大豆蛋白等。

（2）半完全蛋白质

所含必需氨基酸种类齐全，但有的氨基酸数量不足，比例不适当，可以维持生命，但不能促进生长发育，如小麦中的麦胶蛋白等。

（3）不完全蛋白质

所含必需氨基酸种类不全，既不能维持生命，也不能促进生长发育，如玉米中的玉米胶蛋白、动物结缔组织中的胶原蛋白、豌豆中的豆球蛋白等。

（三）蛋白质在烹调中的变化

1. 变性作用和凝固作用

当蛋白质受到物理作用、化学作用或者酶的作用后，特定的空间结构遭到破坏，形成无规则的伸展肽链，从而使蛋白质的理化性质发生变化，这个过程称为变性作用。

蛋白质在烹饪加热达到一定程度以后发生的热变性，是最常见的变性现象。蛋清在加热时凝固、瘦肉在烹调时收缩变硬等，都是由蛋白质的热变性作用引起的。蛋白质加热变性后提高了蛋白酶的水解效率，从而提高了消化率，有利于人体的消化。

有些蛋白质在热变性以后，常伴随发生热凝固现象。这对烹饪原料的烹饪加工有很大的影响。如动物性原料焯水去血污或吊制鲜汤都应冷水下锅，以防表面蛋白质变性凝固；而干烧鱼时应热油锅中速炸一下，可减少水分外溢，保持菜肴鲜嫩。

2. 水解作用

蛋白质在酸、碱、酶的作用或长时间加热的情况下，发生水解作用，逐步水解成分子量较小的产物，最终产物为氨基酸。

因此在烹饪加工过程中，常用少量食碱或蛋白酶对肉类进行嫩化处理；也常用烧、煮、炖、焖、煨等长时间过热的方法，使原料中的部分蛋白质水解为低聚肽等鲜味物质，不断溶于汤中，使菜肴酥烂味浓。

3. 迈拉德反应（羰氨反应）

蛋白质在加热过度，特别是有糖类物质存在的情况下，蛋白质分子中的氨基和糖分子中的羰基之间能发生羰氨反应，引起食物的褐变和营养成分的损失，同时还降低了蛋白质分解酶的分解作用。因此，蛋白质含量高的原料不宜长时间在高温下煎炸。但烹饪和食品加工中也常利用这一反应来增加食品的色泽，如焙烤面包产生金黄色、烤鸭产生黄褐色、烤肉产生棕黄色以及工业生产上酿造啤酒、酱油、黄醋产生褐色等。

四、脂类

脂类是生物体内难溶于水而易溶于有机溶剂的有机物质的统称。脂类是构成生物体的组成部分之一，在烹饪原料中占有一定的比例。

（一）烹饪原料中脂类的含量

在植物性原料中，脂肪主要存在于种子和果实中，根、茎、叶中含量很少，其中以油料作物的种子含量最多。在动物性原料中，脂肪主要存在于皮下、腹腔内和肌肉间的结缔组织中，部分鱼类的肝脏中含量较多。

部分烹饪原料中脂肪的含量见表 2–4。

表 2–4　部分烹饪原料中脂肪的含量（%）

原料	含量	原料	含量
猪肉	30 ～ 33	食用油脂	90 ～ 100
牛肉	13	南瓜子仁	48
羊肉	14	西瓜子仁	46
肉鸡	35	核桃	65
鸭	41	松子仁	58
鸡	14	花生米	52
鹌鹑	9	葵花籽	53
奶粉	20	黄豆	19
蛋类	11 ～ 15	青豆	18
淡菜	13		

（二）烹饪原料中脂类的种类

烹饪原料中的脂类化合物通常分为以下几类。

1. 脂肪

脂肪是由脂肪酸和甘油所形成的甘油酯。脂肪能水解成甘油和脂肪酸，构成脂肪的脂肪酸种类很多，通常分为饱和脂肪酸和不饱和脂肪酸。亚油酸、亚麻酸、花生四烯酸等不饱和脂肪酸在人体中不能自行合成，所以又称为必需脂肪酸。必需脂肪酸在脂肪中含量的多少，是脂肪营养价值高低的重要标志。

2. 类脂

类脂主要包括磷脂和固醇等。

以上几类中，最重要的是脂肪。烹饪中常用的动、植物组织中的甘油酯，如牛脂、羊脂、猪脂、花生油、菜籽油等通常称为油脂。在常温下，植物油脂多数为液态，习惯上称为油；动物油脂多为固态、半固态，习惯上称为脂。

（三）脂类在烹调中的变化

1. 热水解作用

油脂在烹调过程中，特别是在油炸食物过程中，食物中的水分渗入油中，或者油与水蒸气接触，都会引起油脂的水解，最终产物为甘油和脂肪酸，致使油脂的发烟点降低，在烹饪过程中很容易冒烟，会污染环境，并影响人体健康。

2. 热分解作用

油脂中游离脂肪酸在加热到 350 ～ 360℃后分解成酮类和醛类等物质称为热分解作用。其中分解产物之一的丙烯醛具有强烈刺激气味，常以刺鼻催泪的蓝色烟雾形式释放出来。金属离子如（Fe^{2+}）的存在可催化热分解的过程。

3. 热氧化聚合作用

油脂在加热过程中黏度增高，在温度≥ 300℃时，增黏速度极快，这种现象称为热氧化聚合作用。热氧化聚合的结果使油脂黏度增大，并且引起油脂起泡，附着在油炸食物表面，不仅影响菜点的色泽和质量，而且对人体生理健康有害。

4. 油脂的酸败

油脂在加工和贮藏过程中，受空气、日光、微生物、高温及酶的作用，往往发生一系列化学变化，产生不良的气味（哈喇味），出现苦涩味，甚至具有毒性，这种现象称为油脂的酸败。

油脂的酸败是由于油脂的自动氧化反应引起的。油脂中不饱和脂肪酸暴露在空气中，被光、热及其他催化剂所催化，易发生自动氧化反应。氧化产物进一步分解生成低级脂肪酸、醛类和酮类，产生不良气味。油脂的酸败对食物的质量影响很大，不仅使油脂的风味变坏，而且营养价值也随之降低。

五、维生素

维生素是动物体为维持正常的生理活动所必需的一类小分子微量有机物质。大多数维生素都不能由动物自身合成，而必须从食物中摄入，以维持需要。

（一）烹饪原料中维生素的种类

维生素按其溶解性不同可分为脂溶性维生素和水溶性维生素两大类。

1. 脂溶性维生素

脂溶性维生素包括维生素 A、维生素 D、维生素 E、维生素 K 等，它们只溶于脂类或脂溶剂，主要存在于动物性原料中，在食物中常与脂类共同存在，在消化吸收过程中也同脂类一道进行。

2. 水溶性维生素

水溶性维生素包括 B 族维生素和维生素 C 两大类，B 族维生素比较重要的是

维生素 B_1、维生素 B_2、维生素 B_3、维生素 B_5。水溶性维生素的共同特点是易溶于水，除维生素 B_{12} 外，在人体内基本上都不能储存，一旦在体液中的浓度超过正常需要量，则随尿液排出体外，一般不发生过多症。

（二）维生素在烹饪中的变化

1. 易溶解流失

烹饪原料中的水溶性维生素，如维生素 B_1、维生素 B_2、维生素 B_3、维生素 B_5、维生素 C 等都易溶于水，很容易通过扩散过程或渗透过程从原料内渗析到水中。因此，烹调过程中切洗、焯水、盐腌、炖煮等处理，常导致水溶性维生素大量沥滤流失。

2. 易被氧化

维生素 A、维生素 E、维生素 K、维生素 B_1、维生素 B_{12}、维生素 C 等对氧很敏感，在原料的贮存和烹调加工过程中特别容易被氧化破坏，而失去生理活性。

3. 易受热分解

水溶性维生素 B_1、维生素 B_2、维生素 C 和叶酸均对热不稳定，易发生热分解作用，在碱性条件下，加热破坏得更为迅速。在烹制菜肴时，加热时间过长，会使大部分叶酸和维生素 C 被破坏。

4. 酶催化分解

一些维生素易被烹饪原料中的酶催化分解。如水果、蔬菜中抗坏血酸氧化酶，能催化抗坏血酸的氧化；贝类和淡水鱼中的抗硫胺素酶，能催化分解硫胺素。

六、矿物质

矿物质又称无机盐。在构成人体的各种元素中，除了碳、氢、氧和氮四种元素主要以有机物质的形式出现外，其他各种元素，无论以何种形式存在，统称为矿物质。

（一）烹饪原料中矿物质的主要种类

根据矿物质元素在体内的含量和膳食中的需要量不同，可分为大量元素和微量元素两类。

1. 大量元素

大量元素又称常量元素，是指在体内的含量在 0.01% 以上、需要量每天在 100mg 以上的元素，包括磷、硫、氯、钠、钾、镁、钙 7 种元素。

2. 微量元素

微量元素又称痕量元素，是指低于上述这一含量的其他元素，主要有 14 种，即铁、锌、铜、铬、钴、锰、钼、镍、锡、钒、硒、硅、氟、碘。

（二）烹饪原料中矿物质的含量

生物烹饪原料体内的矿物质主要来自土壤。植物从土壤中获得矿物质并贮存于根、茎、叶等组织中，动物主要通过摄入植物得到矿物质。在植物组织器官中，叶子含矿物质最多，占叶子总干重的10%～15%，茎和根含4%～5%，种子约含3%。种子中含磷和钾最多，茎和叶中含硅和钙较丰富，地下贮藏器官中则钾的含量较高。

第二节　生物性原料的组织结构

在所有烹饪原料中，生物性原料占绝大多数，它们是制作菜点的主体。因此，生物性原料的组织结构特点，对菜点的色、香、味、质等各方面指标都有着非常重要的影响。我们必须掌握生物性原料的组织结构特点，才能在烹饪过程中充分发挥各类原料的作用，有利于正确处理和选择各类原料，做到物尽其用。

生物性原料的组织结构可从细胞、组织、器官、系统和整个个体的角度进行研究。本节着重介绍生物性原料的细胞和组织的结构和功能特点，以及与烹饪的关系。生物性原料的器官、系统和整个个体的结构特点在后面的各章介绍。

一、细胞

细胞是构成生物性烹饪原料的结构和功能的基本单位。不同原料的细胞的形态、结构和内含物的差别，直接关系到原料的烹饪制品的色、香、味、质地、营养，关系到加工工艺的选用。

（一）细胞的形态和大小

1. 细胞的形态

生物细胞的形状是多种多样的。单细胞生物体由一个细胞构成，常呈球形或卵形；在多细胞生物体中，细胞多种多样，体现着形态和功能的统一。例如，动物的肌肉细胞是细长形的；神经细胞则有长短不一的树状突起；血细胞是椭圆形的；卵细胞则为球形。植物的根尖、茎尖中分生组织的原始细胞，各方向的直径长度相近似，呈多面体形；叶片表面的细胞，呈扁平状；输导水分和输导有机物的细胞，呈长筒形；支持器官的细胞，呈长纺锤形；许多可食部位的薄壁细胞（如苹果果肉的薄壁细胞），为近似球形的多面体。

2. 细胞的大小

生物性原料的各种细胞一般都很微小。动物细胞直径一般为10～100μm，植物细胞直径一般为200～300μm，要借助显微镜才能看到。也有少数巨大的细胞甚至用肉眼就可以看到，例如，番茄和西瓜的果肉细胞，其直径可达1mm，熟透了的番茄和西瓜果肉的每一个“沙”就是一个细胞。鸟类的卵也是一个细胞。

（二）细胞的结构和功能

生物性原料的各类细胞虽然在形状、结构和功能等方面有各自的特点，但其基本结构还是相似的。植物细胞一般都包括细胞壁、细胞膜、细胞质和细胞核等部分；动物细胞一般都包括细胞膜、细胞质和细胞核等部分（图 2–2、图 2–3）。

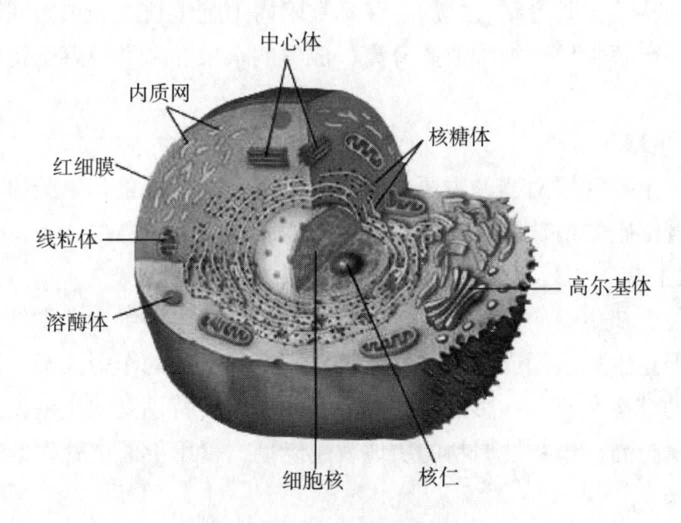

图 2–2　动物细胞模式图

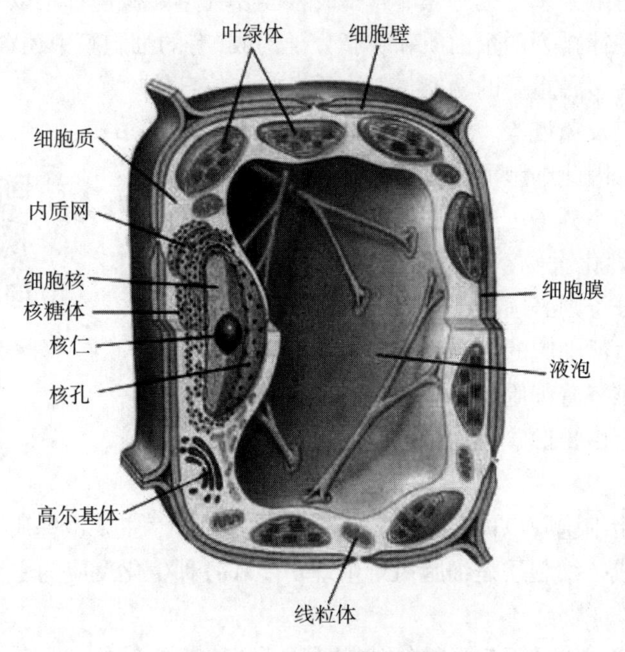

图 2–3　植物细胞模式图

1. 细胞壁

细胞壁是植物细胞所特有的结构之一。它是一层硬而有弹性的非生命物质的结构，细胞壁是由细胞分泌产生的。

细胞壁的结构大体可分为三层：胞间层、初生壁及次生壁。

（1）胞间层

胞间层又称中胶层，位于相邻两个细胞之间，主要成分为果胶类物质，具有胶粘和柔软的特性，既可粘合细胞，又不致阻碍细胞生长。如果胞间层的果胶物质被果胶酶等水解则导致细胞彼此分离，成熟的水果和瓜类口感变得松粉，就是由于这个原因。

（2）初生壁

初生壁位于胞间层两侧，主要成分为纤维素、半纤维素和果胶质，薄而有弹性，可伴随着细胞的增长而扩大，而且水及溶质均能自由透过。

（3）次生壁

次生壁位于初生壁的内侧，主要成分为纤维素、半纤维素、微纤丝和木质素等，在细胞停止生长后形成，具有加强机械支持和保护的作用。

细胞壁的结构和成分，影响植物性原料的质地。特别是次生壁发达的细胞和组织，其含量越高，植物性原料的质地就越老韧，食用价值也就越低。

2. 细胞膜

细胞膜又称质膜，是一种半透性的膜，它包围在细胞的表面，将细胞内的部分和外界环境分隔开来。细胞膜非常薄，甚至用光学显微镜都难以分辨。细胞膜主要由按一定规律排列的蛋白质和磷脂分子构成,有的细胞膜中还含有少量糖类。

细胞膜具有多种重要的功能，如物质运输、信息传递、细胞识别以及免疫等。细胞膜的物质运输表现在具有选择通透性，因此细胞可以有选择性地摄取或排出某些物质，如水和小分子可通过细胞膜上的小孔借扩散作用穿过，脂溶性化合物溶解在细胞膜上的磷脂然后穿过，而大多数分子则必须借助转运载体并消耗能量才能穿过。因此，生活细胞的细胞膜控制着细胞与外界环境的物质交换，维持着细胞内环境的相对稳定。物质进出细胞的形式有自由扩散、协助扩散、主动运输三种。

细胞膜结构模式图

3. 细胞质

细胞质是指细胞膜以内与细胞核以外的所有部分，主要由基质、内含物和细胞器三部分构成。细胞质是细胞执行生理功能和各种生化反应的主要场所。

（1）基质

基质是细胞质中的无定形结构的胶体物质，含有无结构的大分子胶体、小分子真溶液和离子，主要是可溶性蛋白质和各种酶。基质充满整个细胞，内含物和细胞器悬浮在基质中。

（2）细胞器

细胞器是分散在细胞质中的、具有一定形态结构、执行一定生理功能的微小器官。大致可分为两类：一类是由膜包围的，如内质网、高尔基复合体、线粒体、溶酶体、质体、液泡、过氧化酶体等；另一类没有膜包围，如核糖核蛋白体、微管和微丝以及由微管构成的中心体、鞭毛、纤毛等。细胞器中与食品加工与贮藏关系密切的主要是线粒体、溶酶体和质体。

①线粒体。在光学显微镜下，线粒体是直径在 0.2 ～ 1μm 的杆状或球形小体。在电子显微镜下，可以看到线粒体表面是由两层膜所组成的。两层膜之间被宽 40 ～ 80Å（埃）的空间隔开。线粒体是细胞内能量代谢的中心，它能将营养物质（如丙酮酸、脂肪酸、氨基酸等）进行氧化分解，产生能量，以高能磷酸键的形式贮存在腺苷三磷酸中，供细胞进行生命活动（如分泌、吸收、收缩、运动等）所用。

线粒体
结构图

②内质网。内质网是一种互相通连的扁平囊泡构成的膜性管道系统。其中，内质网膜的外面附有核糖核蛋白体颗粒的，称为粗面内质网或颗粒型内质网，形态大多为扁平囊；膜上无核糖核蛋白体附着的，称为滑面内质网或无颗粒型内质网，形态基本上为分支小管，彼此相连成网。粗面内质网的主要功能是参与蛋白质的合成和运输；滑面内质网的功能与脂类的合成、糖类的代谢等有关，还与细胞的解毒作用有关。

内质网
结构图

③高尔基复合体。高尔基复合体又称为高尔基体。在电子显微镜下，高尔基复合体是由平滑的单层膜围成的扁平囊泡、大泡和小泡所构成。这些结构常常可由几个或一二十个成堆状集积在一起。高尔基复合体的功能是与细胞内一些分泌物（如糖蛋白）的聚积、储存、加工和转运出细胞的作用有关，在植物细胞中还参与细胞壁的形成。

高尔基复合体
结构图

④溶酶体。溶酶体是由一层膜包围而成的球状小体，直径一般为 0.25 ～ 0.5μm，其外形和大小与线粒体相类似，但其没有内部结构。溶酶体内部含有许多水解酶，能将细胞内的蛋白质、核酸、糖类、脂类等大分子分解成较小的分子，供细胞内的物质合成或供线粒体的氧化需要。当动物丧

失生命活动后，溶酶体膜受损害，会使大量的酸性水解酶进入细胞基质，最终引起细胞的破坏，这便是活的畜、禽、鱼体死后，其组织出现自溶变化的根本原因。

溶酶体结构图

⑤质体。质体是植物细胞所特有的细胞器，由蛋白质和色素构成。根据所含色素和功能的不同，可分为白色体、叶绿体和杂色体三类。

A. 白色体。白色体又称无色体，常见于幼嫩或不见光的组织的细胞中，特别在贮藏组织的细胞中较多。白色体呈球形或纺锤形、无色。其主要功能与养分的贮存有关。根据贮存的物质不同，又可分为合成淀粉的造粉体、合成脂肪的造油体和合成蛋白质的造蛋白体等。白色体在遇光照的条件下可转变为叶绿体，这是一些采取避光栽培的蔬菜遇光后变绿色的原因。

叶绿体结构图

B. 叶绿体。叶绿体主要存在于植物体绿色部分的薄壁组织细胞中，在高等植物主要存在于叶肉细胞中，此外在茎的外层细胞、花和果实中也存在。叶绿体呈颗粒状、绿色。叶绿体的主要功能是进行光合作用。在叶绿体膜表面上附有与光合作用有关的酶，在这里可进行光合作用，合成有机物质。叶绿体含有叶绿素、叶黄素和胡萝卜素三类色素，以及蛋白质和RNA。由于绿色对其他颜色有较强的覆盖力，所以含有叶绿体的细胞呈现绿色，叶绿素极易被酶水解而丧失绿色，故绿色蔬菜贮藏不良易出现“黄衰”现象。叶绿素又可分为a、b、c和d四种，高等植物只含叶绿素a和b两种，其余两种存在于藻类中。当叶绿体中的叶绿素分解后，则叶绿体转变成杂色体。

C. 杂色体。杂色体又称有色体，是除叶绿体以外呈现颜色的质体，其中主要含有叶黄素和类胡萝卜素。常见于植物有色器官的细胞中，如成熟的果实、花瓣及胡萝卜的根细胞中。

⑥液泡。液泡是由一层膜围成的结构。细胞中液泡的大小、形状和数量差别很大。动物细胞和幼嫩植物细胞中的液泡均为分散的小泡，体积很小，但数量很多；而在成熟的植物细胞中，液泡合并成一个中央液泡，可占据细胞整个体积的90%，细胞质和细胞核被推挤而靠近细胞壁。在植物的中央液泡中充满着液体。液体中除含有大量的水外，水中还溶解有无机盐类、糖类、单宁、有机酸、生物碱和色素苷等。这些物质在液泡内的浓度可以达到很高，从而影响植物性原料的色、香、味。例如，甘蔗的茎和甜菜的块根细胞的液泡中就贮存着大量蔗糖，茶叶、柿子的果皮及许多植物树皮中含有单宁，茶叶和咖啡含有咖啡碱。细胞液里所含的色素，常见的是花青素，许多花的花瓣和果实红色或蓝色，通常是由于色

素在细胞的液泡中浓缩的结果。液泡在植物生活中有着重要的作用，它能控制细胞吸水，能使细胞保持紧张状态，以利于各种生理活动的正常进行，同时是营养物质的贮藏场所。

⑦核糖核蛋白体。核糖核蛋白体简称核糖体，是由核糖体核糖核酸和蛋白质构成的略呈球形或长圆形的颗粒状小体。一个细胞内可以有几十万个核糖体，一类附着在内质网膜的外表面，另一类分散在细胞质中。核糖体的主要功能是合成蛋白质，是细胞中蛋白质的合成中心。

⑧中心体。中心体是由两个互相垂直的短圆筒状的小体——中心粒构成的，每一个中心粒的圆筒状的壁则由九束微管束围成。中心体存在于动物细胞和某些低等植物细胞中，位于细胞核的附近。中心体的功能与动物细胞的有丝分裂和染色体的分离有关。

（3）内含物

内含物又称包含物或后含物，一般指细胞代谢以后产生的分布在细胞质中的产物，包括一些废物和某些可被利用的贮存物质（图 2-4）。内含物在细胞中的种类和含量，往往随着生物体生理状况的变化而改变。当动物剧烈活动，尤其是丧失生命后，内含物的变化更为显著。细胞中内含物的种类和数量往往对原料的营养价值和色、香、味等产生非常大的影响。

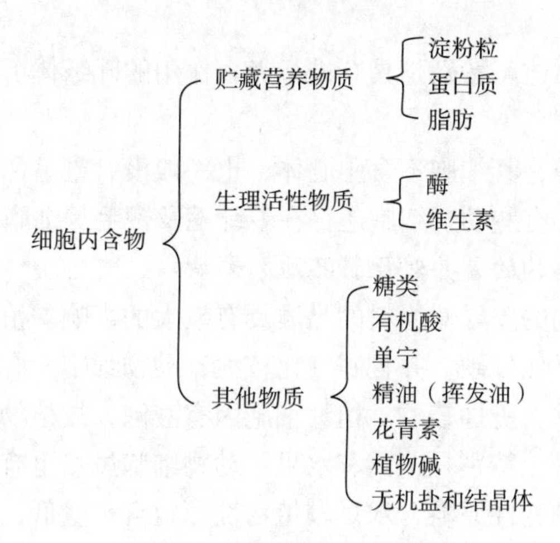

图 2-4　细胞内含物的种类

4. 细胞核

生物界除了原核生物外，所有真核生物的细胞都有细胞核。细胞核的形状通常与细胞的形状有关，如在圆形、椭圆形、多边形或立方形的细胞中细胞核常为球形，在柱形细胞中多为椭圆形，在梭形细胞中多为圆杆形。一个细胞一般只有一个细胞核，但也有的细胞具有两个或多个细胞核。细胞核通常位于细胞的中央，但也有偏于细胞的一端或被细胞内含物挤到细胞边缘的。

细胞核具有一定的结构，由核膜、核质、核仁和染色质四部分组成。

细胞核含有控制代谢的遗传密码，是细胞的基因“仓库”。在控制细胞质内蛋白质和酶的合成，以及决定细胞的结构和机能特性等方面起着主导作用，与生物的生长发育和遗传变异密切相关。在一定程度上控制着细胞的代谢、分化和繁殖等活动。

细胞核结构模式图

（三）动、植物细胞结构的区别及对原料品质的影响

1. 动、植物细胞结构的区别

植物细胞与动物细胞的基本结构类似，均包括细胞膜、细胞质和各种细胞器。但在漫长的生物演化过程中，由于动植物沿着不同的路线进化，植物细胞和动物细胞之间除了有相似的结构以外，还有一些显著的差异，主要表现在以下几方面。

①植物细胞具有细胞壁；而动物细胞的细胞膜外无细胞壁包被。

②成熟的植物细胞含有巨大的液泡；而动物细胞虽然也有液泡，但呈分散的状态。

③植物细胞具有质体（特别是具有进行光合作用的叶绿体）；而动物细胞中不含有质体。

④植物除了藻类外，其细胞不含中心体，也一般没有鞭毛和纤毛等；而动物细胞一般含有中心体，有些动物细胞还存在着纤毛及鞭毛等细胞器。

2. 动、植物细胞结构的差异对原料品质的影响

动、植物细胞结构的差异对原料的品质具有较大的影响。植物细胞因有细胞壁，故植物性原料通常比较硬，并且脆性比较大；动物细胞没有细胞壁，因此动物性原料通常比较柔软，脆性较差。植物细胞因有液泡，故植物性原料含水量较高，通常不易贮藏保管，特别是蔬菜和水果；动物细胞虽然也有液泡，但液泡较小且呈分散状态，故动物性原料含水量较植物性原料含水量低，冷冻贮藏时细胞结构不易被破坏，保质效果较好。植物细胞因有质体，并且液泡中含有花青素等色素，故植物性原料的色彩比较丰富；而动物性原料没有质体，且不含花青素，因而色彩相对比较单调。

3. 植物细胞对果蔬色、香、味的影响

植物细胞的内含物种类及质体的类型对果蔬色、香、味有很大的影响。

（1）果蔬的颜色

果蔬的颜色主要与质体的种类和液泡中的花青素有关。质体中所含的各种色

素（如绿色的叶绿素，黄色的叶黄素，橙红色的胡萝卜素等）及花青素在不同酸碱条件下色彩的变化（酸性时呈红色，中性时呈紫色，碱性时呈蓝色）决定了果蔬的颜色，使得果蔬的色泽多种多样。

（2）果蔬的香气

果蔬的香气主要取决于内含物中的精油的种类和数量。果蔬中所含的挥发油包括醇、酯、酮、烃、萜、烯等有机物。不同类型的挥发油使果蔬具有不同的香气。

（3）果蔬的滋味

果蔬的滋味主要与果蔬细胞中的内含物的种类有关。果蔬的甜味取决于液泡中所含的蔗糖、果糖、葡萄糖等的种类和含量，其中果糖最甜，蔗糖次之，葡萄糖甜度最低，果蔬的甜味还受到有机酸和单宁等物质的影响；果蔬的酸味取决于液泡中所含的有机酸的种类和含量，果蔬中所含的有机酸主要有苹果酸、柠檬酸、酒石酸等，其中酒石酸酸性最强，苹果酸次之，柠檬酸最弱；果蔬的涩味来源于液泡中所含的单宁物质；而果蔬的苦味则与液泡中所含的植物碱等物质有关。

二、组织

自然界的生物形态多种多样。最简单的生物，其生物体仅由一个细胞构成，称为单细胞生物，如小球藻、纤毛虫等。而大多数生物的生物体由几个到亿万个细胞构成，则称为多细胞生物。作为烹饪原料利用的生物绝大多数属于多细胞生物。

在多细胞生物体内由许多相同或相似的细胞组合而成的具有一定的形态、结构和生理功能的细胞群被称为组织。

（一）植物的组织

作为烹饪原料的植物体，由不同形态和不同机能的组织构成。植物的组织根据功能和结构的不同，可分为分生组织、薄壁组织、保护组织、输导组织、机械组织和分泌组织六大类。

1. 分生组织

分生组织又叫形成组织或生长组织，是由具有分裂机能的细胞组成。它们位于植物体生长的部位，根和茎的伸长生

植物根尖分生组织结构图

植物芽部分生组织结构图

长和加粗生长，都与分生组织的活动有直接关系。构成分生组织的细胞形状较小，排列紧密，壁薄，细胞核较大而位于细胞中央，细胞质浓厚，一般没有液泡或仅有分散的小液泡。高等植物体的其他组织都是由分生组织经过分裂、分化而形成的。分生组织体积较小，不是主要的食用部位，通常连同其他组织一起供食。

2. 薄壁组织

薄壁组织又称营养组织或基本组织，广泛分布于植物体中，是构成植物体的最基本的一种组织。构成薄壁组织的细胞形状较大，壁较薄，通常具有中央大液泡，细胞之间间隙较大，细胞内有丰富的质体。

薄壁组织结构图（贮藏组织）

薄壁组织的功能主要与植物的营养有关，具有同化、贮藏、通气和吸收等机能。薄壁组织在植物的根、茎、果实、种子里有贮藏淀粉、脂肪、蛋白质的功能，是植物性食品原料供人类食用的主要部分。如谷类粮食的胚乳、豆类的子叶、蔬菜的叶肉和水果的果肉，都主要是薄壁组织。

3. 保护组织

保护组织分布于植物体的表面，具有保护作用。构成保护组织的细胞排列紧密，没有细胞间隙，外壁较厚且角质化，常具角质层甚至蜡层。具有防止植物体内水分过度散失，避免外界不良环境的损害（如虫、菌侵害和机械损伤等）的功能。这类组织的细胞特点是细胞扁平、排列紧密，细胞发生角质化和木栓化。

保护组织对调节和维持果蔬的正常生命活动起着重要作用，因此在蔬菜和果品的采收和贮运过程中，保持其保护组织的完整、无损伤，可有效地增强其抗病能力及贮运性能。但在烹饪加工时，保护组织会影响菜肴的品质，甚至会造成加工制作的困难，加上其一般不具有食用价值，故通常在食用时将其去掉。如很多蔬菜要去皮，榨菜要撕筋等。

4. 输导组织

输导组织是植物体内运输水分和各种营养物质的组织。构成输导组织的细胞呈长管形，细胞之间以顶端对顶端的方式连接，贯穿于整个植物体内成为连续的系统。分布于根、茎和叶柄、叶脉的木质部和韧皮部。

输导组织结构图

根据运输的物质不同，输导组织又可分为两大类：一类是输导水分以及溶解于水中的矿物质的导管和管胞；另一类是输导营养物质的筛管。它们与其他组织组合，分别形成植物的木质部和韧皮部。

输导组织随着植物生长期的延长会因纤维含量增加而老化，从而使植物性食品原料的质地变得粗老，食用价值降低。

5. 机械组织

机械组织是在植物体内起着支持和巩固作用的一类组织。构成机械组织的细胞大多为细长形，纵行排列，细胞壁发生不同程度的加厚。根据细胞形态、细胞壁加厚程度与加厚的方式不同，机械组织又分为厚壁组织和厚角组织两种。

机械组织结构图

植物幼小时，主要是薄壁组织，随着植物的生长，细胞壁发生程度不同的增厚，从而形成厚角细胞和厚壁细胞，结构就发生了变化。机械组织过多时，会影响植物性原料的食用价值。如梨的果肉中的石细胞，使梨肉质粗糙，残留硬渣；芹菜的茎和叶柄中的机械组织使其变得纤维化和多筋状；葫芦的果皮坚韧是由于其外层有许多厚壁细胞；而有些果蔬中纤维含量增多，则使果蔬质地粗老，甚至丧失食用价值，如老的丝瓜、竹笋等。

外分泌结构常见类型

6. 分泌组织

分泌组织分布于一些植物的表面或体内，由一些分散的具有分泌蜜汁、黏液、挥发油、树脂、乳汁等特殊物质的细胞群构成。

分泌组织的细胞具有分泌的功能，其分泌物虽然数量较少，但具有重要作用。如许多蔬菜和调香料中的挥发油可赋予菜点特殊的风味。

（二）动物的组织

作为烹饪原料的动物体，也是由不同形态和不同机能的组织组成的。动物的组织由细胞和非细胞形态的细胞间质构成。动物组织根据其起源、形态结构及功能上的不同，可分为上皮组织、结缔组织、肌肉组织和神经组织四大类，其中与烹饪原料质量关系最密切的是肌肉组织和结缔组织。

1. 上皮组织

上皮组织由许多排列紧密的上皮细胞和少量的细胞间质组成。上皮组织通常被覆在机体的外表面或衬在体内各种管、腔、囊等的内表面及一些脏器的表面，具有保护、分泌、排泄和吸收等功能。

疏松结缔组织结构图

上皮组织根据其形态和机能的不同，可分为被覆上皮、腺上皮和感觉上皮三类（图 2–5）。

上皮组织一般不具有食用价值，有些上皮组织在烹调时需要去除。

2. 结缔组织

结缔组织由较少的细胞和较多的细胞间质构成。细胞间质包括基质和纤维。基质呈均质状，有液体、胶体状或固体几种类型；纤维为细丝状，包埋于基质中。结缔组织是分布最广、种类最多的一类组织，具有支持、连接、保护、营养、防御和修复创伤等功能。

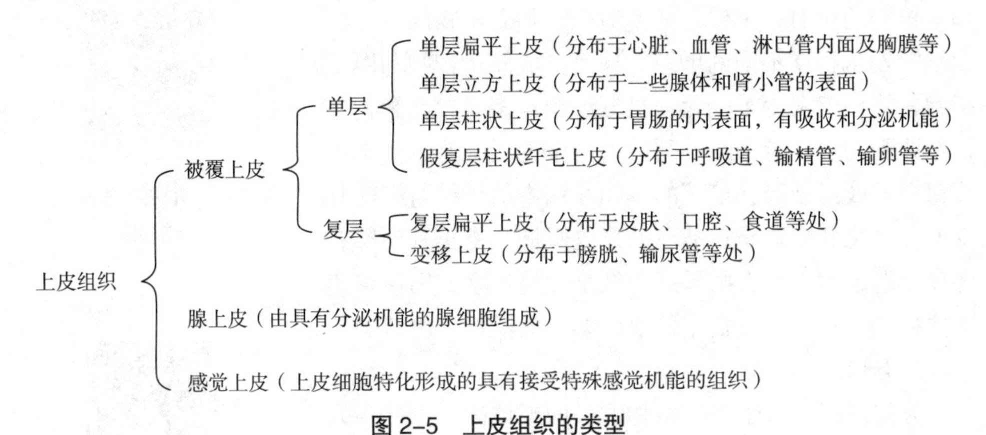

图 2-5　上皮组织的类型

结缔组织可分为疏松结缔组织、致密结缔组织、脂肪组织、网状结缔组织、软骨组织、硬骨组织和血液等几类。

（1）疏松结缔组织

疏松结缔组织是一种柔软而富有弹性和韧性的结缔组织，在动物体内分布最广，主要填充在组织之间或器官之间。疏松结缔组织的细胞间质主要为基质；纤维含量也较少，排列散乱而疏松。细胞和纤维埋于基质中；细胞含量较少，种类较多。疏松结缔组织的构成见图 2-6。

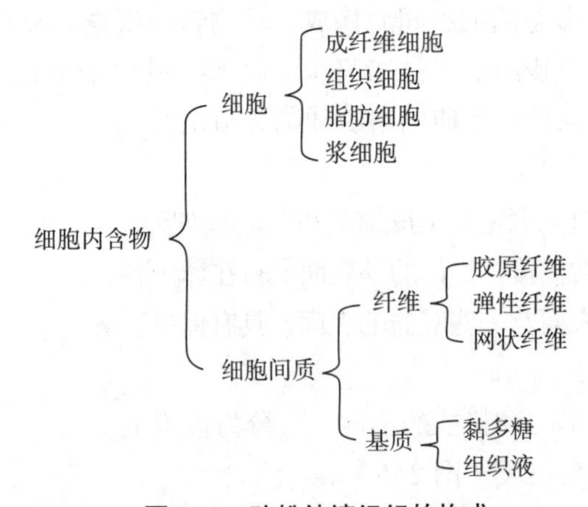

图 2-6　疏松结缔组织的构成

致密结缔组织结构图

（2）致密结缔组织

致密结缔组织主要由排列紧密的大量的纤维组成，基质和细胞成分少。多数致密结缔组织主要由胶原纤维组成，少数主要由弹性纤维组成。皮肤的真皮、腱、韧带、某些器官的被膜等都是由致密结缔组织组成的，具有较强的支持、连接和保护作用。

致密结缔组织过多时，会使肉类口感老韧，降低肉类的食用价值。作为烹饪原料运用的致密结缔组织有肉皮、蹄筋等。

脂肪组织结构图

（3）脂肪组织

脂肪组织由疏松结缔组织堆积大量的质肪细胞而成，主要分布在肠系膜、大网膜及许多脏器周围和皮肤之下。可作为烹调用油的来源。

（4）网状结缔组织

网状结缔组织由网状纤维、无色透明胶状基质、淋巴细胞和网状细胞组成，是构成脾脏、骨髓、淋巴结等造血器官的基本组织。具有补充血液、吞噬异物和修补伤口的作用。

（5）软骨组织

软骨组织结构图

软骨组织由软骨细胞、纤维和基质组成。基质呈透明凝胶状态，主要化学成分为软骨黏蛋白和软骨硬蛋白，富有韧性和弹性。软骨细胞和纤维包埋于基质中。软骨组织主要分布于低等脊椎动物体内，高等脊椎动物体内仅存于腹侧肋骨、鼻、气管、耳郭以及椎间盘、腱与骨相连接处，坚韧且有弹性，有较强的支持作用。鱼骨即是利用软骨组织加工的烹饪原料。软骨组织根据其特点又可分为透明软骨、弹性软骨和纤维软骨。

（6）硬骨组织

硬骨组织是动物体内最坚硬的结缔组织，由骨细胞、纤维和基质组成。其基质为坚硬的固体，内含 65% 左右的无机钙盐，其余成分主要为骨黏蛋白。纤维是一种和胶原纤维相似的骨胶纤维，大都成密集的纤维束，有规则地分层排列。每层纤维与基质构成板状结构，称“骨板”。骨组织是体内钙的贮存库，骨细胞参与调节血钙平衡，与钙磷代谢有密切的联系。硬骨组织的食用价值较低，有些可用于吊汤。

（7）血液

血液是由血浆和各种血细胞组成的结缔组织。血浆中透明的液体为血清，即为结缔组织的基质。血浆内的纤维蛋白可能变成纤维。血细胞有红细胞、白细胞及血小板等。血液具有营养、运输和保护机体等作用。有些动物的血液具有食用价值，如鸭血、猪血、鸡血等。

血液涂片

3. 肌肉组织

肌肉组织主要由具有收缩能力的肌细胞和少量结缔组织构成。由于肌细胞的形状一般细长形，呈纤维状，因此又称为“肌纤维”。肌细胞的主要功能是收缩，动物的位移及机体内各器官的活动都是通过肌肉的收缩与松弛来实现的。

肌细胞的细胞膜称为“肌膜”，细胞质称为“肌浆”，在肌浆内含有很多细长的肌原纤维，沿肌肉细胞的长轴排列。肌纤维的收缩作用是由肌原纤维的收缩作用而产生的。

许多肌细胞聚集在一起，周围被结缔组织包围而形成肌束。在食品工业中，肌肉组织是肉在质和量上最重要的组成部分，也是肉制品加工的主要对象。

根据肌细胞的形态结构和功能不同，可将肌肉组织分为骨骼肌、心肌和平滑肌三种。

骨骼肌结构图

心肌结构图

平滑肌结构图

骨骼肌是构成肉类食品的基本部分，即通常所说的“瘦肉”的主体部分，由于含有丰富的完全蛋白质，因而具有很高的营养价值。心肌是构成心脏的肌层，分布在心脏的房、室壁上。畜禽的心肌可作为烹饪原料供食用。平滑肌主要构成某些脏器和血管壁、胃肠壁的肌层部分。一些动物的胃肠壁平滑肌可作为烹饪原料供食用。在肉品加工中，部分平滑肌可供制作肠衣等产品。

三种肌肉组织的结构特点见表 2–5。

4. 神经组织

神经组织是动物体内分化程度最高的一种组织，主要由神经细胞（或称神经元）和神经胶质细胞组成。

神经细胞是神经组织中形态与机能的单位，具有感受机体内、外刺激和传导冲动的能力。神经细胞由一个

神经组织结构图

胞体（即细胞体）和由胞体发出的若干胞突组成。神经胶质细胞是一些多突起的细胞，没有传导兴奋的能力，主要是对神经元起支持、保护、营养和修补等作用。

表 2-5　三种肌肉组织的结构特点比较

	横纹肌	平滑肌	心肌
分布	躯干和四肢的骨骼上	内脏和血管壁	心脏的肌层
肌纤维形态和长度	长圆柱形，束状排列，长度 1 ～ 40mm	长纺锤形，末端只有一点，长 20 ～ 200μm	短圆柱形，有分枝，有闰盘
有无横纹	有	无	有
核的位置	肌膜下	肌细胞中央	肌膜下
核的数目	多个	1 个	1 ～ 2 个
线粒体数量	较多	较少	丰富
收缩速度	最快	缓慢	中等
收缩能力	有力，易疲劳	持久，不易疲劳	有节律，不易疲劳
支配神经	躯体神经	植物性神经	植物性神经
运动性质	随意肌	不随意肌	不随意肌

神经组织在动物体内所占的比例不高，分散地分布在其他组织中，通常连同其他可供食用的组织一起被食用。有些原料（如猪脑、鱼信）主要利用神经组织。

三、器官

器官是多细胞生物体内由多种不同组织联合构成的、具有一定的形态特征、能行使一定生理功能的结构单位。

器官由多种不同组织构成。如高等动物的消化器官有胃、肠、肝等，胃是由上皮组织、结缔组织、平滑肌、血管和神经等构成的；高等植物的营养器官有根、茎、叶等，叶是由薄壁组织、输导组织、保护组织、机械组织等构成的。

很多高等动、植物的器官可以单独作为一种烹饪原料来运用，如畜禽的内脏副产品以及蔬菜的根、茎、叶、花和果实等。因此各种器官的形态结构将在以后各章相关的内容中介绍。

四、系统

系统是多细胞生物体内由许多器官联系起来，共同完成某种连续的基本生理功能的结构单位。

高等动、植物有系统的分化。高等动物主要有十大器官系统，即皮肤系统、骨骼系统、肌肉系统、消化系统、呼吸系统、循环系统、排泄系统、生殖系统、神经系统和感觉器官、内分泌系统。高等植物体由各组织构成，组织常贯通于不同的器官中，没有像动物体那样的器官系统，可分为三个组织系统，即表皮系统（主要有表皮层和周皮）、维管组织系统（主要由输导组织构成）和基本组织系统（主要由薄壁组织构成）。

在烹饪运用中，对形体较小的动植物烹饪原料，主要以整个生物体作为利用单位；对形体较大的原料，可以以组织或器官作为利用单位，而一般不以系统作为利用单位，故在此对生物的系统不做详细介绍。

本章小结

绝大部分烹饪原料是自然界的生物，生物的组成成分和结构特点不同，就决定了各种原料的性质和用途不同。通过本章的学习，掌握生物性原料的化学组成和组织结构特点，从而进一步掌握各类生物性原料的物性，便于正确地使用生物性原料。

课堂讨论

1. 由于动、植物细胞结构的差异所带来的动物性原料与植物性原料在烹饪运用上的不同。
2. 原料中水分含量对原料品质的影响。

复习思考题

1. 试述烹饪原料的化学组成。
2. 画出植物细胞和动物细胞结构模式图，并比较两者的异同点。
3. 植物性原料的组织主要有哪些类型？各种组织的主要特点是什么？
4. 动物性原料的组织主要有哪些类型？各种组织的主要特点是什么？
5. 比较三种肌组织的特点。
6. 植物细胞内含物与果蔬的色、香、味有何关系?
7. 何谓器官、系统? 举例说明。
8. 试述细胞的结构和功能。

第三章　烹饪原料的品质检验和贮存保管

本章内容： 1. 烹饪原料的品质检验

2. 烹饪原料的贮存保管

教学时间： 4 课时

教学目的： 使学生掌握影响烹饪原料品质的因素、品质检验的标准和方法；掌握生物性原料在贮存过程中的质量变化规律及常用的保管原料的方法

教学方式： 老师课堂讲授并通过实验验证理论教学

第一节 烹饪原料的品质检验

烹饪原料是烹饪加工的物质基础，烹饪原料品质的好坏对所烹制成的菜肴的质量有决定性的影响，高质量的菜肴必须以优质的烹饪原料作基础。烹饪原料的品质好，经过厨师的烹调加工，才能烹制出色、香、味、形俱佳的菜肴；反之，即使厨师的技艺再高，也不能保证菜肴的质量。因此必须对烹饪原料的品质进行检验，以便在烹调过程中能正确地选用原料。另外烹饪原料品质的好坏与人类的健康甚至生命安全有着极为密切的关系。一些原料，有时会由于微生物的污染而引起腐败变质；一些原料在生长、采收（屠宰）、加工、运输、销售等过程中受到有害、有毒物质的污染，这样的原料一旦被利用，就可能引发传染病、寄生虫病或食物中毒。更有一些假冒伪劣原料，鱼目混珠流入市场，不仅影响菜肴的质量，还会对顾客的身体健康构成严重威胁。所以掌握烹饪原料的品质检验的方法，客观、准确、快速地识别原料品质的优劣，对保证烹饪产品的食用安全性也是十分重要的。因此对烹饪原料进行品质检验，正确地选择和利用优质烹饪原料，是烹饪工作者所必须掌握的基本技能。

所谓烹饪原料的品质检验是指依据一定的标准、运用一定的方法，对烹饪原料的质量优劣进行鉴别或检测。要想正确地选择和利用优质烹饪原料，就必须对烹饪原料的性质、特点、性能等方面的情况进行研究，从而确定烹饪原料的质量。而烹饪原料的性质、特点、性能等又与很多的因素有关。

一、影响烹饪原料品质的基本因素

（一）原料的种类对原料品质的影响

烹饪原料种类繁多，各类原料都有自己的结构特点和化学组成，因而品质各不相同。如植物性原料的细胞外有细胞壁，细胞内有质体和液泡等，所以植物性原料一般都比较脆硬，水分含量高并且色彩比较丰富。而构成动物性原料的细胞没有细胞壁、质体和液泡，所以动物性原料一般比较柔软，韧性较强，但色泽比较单调。正是这些差异，也就决定了动物性原料和植物性原料在烹饪中的用途不同。同时，由于栽培和饲养方法的不同，同一种原料还有不同的品种，品种之间也存在着质量的差异，因为不同的品种在组织结构和组成成分上也存在着不同。如鸡中的九斤黄、鸭中的北京鸭、梨中的砀山梨、苹果中的红富士等，都是同类原料中的优良品种。

（二）原料的产季对原料品质的影响

生物性原料的生长受季节因素的影响较大。因为生物在一年之中，有其生长的自然规律。如有生长的旺盛期，也有生长的停滞期；有肥壮期，也有瘦弱期；有正常期，也有繁殖期；有幼嫩期，也有成熟期；等等。处在这些不同时期的生物，其机体的状态差异较大，将它们用作烹饪原料，其品质就有较大的差别。生长期较短，其水分含量高，质地较嫩，但细胞中积累的养分较少，风味不足。生长期太长，虽然味道醇厚，但质地粗老，不易消化吸收。因此，我们必须掌握好原料在不同生长时期的特点，在不同的季节选择不同的原料，而烹制出不同的时令佳肴。例如，螃蟹以九、十月份品质最佳，所谓“九月团脐十月尖”；甲鱼以菜花和桂花开时为最好；刀鱼以清明前上市的质量最佳；韭菜有“六月韭，驴不瞅；九月韭，佛开口”之说；等等。另外，不同的烹饪加工，对原料的生长时间也有不同的要求，如以鸡做菜，用于整烹的，一般选用饲养时间较短的童子鸡，其肉质鲜嫩，骨酥肉烂；用于爆、炒、熘等烹法的，一般选用8～10个月的成熟肥壮鸡，其肉质鲜嫩，风味好；而用于炖汤的，则选用老母鸡为好，其汤鲜味美，营养价值高。所有这一切都说明原料的品质与其生长的季节有密切关系。

（三）原料的产地对原料品质的影响

由于各地区自然环境、气候条件不同，生物物种的分布就不一样，加上各地区动植物饲养和种植方法以及加工方法的不同，所产的原料其品质也有差异，因此在各地形成了不同特点的烹饪原料，即所谓的地方名特产品。如加工金华火腿，必须选用当地的瘦肉型猪“两头乌”的后腿为原料；榨菜以四川涪陵的最为有名；再如东北的哈士蟆、松口蘑；江苏的太湖莼菜、南京板鸭；还有“长江三鲜”（鲥鱼、刀鱼、鮰鱼）、“庐山三石”（石鸡、石鱼、石耳）、“太湖三白”（白鱼、银鱼、白虾）等。这些地方名特品种，在菜肴制作中都具有非常重要的作用。甚至会影响各地菜肴的特色和风味，乃至影响人们的饮食习惯。如青藏高原气候干寒，饮食离不开砖茶奶酪和肥肉厚脂；长江流域湿热，菜点偏重于鲜嫩清淡和素净雅致；西北畜牧业发达，牛羊类食品居多；东南耕作技术进步，粮菜成为餐桌主角；沿海盛产鱼虾，辽、鲁、苏、浙、闽、粤调制水鲜海味擅长；内地多养畜禽，徽、赣、鄂、湘、川、滇利用肉品山珍精华。很显然，物产决定食性，并影响烹调。因此，选料时必须充分利用地方名特产原料的优势。

（四）原料的不同部位对原料品质的影响

同一动植物体的不同部位，其质地、结构、特点都不相同，这也就影响了原料的品质。来自于自然界中的生物，各部分的组织结构各有其生理功能，不同的生理特点致使其组织结构的基本单位和组成成分产生差异，从而导致原料各部分的组织结构、化学成分、色泽、质地老嫩、风味、营养等因素的差别，其适合的烹调方法则有所不同。如家畜肉、家禽肉是由肌肉组织、结缔组织、脂肪组织、骨骼组织等组成，由于不同部位的肉中这几种组织的含量不同，因而各个部位的肉有肥、瘦、老、嫩之别，像里脊肉肌纤维细嫩，结缔组织疏松而少，脂肪组织均匀地分散于肌肉组织中，肉质鲜嫩，是肉中品质最好的。相反，其他部位的肉，如夹心肉、坐臀肉、腿肉等，含结缔组织多，肌纤维粗，肌间脂肪少并且集中于结缔组织周围，肉的质地较老。所以必须根据各部分的不同特点使用不同的烹制方法，有的适于爆炒，有的适于烧煮，有的适于酱卤，有的适于煨汤。只有这样，才能保证菜肴的质量和特色。

（五）原料的卫生状况对原料品质的影响

烹饪原料大多来自动物和植物，其品质极易发生变化，使质量下降。不卫生的原料不仅直接关系到菜肴的质量，更重要的是关系到人体的健康。如有病或带有病菌的原料、含有毒物质的原料、受微生物污染而腐败变质的原料、受化学物质污染的原料等。这些原料不仅品质下降，而且直接影响其食用价值，影响人体的健康状况。因此，卫生状况不佳的原料，其品质较差，甚至失去食用价值。如螃蟹、甲鱼、黄鳝死后不能食用，变质的蛋类（霉蛋、血筋蛋、臭蛋等）不能食用，霉变的粮食不能食用等。

（六）原料的加工贮存方法对原料品质的影响

原料的加工和贮存的方法也直接影响到原料的品质，加工不当或贮存不好，都将使原料的质量下降，使营养价值降低，感官性状发生劣变，严重时甚至会影响到原料的食用价值。因此，如何对原料进行加工和贮存也是决定原料质量的关键。

二、烹饪原料品质检验的标准

（一）国家标准

从国家标准局审批发布的一部分烹饪原料质量的国家标准（GB）来看，烹饪原料品质检验的指标主要包括以下三个方面。

1. 感官指标

原料品质检验的感官指标主要是指原料的色泽、气味、滋味、外观形态、杂质含量、水分含量、有无霉变、有无腐败变质等。

2. 理化指标

原料品质检验的理化指标主要指原料的营养成分、化学组成、农药残留量、重金属含量，以及腐败变质和霉变后产生的有毒、有害物质等。

3. 微生物指标

原料品质检验的微生物指标主要指原料中细菌总数、大肠杆菌群数、致病菌的数量与种类等。

不同原料的感官指标、理化指标和微生物指标各不相同。对每一种原料的具体的质量指标，我们将在每一种原料的介绍过程中具体阐述。

（二）行业标准

这是商业流通部门和烹调实践过程中常用的一类标准。以检验原料的感官指标为主，在烹饪实践和日常生活中运用较广。包括以下四个方面。

1. 原料的固有品质

烹饪原料的种类多样，使用形式有多种类型，每一种类、类型的原料都有其本身所具有的品质特点，因此以固有品质来衡量原料质量是极为有效的一种依据。所谓烹饪原料的固有品质是指原料本身具有的食用价值和使用价值，包括原料固有的营养、口味、质地等指标。一般来说，烹饪原料的食用价值越高，原料的品质越好；烹饪原料的使用价值越高，其适用的烹调方法就越多，菜肴就更加丰富多彩。烹饪原料的固有品质由原料的品种和产地所决定。

2. 原料的纯度

原料的纯度是指原料中所含杂质、污染物的多少和加工净度的高低，很显然，原料的纯度越高，其品质就越好。如海参、鱼翅等原料中所含沙粒越少，其品质越好。燕窝中羽毛等杂质含量越少，其质量就越高。

3. 原料的成熟度

原料的成熟度是指原料的生长年龄和生长时间。不同的生长年龄和生长时间，原料的成熟度就有差异，其品质就会发生变化。如成熟度过低，原料中的水分含量较高而其他营养物质的含量较少，故质地虽嫩却风味不足；如成熟度过高，则质地又会变老而食用价值降低，甚至失去食用价值。不同品种的原料其成熟度的要求是不同的。因此原料的成熟度恰到好处，其品质最佳。当然，成熟度高低的选择，还与原料的用途有关。

4. 原料的新鲜度

原料的新鲜度是指烹饪原料的组织结构、营养物质、风味成分等在原料生产、加工、运输、销售以及在贮存过程中的变化程度。这是目前烹饪行业中检验原料品质的最基本的标准。原料的新鲜度越高，原料的品质就越好。不同的原料，其新鲜度的标准是不同的，但一般都可以从原料的形态、色泽、水分、重量、质地和气味等感官性状来判断，因为这些感官性状的变化是由原料内部化学成分和组织结构的变化所造成的。

（1）形态的变化

任何原料都有一定的形态，原料越是新鲜，越能保持它原有的形态，反之就会变形。例如：不新鲜的蔬菜会干缩萎蔫，不新鲜的鱼会脱刺变形。所以，观察原料的形态变化，可判断原料的新鲜度。

（2）色泽的变化

每种原料都有其本身特有的色泽和光泽。如新鲜猪肉一般呈淡红色，新鲜鱼的鳃为鲜红色，新鲜的对虾呈青绿色。一旦原料的新鲜度下降，原来就会逐渐变色或失掉光泽。所以，当原料固有的色泽和光泽改变时，说明该原料的新鲜度已降低或已经变质。

（3）水分的变化

新鲜原料都具有正常的含水量。当原料的含水量发生变化时，无论是变大还是变小，都说明原料品质有问题。特别是蔬菜和水果，它们的含水量丰富，水分损失越多，其新鲜度也就越低。

（4）重量的变化

就鲜活原料而言，重量的改变也能说明原料的新鲜程度。因为原料通过内部分解、水分蒸发等，都会使重量减轻。同种原料，重的是新鲜的，轻的就不新鲜。而对干货原料来说则正好相反，重量增加，表明已吸湿受潮，质量就下降了。

（5）质地的变化

新鲜原料的质地大多饱满坚实，有弹性和韧性。如新鲜度降低，原料的质地就会变得松软而无弹性，或产生其他分解物。

（6）气味的变化

各种新鲜的原料，一般都具有其特具的气味。凡是失去特有气味，而出现一些异味、怪味、臭味以及不正常的酸味、甜味的，都说明原料的新鲜度已降低。

三、烹饪原料品质检验的方法

烹饪原料品质检验的方法主要有理化检验和感官检验两大类。

（一）理化检验

理化检验是指利用仪器设备和化学试剂对原料的品质好坏进行判断。

理化检验包括理化方法和生物学方法两类。理化方法可分析原料的营养成分、风味成分、有害成分等。生物学方法主要是测定原料或食品有无毒性或生物污染，常用小动物进行毒理试验或利用显微镜等进行微生物检验，从而检查出原料中污染细菌或寄生虫的寄生情况。

运用这类方法鉴别检验原料的品质比较精确，能具体而深刻地分析食品的成分和性质，得出原料品质和新鲜度的科学结论，还能查出其变质的原因。理化检验比较准确可靠，但运用该法检验时必须具有相应的设备仪器和专业技术人员，且检验周期较长，需要花费一定的时间后才能得出结论，故此法在烹饪行业通常使用较少。但对某些原料（如家畜肉）必须经我国专门的检验机构检验合格后方可上市。随着我国改革开放的不断深入，人民生活水平和生活质量的不断提高，为确保食品、原料的质量，在宾馆饭店中设立专职的食品营养及卫生检验人员岗位是非常必要的。这样可以做到防患于未然，杜绝劣质原料的流入，使菜肴更注重营养，同时食用更加安全。

（二）感官检验

感官检验就是凭借人体自身的感觉器官，即凭借眼、耳、鼻、口（包括唇和舌）和手等，对原料的品质好坏进行判断。

感官检验根据所运用的感官的不同，又可分为视觉检验、嗅觉检验、味觉检验、听觉检验和触觉检验五种具体方法。

1. 视觉检验

视觉检验就是利用人的视觉器官鉴别原料的形态、色泽、清洁程度等。这是判断原料感官质量所运用的范围最广的一种重要手段。原料的外观形态和色泽对于判断原料的新鲜程度、原料是否有不良改变以及原料的成熟度等有着重要意义，而这些均可利用视觉检验来判别。如新鲜的蔬菜大都茎叶挺直、脆嫩、饱满、表皮光滑、形状整齐、不抽薹、不糠心，不新鲜的蔬菜就会干缩萎蔫、脱水变老或抽薹发芽；新鲜的肉品肌肉鲜红、脂肪纯白或淡黄，不新鲜的肉品肌肉灰暗或发黑、脂肪变黄褐色。视觉检验应在白昼的散射光线下进行，以免灯光隐色发生错觉，检验时应注意整体外观、大小、形态以及块形的完整程度、清洁程度、表面有无光泽、颜色的色调深浅等。在检验料酒、酱油、醋等液体调料时，要将它们倒入无色的玻璃器皿中，透过光线来观察，也可将瓶子倒过来，观察其中有无沉淀物或絮状悬浮物。

2. 嗅觉检验

嗅觉检验就是利用人的嗅觉器官来鉴别原料的气味。人的嗅觉相当敏感，有些用仪器分析的方法也不一定能检验出来的极细微的变化，而人的嗅觉器官能够辨别出来。许多烹饪原料都有其正常的气味，而当它们发生腐败变质时，就会产生不同的异味。如核桃仁变质后产生哈喇味，肉类变质后产生尸臭味，西瓜变质带有馊味等。这些异味是我们利用嗅觉来检验原料品质好坏的依据。原料中的气味是一些具有挥发性的物质所产生的，因此在进行嗅觉检验时可适当加热，以增加挥发性物质的散发量和散发速度，但最好是在 15 ～ 25℃的温度下进行，因为原料中的挥发性物质常随温度的高低而增减，从而影响到检验结果的准确性。在检验液态原料时，可将其滴在清洁的手掌上摩擦，以增加气味的挥发；检验畜肉等大块原料时，可用尖刀或牙签等刺入深部，拔出后立即嗅闻气味。应该注意的是，原料嗅觉检验的顺序应当是先识别气味淡的，后检验气味浓的，以免影响嗅觉的灵敏度。此外，在检验前禁止吸烟，否则会影响检验结果的准确性。

3. 味觉检验

味觉检验是利用人的味觉器官来检验原料的滋味，从而判断原料品质的好坏。味觉检验对于辨别原料品质的优劣也是很重要的，尤其是对调味品和水果等。如新鲜的柑橘柔嫩多汁，滋味酸甜可口，受冻变质的柑橘则绵软浮水，口味苦涩；新鲜的肉制品味道鲜美醇香，品质差的肉制品都有酸败味。味觉检验不但能品尝到食品的滋味如何，而且对于食品原料中极轻微的变化也能敏感地察觉。味觉检验的准确性与食品的温度有关，在进行味觉检验时，最好使原料处在 20 ～ 45℃，以免因温度变化而影响检验结果的准确性。对几种不同味道的原料在进行感官评价时，应当按照刺激性由弱到强的顺序，最后检验味道最强烈的原料。

4. 听觉检验

听觉检验是利用人的听觉器官鉴别原料的振动声音来检验其品质。原料内部结构的改变，可以从其振动时所发出的声音中表现出来。如用手摇鸡蛋听蛋中是否有声音，来确定蛋的空头的大小和品质的好坏；挑西瓜时，用手敲击西瓜听其发出的声音，来检验西瓜的成熟度等。

5. 触觉检验

触觉检验就是通过手的触觉检验原料的重量、质感（弹性、硬度、膨松状况）等，从而来判断原料的质量。这也是常用的感官检验法之一。例如根据鱼体肌肉的硬度和弹性，可以判断鱼是否新鲜；根据蔬菜的柔韧性可以判断其老嫩；新鲜的肉品组织紧密，富有弹性，手指压后的凹陷很快恢复如初等。在利用触觉检验法检测原料的硬度（或稠度）时，要求温度应为 15 ～ 20℃，因为温度的升降会影响到原料状态的改变。

在以上五种感官检验方法中，以视觉检验和触觉检验应用较多，而且这五种方法也不是孤立的，根据需要情况可同时并用，这样检验出的结果将更准确可靠。

感官检验法是烹饪行业常用的检验原料品质的方法，是人们在长期的实践中经验的积累。通过对食品感官性状的综合性检查，可以及时地鉴别出食品质量有无异常。感官检验方法直观、手段简便，不需要借助特殊仪器设备、专用的检验场所和专业人员，并且常能够察觉理化检验方法所无法鉴别的某些微量变化。感官检验对肉类、水产品、蛋类等动物性原料，更有明显的决定性意义。但感官检验也有局限性，它只能凭人的感觉对原料某些特点做粗略的判断，并不能完全反映其内部的本质变化，而且各人的感觉和经验有一定的差别，感官的敏锐程度也有差异，因此检验的结果往往不如理化检验精确可靠。所以对于用感官检验难以得出结论的原料，应借助于理化检验。

第二节　烹饪原料的贮存保管

烹饪原料的贮存是指根据烹饪原料品质变化的规律，采用适当的方法延缓原料品质的变化，保持新鲜度。

烹饪原料绝大部分来自动物和植物，新鲜原料在收获、运输、贮存、加工等过程中，仍在进行新陈代谢，从而影响到原料的品质。尤其在原料的贮存保管过程中，如果保管不善，将直接影响到原料质量的好坏，进而影响菜点的质量。因此，必须采取一些措施，尽可能地控制原料在贮存过程中的质量变化。

烹饪原料的贮存是烹饪的需要，因为烹饪原料的生产大都有明显的周期性变化，即各种原料的生产都有特定的时间。烹饪原料在生产旺季中产量较高，而其他时间产量较少或无任何生产，这样一来就会造成某些烹饪原料的供应短缺，而很多原料的市场需求却是长年不断的，因此为了延长某种原料的供应时间，就需要对其进行严格的科学贮存，保持其新鲜度，延缓其变质速度。而且，很多原料的生产具有地区性，如沿海地区，海产品原料丰富，而内陆则需从沿海地区采购，为避免原料在运输和销售中变质，也需要对原料进行贮存。此外，烹饪原料的贮存也是宾馆饭店中餐厅、厨房短期原料周转的需要，通过贮存原料以确保厨房中每日菜肴制作的原料供应，并保证原料的品质不变。

一、烹饪原料在贮存过程中的质量变化

烹饪原料在贮存过程中往往由于本身的新陈代谢作用和外界各种因素的影响，其品质会发生各种变化。搞清楚原料在贮存过程中的变化规律，以及影响这些变化的外界条件，就可以采取相应的措施，确定适宜的方法来贮存和保管原料。

（一）原料自身新陈代谢引起的质量变化

新陈代谢是生命活动的基本现象。鲜活的烹饪原料时刻在进行着新陈代谢，进行着各种各样的生理生化反应，这些反应是在酶的催化下进行的，而这些反应的结果，最终会造成烹饪原料品质的改变。生物性烹饪原料在贮存过程中由于自身新陈代谢作用所引发的质量变化主要表现在以下五个方面。

1. 呼吸作用

呼吸作用是生鲜蔬菜和水果在贮存过程中发生的一种生理活动。

植物收获后光合作用基本停止，呼吸作用就成为采后生命活动的主导过程，呼吸作用与植物体的各种生理生化过程有着密切的联系，并制约着这些过程，从而影响到果蔬在贮存中的品质变化，也就是影响到耐贮性和抗病性。植物在田间生长期间，一般总是光合作用合成的有机物质比呼吸作用消耗的有机物质多，因而能不断地积累干物质，不断生长。收获后干物质不仅不能再增加，而且不断被消耗。因此从保存干物质、减少消耗这个角度看，植物性原料收获后应尽可能降低其呼吸作用。但不能把呼吸单纯地看作是一个消极的过程。一切生命活动所需要的能量都要依靠呼吸来提供，采后各种合成过程的原材料也是呼吸的分解产物。采后虽然干物质总量不再增加，但仍有种种合成过程，有时还形成新的细胞和组织。这些过程只能利用蔬菜体内原有的物质，通过分解和再组合而实现。呼吸失调则发生生理障碍，不仅各种过程不能正常进行，还会出现生理病害。从这点出发，植物采收后，应尽可能保持呼吸作用的正常进行。所以，保持植物采收后维持尽可能低的且正常的呼吸过程（也就是生命活动过程），是新鲜植物性原料贮藏保鲜的基本原则和要求。呼吸作用包括有氧呼吸和无氧呼吸两大类型，蔬菜和水果在贮存过程中进行上述两种呼吸。一般说来，葡萄糖是植物细胞呼吸最常用的物质，因此，呼吸作用的过程可以用下列化学反应式表示。

（1）有氧呼吸：是指生物细胞在氧气的参与下，把某些有机物质彻底氧化分解，放出二氧化碳并形成水，同时释放能量的过程。

$$C_6H_{12}O_6+6O_2 \rightarrow 6CO_2+6H_2O+\text{能量}（28.2\times10^6J）$$

（2）无氧呼吸：一般指在无氧条件下，细胞把某些有机物质分解成为不彻底的氧化产物，同时释放能量的过程。这个过程用于高等植物习惯上称为无氧呼吸；如应用于微生物，则习惯上称为发酵。

$$C_6H_{12}O_6 \rightarrow 2C_2H_5OH+2CO_2+\text{能量}（11.7\times10^4J）$$

从上述反应可以看出，蔬菜和果品在贮存过程中进行的呼吸作用，消耗了原料内部贮藏的营养物质（主要是糖类），降低了果蔬的营养价值。同时，由于呼吸过程中释放的大量能量均以热能的形式释放到贮存环境中，使原料贮存环境的温度升高，又进一步促进原料的呼吸作用，这种恶性循环，加速了原料的衰老进程，最终导致原料变质。尤其是无氧呼吸过程中产生的有些物质（如酒精），对果蔬有毒害作用，引起果蔬的生理病害，也降低了原料的耐贮性，从而降低了果蔬的品质。

2. 后熟作用

植物学上的后熟作用是指许多植物的种子脱离母体后，在一定的外界条件下经过一定时间达到生理上成熟的过程。烹饪原料学上的后熟作用常指果品采收后继续成熟的过程。生长在树上的果实，由于受气候条件的限制，或是由于其本身成熟过程中的生物学特性，或是为了调节市场及为了运输中的安全等原因，在果实长到应有大小，但还未充分成熟时采收，这时的果实糖酸比值小，味淡，果肉比较坚硬，涩味浓，口感差，有的甚至不能食用，需要放置一段时间进行自然成熟后才能加工或食用，这就是果实的后熟作用。

果实的后熟实际上是果实在树体上成熟过程的继续，不同之处是果实离开了母体，隔断了水分和营养物质的供给，利用果实本身积累的营养物质进行复杂的生理生化过程，将复杂的有机物转化为简单的物质。果品在后熟过程中，细胞中的物质在酶的催化下发生一系列的生理生化反应，如淀粉水解为单糖而产生甜味；单宁物质聚合成不溶于水的物质而使涩味降低；叶绿素分解而使绿色消退，呈现出叶黄素、胡萝卜素等色素的颜色而使果蔬色泽变艳；有机酸类物质被金属离子中和或转化成其他物质而使得酸味降低；产生挥发性的芳香物质而增加了它们的芳香气味；淀粉的水解和果胶质的分解又使得果实由硬变软。总之，后熟作用能改善有些原料的食用品质，如香蕉、柿子、京白梨、哈密瓜、菠萝等只有经过后熟后，才具有良好的食用价值。但是，果蔬类完成后熟作用后，实际上已处于生理衰老的阶段，容易腐烂变质，较难进行贮存保管。因此该类原料应在其未完全成熟时采收，然后采取措施控制其后熟的速度，延长其后熟的时间，从而达到延长贮存期的目的。

3. 发芽和抽薹

发芽和抽薹是两年或多年生植物终止休眠状态、开始新的生长时发生的一系列变化。该变化主要发生在那些以变态的根、茎、叶作为食用对象的蔬菜，如土豆、大蒜、芦笋、洋葱、萝卜、大白菜等。休眠是蔬菜适应不利环境条件暂时停止生长的现象。一些块茎、鳞茎、球茎、根茎类蔬菜，在结束田间生长时，产品器官内积累了大量的营养物质，细胞原生质内部发生深刻变化，新陈代谢明显降低，生长停止而进入相对静止的状态，这就是休眠。休眠时，蔬菜生理代谢极低，组织与外界物质交换减少，营养成分变化极微，其品质的变化很小，这对保持蔬菜的食用价值和贮存蔬菜都是极为有利的。休眠器官在经历一段时间后，又逐渐脱离休眠状态，而当环境条件适宜时，蔬菜可解除休眠而重新发芽生长，也称为萌发。抽薹是根菜类、叶菜类、鳞茎类等蔬菜在花芽分化以后，花茎从叶丛中伸长生长的现象。发芽和抽薹时，植物细胞各种生理生化反应加剧，营养物质向生长点部位转移，而蔬菜中贮存的养分大量消耗，如大白菜在贮藏中裂球抽薹而外帮脱落，洋葱结束休眠后发芽而鳞茎蔫缩，蒜薹的薹梗老化糠心而薹苞发育成气生鳞茎，萝卜、胡萝卜发芽抽薹而肉质根变糠。所有这些都是物质转移的结果。在此可以看出一个共同特点，就是蔬菜在贮藏中的物质转移，几乎都是从作为食用部分的营养储存器官移向非食用部分的生长点。实际上这种物质转移也是食用器官的组织衰老的症状，其食用价值大大降低。

4. 蒸腾与萎蔫

新鲜蔬菜含水量很高，达 65% ～ 96%，在贮藏中容易因蒸腾脱水而引起组织萎蔫。植物细胞必须水分充足，膨压大，才能使组织呈现坚挺脆嫩的状态，显出光泽并有弹性。这样的蔬菜才算新鲜的。如水分减少，细胞膨压降低，组织萎蔫、疲软、皱缩、光泽消退，蔬菜就失去新鲜状态。蔬菜失鲜，主要就是蒸腾脱水的结果。蔬菜在贮藏中不断蒸腾脱水所引起的最明显现象就是失重和失鲜。失重即所谓“自然损耗”，包括水分和干物质两方面的损失，主要是失水。这是蔬菜贮藏中数量方面的损失。失鲜是质量方面的损失。当蒸腾失去的水分达 5% 时，就会引起组织萎软，失去新鲜状态。蒸腾脱水还引起“糠心”，细胞间隙内空气增多，组织变成乳白色海绵状，黄瓜、蒜薹等很容易产生这种现象，直根、块茎类蔬菜甚至会出现内部空腔即“空心”。蒸腾还会破坏正常的代谢过程。如果仅轻度脱水，可以使冰点降低，提高抗寒能力，并且细胞脱水使膨压稍微下降，组织较为柔软，有利于减少运输和贮存处理时的机械伤害。另外，洋葱和大蒜头，收获后要求充分晾干，使外表的鳞片干燥成膜质，以降低呼吸，加强休眠，减轻腐烂。但如脱水严重，细胞液浓度增高，引起细胞中毒，也会引起一些水解酶的活性加强，加速一些物质的水解过程。如风干的甘薯变甜，原因之一就是脱水引起淀粉水解为糖。组织中水解过程加强，积累呼吸底物，又会进一步刺激呼吸作用。蒸腾萎蔫引起正常的代谢作用被破坏，水解过程加强，以及由于细胞膨压降低而造成的结构特性改变等，显然都会影响到蔬菜的耐贮性、抗病性。

5. 僵直和自溶

僵直和自溶是动物性原料在贮存过程中发生的生理生化变化。

动物经过屠宰放血后体内平衡被打破，从而使机体抵抗外界因素影响、维持体内环境、适应各种不利条件的能力丧失而导致死亡。但是，维持生命以及各个器官、组织的机能并没有同时停止，各种细胞仍在进行各种活动。当动物被宰杀后，由于机体的死亡引起了呼吸与血液循环的停止、氧气供应的中断，首先使肌肉组织内的各种需氧性生物化学反应停止，转变成厌氧性活动，肌肉细胞中的分解酶类在无氧的条件下，将肌肉中的糖原最终分解成乳酸，与此同时，肉中的三磷酸腺苷也逐渐减少，由于这些生物化学变化的进行，肌肉纤维紧缩，从而使肌肉呈僵硬状态，这种现象称为肉的僵直。僵直阶段的肉，其肉质会变硬，进入僵直后期时肉的硬度要比僵直前增加 10 ～ 40 倍，肉的保水性小，弹性差，无鲜肉的自然气味，烹调时不易煮烂，由于该阶段肉中构成风味的成分还没有完全产生，故烹调后的风味也很差。因此，僵直期不是肉的最佳烹调期。肌肉在宰杀后僵直达到最大程度并维持一段时间后，其僵直缓慢解除，肉的质地开始变软，这个过程称为解僵。解僵所需要的时间因动物种类、肌肉类型、温度高低以及其他条件而异，在 0 ～ 4℃的环境温度下，鸡需要 3 ～ 4 小时，猪需要 2 ～ 3 天，牛则需要 7 ～ 10 天。

在自然温度的条件下，肉在解僵过程中，其细胞在酶的作用下，引起乳酸、糖原、呈味物质之间的变化，使原有僵直状态的肉变得柔软而且有弹性，表面微干，带有鲜肉的自然气味，味鲜而易烹调，这种变化称为肉的成熟。肉的成熟过程实际上包括肉的解僵过程，二者所发生的许多变化是一致的。肉的成熟机制到目前为止并未完全阐明，但目前普遍认为成熟过程中肉嫩度等的改善主要源于肌原纤维骨架蛋白的降解和由此引发的肌纤维结构的变化。成熟对肉质的作用表现在以下四方面。

①嫩度的改善。随着肉成熟过程的发展，肉的嫩度产生显著的变化，刚屠宰之后肉的嫩度最好，在极限 pH 时嫩度最差，成熟肉的嫩度有所改善。

②肉保水性的提高。肉在成熟时保水性又有回升，一般宰后 2 ～ 4 小时 pH 下降，极限 pH 在 5.5 左右，此时水合率为 40% ～ 50%。最大尸僵期以后 pH 为 5.6 ～ 5.8，水合率可达 60%。这是因为成熟时肌动球蛋白解离，扩大了空间结构和极性吸引，使肉的吸水能力增强，肉汁的流失减少。

③蛋白质的变化。肉成熟时肌肉中多种酶类对某些蛋白质有一定的分解作用，从而促使成熟过程中肌肉中盐溶性蛋白质的浸出性增加，伴随肉的成熟，蛋白质在酶的作用下肽链解离，使游离的氨基增多，肉的水合力增强，变得柔嫩多汁。

④风味的变化。成熟过程中改善肉风味的物质主要有两类，一类是 ATP 的降解物次黄嘌呤核苷酸（IMP），另一类则是组织蛋白酶类的水解产物氨基酸。随着成熟，肉中浸出物和游离氨基酸的含量增加，多种游离氨基酸存在，主要为谷氨酸、精氨酸、亮氨酸、缬氨酸和甘氨酸，这些氨基酸都具有增加肉的滋味或有改善肉质香气的作用。

当肉的成熟作用完成后，肉中的生化变化就转向自溶，自溶是腐败的前奏。在溶解酶的作用下，肉类发生自体溶解，其结果使肉中所含的复杂有机化合物进一步水解为分子量比较低的小分子物质，使肉带有令人不愉快的气味，肉的组织结构也变得松散，同时由于空气中的氧气与肉中肌红蛋白和血红蛋白相互作用，使肉色发暗。处于自溶阶段的肉，虽尚可食用，但其品质已大大降低。当该阶段的肉被微生物污染后，则很容易发生腐败作用。

（二）微生物引起的质量变化

微生物是所有形体微小的单细胞，甚至没有细胞结构的低等生物或个体结构较为简单的多细胞低等生物的通称。这类生物绝大多数种类不能进行光合作用，必须从其他生物体内获取养分来维持自身的新陈代谢，当它们污染原料后，即在原料内部或表面生长繁殖，消耗原料内的营养物质，使原料发生腐败、霉变或发酵等变化，从而降低原料的品质，甚至使原料失去食用价值。

1. 腐败

腐败多发生在富含蛋白质的原料中，如肉类、蛋类、鱼类、豆制品等。这些原料中的蛋白质经微生物的分解，产生大量的胺类及硫化氢等，出现胺臭味，这种现象称为腐败。

蛋白质→多肽→氨基酸→胺类、硫化氢、吲哚、硫醇等。

引起原料腐败的微生物主要是细菌，特别是那些能分泌胞外酶的腐败细菌。受微生物污染而腐败的原料，品质严重降低，以致失去食用价值。肉类腐败后会出现发黏、变色、气味改变等变化，有些还会生成有毒物质。

2. 霉变

霉变多发生在含糖量较高的原料中，如粮食、水果、淀粉制品、蔬菜等。这些原料在霉菌的污染下发霉的现象称为霉变，这是霉菌在原料中繁殖的结果。霉菌易在有氧、水分少的干燥环境中生长发育，在富含淀粉和糖的原料中也容易滋生霉菌。由于霉菌能分泌大量的糖酶，故能分解原料中的糖类，使原料出现霉斑，原料的组织变得松软，产生异样的酸味或其他气味，有时还产生一些毒素，从而使原料的品质降低，甚至会失去食用价值。如花生米被黄曲霉污染后因产生黄曲霉毒素而失去食用价值。

3. 发酵

发酵是微生物在无氧的情况下，利用酶分解原料中单糖的过程。其分解的产物中有酒精和乳酸等。引起原料发酵的主要是厌氧微生物，如酵母菌、厌氧细菌等。酵母菌在含碳水化合物较多的原料中容易生长发育，而在含蛋白质丰富的原料中一般不生长，在 pH 为 5.0 左右的微酸性环境中生长发育良好。原料经微生物发酵后，会产生不正常的酒味、酸味等令人不愉快的味道，从而使原料的食用价值降低。

二、影响原料品质变化的外界因素

影响原料品质变化的外界因素较多，有物理因素，如温度、湿度、渗透压、空气等；有化学因素，如金属盐类、酸碱度、氧化剂等。这些因素在原料贮存过程中对原料的品质变化有相当大的影响，它们对原料品质的影响主要有两个方面：一是影响原料在贮存过程中的新陈代谢速率，即影响酶的活性；二是影响微生物对原料污染的能力和速度，即影响微生物生长繁殖的速度。

（一）物理因素

1. 温度

温度是影响烹饪原料贮存性能的重要因素。温度升高，可加速原料内部各种成分的化学变化；温度升高可提高各种酶的活性，使酶的分解能力加强，促进蛋白质、脂肪和其他组织成分的分解作用，使原料产生各种小分子化合物，造成营养物质和风味物质的流失；温度升高也会加速微生物生长繁殖的速度，从而加速原料的质量下降；此外温度升高还可影响氧化作用的发生。

2. 水分

原料中的水分是维持原料品质的重要成分，随着水分的流失，蔬菜萎缩失去脆性，肉类肌肉干缩失去弹性和鲜嫩性，蛋品的气室增大而品质下降。相反，原料及贮存环境中水分含量过高，微生物易生长繁殖，则原料易腐败变质。因此，烹饪原料贮存环境中的湿度因原料品种的不同而有差异。

3. 空气

空气中的氧气是氧化反应和一些生化反应所不可缺少的重要成分。氧气浓度越高，引起原料品质变化的化学反应速度越快，从而导致原料品质急剧下降。氧气含量增加同时也加速好氧性微生物生长的速度，从而加快原料的腐败作用。氧气含量增加，植物呼吸作用的强度也会提高。

4. 光照

光是化学反应的催化剂，光能促进油脂的氧化，使色素褪色和蛋白质凝固。所以有色原料和含脂肪量高的原料，须避光贮存。

5. 渗透压

渗透压能影响生物的新陈代谢。食盐或食糖溶液的高渗透压，可以脱出原料和微生物中的水分，从而抑制原料自身的新陈代谢和微生物的生长繁殖。食盐还能减少原料中氧气的溶解量，使好气性微生物的繁殖受阻。

（二）化学因素

1. 金属盐类

一些金属盐类能使蛋白质变性和凝固，使酶失去活性，从而抑制原料的生命活动和微生物的生长繁殖，有利于原料的贮存。

2. 酸和碱

酸和碱能够改变原料贮存环境的酸碱度，影响原料细胞中酶的活性，同时抑制微生物的生长繁殖。

3. 氧化剂

一些具有较强氧化能力的化学物质，具有一定的杀菌能力，可杀灭原料中的微生物。

三、烹饪原料的贮存方法

烹饪原料的贮存方法较多，传统的方法有腌渍、干燥和加热等，现代科学技术的发展，出现了低温贮存法、气调贮存法、辐射贮存法等新方法。现将烹饪中常用的贮存保鲜方法介绍如下。

（一）低温贮存法

低温贮存法是指利用低温（一般在15℃以下）环境来控制微生物生长繁殖、酶活动及其他非酶变质因素，从而贮存原料的方法。此法适用于大部分动物和植物性原料的贮存。

原料在贮存过程中会发生质量的变化，包括生理生化变化、物理变化、化学变化及微生物引起的变化，而这些变化的发生都与温度条件有密切关系。在一定的温度范围内，温度升高能加速原料质量的变化过程，缩短原料的贮存期；而降低温度则可延缓原料质量劣变的过程，增加贮存期。其作用原理表现在以下四个方面。第一，低温抑制了原料中酶的活性，能减弱鲜活原料的新陈代谢强度和生鲜原料的生化变化，从而较好地保持原料中的各种营养成分的含量。原料中的许多反应都是在酶的催化下进行的，而酶的活性（即催化能力）和温度有密切关系。大多数酶的适宜活动温度为30～50℃，随着温度的升高或降低酶的活性均下降。应该注意的是，酶活性在低温贮存中虽有显著下降，但并不说明酶完全失活，即低温对酶并不起完全的抑制作用，在长期冷藏中，酶的作用仍可使原料变质。如胰蛋白酶在–30℃下仍然有微弱的活性，脂肪分解酶在–20℃下仍能引起脂肪的分解。第二，低温抑制了微生物的生长繁殖活动，有效地防止了由于微生物污染所引起的原料质量变化。温度对微生物的生长繁殖影响很大，根据微生物对温度的耐受程度，可将微生物分为嗜冷菌、嗜温菌和嗜热菌三大类（微生物的适应生长温度见表3–1）。绝大多数微生物处于最低生长温度时，新陈代谢已减弱到极低的程度，呈休眠状态。再进一步降温，就会导致微生物的死亡，不过在低温下它们的死亡速度比在高温下缓慢得多。污染原料的微生物绝大部分属于中温微生物，它们在0℃的条件下即可停止繁殖，而低温细菌在0℃或微冻结状态的原料中仍可繁殖，防止这类细菌的污染就需要以更低的温度条件来贮存原料。第三，低温延缓了原料中所含的各种化学成分之间发生的变化，有利于保持原料的色、香、味等品质。第四，低温降低了原料中水分蒸发的速度，从而能减少原料的干耗。

表3–1 微生物的适应生长温度（℃）

类群	最低温度	最适温度	最高温度	种类举例
嗜冷微生物	–10～5	10～20	20～40	水和冷库中的微生物
嗜温微生物	10～15	25～40	40～50	腐败菌、病原菌
嗜热微生物	40～45	55～75	60～80	温泉、堆肥中的微生物

根据贮存时所采用的温度的高低，低温贮存又分为冷却贮存和冷冻贮存两类。

1. 冷却贮存

冷却贮存又称冷藏，是指将原料置于0～10℃尚不结冰的环境中贮存。主要适合于蔬菜、水果、鲜蛋、牛奶等原料的贮藏以及鲜肉、鲜鱼的短时间贮存。冷藏的原料一般不发生冻结的现象，因而能较好地保持原料的风味品质。但在冷藏温度下，原料中酶的活性及各种生理活动并未完全停止，同时一些嗜冷性微生物仍能繁殖，所以原料的贮存期较短，一般为数天到数周不等。

原料在冷藏过程中其品质会发生一系列变化，其变化程度与原料的种类、成分及原料的冷藏条件密切相关，主要变化包括水分蒸发、冷害、后熟作用、移臭和串味、肉的成熟、寒冷收缩、脂肪氧化、果蔬紧密度和脆性的丧失、营养物质转移等，所有变化除了肉类在冷却过程中的成熟作用有助于提高肉的品质外，其他变化均不同程度地使原料品质下降，因此在冷藏中要注意避免或减少这些变化的发生。

冷藏过程中，由于原料的类别不同，它们各自所要求的冷藏温度也有差异。对于动物性原料，如畜、禽、鱼、鲜蛋、鲜乳等，其适宜贮存温度一般在0～4℃；对于植物性原料，如蔬菜、水果等，其冷藏温度的要求很不一致。原产于温带地区的苹果、梨、大白菜、菠菜等适宜冷藏温度为0℃左右；而原产于热带、亚热带地区的蔬果原料，由于其生理特性适应于较高的环境温度，如果采用0℃左右的低温进行冷藏，则因正常生理活动受到干扰而产生“冷害”。部分果蔬的最适贮藏温度和贮藏期见表3-2。

表3-2　部分果蔬的最适贮藏条件及贮藏期

种类	最适条件		贮藏期	冻结温度（℃）
	温度（℃）	相对湿度（%）		
番茄（绿熟）	7.2～12.8	85～90	1～3周	-1.1
番茄（完熟）	12.8～21.1	85～90	4～7天	-0.6
黄瓜	7.2～10.0	90～95	10～14天	-0.5
茄子	7.2～10.0	90	1周	-0.5
青椒	7.2～10.0	90～95	2～3天	-0.7
青豌豆	7.2～10.0	90～95	1～3周	-0.6
甘薯	0	90～95	4～8天	-0.6
白菜	0	90～95	2个月	-1.1～0
菠菜	0	90～95	10～14天	-0.3
洋葱	0	65～70	1～8个月	-0.8
蒜	0	65～70	6～7个月	-0.8

续表

种类	最适条件		贮藏期	冻结温度（℃）
	温度（℃）	相对湿度（%）		
胡萝卜	0	90～95	4～5个月	–1.4
南瓜	10.0～12.8	70～75	2～3个月	–0.8
土豆（春收）	10.0	90	2～3个月	–0.6
土豆（秋收）	3.3～4.4	90	5～8个月	–0.6
橘子	0	85～90	8～12周	–0.8
苹果	–1.1～4.4	90	3～8个月	–1.6
柠檬	14.4～15.6	85～90	1～6周	–1.1
西洋梨	–1.1～0.6	90～95	2～7个月	–1.5
桃子	–0.6～0	90	2～4周	–1.6
杏	–0.6～0	90	1～2周	–0.9
李子	0.6～0	90～95	2～4周	–1.0
樱桃	–1.1～0.6	90～95	2～3周	–0.9
葡萄（欧洲系）	–1.1～0.6	90～95	3～6个月	–1.8
柿子	–1.1	90	3～4个月	–1.3
杨梅	0	90～95	5～7天	–2.2
甜瓜	2.2～4.4	85～90	15天	–0.8
西瓜	7.2～10.0	85～90	3～4周	–0.9
香蕉（绿果）	4.0～10.0	80～85	2～3周	–0.9
香蕉（黄果）	13.3～14.4	90～95	2～4天	–0.9
菠萝	7.2	85～90	2～4周	–0.9

2. 冷冻贮存

冷冻贮存又称冻结贮存，是将原料置于冰点以下的低温中，使原料中大部分水冻结成冰后再以0℃以下的低温进行贮存的方法。适用于肉类、禽类、鱼类等原料的贮存。冷冻贮藏的动物性原料在贮藏前一般要经过初加工处理，如鸡、鸭需掏尽内脏洗干净；家畜肉需分档切割好；鱼类需去鳞除内脏洗净等，这是因为各种动物的内脏常积存大量的污物，在长期贮存中污物的成分逐渐渗透到肉内，影响肉的品质。冷冻贮存中，由于原料中大部分的水结成冰，减少了原料中游离水的含量，降低了水分活度，同时低温又有效地抑制了原料中酶的活性和微生物的生长繁殖，甚至长时间的冷冻还能造成部分微生物死亡，所以冷冻贮存的原料有较长的贮存期。

原料冷冻的温度和冷冻速度对于冷冻原料的品质有很大影响。当原料冷冻时，原料中的水冻结成冰，此时其体积平均可增加10%，由于体积的膨胀，冰晶极容易刺破原料细胞，破坏原料的质构。为了减少原料在冷冻过程中质构的破坏，在原料冷冻贮存时，采取低温快速冷冻的方法，可较好地保持原料的品质。因为快速冷冻时，原料中的水形成微细的水晶，均匀地分布在原料细胞组织内，原料的组织细胞不会发生变形和破裂，当原料解冻使用时，其细胞液不会流失，不会导致细胞受损伤。而原料缓慢冻结时，原料细胞中的水冻结成较大的冰晶，原料组织细胞受挤压而发生变形或破裂，当原料解冻使用时，冰晶液化后的水不能再渗入细胞内，从而使原料中的营养物质大量流失而降低了原料的质量。

值得注意的是，低温贮存法虽可以较长时间地贮存原料，但经过长期贮存后，原料的品质也会有一定的变化。其主要原因是无论冷藏还是冷冻，原料贮存时都会失去部分水分，从而使原料的重量减轻，表面粗糙，使原料的风味、色泽、营养成分和外观等发生变化，导致原料品质的劣变。因此，低温贮存原料也有一定的保质期。在冷冻、冷藏原料时，在原料的表面用保鲜膜或食用塑料纸将原料包裹后进行贮存，由于有效地防止了水分的散失，故可以延长原料的贮存期，并能较好地保持原料的品质。

冷冻贮存的原料在烹饪加工前应先解冻。所谓解冻就是使冻结的原料中的冰晶体融化，恢复到原来的生鲜状态的过程。冷冻的原料在解冻过程中其品质也会发生变化，主要表现在：① 原料内冰晶体融化，原料由冻结状态逐渐软化至生鲜状态，并伴随着汁液的流失；② 因温度上升，原料表面水分蒸发的速度加快，使原料的重量减轻；③ 由于温度升高，原料细胞中酶的活性增强，氧化作用加速，并有利于微生物的生长繁殖。原料在解冻过程中出现的上述现象，对保持原料的品质十分不利，因此在解冻时必须采取适当的方法，将原料在解冻时的变化降到最小的限度。

原料解冻的速度和环境温度对原料品质的恢复影响很大，解冻的速度越慢，环境温度越低，回复到原料细胞中的水分就越多，其汁液损耗越少，原料的品质变化也越小；反之，则品质变化较大。不同的原料要考虑适用其本身特性的解冻方法，烹饪中最常用的解冻方法是低温流水解冻法。原料在水中解冻时表面层被浸胀，重量可增加2%～3%，其营养素的损失较小，而且在水的浸洗下，还能将原料表面的污染物和微生物洗掉，恢复原有品质。除此以外，还有空气解冻法、真空水蒸气凝结解冻法、微波解冻法等。

（二）高温贮存法

高温贮存法是通过加热对原料进行贮存的方法。此法适用于大部分动、植物性原料的贮存。原料经过加热处理，其细胞中的酶被破坏失去活性，原料自身的新陈代谢终止，原料变质的速度减慢；另一方面，加热中绝大多数微生物被杀灭，其对原料腐败的速度也减慢，从而可延长原料的保质期。原料经加热处理后还需及时冷却并密封，以防止温度过高后微生物的二次污染而造成原料的变质。

根据其加热时的温度高低，主要有高温杀菌法和巴氏消毒法两种。

1. 高温杀菌法

高温杀菌法是指利用高温加热（一般温度为 100 ～ 121℃）杀灭原料中的微生物，从而达到贮存效果的一种方法。适用于鱼类、肉类和部分蔬菜的贮存，由于这些原料酸度低，对微生物的抑制作用弱，能被各种微生物污染，因此，只有提高杀菌强度，才能达到保藏原料的目的。高温贮存法的贮存效果主要取决于高温杀菌的程度，同时也与原料的特点和加热的方式有关。一般情况下，多数腐败菌以及病原菌在 70 ～ 80℃条件下经 20 ～ 30 分钟即可灭杀，但是形成孢子的细菌，因耐热性增强，须在 100℃条件下经 30 分钟甚至数小时才可杀灭。

2. 巴氏消毒法

巴氏消毒法是法国生物学家巴斯德发明的，即在 60℃温度下加热 30 分钟杀死有害微生物的方法。适用于啤酒、鲜奶、果汁、酱油等不耐热原料的贮存。这种方法由于加热温度低，只能杀死微生物的营养细胞，而不能杀灭它们的孢子或芽孢。但因为它的加热温度低，故可以最大限度地减少加热对原料质量的影响。随着科学技术的进步，巴氏消毒法已突破原来的杀菌温度和时间，发展为以下三种方法。

（1）低温长时间杀菌法

这是长期以来普遍使用的方法，其杀菌温度为 62 ～ 65℃，加热 30 分钟。该法既可杀灭原料中的致病菌，又不损害原料的风味，能较好地保持食品的营养价值和食用价值。

（2）高温短时间杀菌法

通常杀菌温度为 72 ～ 75℃，加热 15 ～ 16 秒，或在 80 ～ 85℃条件下，加热 10 ～ 15 秒。该法适合于大规模连续化操作的要求，是目前采用较多的一种热杀菌方法。

（3）超高温瞬间杀菌法

杀菌温度提高到 135 ～ 150℃，加热时间极短，通常在 10 秒内。由于加热时间短，因此与其他的热处理方法相比，能更有效地保持食品的营养成分，取得较好的贮存效果。

（三）脱水贮存法

脱水贮存法是将原料中的大部分水分去掉，从而保持原料品质的方法，又称为干燥保藏法。此法适用于大部分动、植物性原料的贮存。原料干制后，由于水分减少，细胞原来所含的糖、酸、盐、蛋白质等内含物的浓度升高，渗透压增大，使入侵的微生物正常的发育和繁殖受阻，微生物长期处于休眠状态；同时由于细胞内水分减少，水分活度降低，原料中酶的活性减弱，新陈代谢的速率下降，使原料变质的速度减慢。

干燥贮存法根据其干燥的方法不同，又可分为自然干燥和人工干燥两类。

1. 自然干燥法

自然干燥是指利用自然界的能量除去原料中的水分，如利用日光或风力将原料晒干或风干，或利用寒冷的天气使原料中的水分冻结，再通过冻融循环而除去原料中的水分。自然干燥法在我国应用普遍，如粮食、干菜、干果、水产品的干制等均可采用此法。自然干燥法利用的是自然能量，不需花费太高的成本，但该法受天气的支配，干燥时间长，同时由于暴露在室外，易遭污染。

2. 人工干燥法

该法是在人为控制下除去原料中的水分，如利用热风、蒸气、减压、冻结等方法脱去原料中的水分。如奶粉、蛋黄粉、豆奶粉等的干制即采用人工干燥法。人工干燥法加工时间短，产品质量易控制，并不受天气的影响，但该法需购置设备，并要消耗能源，故加工成本较高。

原料在干制过程中因受到加热和脱水双重作用的影响，会发生显著的物理变化和化学变化。物理变化主要有重量减少、干缩、表面硬化及质地改变等方面，化学变化主要有蛋白质脱水变性、脂质氧化、产品变色等方面。这些变化都对原料的品质产生一定的影响。

干燥贮存的原料在保管中应注意空气湿度不可过高，防止原料回潮，变质发霉。水分较低的干制品要注意轻拿轻放，以免破损影响品质。干制品必须贮存在光线较暗、干燥和低温的地方。贮存温度低，干制品的保存期长，通常以 0 ～ 2℃最佳，一般不宜超过 10 ～ 14℃。干制品贮存环境的空气相对湿度最好在 65% 以下。此外，干制品贮存时还应注意防止鼠害和虫害。

经干制加工的原料，体积缩小，重量减轻，便于运输和贮存。

（四）腌渍贮存法

腌渍贮存法是利用食盐和食糖对原料进行加工后贮存原料的方法。此法适用于大部分动、植物性原料的贮存。渗透就是溶剂从低浓度溶液经过半渗透膜向高浓度溶液扩散的过程。利用食盐或食糖溶液渗入原料组织内，以提高原料渗透压和降低水分活度，并使微生物细胞的原生质脱水而发生质壁分离，并有选择性地抑制有害微生物活动，促进有益微生物的活动，从而达到贮存原料的目的。

根据所使用的腌渍液不同又可分为盐腌和糖渍两大类。

1. 盐腌法

盐腌是利用食盐来腌制原料，其主要用于猪肉、板鸭、火腿、咸蛋、咸鱼及腌酱菜等。1% 的食盐溶液，可以产生 618kPa 的渗透压。而微生物的耐压能力一般仅为 355 ～ 1783kPa，故 10% 以上的食盐溶液对于绝大多数原料具有较强的保藏能力。但由于微生物对食盐的抵抗能力因种类而异，故不同浓度的食盐，贮存原料的效果不同。5% 的食盐溶液可抑制一般腐败菌的活动，10% 以上的食盐溶液可保住原料不致腐败。但食盐溶液浓度过高，又会影响原料的品质。

2. 糖渍法

糖渍主要利用食糖来腌渍原料，适用于蜜饯、果脯、果酱等。1% 的蔗糖溶液可以产生 608 ～ 709kPa 的渗透压，1% 的葡萄糖溶液可以产生 122kPa 的渗透压。对于一般微生物来说，糖的浓度高于 50% 就可以抑制其繁殖。但在酵母、霉菌中存在着“耐糖”种类，要引起注意。

经腌渍处理后的各类鲜活原料，不但其贮存效果好，而且能产生特殊的风味和颜色。由于在腌制过程中始终伴随着腌制剂的扩散、渗透和吸附，腌制剂进入原料组织内后会发生一系列的生化变化，同时还伴随着复杂的微生物发酵过程，因此会有助于改善和提高原料的品质。腌渍法中有很多产品为我国著名的特色产品，在烹饪中发挥重要的作用。

（五）烟熏贮存法

烟熏贮存法是在腌制的基础上，利用木柴不完全燃烧时所产生的烟气来熏制原料的方法。其主要适用于动物性原料的加工，少数植物性原料也可采用此法（如乌枣）。烟熏时，由于加热减少了原料内部的水分，同时温度升高也能有效地杀死细菌，降低微生物的数量。而且烟熏时的烟气中含有酚类、醇类、有机酸类、羰基化合物和烃类等具有防腐作用的化学物质。故烟熏具有较好的贮存原料的效果。

烟熏贮存的主要目的有以下四个方面：①脱水干燥，杀菌消毒，防止腐败变质，使肉制品耐贮存；②熏烟成分渗入原料内部防止脂肪氧化；③赋予原料特殊的烟熏风味，增加香味；④使原料外观产生特有的烟熏色，对加硝肉制品有促进发色作用。

（六）酸渍贮存法

酸渍贮存法是将原料浸泡在醋等酸性溶液中加以保藏的方法。此法多用于蔬菜的贮存。酸渍贮存法是利用提高原料贮存环境中的氢离子浓度，从而抑制微生物生长繁殖，以达到贮存原料的目的。微生物的生长对环境的 pH 十分敏感，一般情况下，绝大多数微生物在 pH 为 6.6 ～ 7.5 的环境中生长繁殖速度最快，而在 pH 小于 4.0 的环境中难以生长。细菌适宜在中性环境生存，pH 小于 4.5 就不能生存，酵母和霉菌在微酸性环境中生存良好。

酸渍贮存法又分为两种：一是在原料中加入一定量的醋，利用其中的醋酸降低 pH 值，如醋黄瓜、醋蒜等；二是利用乳酸菌的发酵而生成乳酸来降低 pH 值，如泡菜等。

（七）气调贮存法

气调贮存法是通过改变原料贮存环境中的气体组成成分而达到贮存原料目的的方法。此法多用于水果、蔬菜、粮食的贮存，近年来也开始用于肉类和鱼类以及鲜蛋等多种原料。在适宜的低温下，改变原料贮存库或包装袋中正常空气的组成，降低氧气的含量，增加二氧化碳或氮气的含量，从而减弱鲜活原料的呼吸强度，抑制需氧微生物的生长繁殖，减少营养成分的氧化损失，达到延长原料的贮存期和提高贮存效果的目的。

气调贮存法常用的方式有机械气调库、塑料帐幕、塑料薄膜袋、硅橡胶气调袋等。烹饪中运用最多的是塑料薄膜袋对原料进行密封，利用原料的呼吸作用来自动调节袋中氧气和二氧化碳的比例。该法也称为“气调小包装”或“塑料小包装”。

（八）辐射贮存法

辐射贮存法是利用一定剂量的放射线照射原料而使原料延长贮存期的一种方法。该法适合于粮食、果蔬、畜、禽、鱼肉及调味品的贮存。放射线照射原料后，可以杀灭原料上的微生物和昆虫，抑制蔬菜、水果的发芽或后熟，而对原料本身的营养价值没有明显的影响。

辐射贮存法常用的射线有紫外线、α- 射线、γ- 射线等。辐射贮存法与其他贮存方法相比，具有许多优点。原料辐射处理时，射线可以穿过包装和冰结层，杀死原料表面及内部的微生物及害虫，杀菌效果好，而且在照射过程中，温度几乎没有升高，有“冷杀菌”之称，不会引起原料在色、香、味方面的重大变化，外观好，营养价值不降低；同时该法具有良好的保鲜效果，经处理后的原料与新鲜原料在外观形态、组织结构上很难区别；此外，该法没有外加非食品物质残留，且节省能源，加工效率高，处理方法简单。但辐照后，原料中的有些酶可能不会失活，因而可能导致原料感官品质的恶化。另外，由辐照导致的食品安全、卫生等方面的问题需进一步研究。

根据辐射剂量及目的的不同，辐射贮存有以下三种类型。

1. 辐照阿氏杀菌

该法所使用的剂量可以将食品中所有的细菌和病毒杀死，密封保藏的食品经辐照阿氏杀菌后，可以在常温下储藏。剂量范围为 10kGy 以上。

2. 辐照巴氏杀菌

该法所使用的辐射剂量可以杀死无芽孢的致病菌，可以减少引起食品腐败变质的微生物数量。经辐照巴氏杀菌的食品应贮存在 3℃以下。剂量范围为 1 ～ 10kGy。

3. 辐照耐贮杀菌

可以防止土豆和洋葱等蔬菜的发芽，推迟水果的成熟，杀死寄生虫或昆虫虫卵，替代气调储藏或烟熏法，以减少对人体的危害。所用剂量通常在 1kGy 以下。

部分原料的辐射贮存效果见表 3–3。

表 3–3　部分原料的辐射贮存效果

照射效果	照射剂量（kGy）	原料种类
杀菌		
完全杀菌	3 ～ 5	肉制品、发酵原料
杀灭有毒细菌	0.3 ～ 0.5	肉、蛋的沙门氏菌
杀灭腐败细菌	0.1 ～ 0.3	蔬果、鱼虾、畜禽肉
杀虫		
杀灭贮藏害虫	10 ～ 30	大米、小麦、杂粮
杀灭水果阿米巴变形虫	10 ～ 25	橘子、芒果、木瓜
杀灭干燥原料中的壁虱	50 ～ 70	香辛调料、干燥蔬菜
杀灭寄生虫	50	猪肉中的旋毛虫
抑制生长		
抑制发芽生根	5 ～ 15	土豆、洋葱、大蒜
延缓成熟	20 ～ 30	香蕉、木瓜、番茄
促进成熟	20 ～ 100	桃子、柿子
防止开伞	20 ～ 50	蘑菇、松蕈
积蓄待定成分	20 ～ 500	辣椒的叶红素

（九）保鲜剂贮存法

保鲜剂贮存法是在原料中添加具有保鲜作用的化学试剂来增加原料贮存时间的方法，又称为化学贮存。通常在肉制品和罐头制品中运用较多。通过保鲜剂这类化学试剂的作用，控制微生物的生理活动，从而抑制或杀灭腐败微生物；防止或减慢空气中氧与原料中的一些物质发生氧化还原反应，起到保存原料的作用；或通过化学反应吸除包装容器内的游离氧及原料中的氧，生成稳定的化合物，从而防止原料氧化变质。

保鲜剂有防腐剂、抗氧化剂、脱氧剂等几类。

1. 防腐剂

为防止食品因污染微生物而腐败，往往添加化学物质来抑制微生物的增殖，以延长食品的保藏期限，这些化学物质称为防腐剂。防腐剂能控制微生物的生理活动，从而抑制或杀灭腐败微生物，达到使原料防腐的效果。作为食品防腐剂应该具备卫生安全、使用有效、不破坏食品的固有品质等特点。目前世界上用于食品保藏的化学防腐剂有 30 ～ 40 种，按其来源和性质可分为有机防腐剂和无机防腐剂。有机防腐剂又可分为合成有机防腐剂和天然有机防腐剂，目前以合成有机防腐剂在生产中使用最广泛。常用的防腐剂有苯甲酸、苯甲酸钠、山梨酸、山梨酸钾、二氧化硫、丙酸钠、丙酸钙等。

常用防腐剂及使用标准见表 3–4。

表 3–4　常用防腐剂及使用标准

名称	使用范围	用量（g/kg）	备注
苯甲酸 苯甲酸钠	酱油、醋、果汁、果酱、果子露、罐头	1.0	浓缩果汁不得超过2g/kg
	葡萄酒、果酒、琼脂软糖	0.8	苯甲酸与苯甲酸钠同时使用，以苯甲酸计，不得超过最大使用量
	汽酒、汽水	0.2	
	果子汽水	0.4	
	低盐酱菜、面酱类、蜜饯、山楂糕、果子露	0.5	
山梨酸 山梨酸钾	酱油、醋、果酱类、人造奶油、琼脂软糖	1.0	浓缩果汁不得超过2g/kg
	低盐酱菜、面酱蜜饯类、山楂糕、果子露、罐头	0.5	山梨酸与山梨酸钾同时使用，以山梨酸计，不得超过最大使用量
	果汁类、果子露、葡萄酒、果酒	0.6	
	汽酒、汽水	0.2	
二氧化硫 焦亚硫酸钠 焦亚硫酸钾	葡萄酒、果酒	0.25	二氧化硫残留量不得超过 0.05g/kg
对羟基苯甲酸丙酯	清凉饮料	0.10	—
	水果、蔬菜表皮	0.012	
	果汁、果酱	0.20	

2. 抗氧化剂

抗氧化剂能防止原料氧化变质，以延长原料保藏期的一类物质称为抗氧化剂。它们易与氧作用，从而防止或减慢空气中氧与原料中的一些物质发生氧化还原反应，起到保存原料的作用，常用的抗氧化剂有：叔丁基对羟基茴香醚（BHA）、2，6- 二叔丁基甲酚（BHT）、没食子酸丙酯及抗坏血酸等。此类抗氧化剂多用于原料颜色的抗氧化作用和果蔬保鲜等。抗氧化剂用于水果、罐头、果酱等最大量为 0.4 ～ 1.0g/kg，葡萄酒、果汁为 0.15g/kg。

3. 脱氧剂

脱氧剂又称游离氧吸收剂，是一类能够吸除氧的物质。在包装原料中加入吸氧剂，能通过化学反应吸除包装容器内的游离氧及原料中的氧，生成稳定的化合物，从而防止原料氧化变质，常用的脱氧剂有连二亚硫酸钠、碱性糖制剂、特别铁粉等。

本章小结

烹饪原料的品质受很多因素的影响，通过对这些因素的分析，可以制定一些标准，使用一定的方法，对烹饪原料进行正确检验和选择，使烹饪原料做到物尽其用；烹饪原料在贮存和使用过程中品质会发生劣变，必须采用正确的贮存方法进行保管，来延长原料的保质期，从而充分发挥原料的作用。

课堂讨论

1. 每人提交一份自己家乡的名特产烹饪原料的料单，并介绍它们的用法。
2. 冷冻保藏不同类型烹饪原料时的具体要求和注意事项。

复习思考题

1. 烹饪原料的品质受哪些基本因素的影响？
2. 烹饪原料品质检验的标准是什么？
3. 烹饪原料品质检验的方法主要有哪些？理化检验和感官检验各有什么优缺点？
4. 影响烹饪原料质量变化的外界因素有哪些？
5. 低温贮存法贮存原料的原理是什么？
6. 简述冷冻贮存原料的原理和对原料品质的影响。
7. 在保鲜剂贮存法中，常使用的保鲜剂有哪些？它们的最大用量各是多少？
8. 冻结原料在解冻过程中发生哪些变化？常用的解冻方法有哪些？

第二篇 动物性原料

第四章 畜类及乳品原料

本章内容：1. 家畜类
2. 畜肉制品
3. 乳和乳制品

教学时间：6 课时

教学目的：使学生掌握畜类原料的主要种类和品种特点，掌握乳和乳制品的性质特点，并根据特点正确地选择和运用这些原料

教学方式：老师课堂讲授并通过实验验证理论教学

畜类原料是指可供烹饪加工利用的哺乳动物。哺乳动物是动物界中最高等的一个类群，这类动物的主要特征是：躯体一般分为头、颈、躯干、尾和四肢五部分；体表被毛；体腔以膈分为胸腔和腹腔，心脏分两心房和两心室；体温恒定；绝大多数胎生，仅少数低等哺乳类（单孔目）卵生；哺乳。哺乳类在全世界约有4200种，我国有400余种。哺乳动物通常体型较大，食用价值较高。

畜类原料是人类肉食的重要来源，在我国具有悠久的食用加工历史。我国的畜类原料资源十分丰富，各族人民在生产和生活实践过程中，创造了多种多样的加工畜类的烹饪方法，制作出了丰富多彩的畜类原料菜点，其中很多成为全国乃至世界知名的特色产品。

畜类原料一般分为家畜类、畜肉制品、乳和乳制品等几大类。

第一节　家畜类

家畜是指人类为满足肉、乳、毛皮以及担负劳役等需要，经过长期饲养而驯化的哺乳动物。

目前有些野生的哺乳动物正在尝试驯化阶段，如獐、鹿、羚羊、刺猬等，因此“家畜”是一个发展着的、相对的概念。

一、家畜的种类

作为烹饪原料的家畜，主要种类是猪、牛、羊，此外还包括马、驴、骡、兔、狗、骆驼等，但占次要地位。

（一）猪

猪（*Sus scrofa domestica*）是哺乳纲偶蹄目猪科动物。家猪由野猪驯化而来，在我国已有约6000年的饲养历史。目前家猪是中国饲养最多的家畜，也是消费量最高的肉食原料。近年来，由于其他肉类消费量的上升，猪肉的消费量有所下降。

1. 形态特征

头大。鼻与口吻皆长，略向上屈。眼小，耳壳随品种而异，有小而直立，或大而下垂。口阔大，有门牙、犬牙及臼齿。躯干肥大，疏生刚毛，毛色黑或白或黑白混交。四肢短，每肢四趾，前二趾有蹄，后二趾有悬蹄。腹部接近地面。尾小，呈鞭状。

2. 品种和产地

猪的品种全世界约有300多个，中国现有品种100多种。猪的类型缺乏统一的划分标准，可以按照商品用途、血统来源、主要产区分为不同类型。

（1）猪按其商品用途（经济类型）分

瘦肉型，又称鲜肉型，胴体瘦肉率高，适于鲜肉运用；腌肉型，背膘薄而胴体瘦肉多，瘦肉率60%以上，适于腌制咸肉和火腿；脂用型，又称脂肪型，胴体脂肪率高，瘦肉率40%以下，如梅花猪、大花猪等。

（2）猪按其主要产区和特点分

华北型猪，主要分布于淮河、秦岭以北的广大地区，主要品种有东北民猪、北京黑猪、河南项城猪、安徽定远猪、山东莱芜猪、江苏淮猪、西北地区的八眉猪等；华南型猪，主要分布于中国南部的云南、广东、广西、福建和台湾等地，主要品种有广东梅花猪、云南滇南小耳猪、湖南宁乡猪、广东和广西小花猪、福建槐猪等；华中型，分布长江和珠江三角洲间的广大地区，处亚热带，主要有浙江金华猪、湖南宁乡猪、湖北监利猪；江海型，分布于汉水和长江中下游沿岸以及东南沿海的狭长地带，处自然条件交错地带，这些地区经济比较发达，交通便利，使得猪种混杂，主要由华北型和华中型猪杂交而形成；西南型，分布于云贵高原和四川盆地，其中四川的荣昌猪和内江猪是全国有名的品种；高原型，分布于青藏高原，这些地区气候寒冷，使得高原型猪体形小，形似野猪，藏猪为主要代表。

猪的品种及特点

目前我国饲养猪的主要品种及特点，扫描右侧二维码查看。

3. 质量标准

猪肉的颜色在生鲜时一般呈淡红色，煮熟后呈灰白色；肥育猪的肉，肌肉间多夹杂有脂肪。肌肉组织中肌间脂肪含量较多且分布均匀，因而烹调后口感和口味较其他肉类为优；肌肉纤维细致，肉质柔软，结缔组织较少；脂肪白而硬且有光泽，脂肪的含量比其他肉类多，特别是肋部的肉，肥瘦相间，五花三层，更是别具特色。

不同类型的猪肉质量差异较大。育龄为1～2年的猪，其肉质最为鲜嫩味美；饲养不良和育龄较长的猪，肉色呈深红并发暗，质地硬而缺乏脂肪，风味不佳。猪肉的品质还与猪的性别有关，通常以阉猪肉质最佳，母猪次之，公猪最差。另外，卫生状况是决定猪肉品质的重要因素，选用猪肉时，需区别病猪肉、死猪肉、囊虫猪肉、黄脂肉、注水肉和白肌肉等不正常猪肉。

4. 营养及保健

猪肉的营养价值较高，其主要营养素的含量见表4–1。中医认为猪肉味甘咸，性平，具滋阴、润燥的功效，能丰肌体、泽皮肤，可治热病伤津、消渴羸瘦、燥咳、便秘等症。

表 4–1 不同种类猪肉的营养素含量（g/100g 食部）

类别	水	蛋白质	脂肪	糖类	灰分
肥瘦	29.3	9.5	59.8	0.9	0.5
肥	6.0	2.2	90.8	0.9	0.1
瘦	52.6	16.7	28.8	1.0	0.9

5. 饮食禁忌

湿热偏重、痰湿偏盛，舌苔厚腻者，忌食猪肉；患有高血压、冠心病、高血脂和肥胖者，忌食肥猪肉；猪头肉为动风发疾之物，凡有风邪偏盛之人忌食。猪肉忌与乌梅、大黄、桔梗、黄连、首乌、苍耳、吴茱萸、胡黄连等中药一同食用。此外猪肉不宜与龟肉、羊肝、马肉、甲鱼、虾、牛肉、香菜、杏仁等配菜同食。

6. 烹饪运用

猪肉是重要的烹饪原料。在菜点制作中既可作主料，又可作配料，还可作为馅心料；适应除生食外的任何烹调方法，适宜于各种调味，可以制成多种菜肴、小吃、糕点和主食。除了猪肉可作烹饪原料外，猪的内脏、血液及头尾都可用来制作菜肴。

烹调实例：东坡肉

猪肉刮净皮上的余留猪毛，洗净；放入冷水锅中大火烧开，煮至血沫浮起，再煮 5 分钟，捞出，清洗后切成块；把切好的肉块皮朝下放入砂锅内，放入盐、老抽，然后倒入花雕酒，再放入 200g 清水；把砂锅放到大火上烧开，撇去浮沫后加盖转小火炖 1 小时；放入冰糖，再炖 30 分钟；把肉汤放入炒锅内，加适量水淀粉勾成芡汁；将炖好的猪肉块皮朝上整齐地码放在小砂锅中，把芡汁浇在猪肉块上即成。此菜为浙江名菜。

（二）牛

牛（Bovini）是哺乳纲偶蹄目牛科牛属和水牛属家畜的总称。

1. 形态特征

体强大，四肢短，有角一对。角弯中空，无分枝，生于头骨上，终生不脱。前额平。鼻阔，眼耳皆大。上颚无门牙及犬牙，上下颚的臼齿皆强壮，喉下有垂肉。肢具四趾，各为蹄，后二趾不着地，各为悬蹄，毛短，色不等。

2. 品种和产地

牛包括牛属的黄牛（*Bos taurus domestica*）、牦牛（*B. grunnines*）和水牛属的水牛（*Bubalus buffelus*）三种。

黄牛是中国数量最多、分布最广的牛种，主要分布在淮河流域及其以北地区。

黄牛的饲养品种包括各种奶牛、肉用牛、役用为主的黄牛等；水牛主要分布在中国南方各省，是水稻产区的主要役用家畜，主要品种有四川德昌水牛，湖南滨湖水牛等。牦牛又称藏牛，主要分布于西藏、四川北部及新疆、青海等地，长毛过膝，适应高山地区空气稀薄的生态条件，是中国青藏高原的独特畜种，主要有天祝牦牛、麦洼牦牛和大通牦牛等品种。

肉牛的品种及特点

目前我国饲养牛的主要品种及特点，扫描二维码查看。

3. 质量标准

黄牛肉一般为深红色，肌肉组织略硬且有弹性。肌肉纤维较细，组织较紧密，肌间脂肪分布均匀，吃口细嫩芳香。半岁牛犊的肉呈淡红色。老龄和营养不良的牛肉呈暗红色，肌纤维粗，脂肪少、呈淡黄色，质地较软。肥育牛的肉，肌纤维较细嫩，肌肉间夹杂着大量脂肪，形成大理石状的花纹，这类肌肉色泽较淡。水牛肉肌肉发达，但纤维较粗，组织不紧密，肉色暗红，肌间脂肪少，脂肪为白色，质硬，卤煮冷却后刀切易松散，风味较差。牦牛肉肌肉组织较致密，色深红近紫红，肌纤维较细，肌间脂肪沉积较多，脂肪为黄色，肉质柔嫩香醇，风味较好。

在黄牛、水牛和牦牛三种牛中，以牦牛肉质最佳，黄牛肉质次之，水牛肉质最差。在目前运用的牛肉中，以 3 年左右的黄牛肉质量较好。

牛肉虽然含水量比猪肉、羊肉多，但因其肌纤维长而粗糙，肌间筋膜等结缔组织多，加热后凝固收缩性强，故牛肉的质感比猪肉、羊肉老韧。为改善牛肉的肉质，可采取一些致嫩措施。

（1）酶解法

向牛肉中注射蛋白质水解酶（如木瓜蛋白酶），或在切好的牛肉丝、片、丁等中使用嫩肉粉（蛋白质水解酶粉状制剂），使部分蛋白质特别是结缔组织中的纤维蛋白发生水解，以提高牛肉的柔嫩度。

（2）抓浆加辅料法

在切好的牛肉丝、片、丁中加入 1 ～ 2 汤匙植物油及适量食碱，抓拌均匀，可提高牛肉的嫩度。

（3）烹制加调料法

炖煮牛肉时加入山楂、冰糖、茶叶等，也可提高其嫩度。

4. 营养及保健

牛肉含有丰富的营养物质，其主要营养素的含量见表 4–2。中医认为牛肉一般味甘性平，入脾胃经，有补脾胃、益气血、强筋骨的功效。其中，黄牛、牦牛性温，补气；水牛性冷，能安胎补血。

表 4–2　不同种类牛肉的营养素含量（g/100g 食部）

类别	水	蛋白质	脂肪	糖类	灰分
牛肉	57.0	17.7	20.3	4.1	0.9
牛肉（肥）	43.3	15.1	34.5	6.4	0.7
牛肉（瘦）	70.7	20.3	6.2	1.7	1.1
牦牛肉	—	20.0	1.6	1.0	

5. 饮食禁忌

感染性疾病发烧期间忌食；牛肉因含中等量的胆固醇，故高血脂患者忌食；在民间亦有人们视牛肉为发物，对患有湿疹、疮毒、搔痒等皮肤病者忌食；此外，患有肝炎、肾炎者，也应慎食。牛肉不宜与栗子、韭菜、生姜、红糖、白酒等配菜同食。

6. 烹饪运用

牛肉经分档取料后应用，多作主料，适于各种刀工加工，可制作菜肴、小吃等。在烹调使用时，多采用切块后炖、煮、焖、煨、卤、酱等长时间加热的烹调法；但背腰部及部分臀部肌肉等一些较嫩的部位，纤维斜而短，结缔组织少，可顶刀切成丝、片等形状，采用爆、炒等旺火速成的方法加工成菜。用牛肉制作菜肴可制成冷菜、热炒、大菜、汤羹、火锅等。牛肉还可用于腌、腊、干制，可制成牛肉干、牛肉脯、牛肉松等制品。除牛的肉用于烹饪制作菜肴外，牛的副产品如头尾、内脏等均可用来做菜。

烹调实例：干煸牛肉丝

将牛肉洗净沥干，横切成丝；香芹剪去根与叶子后洗净，切成约 3cm 长的段；干辣椒洗净后用剪刀将其竖向剪开，去籽后再剪成条；生姜切丝，大蒜去皮切片，郫县豆瓣剁碎，香菜洗净切成段。热锅放油，放入花椒，炸出香味后下入牛肉丝炒散后继续煸炒，要一直将水分炒干；加入 2 小勺料酒，炒匀；再下入干辣椒、生姜、大蒜、郫县豆瓣，继续将牛肉煸酥；下入芹菜，再加入适量的盐、鸡粉、少许白糖，炒至芹菜断生后放入香菜与生抽，炒匀后出锅即成。此菜为四川名菜。

（三）羊

羊（Caprinae）为哺乳纲牛科羊亚科部分动物的统称。

1. 形态特征

绵羊体躯丰满，被毛细密，多白色。头短，公羊多有螺旋状大角，母羊无角或角细小。唇薄而灵活，适于采食短草。四肢强健。山羊体较狭，头长，颈短，角三棱形呈镰刀状弯曲。颈下有须，喉下常有两肉髯。尾短上翘。一般被毛粗直，多白色，也有黑、青、褐或杂色的。

2. 品种和产地

羊的种类较多，如绵羊、山羊、黄羊、羚羊、青羊、盘羊、岩羊等。作为家畜的羊主要有绵羊和山羊两种。绵羊（*Ovis aries*）的品种至少有500种以上，主要分布于西北、华北以及内蒙古等地。著名品种有蒙古羊、哈萨克羊、藏羊等。山羊（*Capra hircus*）品种很多，主要分布在华北、东北以及四川等地。著名品种有成都麻羊。

肉羊的品种及特点

目前我国饲养羊的主要品种及特点，扫描二维码查看。

3. 质量标准

羊肉的纤维细嫩，并有特殊的风味。脂肪硬。各类羊肉中，尤以羯羊（阉割过的羊）肉质最好，其鲜嫩味美，风味较浓。羔羊肉更为细嫩鲜美，但风味平淡。种公羊有特殊的腥膻味，肉质较老，品质较差。绵羊臀部肌肉丰满，肉质坚实，颜色暗红，肌纤维细而软，肌间脂肪较少，膻味较小。山羊肉质不如绵羊坚实，肉呈较淡的暗红色，皮质厚，皮下脂肪稀少，腹部脂肪较多，肉有明显的膻味，膻味的主要成分是低分子量的挥发性脂肪酸，肉质逊于绵羊。

4. 营养及保健

羊肉营养丰富，其主要营养素的含量见表4–3。羊肉用于食疗保健的历史悠久，早在东汉时期的《伤寒杂病论》一书中就用“当归生姜羊肉汤来治病”。中医认为羊肉味甘性温，具有益气补虚，温中暖下等作用，可用于治疗虚劳羸瘦，腰膝酸软，产后虚冷，腹痛寒疝，虚寒胃痛，肾虚阳痿等症。羊头、羊肝、羊血、羊乳、羊肾等也都有较好的营养保健作用。

表4–3　不同种类羊肉的营养素含量（g/100g食部）

类别	水	蛋白质	脂肪	糖类	灰分
羊肉（肥瘦）	58.7	11.1	28.8	0.8	0.6
羊肉（肥）	33.7	9.3	55.7	0.8	0.5
羊肉（瘦）	67.6	17.3	13.6	0.5	1.0

5. 饮食禁忌

凡在流行性感冒或急性肠炎、菌痢，以及一切感染性疾病发热期间忌食；患有高血压病或平时肝火偏旺、虚火上升之人忌食羊肉，否则会引起头晕症状。羊肉不可与南瓜、西瓜、首乌、半夏、荞麦面等配餐同食。此外，羊肉与茶同食会导致便秘，因为羊肉中含有大量蛋白质，而茶水中含有鞣酸，二者同食时，蛋白质与鞣酸发生化学反应，生成鞣酸蛋白质，对肠道有收敛作用，易导致便秘。

6. 烹饪运用

羊肉约占中国肉食消费总量的4%，在烹调中用途较多，适于烧、烤、涮、扒、炖、爆、炒等多种烹调方法，运用不同的烹调方法可以制成风格各异的佳肴。羊肉一般冬季食用较多。

烹调实例：羊方藏鱼

取鲜羊肋脯肉一长方块（约1.25kg），用料酒、精盐、花椒在羊肉上反复搓擦，再用葱搓抹在羊肉上，腌渍6小时后下沸水锅焯水洗净。取鲫鱼1条（约400g）治净，在鱼身上抹盐、料酒。从羊肉方的侧面批一刀，将鲫鱼镶嵌入羊肉方内，再将羊方放锅中，舀入清水置旺火上，加入料酒、姜片、葱段、花椒、精盐烧沸撇沫、移小火上炖至酥烂，加味精、芝麻油，盛入盘内即成。此菜为江苏传统名菜。

（四）兔

家兔（*Oryctolagus cuniculus domesticus*）属哺乳纲兔形目兔科穴兔属小型食草性动物。

1. 形态特征

体重1～7kg，毛色白、黑、灰、黄褐等。耳长，基部耳缘相连成管状。有两对上门齿，第二上门齿小，位于第一上门齿的后方。上唇中央有纵沟，把上唇分为两瓣。尾短而上翘，后肢比前肢长而且强健。肛门附近有鼠蹊腺一对，有异臭。

2. 品种和产地

家兔是由野兔驯化而来的。兔有60余个品种，按其用途可分为肉用兔、皮肉用兔、毛用兔和皮用兔四大类。作为烹饪原料利用的主要是肉用兔、皮肉用兔。我国各地均有饲养。

目前我国肉用兔的主要品种及特点，扫描二维码查看。

肉用兔的品种及特点

3. 质量标准

兔肉质地细嫩，肉色一般为淡红色或红色，肌纤维细而柔软，肉质坚实富有弹性，指压凹陷立即恢复，没有粗糙的结缔组织。脂肪为白色或浅蔷薇色。皮下、肌间脂肪较少，多沉积于体腔内。

4. 营养及保健

兔肉营养丰富，味道鲜美，蛋白质含量高，脂肪含量低，且具有较高的消化率，因此兔肉目前极受人们的喜爱。西方人将其称为“美容肉”。每100g兔肉中含蛋白质21～24g，脂肪0.4～3.8g，以及多种维生素和矿物质。中医认为兔肉味甘性凉，有补中益气、止渴健脾、滋阴凉血、解毒的功效。对消渴羸瘦，胃热呕吐，便血等病症有一定疗效。

5. 饮食禁忌

根据经验，孕妇、阳虚之人及脾胃寒虚、腹泻便溏者忌食。兔肉不可与鸡肉、生姜、芥末、橘子、青菜同食，否则易导致腹泻。

6. 烹饪运用

兔在烹制前需剥去皮；兔的生殖、排泄器官、脊椎骨和各种腺体有很浓的腥臊味，初加工时应注意除去；兔肉略带土腥味，须用凉水将兔血冲洗干净，然后方可烹调。选用兔肉以饲养1年左右的兔最佳。兔肉烹调时，切块后适于烧、炖、焖等，如红烧兔肉、清炖兔肉等；切成丁、片、丝后可炒、爆，如生爆兔丁、滑炒兔丁等；切成薄片氽、涮；制作冷菜可卤、酱、拌，如五香兔肉、麻辣兔丝等。因兔肉脂肪含量少，故加工时宜多放些油，以增加其风味。

烹调实例：五香兔肉

将兔肉洗净剁成数块装入碗中，用花椒、大料、桂皮、精盐和少量水熬成五香水，倒入兔肉中腌一晚上，捞出，下锅前用红酱油拌匀；锅上火，加油烧至九成热下兔肉炸至金黄色时捞出；砂锅内加清汤和兔肉（以漫过兔肉为度），再投入大料、花椒、糖、酱油、葱、姜、料酒，先置大火上烧沸，再改小火炖约1小时，加味精，置中火收汁；淋麻油，出锅切成小块装盘即成。

（五）驴

驴（*Equus*）为哺乳纲奇蹄目马科马属家畜。

1. 形态特征

体较马小，耳长，尾根毛少，尾端似牛尾。被毛灰、褐或黑色。灰、褐驴的背、肩和四肢中部常见暗色条纹。黑驴眼、嘴及腹部被淡色毛。仅前肢有附蝉。

2. 品种和产地

驴是由野驴长期人工驯化而来的家畜，中国内地的驴系由亚洲野驴驯化而来，主要供役用，也可食用。驴在我国主要分布在新疆、甘肃、山西、陕西、河南、山东、河北、黑龙江等地。按毛色分有灰、黑、青、棕四种；按体型大小可分为大型种、中型种和小型种三类。

3. 质量标准

驴肉肉色暗红，纤维粗，肉味近于牛肉，比牛肉细嫩，肌肉组织结实而有弹性。肌间结缔组织极少，脂肪颜色淡黄。滋味浓香。

4. 营养及保健

驴肉每100g含蛋白质18.6g、脂肪0.7g，以及维生素、矿物质等。中医认为驴肉味甘酸，性平，能补气血，益脏腑，对于积年劳损，久病初愈，气血亏损，短气乏力，倦怠羸瘦，食欲不振，心悸失眠者有一定的食疗补益作用。用驴皮熬胶，所得驴皮胶（山东东阿所产者称阿胶）是名贵的滋补品。

5. 饮食禁忌

食用驴肉后忌饮荆芥茶。瘙痒性皮肤疾病患者及孕妇忌食。

6. 烹饪运用

驴肉质地比牛肉细嫩，味道鲜美，民间有“天上的龙肉，地上的驴肉”之誉。驴肉因含致病微生物，故烹制驴肉不宜用炒、爆等快速成菜的方法，宜采用卤、酱、爆、烧、炖、煮、扒等长时间加热的方法；驴肉稍有腥味，烹调时可加入姜、葱、黄酒、花椒等增香去异味，也可用少量苏打粉拌和切好的驴肉片或驴肉丝；调味时味宜浓厚，如红油味、麻辣味、蒜香味、芥末味等。驴肉还可加工成腌、腊制品。

烹调实例：五香酱驴肉

将驴肉用清水清洗干净，再浸泡 5 小时；汤锅置火上，注入清水烧开，放入泡好的驴肉氽一下，然后放入凉水中过凉；将锅置火上，加入冰糖炒至金红色，下入清水、酱油、精盐、料酒烧开，打去浮沫；再加入用红曲米煮红的水及山楂片；将花椒、豆蔻、草果、桂皮、白芷、大料装入纱布袋内扎好口，同放入锅中，再加入葱段、姜片，烧开后煮约 3 分钟；将驴肉放入，然后用旺火烧开，撇去浮沫，再用中火炖烧 3.5 小时，至酥烂为止；然后取出晾凉，即可改刀切片装盘食用。

（六）马

马（*Equus caballus*）为哺乳纲奇蹄目马科马属草食性家畜，是中国重要的家畜之一。

1. 形态特征

耳小直立，面长。额、颈上缘、鬐甲及尾有长毛。四肢强健，内侧有附蝉，第三趾最发达，趾端为蹄，其余各趾退化。毛色复杂，有骝、栗、青、黑等。

2. 品种和产地

马有挽用、骑乘用和肉用三种类型，在中国以役用为主。中国养马的历史已很久，但通常不作食用，仅以老马或失去役用价值的马供食用。中国的马主要分布在东北、西北和西南地区。中国牧民素有吃马肉的习惯，多在冬季或招待贵客时杀马吃肉。近年来为适应需求，肉用马饲养业已有所发展。

3. 质量标准

马肉肉色红褐并略微显青色；瘦肉较多，肌肉纤维较粗；肉内结缔组织含量多，肉质较硬；脂肪柔软，略带黄色，熔点较高。马肉中糖原的含量较多，因此具有特殊香味，但也容易发酸。马肉的肉质以放牧育成的好；舍饲的老龄役马肉纤维粗硬，无脂肪层，水煮时有难闻的气味。

4. 营养及保健

马肉每 100g 含蛋白质 19.6g、脂肪 0.8g，以及维生素、矿物质等。中医认为马肉味甘酸性寒，有除热下气、长筋骨、强腰脊、壮健、强志轻身等功效。

5. 饮食禁忌

患有痢疾、疥疮之人忌食。马肉不可与生姜、猪肉同食。

6. 烹饪运用

马肉的烹调不宜生炒生爆，宜用长时间加热的炖、煮、卤、酱等方法，也可重味红烧或先白煮后再烧、烩、炒、拌等。马肉菜肴的调味宜浓口重味，多用香料以矫正异味。传统名食有桂林马肉米粉、呼和浩特车架刀片五香马肉、哈萨克族的马肉腊肠等。此外马肉也可腌、腊、熏等用来加工成肉制品。

烹调实例：马肉米粉

马肉米粉由腌马肉做菜的汤烫粉（即米线），再配以油炸花生、辣椒粉、蒜苗、芝麻油等制成。

把生马肉切成 1 ～ 2kg 的块，剔去筋膜，用盐和万分之五的硝拌匀，放进瓦缸内腌浸 6 天，中间翻缸一次，起缸后用开水浇过，置通风处晾干，用时先入汤锅煮熟，再经油炸而成。也有在非供应季节预将马肉制成腊干货，届时再用。汤水则要投入猪骨头和腌制好的马肉熬煮，如能加入马脊骨、马筒骨则更为对味。

（七）狗

狗（*Ganis familaris*）又称犬、地羊，哺乳纲食肉目犬科犬属动物。狗系由狼驯化而来的，是人类驯养最早的动物之一。中国是驯养狗最早的国家，古代称大者为犬、小者为狗。

1. 形态特征

耳短直立或下垂，听觉、嗅觉灵敏。齿锐利。舌长而薄，有散热功能。前肢五趾，后肢四趾，有勾爪。尾上卷或下垂。

2. 品种和产地

狗经过人类的长期驯化，已形成了 300 多个品种，按用途可分为牧羊犬、猎犬、玩赏犬、挽曳犬、皮肉用犬等。早在商周时期，狗肉便是宫廷宴饮、祭祀大典上不可缺少的美味。现在以广东和东北朝鲜族食用较多。全国各地均有饲养。

3. 质量标准

狗肉的肌肉坚实，肌纤维细嫩，其间夹有少量脂肪，肌束较粗，切面呈颗粒状，肉色暗红，脂肪为白色或灰白色，柔软滑润，但有腥味。

4. 营养及保健

狗肉每 100g 可食部分含蛋白质 16.8g、脂肪 4.6g，以及多种维生素和矿物质。

狗肉性温，大热，有温补、壮阳作用。适用于久疟虚寒、阳痿等症。

5. 饮食禁忌

凡发热以及热病后忌食狗肉；阴虚火旺之人忌食；狗肉性温，多食生热助火，多痰发渴，因此各种急性炎症、湿疹、痈疽、疮癌患者和妊娠妇女都应忌食。狗肉与鲤鱼同食会产生危害人体健康的有毒物质；与大蒜同食容易损害胃肠引发血痢；与绿豆同食引起腹胀；与生姜同食会引起腹痛；与茶同食易致便秘。

6. 烹饪运用

狗肉入馔以仔狗为佳，适于炖、焖、烧、卤、酱、煮等长时间加热的烹调方法，最宜砂锅炖、焖；狗肉的土腥味较重，因此烹调时一定要注意除腥，一般先将狗肉放在清水中浸泡数小时而后取出，再用清水充分洗净，投入沸水锅内，加姜片、葱段、黄酒等煮透即可，若加些蒜泥、辣椒酱等味道更好。菜品有：江苏的鼋汁狗肉、广东的狗肉煲、海南的火锅狗肉等，此外还有红烧狗肉、砂锅狗肉、黄焖狗肉、椒盐狗肉等。因为狗肉中寄生有旋毛虫幼体，短时间加热不能彻底杀死此种寄生虫，所以不宜用爆、炒、熘等旺火速成法加工；此外，病狗和疯狗的肉不能食用。

烹调实例：狗肉煲

狗肉连骨斩成小块，入热锅炒至不见水溢；炒锅烧热下油，放入蒜泥、豆酱、芝麻酱、腐乳、去皮姜块、蒜苗段和狗肉，边炒边加花生油，炒 5 分钟后加料酒、高汤、盐、黄糖、酱油、陈皮烧沸；转倒入砂锅焖 90 分钟至软烂。食时加茼蒿、生菜、花生油，并另以小碟分盛辣椒丝、柠檬叶丝、熟花生油供佐食。

二、家畜肉

（一）家畜肉的概念

家畜肉是家畜类原料供烹饪运用的最主要部分。广义的“肉”是指能够供人类食用的、构成动物肌体的多种组织的统称。商品学中的“肉”是指家畜类经宰杀后，去毛、剥皮（或不剥皮），去头、尾、蹄爪、内脏后所得到的胴体部分。商品肉包括肌肉、脂肪、骨、软骨、筋膜、腱、血管、神经等。

（二）家畜肉的组织结构

烹饪中运用的家畜肉，从形态上看主要由肌肉组织、脂肪组织、结缔组织、骨骼组织等部分构成的。其各组成部分的比例，取决于家畜的种类、性别、饲养时间、育肥方法、饲料质量及家畜宰杀前的运动状况等许多因素。而各组成部分的比例对家畜肉的品质有很大的影响。

1. 肌肉组织

肌肉组织是家畜肉最主要的组成部分，占整个畜肉重量的50%～60%。肌肉组织的基本组成单位是肌纤维（肌细胞），肌纤维内大部分空间充满了许多纵向排列的肌原纤维。一簇簇肌纤维集合成肌纤维束，外面包有结缔组织膜即“肌束膜”。一块肌肉由许多这样的肌纤维束被结缔组织联合在一起，外面还包一层结缔组织鞘膜即“肌外膜”。

肌纤维的性质特点因动物种类、性别不同而有差异，是影响肉嫩度的重要因素。水牛肉肌纤维最粗，黄牛肉、猪肉次之，绵羊肉最细；公畜肉粗，母畜肉细。

根据肌纤维的特性，肌肉组织又可分为骨骼肌、平滑肌和心肌三类。其中骨骼肌分布最广，在数量上也占绝大多数，是构成家畜体壁和四肢的肌肉，食用价值最高；平滑肌主要分布在消化道和血管壁上，是构成家畜内脏的肌肉；心肌是构成心脏的肌肉，分布在心脏的肌层。

肌纤维中的细胞质，称为肌浆，俗称“肉汁”，填充于肌原纤维间和细胞核的周围，是肌细胞内的胶体物质，含水分75%～80%。肌浆内富含肌红蛋白、酶、肌糖原及其代谢产物和无机盐类等。根据肌纤维外观和代谢特点的不同，分为红肌纤维、白肌纤维和中间型纤维三类。白肌也称白色肌肉，是指颜色比较白的肌肉，是针对红肌而言的，其特点是肌红蛋白含量少，线粒体的大小与数量均比红肌少，白肌较红肌收缩快而有力，但比红肌易于疲劳。红肌由于其肌红蛋白、线粒体的含量高从而使肌肉显红色。有些肌肉组织全部由红肌纤维或白肌纤维构成，但大多数肉用家畜的肌肉组织是由两种或三种肌纤维混合而成。

肌肉组织中含有丰富的营养物质，所以畜肉中肌肉组织含量的多少，是决定畜肉品质的重要因素。也决定畜肉食用价值的高低。肌肉组织在畜肉中分布不均匀，且各部位的肉质也有差别，如背部、臀部肌肉较多，肉的品质也较好；腹部的肌肉较少，品质也较差。

2. 脂肪组织

脂肪组织的构造单位是脂肪细胞。脂肪细胞或单个或成群地借助于疏松结缔组织联在一起，细胞中心充满脂肪滴，细胞核被挤到周边。脂肪细胞外层有一层膜，膜由胶状的原生质构成，细胞核位于原生质中。

脂肪组织是决定畜肉品质的第二个因素，脂肪组织约占整个畜肉重量的20%～30%。在家畜体内，脂肪组织主要以贮藏脂肪和肌间脂肪两种状态存在。其中贮藏脂肪主要存在于皮下、腹腔内脏器官周围、肠系膜等处，肌间脂肪则存在于肌肉间或肌束间。

脂肪组织的分布、性质随动物的种类、年龄和饲料的不同而不同。老龄役用动物的脂肪多沉积于腹腔内和皮下，肌间较少；幼龄和非役用型动物的脂肪多沉积在肌肉间，而皮下和腹腔内较少。脂肪组织分布在肌肉中形成的肌间脂肪不仅使肉的断面呈大理石外观，而且能改善肉的滋味和口感，阉割的动物较未阉割的动物能贮积脂肪而迅速肥育，奶牛由于奶中带有脂肪而肌间脂肪较少。

家畜脂肪组织的颜色较淡，一般情况下，猪、羊脂洁白，马脂呈黄色，黄牛脂呈微黄色，水牛脂呈白色。

脂肪组织对肉的风味有重要的影响，特别是肌间脂肪更为重要。肌肉中肌间脂肪含量多，可防止水分和肉汁的流失，则肌肉不仅柔软质嫩，容易咀嚼，而且多汁液，营养丰富，风味好。

3. 结缔组织

结缔组织在畜肉中占 9% ～ 14%。其含量的多少对肉质有较大的影响。结缔组织在动物体内分布很广，是构成肌腱、筋膜、韧带及肌肉内、外膜的主要成分。血管、淋巴管、毛皮、肌肉、脂肪组织中均有结缔组织，在动物体内起支持、连接、保护作用，并赋予肉以韧性和伸缩性，维持各器官一定的形态。肉中的结缔组织是由基质、细胞和细胞外纤维组成，胶原蛋白和弹性蛋白都属于细胞外纤维。结缔组织的化学成分主要取决于胶原纤维和弹性纤维的比例。

结缔组织在肉中的含量依动物种类、年龄、性别和用途不同而不同，役用、老龄动物肉中结缔组织较多；同一畜体，由于各部位肌肉的紧张程度不同，结缔组织的含量也不一样，一般畜体的前半部多于后半部，下半部多于上半部。由于构成结缔组织的纤维为胶原纤维、弹性纤维及网状纤维，这些物质属于硬性非完全蛋白质，具有坚硬、难溶、不易消化的特点，故营养价值较低，所以富含结缔组织的肉，不仅适口性差，而且营养价值很低。

4. 骨骼组织

骨骼组织包括硬骨、软骨，其在畜肉中占 15% ～ 20%，是动物体的支架，同时又是钙、镁、钠等元素离子的贮存组织。骨骼组织与结缔组织一样也是由细胞、纤维性成分和基质组成，但不同的是其基质已被钙化，所以很坚硬。家畜的骨骼类型较多，在家畜肉中的分布也不均匀。骨骼按形态分为长骨（管状骨）、短骨、扁骨、不规则骨。家畜四肢的骨骼大多为长骨，其中的骨髓煮熬时能产生大量的骨油和骨胶，可增加肉汤的滋味，并使其具有凝固性，利用价值较高。

两骨相连接的地方又称为关节。依其连接后能否活动，可分为不动关节和可动关节两类。不动关节是指两骨相接后再不能独自活动，这种方式形成的关节常见于头骨骨片间的连接和腰带各骨间的连接。两骨交界的地方或者有结缔组织，或者有薄层软骨，或者就是骨和骨的直接相连，动物长大后，骨间的界缝常消失。可动关节是指两骨相连接后仍能各自保持活动，这种方式形成的关节由三个部分组成，即关节面、关节囊和关节腔（图 4–1）。在关节面上被覆着关节软骨，软骨表面十分光滑，有减少摩擦的作用。在关节的外面紧紧地包围着由结缔组织构成的关节囊，它固定在关节面的周缘形成密闭的关节腔。关节的类型与家畜肉的分档和分割有关，一般可动关节容易分离，而不动关节不易分离。

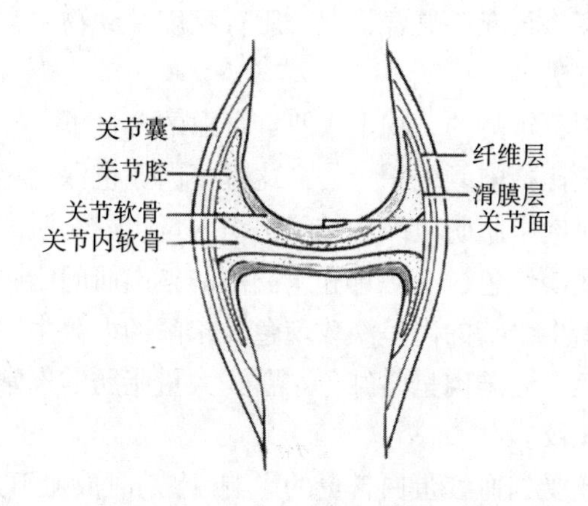

图 4–1　关节的构造

由于骨骼本身食用价值很低，故畜肉中骨骼组织含量越多，则该畜肉的食用价值就越低。

（三）家畜肉的理化特性

1. 物理性质

（1）密度

密度通常指每立方米体积的物质所具有的重量，它与动物肉的种类、含脂肪的数量不同有关，含脂肪越多，其密度越小，含脂肪越少，其密度越大。

（2）热学性质

①肉的比热容和冻结潜热。动物肉的比热容随着肉的含水量、脂肪比率的不同而变化。一般含水量越高，则比热容和冻结潜热增大，含脂肪率越高，则比热容、冻结潜热越少。另外冰点以下比热容急剧减少，这是由于肌肉中水结冰而造成的。肉的比热容小于水。

②冰点。肉中水分开始结冰的温度称作冰点。它随动物种类、死后的条件不同而不完全相同。一般肉的冰点在 –1.7 ～ –0.8℃。

③导热系数。肉的导热系数大小决定于冷却、冻结和解冻时温度升降的快慢，也取决于肉的组织结构、部位、肌肉纤维的方向、冻结状态等。因此，正确地测出肉的导热系数是很困难的。肉的导热系数随温度下降而增大，这是因为冰的导热系数比水的导热系数大，故冻结后的肉类更容易导热。

（3）肉色

肉的颜色是消费者对肉品质量的第一印象，也是消费者对肉品质量进行评价的主要依据。

畜肉的色泽主要由肌红蛋白和血红蛋白形成，同时也和脂肪有关。影响家畜肉色泽的因素包括宰杀状况、氧合状况、肥育程度及动物种类、性别、年龄、冷却、冻结和解冻的方法等。

不同种类、性别、年龄的动物由于肌红蛋白的含量不一样，肌肉的颜色略有差异。牛、羊肉一般比猪肉颜色深，公畜比母畜肉颜色深，年老的较年幼的动物肉颜色深。此外，肌肉中脂肪组织和结缔组织含量也影响肌肉的颜色。肥育良好的成年猪及幼猪肉呈淡红色，未肥育和未阉割的猪肉肌间脂肪少而呈深红色；阉公牛肉呈淡红色，新生牛犊的肉呈淡玫瑰色，未阉的老公牛肉呈暗红色；成年羊肉呈鲜红色或砖红色，老羊肉呈暗红色。蓄积大量脂肪的肉常呈淡红而带白色或淡黄色的大理石状花纹。

家畜肉的色泽还受到血红蛋白含量的影响。宰杀时放血不充分的肉呈暗红色，活动量大的肌肉由于含肌红蛋白和血红蛋白较多，肉色较深，如心肌、膈肌、颈部及腿部肌肉等。

氧合状态也是影响肌肉颜色的一个至关重要的因素，肌红蛋白呈淡紫色，而氧合肌红蛋白呈鲜红色。所以大块肉表面一般呈鲜红色而其内部色泽较紫，同时放置在空气中的肉块随着时间的延长会发生由暗红色变成鲜红色，再变成红褐色等现象。

冷冻和加热对肉的色泽均有影响。反复冷冻和解冻的肉呈暗红色。加热可使肌红蛋白和血红蛋白的蛋白部分（球蛋白）变性，使肉的色泽由鲜红色逐渐变成灰褐色。

肉类在烹制过程中，色泽会发生变化，肌肉的颜色主要取决于肉中存在的肌红蛋白衍生物及其分解产物的量。而这种变化受加热方式，加热温度及加热时间的影响。烹制时，肉由红色逐渐变成较淡的颜色，最后变成灰色或棕色。生肉的红色主要是因为肌肉中的肌红蛋白所致，而烹熟后的颜色，则是由一些色素以及由糖类、蛋白质、脂肪等物质的分解或聚合所形成的产物所致。一般情况下，生肉在60℃下颜色仅有微小的变化，温度达65～70℃时，则红色近乎消失，达到75℃时肉已烹熟。如在水中慢慢加热（如炖），水温将到沸点时，肉的外表变成淡灰色，如再进一步加热较长时间，则肉会变为棕色。这种变化的原因，是由于慢慢加热的过程中，肌红蛋白发生变性和氧化所致。

烹饪中为了保持肉的颜色，常用硝为定色剂。即在腌制肉时加一些硝酸盐，烹制后，肉的色泽并不改变，这是因为其中含有对热稳定的一氧化氮肌红蛋白。

（4）持水性

肉的持水性是指在肉的加工过程（包括斩拌、绞碎、腌制、加热、冷冻）中对肉中固有的水分及添加到肉中的水分的保持能力。肉的持水性能主要与肉中的蛋白质有关。蛋白质分子与蛋白质分子之间通过各种化学键交织、缠绕形成有序的三维空间网状结构，一方面通过网状结构的间隙封闭性阻滞一部分水；另一方面蛋白质分子表面极性基团和表面净电荷的作用结合一部分水（结合水）。此外，肉中的无机盐类、酸碱度及其他生物化学变化的发生也影响肉的保水性。

肉的持水性对肉的嫩度、多汁性等特点有很大的影响。不同动物肉的持水性不一样，家兔肉的保水性最好，牛肉、羊肉、猪肉、鸡肉、马肉依次降低。同一畜体不同部位肉的持水性也不一样，猪肩胛部肌肉比臀部肌肉持水性大。冷冻的肌肉解冻后持水性降低。因此它们烹制出的菜肴质量变化较大。

（5）肉的嫩度

肉的嫩度又叫肉的柔软性，指肉在食用时口感的老嫩，反映了肉的质地。通常指肉入口咀嚼时对碎裂的抵抗力，即煮熟肉类的柔软、多汁和易于被嚼烂的程度，由肌肉中各种蛋白质的结构特性决定。肉的柔嫩度在食用时有三种表示方式：第一是当咀嚼开始时牙齿容易咬入肉中，第二是肉类容易断裂成片，第三是在咀嚼后所残留的量有多少。肉的嫩度是评价肉食用品质的指标之一，它是消费者评判肉质优劣的最常用指标，特别在评价牛肉、羊肉的食用品质时，嫩度指标最为重要。

肉的嫩度本质上反映的是切断一定厚度的肉块所需要的力量。肉在切割过程中会受到肌纤维、结缔组织、脂肪等肌肉结构的阻力，因此，肉的嫩度在本质上取决于肌纤维直径、肌纤维密度、肌纤维类型、肌纤维完整性、肌内脂肪含量、结缔组织含量、结缔组织类型及交联状况等因素的状况，这些因素及影响这些因素变化的内在因素（如品种、部位）和外在因素（如饲养管理、成熟条件、烹调温度）都会直接或间接地影响肉的嫩度。不同种类和不同部位的肉肌纤维在类型、直径、密度等方面差异很大，因此肉的嫩度也有很大差别。一般对同一品种、同一部位的肌肉而言，肌纤维直径越粗，肉的嫩度越差；肌肉中含不溶性胶原纤维的结缔组织越多，肉就会越老。从外观上肌内脂肪含量表现为肌肉的大理石花纹丰富程度，肉的大理石花纹越丰富，肌内脂肪含量越高，肉的嫩度往往越大。

结缔组织含量是影响肉嫩度最重要的因素。肉中结缔组织含量越多，则嫩度越差。结缔组织影响肉嫩度的直接原因是结缔组织中胶原纤维和弹性纤维的含量。在 57 ～ 60℃温度范围内，结缔组织中胶原纤维随着时间的延长可转变成明胶，有一定的软化作用。畜体宰后的成熟排酸也是肉致嫩的重要一环。

而肉类在烹熟的过程中，因烹调技法的不同，其柔嫩度也不同。如结缔组织含量多的肉，若采用炖等长时间加热的烹调方法进行烹调，其柔嫩度增加；若采用短时间加热的炒等烹调方法进行烹调，则其柔嫩度变差。而结缔组织含量少的肉，若采用炖等长时间加热的烹调方法进行烹调，其柔嫩度减少；若采用短时间加热的炒等烹调方法进行烹调，则其柔嫩度增加。热加工对肉的嫩度影响较为复杂。一方面加热时脂肪溶解，结缔组织中的胶原纤维变成明胶，肌肉纤维分离使其有序组织结构变成分离状态，这些均有利于肉的嫩化；另一方面加热过度，肌肉纤维收缩，水分蒸发使肉变韧。加热时肉的嫩度变化是由这样对立统一的两个方面决定的。

目前烹饪上逐渐使用人工致嫩方法改变肉的嫩度。如加入菠萝蛋白酶、无花果蛋白酶、胰蛋白酶、木瓜蛋白酶等蛋白酶类，利用蛋白酶对蛋白质的分解作用使肉嫩化，值得注意的是，酶法致嫩受渗透程度、温度、pH 等的影响。

（6）气味

肉的气味是评价肉的质量的重要指标之一，决定于其中所存在的特殊挥发性脂肪酸及芳香物质的量和种类。

生肉的气味并不很强烈，但加热的各种肉类往往表现出特征性的气味。产生气味的物质浓度很低，大多很不稳定，易受氧分解和氧化。不同种类动物肉的气味与脂类有关，有研究表明：牛肉、猪肉、羊肉、鸡肉去脂后主要香气成分是相同的，而将脂质部分加入则产生各自的特异性气味。羊肉和牛肉特殊的膻气与一些低级的脂肪酸有关，如 4- 甲基辛酸和 4- 甲基壬酸等。猪肉的脂肪和肌肉的主要风味和香气，是由其中所含的丙酮、氨、二氧化碳、乳酸、巯基等物质决定的。牛肉气味的产生物质与猪肉差不多，但还含有甲基醇等。

影响肉的气味的原因有：①生理原因，如母牛肉和键牛肉带有令人愉快的香气，家兔肉有令人不适的气味，山羊肉比绵羊肉臊腥气重，未阉割的公山羊或公猪的肉，腥臭特别严重等；②动物宰前饲喂大量气味重的饲料，会影响肉的气味，如绵羊长期喂萝卜则其肉会有强烈的口味与臭味，喂甜菜根则有肥皂及油酵气味；③宰前经口服或注射的药物，都有可能影响肉的气味；④患有各种病或药物中毒的畜禽，其肉也有特殊的臭味；⑤将肉同有气味的化学品或食品一起贮藏运输，则肉会吸收这些气味而带有臭味；⑥腐败会使肉产生硫化氢、氨、吲哚、粪臭素等不良气味；⑦贮藏过程中的美拉德反应也会使肉变棕色，带苦味及烧灼气味等。

一些含氮浸出物及经过酶解产生的无氮浸出物对肉香味的产生具有重要意义，而肉的成熟可使这些浸出物增加。

烹熟肉的气味受烹调方法、肉的种类及处理的状况等的影响。许多生肉的味道均可在烹熟肉中产生，有些甚至有增强的现象。

（7）质地

畜肉的质地（主要是肉的弹性）是鉴别肉的新鲜度的重要指标，也是确定肉质地老嫩的主要因素。肉的弹性与家畜的种类、年龄、性别有很大关系，宰杀以后的肉的弹性则与肉的成熟度有关。一般公牛肉坚实、粗糙，切面呈颗粒状；阉牛肉结实、柔细、滑润，切面呈细粒状或大理石纹状；母牛肉不很坚实，切面呈细粒状；羊肉结构紧密，切面呈细致的颗粒状；猪肉柔软、细致，四肢肉结实，切面呈细密的颗粒及大理石纹状。

家畜经宰杀后，一般处于成熟阶段，肉富于弹性，随着肉中蛋白质的分解和新鲜度的下降，则逐渐失去弹性，从而影响肉类的质量。

2. 化学组成

任何畜类原料，其化学组成都包括蛋白质、脂类、碳水化合物、矿物质（灰分）、水及少量维生素。这些物质的含量因动物种类、品种、性别、年龄、个体、畜体部位及营养状况而略有差异。

（1）水

水分在畜肉中含量较多，一般为70%～80%，尤其以肌肉组织中含量丰富。主要以自由水和结合水两种形式存在于畜肉中。结合水的比例越高，肌肉的保水性能越好。畜肉中的含水量随畜类的肥瘦程度有很大不同，畜类越肥，也就是肉中的脂肪越多，则水分含量就越少；反之则水分含量增加（表4–4）。此外，畜肉中的水分含量还与畜类饲养的时间有关，幼小的家畜，其肉中的水分含量比老年的家畜要多。

表4–4　不同肥度肉的含水量（%）

种类	牛肉			羊肉			猪肉		
肥度	肥的	中等肥	瘦的	肥的	中等肥	瘦的	肥的	中等肥	瘦的
含水量	61.6	68.5	74.2	60.3	65.4	71.1	47.9	61.1	68.5

（2）蛋白质

肉的化学成分除水外，固形物约有3/4是蛋白质，其含量约占肌肉的18%。肌原纤维、肌浆、肌膜、肌细胞间质中都存在不同种类的蛋白质，这些蛋白质在肌肉的组织结构中执行不同的生理功能。从营养学的角度来说，也是最有食用价值的部分。

①肌原纤维中的蛋白质。肌原纤维蛋白质是肌原纤维的结构蛋白质，是肌肉收缩的物质基础。在肌肉中约占10%，约占骨骼肌蛋白质的2/3。主要包括肌凝蛋白、肌纤蛋白、原肌球蛋白、肌钙蛋白等。肌凝蛋白因其与球蛋白性质相似，又称肌球蛋白，是构成肌原纤维粗丝的主要蛋白质。肌凝蛋白不溶于水，但溶于中性盐溶液，在44～50℃时凝固。肌纤蛋白又称肌动蛋白，30～35℃时即可凝固，是构成肌原纤维细丝的主要蛋白质。肌球蛋白和肌动蛋白的复合体称肌动球蛋白。粗丝和细丝的相对滑动导致肌肉收缩，这个过程还有原肌球蛋白和肌钙蛋白参与。原肌球蛋白不易被热或有机溶剂变性，在pH为7时溶于水，浓度超过5%时形成凝胶。

②肌浆中的蛋白质。从新鲜肌肉中压榨出的含有可溶性蛋白质的液体称为肌

浆（肉汁）。它是构成肌细胞原生质的主要成分。其可溶性蛋白质有很多类，大多与肌肉收缩的能量供应有关，其中包括肌溶蛋白和肌红蛋白。肌溶蛋白可溶于水，不稳定，加热到50℃即可凝固变性，具有酶的性质，大多是与糖代谢有关的酶，是肌浆的主要成分。肌红蛋白是血红素与蛋白质结合形成的色蛋白，是肌肉呈色的主要因素，不同动物肌红蛋白含量不一样：猪肉0.06%～0.40%，牛肉0.30%～1.00%。公畜比母畜含量高，成年动物比幼年动物含量高，经常活动的肌肉比不常活动的肌肉含量高。

③基质蛋白质。基质蛋白质是肌纤维膜及其他结缔组织中的一类不溶性蛋白质。有胶原蛋白、弹性蛋白、网状蛋白等，在肌肉中约占2%。胶原蛋白是构成胶原纤维的主要成分，其性质稳定，具有较强的延伸力，不溶于水，不为一般蛋白酶水解，所以不易被人体消化，在酸或碱溶液中可以膨胀；胶原蛋白在水中70～100℃温度下加热较长时间可以转变为白明胶，冷却后可形成胶冻，白明胶易被酶水解，易消化。弹性蛋白是构成弹性纤维的主要成分，不溶于水，对弱酸、弱碱抵抗力强，可被弹性蛋白酶水解（这种酶存在于胰液中）；通常水煮不产生明胶，在高于160℃时，方能水解。网状蛋白是构成网状纤维的主要成分，其氨基酸组成与胶原蛋白相似，常与脂类及糖类相结合而存在，较能耐酸、碱和蛋白酶的作用。胶原蛋白、弹性蛋白、网状蛋白都属于不完全蛋白质。

（3）碳水化合物

肉中的碳水化合物主要以糖原形式存在，糖原又称动物淀粉；马肉中糖原含量最高，可达2%以上，使肉有特殊香味，放久后糖原酵解产生乳酸使马肉发酸。畜肉中糖元的含量与宰前状况（包括营养、疲劳程度等）有关。营养状况良好，宰前运动较少的畜体，含糖原量相对较高。畜肉中糖原的含量直接影响着其宰后变化，同时也与其保水性、颜色和嫩度有关。此外，在动物组织或组织液中也广泛存在着游离或结合的糖类，如提供肌肉收缩能量的葡萄糖和构成核酸的核糖等。

（4）脂类

肉中脂类包括各种脂肪酸的甘油三酯及少量的磷脂、固醇、游离脂肪酸、脂溶性色素等。不同种类动物构成脂肪酸的种类和比例有差异（表4–5）。

表4–5　几种畜类脂肪的组成（%）

名称	硬脂酸	油酸	软脂酸	亚油酸	挥发酸	不皂化物	甘油
猪脂肪	18.7	40.0	26.3	10.3	—	0.2	4.5
牛脂肪	41.8	33.0	18.5	2.0	—	0.2	4.5
羊脂肪	34.0	31.0	23.0	7.0	0.2	0.4	4.0

由表4–5中可以看出，软脂酸（十六烷酸）在不同种类动物脂肪中含量都较

多，而牛、羊等反刍动物硬脂酸含量较多，猪脂肪中含油酸、亚油酸等不饱和脂肪酸较多。因此，猪脂肪比牛脂、羊脂不耐藏，易氧化变质。羊脂肪中还含有一些低级挥发性脂肪酸，与膻味有关。

磷脂对保持肉的品质与香味起着重要作用。胆固醇在动物脂肪中含量相对较少，但摄取动物脂肪过多时，人体血浆中的胆固醇含量会明显升高。

（5）矿物质

肉中的矿物质含量一般为 0.8% ～ 1.2%。主要有 Ca、P、S、Cl、K、Na 等常量元素及 Fe、Zn、Mn、Cu、Co、Ni、F 等微量元素，通常以游离形式或结合形式存在于畜体内。一般瘦肉中矿物质的含量比肥肉中多，而内脏又比瘦肉多。

畜肉中矿物质的含量及种类与畜体的部位及动物生存的土壤环境、饲料、饮水有一定关系。

（6）维生素

畜肉中维生素的含量不多。其中，维生素 B_1 是人体所需要的重要来源，主要存在于肌肉组织中，尤其以猪肉中含量较多。此外，肝脏中还含有丰富的维生素 A 和维生素 B_2 等。

（7）其他成分

肉中除上述六大类物质外，还存在一些浸出物，即能用沸水从磨碎肌肉中提取的物质。这些浸出物主要包括一些非蛋白含氮物及有机酸等。

非蛋白含氮物中常见的有各种游离氨基酸、肌酸、磷酸肌酸、核苷酸类物质、肌肽、甲基肌肽、鹅肌肽、谷胱甘肽等，这些物质可溶于盐水，在肌肉中约占 1.5%，对肉的味道形成有重要意义。非蛋白含氮物中肌酸、肌酐酸和次黄嘌呤与肉的风味有直接关系，它们可以增进人们的食欲。各种游离氨基酸中与肉味关系最密切的是谷氨酸，它可与肉中的次黄嘌呤、核苷酸形成肉品的一种清淡爽口的鲜味。

常见的有机酸有琥珀酸、乳酸、延胡索酸等，这些酸类对增进肉的风味具有密切的关系。如琥珀酸在肉中仅含有 0.01%，但它能使肉品具有浓厚的香美滋味。

（四）畜肉的宰后变化

动物经过屠宰放血后体内的各种平衡被打破，从而使机体抵抗外界因素影响、维持体内环境、适应各种不利条件的能力丧失而导致死亡。但是，维持生命以及各个器官、组织的机能并没有同时停止，各种细胞仍在进行各种活动。由于机体的死亡引起了呼吸与血液循环的停止、氧气供应的中断。首先使肌肉组织内的各种需氧性生物化学反应停止、转变成厌氧性活动。因此，肌肉组织在动物死后所发生的各种反应与活体肌肉完全处于不同状态、进行着不同性质的反应。

动物屠宰后，胴体在组织酶和外界微生物的作用下，会发生僵直、成熟、自溶、腐败等一系列变化。僵直和成熟阶段肉是新鲜的，自溶现象的出现标志着腐败变质的开始。这四个阶段的变化并没有明确的界限。

1. 僵直

刚屠宰完的畜肉呈中性或弱碱性反应（pH 7.0～7.4），随着血液循环和氧气供应停止，肉中糖原在无氧条件下酵解而产生乳酸使肉的 pH 下降，从 7.2 降至 5.6～6.0，当乳酸生成到一定量时，分解糖原的酶失活，而 ATP 酶活性增强，分解 ATP 产生次黄嘌呤和磷酸。磷酸的产生使肉的 pH 继续下降直至 5.4，达到肌凝蛋白的等电点，肌凝蛋白凝固而使肌纤维硬化，肌肉开始僵直，称为肉的僵直。从僵直开始到结束时间越长，保持新鲜的时间也越长。温度直接影响僵直持续的时间。

处于僵直期的肉，弹性差，无鲜肉的自然气味，烹调时不易煮烂。由于该阶段肉中构成风味的成分还没有完全产生，故熟肉的风味也很差。

2. 成熟

肌肉僵直时，肉呈酸性反应，pH 达到最低时，肉的僵直程度达到最高点。酸性反应的结果影响肌肉蛋白质的生物化学性质和胶体结构。在酸性介质的影响下，一方面钙从蛋白质化合物上脱出，引起部分肌凝蛋白的凝结与析出，导致肌浆中液体部分分离出来，使肉切面多汁；另一方面介质酸性使结缔组织中胶原纤维膨胀而呈明胶样软化，致使肌肉间结缔组织变软。此外，较低 pH 值使肉中部分组织蛋白酶活化，逐渐分解肌肉中蛋白质，造成肌原纤维部分断裂，使其结构松弛，而且分解的产物（小分子肽、氨基酸）赋予肉特殊的香味和鲜味。同时 ATP 分解产生的次黄嘌呤也可增进肉的风味。随着分解产物的增多，肌肉 pH 值逐渐上升。保水性变大，肌肉组织松弛柔软，嫩度甚佳，具有弹性，切面多汁，肉汤透明，且有愉快的香气和滋味，易于煮烂和咀嚼，此时的肉称为成熟肉。这个变化过程称为肉的成熟。显然，它能大大改善肉的品质。成熟的肉表面会形成一层干膜，有阻止和固定微生物进入肉内部的作用，并且肉的成熟过程对某些病原微生物（如口蹄疫病毒）具有无害化作用。在烹饪中可利用肉的成熟作用提高肉的风味和嫩度，特别是牛肉和羊肉。

肉成熟的程度取决于肉的酸性介质环境，而酸性条件产生则主要取决于肌肉中糖原的含量。宰前休息不足或过于疲劳的动物，由于肌糖原消耗多，成熟过程延缓甚至不出现，影响肉的品质。有些种类动物（如马）肌糖原含量多，肉成熟后往往有一定酸味。此外，温度也是影响肉成熟的重要因素，温度低时，所需时间长；温度高时，所需时间短。一般猪肉在 4℃，1～3 天可完成成熟；而 30℃成熟只需几小时。小牛肉和羊肉在 3℃条件下成熟分别需 3 天和 7 天。在较高温度下成熟也为微生物活动提供了条件，不利于肉的贮藏。

3. 自溶

成熟阶段的肉，在酶的不断作用下，仍然不停地分解，主要是组织蛋白酶分解蛋白质引起组织自体分解。自溶是承接或伴随成熟过程发生的，两者之间很难划出界线。相对来讲，自溶阶段组织蛋白酶作用的程度要大些，可将肌肉中的复杂物质进一步分解为可溶性的简单物质。肉在自溶过程中变化很多，但主要是蛋白质的分解。产生的硫化氢与硫醇可与血红蛋白结合成硫化血红蛋白，使肌肉表面出现不同程度的暗绿色斑，脂肪层也有黑色污点。大气中二氧化碳也可作用于氧化血色素形成甲基血色素，使肉色变暗，呈棕红色。

自溶阶段的肉，肌肉松弛，缺乏弹性，无光泽，带有一定气味。这种肉如果轻度变色变味，割掉变色部分，去掉不良气味（如水煮等高温处理），尚可食用，但滋味比成熟阶段的逊色很多，而且必须立即食用，不宜长期保存。

4. 腐败

肉在成熟和自溶阶段的分解产物，特别是自溶过程中产生的低分子氨基酸为腐败微生物的生长、繁殖提供了良好的营养条件。环境适宜时，微生物大量繁殖，导致肉复杂的分解过程。首先是需氧性细菌污染肉表面，其次是兼性厌氧菌取代上述细菌，最后完全变为厌氧菌沿着结缔组织向深层扩散，特别是靠近关节、骨骼和血管的部位最易腐败。利用上述细菌的更替变化，可以确定肉的腐败程度。

在腐败微生物的作用下，肉中的蛋白质可分解为胨、多肽和氨基酸。氨基酸在不同微生物作用下，可进行脱氨、脱羧以及其他反应，使其分解成更低级产物，如吲哚、甲基吲哚、氨、胺类、含氮酸、脂肪酸、硫醇和硫化氢等，其中有些产物能引起食物中毒（如尸胺、腐胺等）。肉的腐败还包括脂肪的腐败，微生物可分泌脂肪酶分解脂肪产生游离脂肪酸和甘油，进一步通过氧化酶进行β-氧化作用分解脂肪酸，产生酸败气味。这一过程不单纯由微生物所引起，还与空气中的氧、光及温度的共同作用有关。腐败的肉不能食用。

（五）家畜肉的品质检验

1. 畜肉的新鲜度检验

肉品新鲜度检验往往从感官性能、腐败分解产物的特性和数量以及细菌污染的程度三方面来进行。

（1）感官检验

感官检验主要依靠人体的感觉（如嗅觉、视觉、触觉和味觉）来鉴定肉的品质。感官检验简单易行，在烹饪上常用。主要观察肉品表面和切面的状态，如色泽、黏度、弹性、气味及煮沸后肉汤变化等，目前我国肉品检验已将其定为法定感官指标（表4-6）。此外，带骨肉的骨髓和腱、关节也可作为感官指标（表4-7）。经过冷冻后的肉品与解冻肉及再冻肉的感官指标略有差异（表4-8）。不同种类、品种的动物肉也可通过感官指标初步判断（表4-9）。

表 4-6　鲜肉的质量标准（感官标准）

感官指标	新鲜肉（一级鲜度）	次鲜肉（二级鲜度）	变质肉
色泽	肌肉有光泽，红色均匀，脂肪洁白	肌肉色稍暗，脂肪缺乏光泽	肌肉无光泽，脂肪灰绿色
黏度	外表微干或微湿润，不黏手	外表略湿润，稍黏手	外表湿润，起腐，黏手
弹性	指压后的凹陷立即恢复	指压后的凹陷恢复慢，且不能全恢复	指压后的凹陷不能恢复，有明显痕迹
气味	具有鲜肉的正常气味	略有氨味或略带酸味	有臭味
肉汤	透明澄清，脂肪团聚于表面，具有香味	稍有混浊，脂肪滴浮于表面，无鲜味	沉浊，有絮状物，并带臭味

表 4-7　带骨肉的骨髓、腱和关节的感官指标

感官指标	新鲜肉（一级鲜度）	次鲜肉（二级鲜度）	变质肉
骨髓	充满于骨内，骨髓结实，黄色或白色，折断处有光泽	与骨腔边缘脱离，比新鲜者柔软，色较暗，折断面无光泽，呈灰黄色、灰白色或灰色	与骨腔的空隙很大，柔软，用手摸时如烂泥，色暗，常呈污灰色，发臭
腱	腱有弹性，结实，色白，有光泽	腱稍柔软，弹力小，呈灰色或淡灰色	腱呈污灰色，湿润发黏
关节	表面光滑清洁，无黏液，关节和腱鞘中的液体透明	关节复有一层黏液，关节液呈油样	关节被覆有大量黏液，关节液呈血浆状，有臭气

表 4-8　冷冻肉、解冻肉和再冻肉的感官指标

感官指标	冷冻肉	解冻肉	再冻肉
外观和色泽	肉表面颜色正常，比冷却肉鲜明，切面呈灰粉红色，手指或热刀接触处呈现鲜红色的斑块	肉表面呈红色，脂肪为淡红色，切面平滑而湿润，可沾湿手指，从肉中流出红色肉汁	肉表面呈红色，脂肪呈浅红色，切面为暗红色，手指或热刀接触时色泽无变化
硬度	肉坚硬如冰，用硬物敲打发出响亮的声音	切面没有弹性，指压形成凹陷不复原，呈面团样硬度	与冷冻肉相同
气味	在冰冻状态下无气味	有该种畜肉特有的气味，但无成熟肉的特有芳香	与冷冻肉相同
脂肪	牛脂肪从白色到浅黄色，猪和羊的脂肪呈白色	脂肪柔软而多水分，有些部分浅红色或鲜红色	脂肪呈砖红色，其他特征与冷冻肉相同

续表

感官指标	冷冻肉	解冻肉	再冻肉
腱和关节	腱致密，白色带有浅灰色或黄色。关节液透明微红	腱松软，带鲜红色或淡红色	腱为鲜红色。关节液亦染上红色而稍不透明
肉汤	长期保存的肉的肉汤稍混浊，无成熟肉的香味	肉汤混浊，有油脂气味	肉汤混浊，有很多灰红色泡沫，没有新鲜肉特有的香味

表 4-9　鲜牛肉、鲜羊肉、鲜兔肉的感官指标

感官指标	一级鲜肉	二级鲜肉
色泽	肌肉有光泽，红色均匀，脂肪洁白或呈淡黄色	肌肉色稍暗，切面尚有光泽，脂肪缺乏光泽
黏度	外表微干或有风干膜，不黏手	外表干燥或黏手，新切面湿润
弹性	指压后的凹陷立即恢复	指压后的凹陷恢复慢，且不能完全恢复
气味	具有鲜牛肉、鲜羊肉、鲜兔肉的正常气味	稍有氨味或酸味
煮沸后肉汤	透明澄清，脂肪团聚于表面，具特有香味	稍有混浊，脂肪呈小滴状浮于表面，香味差或无鲜味

（2）理化检验

理化检验包括挥发性盐基总氮的测定、pH 测定、硫化氢试验、氨的测定等。其中挥发性盐基氮是评价肉鲜度变化较客观的指标。挥发性盐基氮是指肉浸液在弱碱性条件下与水蒸气一起蒸馏出来的氮的总量，在肉的变质过程中，其能有规律地反映肉品鲜度的变化，新鲜肉、次鲜肉、变质肉之间的差异非常显著，并与感官变化一致。其他指标仅作参考。

（3）微生物检验

新鲜肉在显微镜视野里看不到细菌或一个视野中只有一个细菌，且为球菌，并完全看不到分解的肉组织；次鲜肉在一个视野中细菌数为 20 ～ 30 个，并可明显地看到分解的肉组织；变质肉在一个视野中的细菌数在 30 个以上，且以杆菌占多数，并有大量分解的肉组织。

2. 畜肉寄生虫检验

畜肉中有时含有人兽共患的寄生虫，如旋毛虫和猪囊虫。旋毛虫在咬肌、膈肌等活动量大的部位寄生较多。取 24 个肉粒压片镜检，如含旋毛虫的肉粒数超过 5 个时，肉不能食用；少于 5 个时，须经高温处理、冷冻处理方可食用。猪囊

虫病是囊虫蚴寄生在猪肉中，肉眼可见，背部肌肉中较多，呈米粒大小，俗称米猪肉。在表面积为 $10cm^2$ 的肉面上囊虫蚴超过 3 个不能食用，少于 3 个须经无害化处理（高温）后方可食用。

3. 一些不正常畜肉的检验与处理

（1）肉的发红、发蓝、发光、发霉

肉的发红是指肉污染了灵杆菌和其他色素形成菌引起的一种斑点状发红现象，引起这种变化的微生物不产生有害性物质，仅在肉的表面繁殖，将其修割后可供食用。

肉的发蓝是指肉污染了蓝色芽孢杆菌，在肉的表面繁殖而引起的一种发蓝现象。这种变化只要清除肉表面的污染物后，即可供食用。

肉的发光是指肉表面污染了发光微生物，在肉的表面繁殖而引起的发光现象。这种现象见于海边肉库贮存的肉上。发光微生物原在海水中生活，附着海产品而来，肉被污染后 7 ～ 8 小时，即出现发光现象。若有腐败细菌繁殖导致肉品腐败时，发光现象则消失。肉的发光现象不影响肉食卫生，只要清洁表面变化部分后即可食用。

肉的发霉是指肉表面污染了某些霉菌，常见于贮存在阴暗潮湿、温热和通风不良环境的肉上。发霉的肉其表面形成细绒毛样白色或灰绿色斑点，有的为暗绿色甚至变成黑色圆形斑点。发霉的肉品，如没有腐败分解现象，只要除去表面霉菌层，经高温处理后可供食用。如霉菌已侵入肉的深层并有霉败气味，则不能食用。

（2）异常肉

①病、死畜肉。病、死畜肉通常是指有病或濒死期宰杀的牲畜肉，其特征是肉体明显放血不全，肌肉无光泽，呈暗红色，切面不外翻，可见多处暗红色血液浸润区。剥皮肉表面常有渗出的血液形成血珠。带皮猪肉皮肤发红，表面有大小不等和各种形状的充血、出血斑点。脂肪组织、结缔组织、胸、腹膜下血管显露，内有残血，指压有暗红色血滴渗出。脂肪组织染成玫瑰红色。病畜肉的宰杀刀口不外翻，切面平直，刀口周围组织稍有血液浸染现象。濒死期或重病时宰杀的肉体，由于生前较长时间躺卧，在躺卧侧皮下组织、肌肉和浆膜可见到局限性紫红色血液坠积区，表现为树枝状充血和血液浸润。淋巴结通常肿大，切面呈暗红色或有其他的病理变化。死畜肉体的变化与病畜宰杀的肉体变化基本相似，唯有程度上的差异。食品卫生法规定，病死、毒死或者死因不明的畜肉及其产品禁止生产销售，须按《肉品卫生检验试行规程》有关规定处理。

②黄脂肉。黄脂肉是指皮下和腹腔脂肪呈深黄色，肌间脂肪组织的黄染程度则较浅，其他组织不黄染。发生原因一般认为长期给牲畜饲喂玉米、胡萝卜、紫云英、芜菁、油菜籽或亚麻籽油饼以及鱼粉、蚕蛹粕和鱼肝油下脚料时，可引起脂肪组织发黄。还有人认为某些黄脂肉可能与遗传因素有关。植物性饲料来源的

黄脂肉，在没有其他不良气味时，可供食用，若伴有其他不良气味时，则不能食用。动物性饲料来源的黄脂肉，最好不要食用。

③黄疸肉。黄疸肉是由于胆汁排出障碍，导致胆红素进入血液，引起全身各组织染成黄色。其特点除脂肪组织发黄外，皮肤、黏膜、结膜、关节液、组织液、血管内壁、筋腱以至心、肝、肾等内脏器官均染成不同程度的黄色，尤其是关节液、组织液和皮肤均发黄。在黄疸的诊断与黄脂的鉴别上具有重要的示病性意义。绝大多数黄疸，肝和胆道都有病变。黄疸肉放置时间越长，颜色越黄，而黄脂肉随放置时间的延长而逐渐减轻或消失。在发生黄疸的情况下，须要查明黄疸原因，是传染性或是非传染性疾病引起的，再针对不同疾病进行处理。黄疸肉原则上不作食用。

④白肌肉。白肌肉多发生于猪，牛、羊次之。猪的白肌肉又称水猪肉，在欧美各国称 PSE（Pale Soft Exudative）肉，即灰白色、柔软、有水分渗出的意思，故又称水煮样肉。我国各地收购屠宰猪，从分散到集中，经过驱赶，高度拥挤的汽车、火车运输，或强行捆绑运至屠宰点，宰前的饲养管理、生活环境的改变等，都能促使白肌肉的发生。白肌肉的特征是肌肉苍白，质地柔软，弹性差，切面有水分渗出，严重者有水分滴出。白肌肉最常见于背部、后腿的一些大块肌肉，变化的肌肉常左右对称。白肌肉对人体无害可以食用。但不适于腌制加工品。

⑤猪红膘肉和瘦肉。在肉品检验中，有时遇到肉体皮下脂肪发红，这种变化常是在生猪宰杀前管理不当和宰杀加工过程中放血不全而引起的，但也不能排除传染病的可能性。猪红膘肉的皮下脂肪呈红色，其他检验部位无病理变化或有不同程度的变化。如果屠宰加工不当引起的红膘肉，皮下脂肪红染，均匀一致；内脏、淋巴结无明显的病理变化，只有较轻微的红染；肉体经清水冲洗后低温下放置一段时间，红色能减退或完全消失。如果是因猪传染病引起的红膘肉，一般只有部分或大部分红染，其程度亦不一致并有明显的界限；内脏器官、淋巴结不红染，有明显的病理变化；肉体用清水冲洗和低温放置后仍不褪色或变化不大。屠宰加工过程造成的红膘肉，轻度红染可以食用；较重红染的，肉体和内脏高温后供食用；严重红染的，肉体和内脏作工业原料或销毁。如属传染病引起的红膘肉，应结合该传染病处理规定处理。

在决定瘦肉的利用时，必须将“消瘦”和“羸瘦”加以区别。虽然机体内脂肪的减少和肌肉的萎缩是消瘦和羸瘦的共同特征，但是发生原因是完全不同的，因而利用亦有差别。所谓羸瘦是指畜体明显瘦小，外表看来健康，没有明显的新陈代谢障碍症状，皮下、体腔和肌肉间脂肪显著减少或消失，肌肉组织萎缩，但内脏器官和组织中未发现任何病理变化。其发生原因是饲料不足、营养不全或饲喂不合理而引起的强烈消耗的结果，且往往与牲畜年老有关。消瘦则与之相反，是疾病过程中的一种表现。它可以较快地发生消瘦，如严重的高热性疾病；也可以缓慢地出现消瘦，如慢性消耗性疾病。消瘦时，虽然同样可见到如羸瘦时的脂肪消失和肌肉萎缩，但是它与羸瘦有本质上的区别。例如，急性高热性疾病和慢性消耗性疾病都可引起剧烈的消瘦，并在内脏器官和组织中有明显的病理变化。起源于饥饿和老年的羸瘦肉，当内脏器官中没有任何病理变化时，可以食用。严重的羸瘦肉一般不供食用为好。具有明显病理变化的消瘦肉，应作工业用原料或销毁。

⑥气味异常肉。肉的异常气味产生的原因有：长期饲喂固定饲料、牲畜的性别、宰前不久用过芳香类药物、某些病理过程和肉放在有气味的环境里等。

饲料气味：牲畜宰前不久饲喂了大量气味特重的饲料，如苦艾、独行菜、鱼粉等。如给猪长期大量饲喂宾馆、饭店废弃的剩饭剩菜、污水，其肉和脂肪会散发出令人厌恶的污水气味。若饲喂大量鱼粉和鱼的残羹废料，那么肉体带有鱼腥味；绵羊长期饲喂甜菜根则肉体有肥皂及油哈喇气味。

性气味：未阉割和晚阉割的公畜肉，特别是公山羊肉或公猪肉，常散发出难闻的性气味。一般认为肉的性气味在去势后 2 ～ 3 周消失，脂肪的性气味在去势两个半月后消失，唾液腺的性气味则消失更慢。

药气味：宰前不久经口服或注射过芳香气味的药物，如樟脑、乙醚、松节油、石炭酸等，致宰后肉体带有各种不良的气味。

病理性气味：当牲畜患某种疾病时给肉品造成特殊的气味。如患尿毒症时有尿味，患胃肠道疾病时有腥臭味。

附加气味：当肉品放置在具有特殊气味的环境里会给肉带来异常的附加气味。

气味异常肉的处理首先应查明原因，确定能否食用，然后把能食用的附有不良气味的肉放在通风处，经 24 小时后，切块煮沸，仍有特殊的气味时则不准食用。如局部仍有异味，则局部修割，其余部分可以食用。

（3）注水肉

近年来，市售鲜肉注水情况比较常见，应注意观察，避免上当受骗。肉品中注水通常采用经心脏、血管加压注水，沿血管流通全身进入肌肉，另外也可用大注射器向肌肉丰满的部位注水。这种商品不仅增加重量，牟取暴利，而且加速肉品的自溶腐败和营养成分的丢失，有碍肉品卫生，危及人们健康。现介绍几种感官检查的方法。

①肉眼观察。注水肉色泽变淡，呈浅红色，严重的整个肌肉苍白，而且表面潮湿，肌肉松软，弹性差。肌肉切面可见有多量的淡红色血水流出。

②触摸、指压检查。正常的肉品暴露在空气中，其肉的表面很容易风干，形成风干薄膜，手触摸不黏手指，有油腻感。若是注水肉，肉表面不容易形成风干薄膜，手触摸潮湿，易黏手，有水液感。挤压注水肌肉切面，有淡红色或无色的

透明汁液流出。

③贴纸点火检查。将吸水性强纸片（如卫生纸、滤纸）贴在可疑肌肉切面上，稍等片刻揭下，用火点燃，说明纸上有油则未注水，如果用火不能点燃，说明纸上有水则有注水之嫌。

④贴纸吸水检查。将卫生纸贴在肌肉切面上，观察吸水速度的快慢，然后揭下纸片观察。正常肉，纸片上有点潮湿，或有肉汁浸润的斑块状湿迹，用手揭纸时，有黏着感，不易撕下。注水肉，纸片很快被水浸透，也容易从肉面上揭下来。

注水肉污染严重，肉质很差，不耐保存。据测定500g肉中，可注入150g左右的水，这是严重的掺假、掺杂行为，违反了国家颁布的《中华人民共和国食品卫生法》，必须从严处理，将注水肉作工业用或销毁。

（六）家畜肉的保藏

家畜肉保藏常用的方法有加热保藏（如畜肉罐头制品）、低温冷冻、腌制、脱水干制、加防腐剂、射线照射、气调保藏等。目前应用最多的是低温冷冻保藏法。它能较长时间保持肉的组织结构状态，抑制微生物生长、繁殖，降低酶的活性而限制一些不利的生物化学反应，延长肉的成熟时间，尽量避免自溶和腐败过程的出现，是一种应用最为广泛、效果好且经济的保藏方法。肉的冷藏依据温度差异分为冷却保藏和冻结保藏。

1. 冷却肉的保藏

冷却肉的保藏是指经过冷却后的肉类在0℃左右（一般不超过4℃，不低于-1.5℃）的条件下进行保藏。冷却保藏不能完全使微生物停止生长繁殖，只能起抑制作用，所以它只能短期保藏。这种保藏可完成肉的成熟过程而改善其嫩度，可避免冻结肉解冻时肉汁流失等缺陷。一般猪肉0～4℃可保藏3～7天，-1.5～0℃可保藏7～14天，牛肉在此温度下可保藏1个月左右，羊肉-1～0℃可保藏7～14天。当然冷藏时，空气的湿度及流速至关重要。湿度过高，流速过低，往往引起肉表面霉菌的繁殖加快；湿度过低，流速过高，则引起肉的干耗增大。所以应尽可能调节适宜的温度、湿度和空气流速，避免肉表面发黏、发霉、变软、变色及产生令人不愉快的气味等。

2. 冻结肉的保藏

肉在较低温度下冻结时，动物组织内部脱水形成冰晶，使微生物的生长繁殖和酶的活性受阻。降低冻结肉的贮藏温度可以有效地延长贮藏期。

肉冻结保藏时，应调节适当的湿度，防止肉类过分干耗。存放时，留取一定空隙，保证空气有一定流速。同时注意保藏时间，同类原料先存的先用，避免超过保藏期。对肉色和脂肪的变化应予注意。解冻后的肉由于肉汁外溢，极易腐败，应尽量使用完，用不完的可冷藏，但时间不宜过长。

三、家畜副产品

（一）家畜副产品的概念

家畜类副产品俗称“下水”，通常是指畜体除胴体以外所剩下的内脏及头尾等。

家畜类副产品主要包括心、肾、肝、胃、肠、肺、胰等内脏以及头、尾、蹄（腕或跗关节以下的带皮部分）、舌头、膀胱、睾丸、脑、血液、筋、皮、公畜外生殖器等其他副产品。

家畜类副产品常用于菜肴的制作，烹饪行业中使用的主要是猪、牛、羊的副产品。

（二）家畜副产品的种类

1. 肝

肝是指畜类的肝脏。烹调中常用的肝有猪肝、牛肝、羊肝等。

（1）形态特征

猪肝呈扁平状，通常为红褐色。其重量约为体重的 2.5%，中央部分厚而周缘薄，分叶很明显，分四叶，在肝的右叶下面有一胆囊，内有胆汁。肝脏是实质性器官，由实质和间质两部分组成，是一团柔软的组织。肝的表面大部分被有浆膜。肝表面覆盖的结缔组织被膜沿着肝门管道伸入肝实质中，将肝分成许多肝小叶。猪肝的小叶间结缔组织特别发达，使肝小叶界限清楚，肝不易破裂；牛肝小叶间结缔组织较少，肝小叶分界不明显。肝小叶内部由网状纤维构成支架，分布有肝实质细胞。肝实质细胞胞浆丰富，细胞成分多，使得整个肝组织质地脆嫩。

（2）质量标准

新鲜肝呈褐色或紫红色，有光泽，柔软有弹性；不新鲜的肝颜色淡，呈软皱萎缩现象；变质的肝发绿色，无光泽，触及易碎而无弹性，有酸败味，不可食用。

（3）营养及保健

猪肝每 100g 可食部分含蛋白质 20.1g，脂肪 4.0g，糖类 2.9g，灰分 1.8g。中医认为猪肝味甘苦，性温，可补肝、养血、明目。

（4）饮食禁忌

动物肝中含有较多的胆固醇，因此高血压、冠心病、肥胖症及高血脂患者应慎食。猪肝与鹌鹑肉同食脸上易生黑斑；与鲫鱼同食易损害肠胃；与花菜同食会降低猪肝中微量元素的吸收；与西红柿、辣椒、豆芽等维生素 C 含量高的蔬菜同食会破坏维生素 C。牛肝与西红柿、毛豆同食不利于维生素 C 的吸收。羊肝与猪肉同食会引起胃肠不适；与茶同食会引起便秘；与蔬菜同食会破坏维生素 C。

（5）烹饪运用

在烹调中肝一般作为主料使用，刀工成型一般多为片状。肝的主要特点是由于细胞成分多，故质地柔软，嫩而多汁，根据肝脏的组织结构特点，肝脏烹制适合于旺火速成的烹调方法，如炒、爆、汆等；而采用酱、卤、煮等得到的成品，质地较硬。因为肝脏具有一定的腥气味，所以在制作菜肴时要加点醋以去腥味。制作的菜肴有炒猪肝、熘肝尖，盐水肝、猪肝肉片汤等。

烹调实例：猪肝肉片汤

将猪肝150g、瘦肉150g洗净后，分别切成片，瘦肉片用湿淀粉拌匀；青菜200g洗干净，切成段。炒锅置旺火上，下熟猪油，放清汤，加入精盐、味精，汤沸后下入青菜、猪肝、肉片、姜片、胡椒粉；待原料熟后，撇掉汤面上的浮沫盛入汤碗内即成。

2. 心

心是指畜类的心脏。烹调中常用的有猪心、牛心等。

（1）形态特征

畜类的心脏呈左、右稍扁的倒圆锥体形；分心室和心房两部分，外被心包；上部宽大，为心基；下部尖，为心尖。心脏的表面近心基处有呈环状的冠状沟，沟的上部为心房，下部为心室。畜类的心脏是由心肌组织构成的中空的肌质器官。心肌分布在心脏的房、室壁上，组成心肌层；心肌又由心肌纤维组成。心脏壁分三层：外层为心外膜，中层为心肌，内层为心内膜。

（2）质量标准

新鲜度高的畜心，用手挤压一下会有鲜红的血液流出，且肌肉组成坚实、富有弹性。如果心的颜色变成红褐色或绿色，且肌肉组织松软、无弹性、有异味，则已经变质，不可食用。

（3）营养及保健

猪心每100g可食部分含蛋白质19.1g，脂肪6.3g，水分75.1g，灰分1.0g。中医认为猪心味甘咸，性平，可治惊悸、怔忡、自汗、不眠。

（4）饮食宜忌

高胆固醇血症者忌食。猪心不可与吴茱萸同食。

（5）烹饪运用

畜类的心在烹调中常可用于炒、卤、酱、爆等烹调方法。制作的菜肴有炒心花、炸槟榔心块、卤猪心等。由于心脏组织质地紧密，且肌纤维中肌浆丰富，如采用爆、炒等方法，应注意保持其水分，宜用鸡蛋清上浆、过油和旺火急炒。

烹调实例：卤猪心

将猪心剖开，洗净血水，放入锅内焯水。将锅置旺火上，放入猪心，加水烧开后撇去浮沫。将八角、小茴香、桂皮、花椒一起放入纱布袋内扎好放入锅内，同时加入姜块（拍松）、绍酒、白糖、酱油、精盐转用中火焖至八成烂，连卤汁一起盛入盆内（防止表面风干）晾凉即可。食用时，将猪心切片，浇上原卤汁，撒上葱末，淋上芝麻油拌匀即成。

3. 肾

肾俗称“腰子”，是指畜类的肾脏。常用家畜肾有猪肾、牛肾、羊肾、马肾等，烹调中应用的主要是猪肾。

（1）形态特征

畜的肾在体内成对存在，左右各一，位于腹腔背侧腰椎的腹侧。家畜肾多呈豆形，较长扁，红褐色。营养良好的家畜肾周围包有脂肪。紧贴肾的表面包有一层白色薄而坚韧的纤维膜，叫肾包膜；纤维膜易于剥离。肾是实质性器官。以猪肾为例，在肾的纵切面上，可将肾分为内、外两部分，外部（表层）为皮质，内层（深层）为髓质。肾皮质位于表层，呈红褐色；肾髓质位于皮质的深部，颜色较淡，呈线纹状。中间为漏斗状的肾盂（俗称腰臊），肾盂部分臊味较重，常在加工时去除。肾脏的结构见图 4–2。

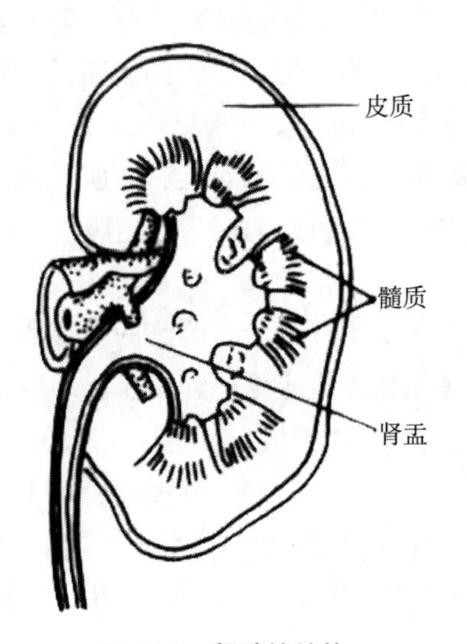

图 4–2　肾脏的结构

（2）质量标准

新鲜的猪肾呈淡红色，体表有一层薄膜，表面柔润有光泽，富有弹性。泡过水的猪肾呈白色，体积涨大，质地松软。变质的猪肾呈灰绿色，无光泽，组织松弛，无弹性，有异臭味，不能食用。

（3）营养及保健

猪肾每 100g 可食部分含蛋白质 15.9g，脂肪 3.4g，糖类 1.4g，灰分 1.2g，水分 78.1g。中医认为猪肾味咸性平，可治肾虚腰痛、身面水肿、遗精盗汗。

（4）饮食宜忌

血脂偏高者、高胆固醇症者忌食。

（5）烹饪运用

畜肾的皮质部由排列紧密的实质细胞构成，无内、外肌鞘，质嫩。烹饪加工时常在皮质部剞麦穗花刀、十字花刀等，以便短时加热至熟，均匀入味，烹调方法较多，适于炒、氽、爆、炝等烹调加工。制作的菜肴如爆腰花、炝腰片等。肾盂（腰臊）部分的臊味较重，常在初加工时去掉；但有的菜肴则不去掉腰臊，只在上面划一小口，洗净后烹调，如淡菜炖酥腰、冬菇炖酥腰。

烹调实例：荔枝腰花

猪腰撕去膜，平片成两片，去尽腰臊洗净，先用斜刀，后用直用交叉剞成十字花纹，然后改成2.5cm见方的块，入碗加盐、料酒、水豆粉拌匀。木耳洗净，冬笋切薄片，泡辣椒去籽，切斜刀块。姜、蒜切片，葱切马耳朵形。盐、酱油、胡椒粉、料酒、醋、白糖、味精、水豆粉、鲜汤入碗兑成芡汁。炒锅置旺火上，下熟猪油烧热（约220℃），下腰花爆炒推散，将配料一起放入炒匀，烹入芡汁，推匀起锅装盘即成。

4. 胃

胃俗称“肚子”，烹调中常用的有猪肚、牛肚等。

（1）形态特征

畜胃前端以贲门接食管，后端以幽门与十二指肠相通。按结构分为单室胃和多室胃。

猪胃属单室胃，呈扁平弯曲的椭圆形囊状，由贲门部、胃底、胃体和幽门部四个部分构成。入口叫贲门，连于食管；出口叫幽门，连于十二指肠。幽门部肌层厚实（幽门括约肌），行业上俗称肚尖、肚头、肚仁。胃壁由里到外可分为四层，包括黏膜层、黏膜下组织、肌层、浆膜。其中肌层最厚，由内斜行肌、中环行肌、外纵行肌三层平滑肌组成。猪肚在初加工时，常采用盐醋搓洗、烫洗等方法去掉黏液及一部分黏膜，以去掉其腥臊异味；牛胃和羊胃属多室胃（复胃），又称为“反刍胃”，一般由四个室组成，即瘤胃、网胃（蜂巢胃）、瓣胃（百叶肚）和皱胃。瘤胃在四个室中最大，呈前后长、左右扁的大囊状，肌层较厚，在瘤胃的内壁有比较强大而光滑的肉柱；网胃在四个室中最小，略呈梨形。牛的瘤胃和网胃俗称“牛肚”；瓣胃呈两侧稍扁的球形，较坚实。瓣胃的黏膜形成许多高低不等的叶片状皱褶，叫作“瓣叶”，俗称“百叶肚”；皱胃结构与单室胃相似，黏膜内含有腺体，故又称为“真胃”。

（2）质量标准

新鲜的家畜胃有光泽，颜色白中略带一点浅黄。肚壁厚的肚子质量高于肚壁薄的，变质的肚子呈灰绿色，无光泽，组织松弛，有异味，不能食用。

（3）营养及保健

猪肚每 100g 可食部分含蛋白质 13.3g，脂肪 2.7g，糖类 1.5g，灰分 0.7g，水分 81.8g。中医认为猪肚味甘性温，可补虚损、健脾胃。

（4）饮食禁忌

感冒患者或胸腹胀满者忌食猪肚。牛肚养胃益气，无所忌；羊肚补虚，亦无所忌。

（5）烹饪运用

肚子主要由平滑肌构成，在烹调时通常要将表面的黏膜去除。肚子在烹调中多作主料使用，一般刀工成型是片、条、丝等。烹调方法较多，可爆、炒、煮、煨等，制作的菜肴如油爆肚头、汤爆肚头、爆双脆、口蘑汤爆肚、白切肚丝、凉拌肚丝、毛肚火锅等。瘤胃、网胃的风味及利用价值要优于瓣胃、皱胃。

烹调实例：爆双脆

将猪肚头 200g 剥去脂皮硬筋洗净，用刀剞蓑衣花刀，放碗内加精盐、湿淀粉抓匀；鸡肫洗净片去内外筋皮，用刀剞十字花刀，放另一碗内，加精盐、湿淀粉抓匀。再用清汤、料酒、醋、精盐、湿淀粉兑成芡汁。炒锅放旺火上，倒入熟猪油，烧至八成热时，把肚头、鸡肫下油锅，用铁筷子迅速拨散，倒入漏勺内；炒锅留少许油，放入葱、姜、蒜末炸至放香味，立即倒入肚头、鸡肫，烹入兑好的芡汁，迅速颠翻几下，装盘即可。

5. 猪肺

（1）形态特征

猪肺位于猪胸腔内，左、右分布，分七叶。左右两肺之间由气管和支气管相连。肺的表面被有浆膜，光滑而湿润，肺柔软而有弹性，呈海绵状。其表面含丰富弹性纤维的结缔组织的浆膜伸入肺内将肺实质分隔成许多肺小叶。肺实质是由肺内各级支气管和无数肺泡形成的肺小叶。肺实质含丰富的弹性纤维、平滑肌纤维、少量网状纤维及胶原纤维等。

（2）质量标准

新鲜的肺呈淡粉红色，较均匀，光洁富有弹性；变质的肺灰绿色，有异臭味，无弹性，无光泽，不可食用。

（3）营养及保健

猪肺每 100g 可食部分含蛋白质 11.9g，脂肪 4.0g，灰分 0.9g，水分 83.3g。中医认为猪肺味干性平，可治肺虚咳嗽、咯血。

（4）烹饪运用

肺因其主要由肺泡构成，故质地柔软。肺的毛细血管较丰富，所以在初加工时一定要灌洗干净。肺用于做菜，适于炖、煨、煮、酱、卤等烹调方法，制作的菜肴有酱猪肺、奶汤银肺、菠饺银肺、银杏炖肺等。

烹调实例：奶汤银肺

把肺的气管套在自来水龙头上，冲净肺叶中的血液，使它无一点红色，全成白色，倒去水分，放入冷水锅内烧开汆过捞出洗净，再放入开水锅煮到五成烂时捞出，剔除肺小管，片成5cm长、3cm宽的片，用碗装上，放入料酒、拍破的葱、姜、盐、汤，上笼蒸烂；小白菜去边叶留小苞，用开水汆过，用冷水过凉；将锅放入奶汤1000mL和白肺，加入盐、味精，烧开撇去泡沫，调好味，下入小白菜苞，放胡椒粉，装入汤盘内，放鸡油即成。此菜为山东传统名菜。

6. 大肠

烹调中常用的大肠有猪肠、牛肠、羊肠等。

（1）形态特征

大肠是畜类消化道的一部分。大肠管径较粗，黏膜表面光滑，无肠绒毛，又称肥肠。大肠主要由平滑肌构成，肠壁的结构与胃壁相似。肌层有两层，内层为环行肌，外层为纵行肌。

（2）质量标准

新鲜的家畜肠乳白色，稍软，具有韧性，有黏液湿润。变质的肠子呈淡绿色或灰绿色，组织软化，有腐败恶臭味，不能食用。

（3）营养及保健

猪大肠每100g可食部分含蛋白质6.9g，脂肪15.6g，糖类0.1g，灰分0.6g，水分76.8g。中医认为猪大肠味甘性微寒，可治便血、血痢等。

（4）饮食宜忌

猪大肠性寒，凡脾虚便溏者忌食；感冒病人忌食。

（5）烹饪运用

猪大肠的烹法较多，可烧、炒、煨、卤、炸、烩等。制作的菜肴有九转大肠、炒肥肠、卤五香大肠、白肉血肠等。

烹调实例：九转大肠

将猪大肠750g切成段，放在沸水中煮至约八成熟捞出沥净水分。炒锅放火上，加入油、白糖15g炒至棕红色，放入大肠，炒至上色后拨至锅边，加入葱、姜、蒜末炸出香味，烹醋50g、酱油25g、白糖120g、清汤130g、料酒10g、精盐4g与大肠混合炒匀，用小火煨烤，至汤汁将收尽时，放入胡椒粉、肉桂粉、砂仁粉，淋上花椒油，撒上香菜段，颠翻使之均匀，盛入盘内即成。此菜为山东名菜。

7. 畜蹄筋

蹄筋是指有蹄动物蹄部的肌腱及相关联的关节环韧带。

（1）形态特征

蹄筋（四肢肌腱）鲜品色白，呈束状，包有腱鞘；干品呈分叉圆条状，透明，色白或淡黄。蹄筋胶原纤维多，细胞少，纤维排列规则而致密。

（2）质量标准

在烹饪中使用的蹄筋有猪、牛、鹿、羊蹄筋，以鹿蹄筋质量为上乘。猪蹄筋的品质以个大、完整、干燥、无霉变、无虫蛀、色白者为佳。

（3）营养及保健

猪蹄筋每 100g 可食部分含蛋白质 75.1g，脂肪 1.8g，糖类 2.0g，灰分 1.6g，水分 19.5g。

（4）烹饪运用

蹄筋分鲜品和干制品，烹饪中应用较多的是干制品，烹制前必须经过涨发，常用的方法有油发、盐发和蒸发等。蹄筋的烹制适用于炖、煨、汆、扒、爆、拌、烧、烩等多种烹调方法，如红油蹄筋、扒发菜蹄筋等。其成品柔糯而不腻，上口润滑、滋味腴鲜。

烹调实例：红油蹄筋

锅中加入清水烧开，放入牛蹄筋煮约 5 分钟，捞出后去除油脂，洗净备用；锅中清水烧开，放入牛蹄筋，用大火烧开之后转小火煮约 1 小时后关火，再浸泡 20 分钟；捞出冲凉沥干后切成 5cm 长、1cm 宽的条备用；将牛蹄筋、青椒条、红椒条、香菜放入盆中，加入精盐、味精、鸡精、蒜末、红油，拌匀装盘即可。

第二节　畜肉制品

一、畜肉制品概述

（一）畜肉制品的概念

畜肉制品是指以鲜畜肉为原料，经干制、腌制、熏制、卤制等方法加工成的成品或半成品。

（二）畜肉制品的分类

1. 按加工方法不同分

畜肉制品按加工方法不同，可分为腌腊制品、脱水制品、灌肠制品、烧制品、炸制品、烤制品、烟熏制品、酱卤制品等。

（1）腌腊制品

以盐腌为主的，如火腿、腌肉等；腌后经烘干或熏制的，如腊肉等。

（2）脱水制品

利用自然干燥法或人工干燥法脱去过多的水分，如风干肉、肉松、肉干等。

（3）灌肠制品

将肉或副产品绞碎、加配料装入肠衣或小肚中制成，如各种中西式香肠、香肚等。

（4）烧制品

将生肉和各种配料一同放入锅内烧煮而成。其中又有白烧、酱制（红烧）、卤制、熏制、糟制等，如白肚、酱牛肉、酱肘子、酱汁肉、卤猪肝、熏猪头肉、熏猪肚、糟肉、过油肉等。

（5）炸制品

将生肉加工整理后，加入配料经炸制而成。根据使用的辅料分为挂糊和不挂糊两类；根据火力大小分为软炸和脆炸。炸制品可直接食用或作配菜用，常见的有炸肉皮、炸蹄筋、炸肉丸、炸猪排等。

（6）烤制品

烤制品所占的比例较小，但外焦里嫩、风味独特，如烤肉、烤乳猪、叉烧肉等。

2. 按地方特色不同分

畜肉制品按地方特色不同，可分为京式肉制品、苏式肉制品、广式肉制品、蜀湘式肉制品、西式肉制品。

（1）京式肉制品

京式肉制品又称北式肉制品、北味肉制品。京式肉制品的特点是口味重，所用调料的种类和使用量也较多。京式肉制品以烧制品最为著名，如烧牛肉、烧羊肉、酱牛肉、酱猪肉等。

（2）苏式肉制品

苏式肉制品又称南式肉制品、南味肉制品。一般指苏州、无锡、上海等地的产品，其中以苏州最为著名。苏式肉制品的特点是味浓醇而带甜，以烧制品和脱水制品最为著名。

（3）广式肉制品

广式肉制品主要指广东和广西两省所产的肉制品。广式肉制品多用火直接加工，产品色泽鲜明、味美甘香，其中以烤制品最为著名，如广东叉烧肉、烤乳猪等。广东香肠也是其中著名的产品。

（4）蜀湘式肉制品

蜀湘式肉制品以四川、湖南两省所产的为代表，制品色泽鲜明、口味甜中有辣。

（5）西式肉制品

西式肉制品是仿制国外的加工工艺和调味方法生产的一些肉制品。主要是灌肠制品和部分腌腊制品。如西式灌肠、西式火腿等。其口味因原产国的原有风味而不同，但总的特点是鲜嫩、味淡、香料特殊。

二、畜肉制品的种类

（一）腌腊制品

腌腊制品是用食盐、硝、糖、香辛料等对肉类进行加工处理后得到的产品。肉类经过腌制以后，其性质发生了一些变化：防腐能力增强，保藏期延长；原料组织收缩，质感变硬，嫩度降低；色泽、口味和气味都得到了改善。腌腊制品以盐腌为主，或腌后经熏烤烘干。包括火腿、腌肉、腊肉等。

1. 火腿

火腿是以猪后腿为原料，经修坯、腌制、洗晒、整形、陈放、发酵等工艺加工成的腌制品。

（1）品种和产地

火腿在中国许多省区均有生产，形成了很多地方特产，最著名的是浙江金华火腿（又称“南腿”）、江苏如皋火腿（又称“北腿”）和云南宣威火腿（又称“云腿”）三类。其中又以浙江金华、义乌等地所产的金华火腿是中国火腿的代表品种。

①金华火腿。又称南腿、金腿。产于浙江金华一事的东阳、义乌、浦江、兰溪等地。以当地特产“两头乌”型猪所制，重 2.5 ～ 5kg，爪小骨细，肉质细嫩，皮色光亮，红艳似火，香味浓郁，形似竹叶。

②如皋火腿。又称北腿。产于江苏如皋、泰兴、江都等地。重 4 ～ 7.5kg，皮薄爪细，肉色红白而鲜艳，质地紧实而干燥，形似琵琶。

③宣威火腿。又称榕峰火腿、云腿、宣腿。产于云南宣威、腾越、楚雄等地。重约 7.5kg，皮面呈棕红色，腿心坚实，红白分明，回味带甜。

④诺邓火腿。亦称榕峰火腿。产于云南云龙县。腌制后埋入地窖两个月始供食用，香嫩味美。

⑤恩施火腿。产于湖北恩施一带。呈棕红色，咸度适中，形似琵琶。

⑥陇西火腿。产于甘肃陇西、漳县一带。重约 5kg，用当地特产麻猪、雪花盐制作，皮红如染，肥肉不腻，精肉红嫩，呈桃形状。

⑦剑门火腿。产于四川剑阁。腿细皮薄，腿心饱满，瘦肉呈胭脂色，形似竹叶。呈鲜红色或枣红色，形似竹叶。

火腿的主要品种及产地见表 4–10。

（2）质量标准

火腿的质量检验以感官检验为主。其品质的感官要求是：皮肉干燥，肉坚实；皮薄脚细，爪弯腿直；形状呈琵琶形或竹叶形，完整匀称；皮色棕黄或棕红，无猪毛；具有火腿特有的香味，无显著哈喇味；切开看瘦肉层厚，鲜红色，肥肉层薄，蜡白色。火腿的一般质量要求见表 4–11。

表 4–10　火腿的主要品种及产地

名称	产地
金华火腿	浙江金华一带
如皋火腿	江苏如皋、靖江
宣威火腿	云南宣威、腾越、曲靖、楚雄
诺邓火腿	云南云龙县
鹤庆圆腿	云南鹤庆县
剑阁火腿	四川剑县
遂宁火腿	四川遂宁县
达县火腿	四川达县
德阳火腿	四川德阳市
琵琶火腿	四川宜宾
无骨火腿	四川涪陵
冕宁火腿	四川冕宁、会理
威宁火腿	贵州威宁
安福火腿	江西安福
恩施火腿	湖北恩施地区
休宁花猪火腿	安徽休宁县
陇西火腿	甘肃陇西、漳县

表 4–11　火腿的质量标准

质量	色泽	组织状态	气味
良质	肌肉切面呈深玫瑰色或桃红色，脂肪切面呈白色或微红色，有光泽	致密而结实，切面平整	具有火腿特有的香味，或香味平淡
次质	肌肉切面呈暗红色，脂肪切面呈淡黄色、白色，光泽较差	较致密而稍松，切面平整	稍有酱味或豆豉味，有酸味
劣质	肌肉切面呈酱色，有各色斑点，脂肪切面呈黄色、褐黄色，无光泽	疏松、软，甚至黏糊状，骨周围更明显	有腐败气味、臭味、严重酸味及哈喇味

（3）营养及保健

火腿营养丰富，每 100g 可食部分中约含蛋白质 16.4g，脂肪 51.4g，磷 146mg，钙 88mg，铁 3mg。中医认为火腿有健脾开胃、生津益血、滋肾填精、健足力、愈创口等功效。

（4）饮食禁忌

患有急慢性肾炎者忌食；凡浮肿、水肿、腹水者忌食；感冒未愈，湿热痢，积滞未尽，腹胀痞满者忌食。

（5）烹饪运用

火腿是重要的烹饪原料。烹饪中适于各种刀工处理，可切成块、丁、粒、条、片、丝、末、蓉等。可制成多种菜式，可作冷盘、热菜、汤、羹或面点馅料。可作主料单独成菜；也可与其他料组配成菜。因火腿在制作过程中经过发酵，蛋白质分解为多种氨基酸，形成火腿所独特的浓郁的鲜香风味，因此常常用作燕窝、鱼肚、驼峰、海参、蹄筋等自身无显味的高档原料的配料，以赋味增鲜，并可配多种荤素原料。此外，还可用于吊汤，用作菜肴鲜味调味剂及作为装饰、点缀、配色料。用火腿制作菜肴应注意以下几点：宜配用清鲜原料，忌配有异味的原料；宜着汤烹制，忌用干煸、干烧、干烹等方法无汤烹制；除少数菜肴外，一般不宜挂糊、拍粉、上浆等；调味宜清淡，不宜用酱、卤等方法，也不宜用酱油、酱、醋、八角、桂皮、茴香、咖喱等调味；忌用色素调色。

烹调实例：蜜汁火方

选用金华火腿上腰峰质量最优秀部分的一方（又称上方），约重400g，刮尽皮上余毛、污迹，在肉一面上用刀切成12个小正方形块，皮不切断，然后放碗中，先加料酒、冰糖，添清水至浸没火腿，上笼用旺火蒸1小时，去汤水，再按以上用料及烹调方法重复操作一遍。然后加料酒25g、冰糖25g，添清水浸没，放上50g捅去莲心剥掉膜皮已蒸熟的莲子，用旺火上笼蒸1.5小时左右，至酥熟。这时，先将火方皮朝上置于汤盘中，莲子围放四周，缀上青梅、樱桃。另用炒锅加水50g、冰糖25g，倒入滤去杂质的原汁，撇去糖沫，加水淀粉勾薄芡，淋在火方、莲子等上，然后撒上糖桂花、玫瑰花瓣屑即成。此菜为浙江名菜。

2. 咸肉

咸肉又称腌肉、家乡肉，是以鲜肉为原料经过干腌或湿腌加工而制成的制品。

（1）品种和产地

咸肉是中国最古老的肉制品之一，中国各地均有加工，在南方的安徽、江苏、上海、浙江、江西、四川等省加工较普遍。咸肉按产区不同，可分为浙江咸肉（南肉）、江苏如皋咸肉（北肉）、四川咸肉、上海咸肉等；咸肉按所用的原料和部位不同，可分为连片、段头、小块咸肉、咸腿等。

（2）质量标准

咸肉的质地密而结实，切面平整有光泽，肌肉呈红色或暗红色，具有咸肉固有的风味。优质的咸肉外表干燥清洁，呈苍白色，无霉菌，无黏液；肉质坚实紧密，有光泽，瘦肉呈粉红、胭脂红或暗红，肥膘呈白色；切面光泽均匀；质坚硬，有正常的清香味，煮熟时具有腌肉香味。劣质的咸肉表面滑软黏糊，皮长覆盖如豆腐渣黏层；肉质结构疏松，无光泽，切面暗红色或灰绿色，肉色不均匀，有严重的酸臭味、腐败味或油哈喇味，不能食用。

（3）营养及保健

咸肉营养丰富，每100g可食部分中约含蛋白质15.0g，脂肪34.0g，灰分7.7g，钙53mg，水分23.0g。中医认为咸肉味咸甘，性平。有平肝运脾，和血生津，滋肾健足力等功效。

（4）饮食禁忌

据医学研究报告，长期食用咸肉可能导致胃癌。故应避免长期连续食用。

（5）烹饪运用

咸肉做菜，适于蒸、煮、炒、炖、烧、煨等烹调方法。加工前，宜先放在清水中浸泡，以除掉一部分盐分，然后再进行各种加工。制作的菜肴如蒸咸肉、咸肉烧菜苔、河蚌煨咸肉等。

烹调实例：腌笃鲜

咸猪肉刮干净皮上的毛，用清水冲净，切块；春笋去壳切滚刀块，鲜猪肉切块；锅中倒少量油，将咸猪肉、鲜猪肉、春笋一起放在锅里煸炒一下，并淋少许料酒；翻炒后加水没过全部材料，用大火烧开后，将百叶结放入，并转小火慢炖两个小时，最后用盐调味即可。

3. 腊肉

腊肉是用鲜猪肉切成条状腌制后，经烘烤或晾晒而成的肉制品。因民间一般在农历十二月（腊月）加工，利用冬天特定的气候条件促进其风味的形成，故名腊肉。腊肉在腌制后尚需经过烘腊过程，这是腊肉与咸肉的主要差别。

（1）品种和产地

腊肉的种类很多。按原料分为腊猪肉、腊牛肉、腊羊肉、腊狗肉、腊野兔、腊鼠干等，其中以猪肉为原料的腊肉种类最多，腊牛肉和腊羊肉主要生产于华北和西北地区；按产地分为广东腊肉、湖南腊肉、四川腊肉等。

（2）质量标准

优质的腊肉色泽鲜明，肌肉呈鲜红或暗红色，脂肪透明或乳白色，肉身干爽、肉质坚实，有弹性，指压后不留明显压痕，具有腊制品固有风味。劣质的腊肉肉色灰暗无光，脂肪黄色，表面有明显霉点，肉质松软，无弹性，指压痕不易复原，带黏液，脂肪有明显酸味或其他异味，不能食用。

（3）营养及保健

腊肉营养丰富，每100g可食部分中约含蛋白质14.4g，脂肪21.8g，糖类3.3g，灰分7.7g，钙31mg，磷109mg，铁2.3mg，水分52.8g。

（4）烹饪运用

腊肉入馔，可用炒、烧、煮、蒸、炖、煨等烹法。可制成冷盘、热炒、大菜等菜式，也可作馅心料。制作的名菜有腊味合蒸、菜薹炒腊肉、藜蒿炒腊肉等。

烹调实例：腊味合蒸

取腊鸡、腊鱼、腊肉各200g，去皮、去骨、去鳞，切成3.3cm长、0.7cm厚的长形条、片，分三方扣在碗内，放熟猪油、味精、浏阳豆豉、红干椒上笼蒸一小时，取出覆盖在盘内即成。

4. 西式火腿

西式火腿一般是用猪腿肉经开剖、剔骨、整修、腌制、压缩、煮制等工序制成的长方形或圆形熟制品。是欧洲国家主要的熟肉制品，我国现应用广泛。

（1）品种和产地

西式火腿主要有无骨火腿和带骨火腿两种类型。

①无骨火腿。又称盐水火腿。选用腿肉，剔去骨头，可带皮和带少量肥膘，也可用全瘦肉；将肉用盐水加香料浸泡腌渍入味，取出后用特制的模型压制或用线绳捆扎，然后加水煮制，有的要进行烟熏后再煮。无骨火腿使用比较广泛，根据形状主要有方火腿和圆火腿两种。

方火腿，又称方腿，用拆去骨头、修去肥膘的猪后腿肉制成。其外形呈方形、内部无空洞，膘肉均匀，瘦肉色泽鲜艳，切片不松散，单只重2～4kg。可分为无皮和有皮两种。

圆火腿，又称圆腿，用拆去骨头、修去肥膘的猪前腿肉制成。其外形呈卷筒状，外表有皮、乳黄色，瘦肉色泽鲜艳，肉质细嫩，咸味适中。由于前腿肉中夹层脂肪较多，故肉质较肥，每只重3～5kg。

②带骨火腿。用整只带骨的猪后腿制作而成。其外形类似中国的金华火腿。先将整只后腿用盐、胡椒粉、硝酸盐等擦于其表面，然后再浸入加入香料的咸水卤中腌渍数日，取出风干、烟熏、悬挂自然成熟。

西式火腿名产繁多，著名的有：法国烟熏火腿、苏格兰整只火腿、德国陈制火腿、意大利火腿、苹果火腿等。

我国目前主要产于上海、辽宁、黑龙江等地。

（2）营养及保健

西式火腿营养丰富，每100g可食部分中（以方火腿为例）含蛋白质16.2g，脂肪5.0g，糖类1.9g，钙1mg，磷202mg，铁3mg，水分73.9g。

（3）烹饪运用

西式火腿是西餐中广泛运用的原料，在烹饪中用来制作冷盘，也可切成小块、片、丝等制作菜肴的主配料，还可作沙拉原料，作火锅配料等。

（二）脱水肉制品

脱水肉制品又称干制品，是将鲜肉调味或煮熟调味后、脱去其中的水分而制成的肉制品。脱水肉制品在中国具有悠久的生产历史，这类制品由于原料和产地不同，产品风味多样，其中常见的有：各种肉松、肉脯、肉干、干制烤牛肉、干蹄筋等。其中大量生产的为肉松。

1. 肉松

肉松是将鲜肉的肌肉部分经高温煮透、撇油、收汤浓缩、焙煎炒干、搓揉脱水制成的絮绒状干肉制品。常加入适量豆粉填料及着色剂（常用红糟）。

（1）品种和产地

肉松的种类较多，除猪肉外，牛、羊、鸡、鱼等动物的肉也可加工肉松。中国各地均有生产，著名的有太仓肉松、福建肉松、广东汕头肉松、四川肉松等。

（2）质量标准

肉松的品质以体质疏松绵软，有弹性，略带如茸毛样断丝，色黄，干燥适度，香气纯正，咸甜适中，味鲜无残筋膜、肉渣、碎骨，无成块结粒，无异味者为优。

（3）营养及保健

每百克太仓肉松中含水分 24.4g，蛋白质 38.6g，脂肪 8.3g，碳水化合物 21.6g，胆固醇 111mg，灰分 7.1g，硫胺素 0.05g，核黄素 0.16g，烟酸 2.9g，钙 53mg，鳞 179mg，铁 8.2mg。

（4）烹饪运用

肉松入馔，除直接供作小菜食用外，可用作宴席冷盘，或作为花色冷盘的垫衬料、围边料、组拼料，也可作热菜的瓤馅料。

2. 肉干

肉干是用新鲜瘦肉切碎、加入配料和调料、经烹煮烘烤而成的肉制品。制作肉干的原料以新鲜瘦肉为好，尤以前后腿部瘦肉更佳。将原料剥皮剔骨、除去脂肪和筋腱等，留下纯瘦肉利用。

（1）品种和产地

肉干根据原料可分为猪肉干、牛肉干等。根据制品的形状，又可分为条、片、粒等，但以 1cm^3 左右的粒状为多。名产有哈尔滨五香牛肉干、天津五香猪肉干、江苏靖江牛肉干、上海猪肉条、上海咖喱猪肉干等。

（2）质量标准

牛肉干的质量标准为：呈 1cm^3 左右的正方体，或侧面厚 0.5cm 的扁方形。块状均匀，无焦斑碎屑；色泽为褐红色，表面起绒；口味鲜美。五香辣味牛肉干能品出辣味。广味牛肉干偏重甜味。无异味和焦糊味；水分含量冬季为 10% ～ 12%，夏季为 9% ～ 11%。

（3）营养及保健

每100g牛肉干中含水分9.3g，蛋白质45.6g，脂肪40.0g，碳水化合物1.9g，胆固醇120mg，灰分3.2g，硫胺素0.06g，核黄素0.26g，烟酸15.2g，钙43mg，鳞464mg，铁15.6mg。

（4）烹饪运用

肉干味道香鲜，咀嚼后回味悠长，可作筵席上的冷菜，也可作佐酒的小菜，或作零食消闲。

3. 肉脯

肉脯是将瘦肉加工成薄片，经腌渍摊筛、烘干、烤制等工序加工成的干制品。肉脯与肉干的不同之处是不经过煮制。

（1）品种和产地

肉脯根据原料的不同有猪肉脯、牛肉脯、鸡肉脯等。名产有江苏靖江肉脯、上海猪肉脯、汕头猪肉脯、浙江黄岩高粱肉、湖南猪肉脯、四川达县灯影牛肉、鞍山枫叶肉脯等。

（2）质量标准

色泽鲜艳，呈棕红色，片型整齐平整，呈透明状，感观舒适，入口脆嫩，甜中微咸，咸而发鲜，越嚼越香，余味久长，味道鲜美。

（3）烹饪运用

肉脯的选料严格，加工精细，成品鲜香，回味长久。可作筵席上的冷菜或作花式冷盘的点缀，配色料，也可作为佐酒佳品。一般作冷菜需要热油炸一下，使肉脯酥脆适口。

（三）灌制品

灌制品是以鲜肉腌制、切碎、加入配料和调料混匀后，灌入肠衣或经处理的猪膀胱（俗称小肚）等，经进一步晾晒、烘烤、煮、熏等加工所得到的肉制品。中国各地生产的灌肠的种类很多，大体上可分为灌肠、风干肠、肉肠（即肉粉肠）三大类。当前中国生产的灌肠制品有三十多种，主要有小红肠、大红肠、火腿肠、熏肠、粉肠、泥肠、香雪肠等。

1. 香肠

香肠是中国传统风味肉制品。一般是以肉为原料，将肉切成丁后加入酱油、料酒及白糖等调料制成馅料，灌入小口径肠衣中，经烘干或日晒而成。

（1）品种和产地

香肠品种因馅料不同有猪肉香肠、牛肉香肠、鸡肉香肠、兔肉香肠、鱼肉香肠、猪肝香肠、鸭肝香肠等。按调料不同有五香香肠、辣味香肠、蚝油香肠等。比较有名的有哈尔滨正阳楼风干香肠、山东招远香肠、江苏如皋香肠、四川宜宾广味香肠、武汉香肠、广东腊肠等。

①风干肠。是将香肠灌制加工后采用风干晾制而成，为香肠品种之一。我国北方城市多见风干肠出售。风干肠经蒸煮后就可食用。

②牛肉香肠。是将牛肉加工成肉糜经调味后灌入肠衣晾晒而成，为香肠品种之一。国外牛肉香肠较多。特别是信仰伊斯兰教国家制作牛肉香肠特别著名。牛肉香肠经蒸煮后就可食用。

③鸭肉香肠。是将鸭肉加工成肉糜经调味后灌入肠衣晾晒而成，为香肠品种之一。鸭肉香肠主要在南方的广东、福建、台湾、浙江等省生产。美国有用机械去骨鸭肉糜做成的熟香肠，真空包装。

（2）质量标准

香肠的质量以肠衣干燥完整且紧贴肉馅，全身饱满，肉馅坚实坚挺有弹性，肥瘦肉粒均匀，瘦肉呈鲜玫瑰红色，肥肉白色，色泽鲜明光润，无黏液和霉点，香气浓郁而无异味者为佳。

（3）营养及保健

每100g广东腊肠中含水分8.4g，蛋白质22.0g，脂肪48.3g，碳水化合物15.3g，胆固醇88mg，灰分6.0g，硫胺素0.04g，核黄素0.12g，烟酸3.8g，钙24mg，鳞69mg，铁3.2mg。

（4）烹饪运用

香肠入馔，多用蒸或煮的方法制熟后制作冷盘，也可适于炒、烩、炖、蒸、煮、炸等多种烹调方法，有时还可用于菜肴的配色、围边等点缀装饰，起配色作用，也可作为糕点的馅心。

2. 香肚

香肚是以鲜猪肉切碎后加入调料，灌入膀胱（少数用猪牛肠）经晾晒或烘烤而制成的肉制品。

（1）品种和产地

香肚种类较多，名品有南京香肚、天津桃仁小肚、哈尔滨水晶肚等。其中以南京香肚最具特色，是著名的地方风味产品。其腌制的最好时间是大雪到立春期间，选用新鲜猪肉（瘦肥之比为7：3），切成1.5cm左右的方块，加入糖、盐、硝水及香料，装入香肚皮（膀胱），针戳放气，在案板上揉紧密，用麻绳扎紧，然后晾晒一月即成。

（2）质量标准

南京香肚外观圆形似苹果状，皮薄有弹性，不易破裂，肉质紧密，切开后红白分明，香嫩可口，略带甜味。

（3）烹饪运用

香肚一般煮熟后切成薄片作凉菜。加工时用清水浸泡，洗去外表灰垢，放入锅中，加沸水煮沸，改微火焖约40分钟，捞起来晾凉后，撕去外皮，切成薄片即可食用。

3. 西式灌肠

西式灌肠的主要馅料有猪肉、牛肉、羊肉、兔肉、鸡肉等；配料有盐、土豆淀粉、鸡蛋、奶油、啤酒、葡萄酒、香草、洋葱、胡椒粉、玉果粉、大蒜粉（少数产品加），但不加酱油。将主要馅料和配料拌匀后，灌入到口径较大的牛盲肠或牛、猪大肠制作的肠衣中，经煮制或熏制即得。制品体积较大。

（1）品种和产地

西式灌肠源于欧洲，目前在德国和意大利生产较多。我国目前生产的品种主要有哈尔滨大众红肠、北京蒜肠、北京香雪肠、上海猪肉红肠、火腿肠、粉肠、色拉米肠等。

①火腿肠。是用经调味的肉泥灌入肠衣或人造肠衣中加工而成的制品。当今世界各地生产的火腿肠制品品种繁多，名称不一。目前火腿肠也是我国肉类制品中品种最多的一大类。火腿肠是以畜禽肉类为主要原料经腌制或未经腌制切碎（绞碎）成丁或斩拌乳化成肉糜状，并混合各种调料、辅料，然后充填天然肠衣或人造肠衣中成型，根据品种不同再分别经过烘烤、蒸煮、烟熏、冷却或发酵等工序制成的产品。它是一种既经济又营养丰富、食用方便，深受人们欢迎的方便食品。

②全蛋白质香肠。全蛋白香肠是用富含蛋白质的原料加工而成的制品。全蛋白香肠有荤、素两种。荤的全蛋白香肠，即用纯猪瘦肉灌装加工而成。素的全蛋白香肠，是用大豆分离蛋白和其他辅料，经灌装加工而成。全蛋白香肠一般作冷菜食用，可用于冷盘的拼摆。

③小泥肠。是将畜禽的胴体绞成极细的肉蓉经调味后灌装入人造小肠衣中加工而成的制品。小泥肠有鸡肉泥肠、猪肉泥肠、海鲜泥肠等。鸡肉泥肠以鸡胸肉为原料，猪肉泥肠以猪瘦肉为主。

④粉肠。是以淀粉、畜禽肉为主要原料，肉块经腌制或不经腌制，绞切成块或糜，添加各种辅料，充填入各种肠衣或肚皮中，经蒸煮和烟熏等工序制成的一类熟肠制品。因在加工中添加一定比例的淀粉而名。干淀粉的添加量大于肉重10%。

⑤小红肠。是目前世界上消费量最大的一种方便肉制品，也是灌肠制品的代表种类。原产于奥地利首都维也纳，又称热狗。以羊肠作肠衣，肠体细小，形似手指，稍弯曲，长12～14cm。外观红色，肉质呈乳白色，鲜嫩细腻，味香可口。

⑥大红肠。是用牛肉和猪肉混合制成的灌肠。加工方法与小红肠基本相同，只是在主料中加有猪脂肪丁。其肠体形状粗大如手臂，表面红色，故称“大红肠”。因西欧人常在吃茶点时食用，所以又称为“茶肠”。长40～50cm，食之肉质细腻，鲜嫩可口，具有蒜味。由于红肠经熏制后，色泽红润，故称红肠。现在市场上有

用人工合成的肠衣灌装的香肠，由于外皮红色，故统称为红肠。

⑦色拉米肠。又称带蒜味的意大利式香肠、米兰色拉米香肠。色拉米肠有生、熟之分，其用料比普通香肠高级。主要以牛肉和猪肥肉为原料，经多道工序制成。成品质地坚实，外表有皱纹，肉质呈棕红色，味道鲜美，香气浓郁，留有回香。携带方便，易于保存。

⑧熏肠。又称烟熏香肠，熏香肠。是灌肠灌制后风干晾晒再经熏制加工而成的制品。熏肠有生熏肠与熟熏肠之别。生熏肠和生鲜香肠相似，所不同的是要将肉腌制，然后再绞碎，混合调味后充填入大肠衣或可食用的人造胶原肠衣中，经烟熏、加热制作而成。

（2）质量标准

质量好的西式灌肠肠衣干燥无霉点和条状黑痕、肠衣干燥、不流油、无黏液、坚挺有弹性，不易与肉馅分离，肉馅均匀、无空洞、无气泡、组织坚实有弹力，无杂质、无异味，香味浓郁。

（3）烹饪运用

西式灌肠在西餐中可用于制作沙拉、三明治、开胃小吃、煮制菜肴，也可作为热菜的辅料。在中餐中可作为冷盘原料和花式菜的点缀料，制作热菜可炒、烧、烩等。

第三节　乳和乳制品

一、乳类

乳又称奶，是哺乳动物产仔后由乳腺中分泌出的一种白色或淡黄色的不透明液体。

（一）乳的种类

人类食用的乳按照动物种类划分，主要有牛乳、水牛乳、牦牛乳、山羊乳、绵羊乳、马乳、鹿乳等。其中以牛乳产量最大、商品价值最高、利用得最为普遍。按照不同泌乳期乳的化学成分的变化分为初乳、常乳、末乳、异常乳。

羊奶是目前除牛奶外的第二大奶源，包括山羊奶和绵羊奶。羊奶性状与牛奶相似，但营养价值高于牛奶，其脂肪球细小，凝乳块细软，易于消化吸收。其主要缺点是膻味较重。羊奶大部分供直接饮用，极少用于菜肴、面点的制作。中医认为羊奶味甘、性温，具有温润补虚功效，可用于虚劳羸瘦、消渴、反胃等症。

马奶在新疆、内蒙古等牧区饮用较多。其性状与一般家畜乳相似，但比较清稀。在产区，马奶多用于制作马奶酒，也可如牛奶一样饮用，或制作马奶酪、酸马奶、马酥油等。中医认为马奶性凉、味甘，有补血、润燥、清热、止渴的功效。可用于血虚烦热、虚劳骨蒸、消渴、牙疳等症。马奶宜煮沸后饮用，忌饮生冷马奶，马奶忌与鱼类同食，另凡脾胃虚寒、腹泻便溏之人忌食。

鹿奶性状与牛奶相同，但比牛奶黏稠。可供直接饮用，饮用时须经稀释加热，也可如牛奶一样用于食品制作。常饮鹿奶可增强人的体力。

羊奶、马奶、鹿奶的营养成分见表4–12。

表4–12 鲜羊奶、马奶、鹿奶的营养成分（每100g食部）

种类	水分	蛋白质	脂肪	糖类	灰分
羊奶	88.9	1.5	3.5	5.4	0.9
马奶	91.0	2.1	1.1	6.0	0.4
鹿奶	67.2	9.9	17.9	3.5	1.5

（二）牛乳

牛乳是奶牛的乳腺分泌出的乳白色或微奶黄色液体。鲜牛奶在常温时呈半透明状，不黏，不沉淀，具有一定的流动性，味稍甜，具特殊的奶香味。

1. 品质特点

牛奶根据产乳期的不同可分为初乳、常乳和末乳。初乳是指奶牛产犊后七天以内分泌的乳，该乳汁浓厚而略带褐色，黏稠，具有令人不愉快的气味，有时甚至混入少量的血液而呈红色，加热时凝固，口味咸涩，风味不好，一般不宜饮用；末乳又称老乳，是奶牛在停乳前半个月所产的奶，末乳往往味苦，易发酵，存放一段时间便易产生不佳的气味，也不宜饮用；常乳是指初乳后、末乳前乳牛所产的乳，该阶段所产牛奶各成分的含量基本稳定，风味好，是饮用的对象。

2. 质量标准

新鲜质好的鲜牛奶应具有鲜奶固有的气味和滋味，呈均匀无沉淀的液体状，颜色为白色或微黄色，黄色的产生是由于乳中含核黄素、胡萝卜素的结果。鲜奶具有乳香味，加热后尤为明显，这主要是由于乳中含有挥发性脂肪酸及其他挥发性物质所致。

3. 营养及保健

牛奶营养价值高，是含有100多种化学成分的混合物，主要由水、脂肪、磷酸酯、蛋白质、乳糖、矿物质、维生素和酶类等组成。正常奶中，各主要成分的含量为：水分87%～89%，脂肪3.4%～3.8%，蛋白质3%～4%，乳糖4.5%，矿物质0.7%。牛奶中蛋白质主要包括酪蛋白和乳清蛋白，以酪蛋白为主，均是完全蛋白质，含有人体所需的全部必需氨基酸。中医认为牛奶性平、味甘，有补虚损、益肺胃、生津润肠的功效。可用于虚弱劳损、反胃噎嗝、消渴、便秘等症。适宜发育期儿童，糖尿病患者，高血压、冠心病、动脉硬化、高血脂患者等人群食用。

4. 饮食禁忌

脾胃虚寒，腹胀便溏者忌食；痰湿积饮者忌食。牛奶忌与酸性果汁（如山楂汁、橘子汁等）同食，因牛奶中酪蛋白较多，遇到酸性果汁后常凝结成较大的凝块而影响消化吸收，还会引起腹胀、恶心、呕吐。此外，牛奶与红糖、豆浆、米汤、香蕉、黄豆、花菜、菠菜、萝卜等原料不可配菜同食。

5. 烹饪运用

牛奶除供饮用外，也可作为烹饪原料利用。烹饪中常用牛乳代替汤汁成菜，如牛奶白菜、奶油菜心等，特点是奶香味浓、清淡爽口，但在选料时应注意选择清淡、无异味的原料；将牛奶加鸡蛋清搅匀加热后成型，如炒鲜奶；在虾蓉、鱼蓉中加牛乳搅拌容易上劲，如西施虾条；也可用牛奶制成甜菜，如甜羹。用牛乳和面，可制作多种面点。因牛奶具有乳化性和发泡性，可促进面团中水与油的乳化，改善面团的胶体性能，提高面团的筋力，可改善面团的质构，使面团发泡柔软；因牛奶含有呈香味的成分（如低分子量的脂肪酸），可增加奶香味。牛奶中的酪蛋白遇酸可凝固，因此可制作多种小吃，如广东小吃“双皮奶”、北京的“扣碗酪”、云南少数民族的“乳扇”、牧区牧民们常食用的“奶豆腐”以及各地食用的“酸奶”等。

烹调实例：大良炒鲜奶

先将鲜牛奶200g入锅煮沸，取出，加入用牛奶50g、干淀粉2g、鸡蛋清250g以及精盐0.2g调匀的凝固剂，再放入熟鸡肝25g、熟蟹肉25g、熟虾仁25g、熟火腿片15g拌匀，然后一同倒入烧热的炒锅中再炒。炒时以慢火加热，顺着一个方向翻勺，炒熟后出锅装盘即成。

二、乳制品

（一）乳制品概述

乳制品是将鲜乳经过一定的加工工艺（如分离、浓缩、干燥、调香、强化等）进行改制所得到的产品。

牛乳制品品种较多，有消毒奶、炼乳、酸凝奶、奶粉、稀奶油、奶油、干酪、冰激凌等。

（二）乳制品的种类

1. 炼乳

炼乳又称浓缩牛奶，是将鲜牛奶浓缩至原体积的40%左右而制成的制品。

（1）种类和特点

炼乳根据是否脱脂可分为全脂炼乳、脱脂炼乳、半脱脂炼乳。根据是否加糖可以分为淡炼乳和甜炼乳两种。淡炼乳是将消毒乳浓缩到原体积的40%～50%后装罐密封，再加热灭菌一次制得的具有保存性的制品。淡炼乳呈均匀有光泽的淡奶油色或乳白色，黏度适中，在20℃时呈均匀的稀奶油状，无脂肪上浮，无凝块，无异味；甜炼乳是将消毒乳加入15%～16%的蔗糖并浓缩到原体积的40%左右制得的具有保存性的制品，也可由消毒乳先浓缩然后补充蔗糖制成。甜炼乳呈匀质的淡黄色，黏度适中，在24℃左右倾倒时可成线状或带状流下，无凝块，无乳糖结晶沉淀，无霉斑，无脂肪上浮，无异味等。

（2）质量标准

优质炼乳具有高温灭菌纯正的牛乳香味，味甜而纯，无外来的气味和滋味。组织细腻，黏稠度适中，质地均匀，口尝时感觉不到炼乳的结晶存在，整个炼乳中不得有气泡存在。无脂肪上浮，无凝块，无外来的夹杂物质。色泽呈乳白色略带乳脂的色泽，色泽均匀一致，有光泽。

（3）营养及保健

甜炼乳每100g含水分26.2g，蛋白质8.0g，脂肪8.7g，碳水化合物55.4g，维生素A 41μg，硫胺素0.03mg，核黄素0.16mg，烟酸0.3mg，抗坏血酸2mg，维生素E 0.28mg，钾309mg，钠211.9mg，钙242mg，镁24mg，铁0.4mg，锰0.04mg，锌1.53mg，铜0.04mg，磷200mg，硒3.26mg。

（4）烹饪运用

淡炼乳营养价值几乎与新鲜乳相同，在烹饪中可用于制作布丁和牛奶蛋糊；甜炼乳在烹饪中可用于制作甜食、布丁、奶油馅饼等。

2. 奶粉

奶粉是将鲜乳经喷雾干燥、真空干燥或冷冻干燥等方法脱水处理后制成的呈极淡黄色的粉末。

（1）种类和特点

奶粉根据加工方法和原料处理等不同有全脂奶粉、脱脂奶粉、加糖奶粉、调制奶粉、酪奶粉、乳清粉、速溶奶粉等。全脂奶粉以全脂鲜乳为原料直接脱水加工制成；脱脂奶粉以脱脂乳为原料脱水加工制成；加糖奶粉在鲜乳中添加一部分蔗糖或乳糖经脱水加工制成；速溶奶粉以特殊工艺制成，有良好的速溶性、可湿性、分散性，保藏中不易吸湿结块。奶粉具有体积小、重量轻、易于携带运输、便于贮存、食用方便等优点。

（2）质量标准

奶粉的品质以具有鲜奶的固有香气、无异味、呈淡黄色的干燥粉末、无结块现象，水冲调时完全溶解、无团块和沉淀者为佳。全脂奶粉应为浅黄色，有光泽，粉状，颗粒均匀一致，无结块，无异味，有消毒奶的纯香味，甜度明显。

（3）营养及保健

奶粉的成分随原料种类和添加剂等不同而有所差别。以全脂牛奶粉为例，每 100g 中含水分 2.3g，蛋白质 20.1g，脂肪 21.2g，碳水化合物 51.7g，胆固醇 110mg，灰分 4.7g，硫胺素 0.11mg，核黄素 0.73mg，烟酸 0.9mg，钙 676mg，鳞 469mg，铁 1.2mg。

（4）烹饪运用

奶粉除冲饮外，还可制造糖果、冷饮、糕点等，在烹饪中可代替鲜乳制作汤羹、调味汁、牛奶蛋糊、巧克力布丁、牛奶沙司等，也可用于烘、烤食品中。

3. 奶油

奶油是把牛奶经分离后所得的稀奶油再经成熟、搅拌、压炼而成的乳制品。又称为黄油、白脱油、牛油等。

（1）种类和特点

奶油按其制造方法不同或原料不同而分成许多种类。按原料不同可分为甜性奶油、酸性奶油、乳清奶油三类：甜性奶油（又称为鲜制奶油），未经发酵制成；酸性奶油（又称发酵奶油），经发酵制成，含乳酸；乳清奶油，以乳清为原料制成。按制造方法不同可分为鲜制奶油、酸制奶油、重制奶油及连续式机制奶油四类。

（2）质量标准

奶油的感官指标为：呈半固态；均匀淡黄色，表面紧密，无霉斑；边缘与中部一致，稠度及延展性适中；具奶油特有的纯香味，无异味，无杂质；熔融状态下完全透明，无沉淀。但重制奶油呈软粒状，熔融后透明无沉淀，含有丁二酮等芳香物质。

（3）营养及保健

奶油中脂肪的含量约为 80%，含水量为 16% 或更低。此外还含少量的蛋白质、乳糖、磷脂、灰分、维生素等。

（4）烹饪运用

奶油具有良好的可塑性，是大型食品雕刻的良好原料，也可制作花、鸟、禽、兽及建筑造型。奶油是中西式糕点的重要原料，特别是西点，在面点中也常作为起酥油使用，如奶油面包、辽宁点心奶油马蹄酥、北京小吃奶油炸糕等。

烹调实例：奶油炸糕

锅内倒入凉水 500g，旺火烧开后改用微火，加入面粉 500g 迅速搅拌，直到面团由白色变为灰白色，而且不黏手时，取出稍晾即成烫面。把鸡蛋 500g 打散搅匀，分 3 ～ 4 次加入烫面中，每加一次就搅拌一次，在最后一次加蛋液时同时加入奶油 100g、白糖 100g（用温水 250g 化成糖水）、香兰素 2.5g（用凉水 5g 溶解），搅拌均匀。然后用手一块块地团成40个均匀的小球，再摁成圆饼，逐个下入温油（花生油、生菜油、牛油均可）中炸。待圆饼膨起如球状，外表呈金黄色时，捞起沥去油，滚上（或撒上）白糖100g即成。

4. 干酪

干酪又称奶酪，常按英文名译为“计司”“吉司”“芝士”等。干酪是将牛奶、羊奶或混合奶等鲜乳经杀菌后，在凝乳酶的作用下使乳中的蛋白质（主要是酪蛋白）凝固形成凝乳，将凝固的酪蛋白分出，再经加热、加压成形，在微生物和酶的作用下发酵熟化制得的一种乳制品。

（1）品种和产地

干酪的种类很多，全世界约有1000多种，因加工方法不同制成的有硬干酪、软干酪、半软干酪、多孔干酪、大孔干酪等。生产干酪较著名的国家有法国、荷兰、意大利等，以荷兰圆形干酪最著名。

（2）质量标准

优质干酪呈白色或浅黄色，表皮均匀、细薄，切面均匀致密，无裂缝和硬脆现象，有小孔，切片整齐不碎，具有特有的醇香味，微酸。

（3）营养及保健

奶酪营养价值很高，每100g含水分43.5g，蛋白质25.7g，脂肪23.5g，碳水化合物3.5g，维生素A 152μg，硫胺素0.06mg，核黄素0.91mg，烟酸0.6mg，维生素E 0.60mg，钾75mg，钠584.6mg，钙799mg，镁57mg，铁2.4mg，锰0.76mg，锌6.97mg，铜0.13mg，磷326mg，硒1.50mg。

（4）饮食禁忌

奶酪味甘酸、性寒。患脾病者勿食。不可与鲈鱼一起食用。

（5）烹饪运用

干酪可嵌面包食用，或调制各种食品。奶酪做菜是“生的臭，熟的香”，在烹调中用于烤制菜肴或烤制的点心。制作菜肴时，是在菜肴生坯烤前，将奶酪放在菜肴表面，入烤箱待菜肴烤熟后，使菜肴表面色泽艳丽，香气诱人。

5. 乳扇

乳扇是以鲜牛奶为原料，经特殊加工后的奶制品。

（1）加工与特点

其加工过程为：先在锅中加半勺酸水（鲜木瓜煮后的酸液或乌梅煮液）加热至70℃，将牛乳倒入锅中立即凝固，搅拌成丝状凝聚物后再揉成饼状，再用筷子向外撑大变为扇状，晾干即成乳扇。每10kg鲜乳可制1kg乳扇。其成品乳白色，半透明，光滑油润，酥脆香甜。乳扇源于云南邓川，为白族人民的风味食品。

（2）营养及保健

每100g乳扇含水分5.5g，脂肪49.3g，蛋白质35.0g，乳糖6.8g，灰分2.5g。

（3）烹饪运用

乳扇除作方便小吃外，还可以烤着吃；切碎与鸡蛋、米花一起煮着吃；与红糖、核桃仁、茶叶一起泡茶吃。宴席上可制名贵菜点，如炒乳扇丝、乳扇包子等。

6. 奶豆腐

奶豆腐又称奶饼，必喜乐格（蒙古族语）。是以牛奶或羊奶为原料，经发酵后，使蛋白质凝固，用布过滤，再用布包扎压榨成型的制品。

（1）品种和加工

奶豆腐为蒙古族民间特有食品，有生、熟两种。

①生奶豆腐。先将鲜奶煮开，再加入1/10的酸奶汁（发酵奶汁），煮过的鲜奶很快变稠，然后将稠奶倒入布袋中，沥出水分，置于干净的木板上，以重物挤压，放置阴凉干燥处，晾干后即成。生奶豆腐含油脂，色白质地光滑。

②熟奶豆腐。用取完奶皮子的鲜奶为原料，将奶重新煮开，再用制生奶豆腐的方法制作。熟奶豆腐略呈黄色。

（2）烹饪运用

奶豆腐可晒干后长期保存。在牧区常携带作干粮。食用时用凉水浸泡数小时，待其变软后，切片装盘即可成菜。也可用炸、蒸、蜜汁等方法烹制热菜，如内蒙古名菜奶豆腐两吃。

7. 奶皮子

奶皮子是将牛乳过滤后加热，近沸腾时减弱火势用铁勺不断翻扬，以使部分水分蒸发并使乳脂肪集聚，形成密集泡沫后自然冷却，静置一夜形成厚的奶皮层，用筷子将奶皮挑起晾干后的制品。为内蒙古特产。

（1）品种与特点

奶皮子外形厚约1cm，半径10cm左右，呈饼状，颜色微黄，表面有密集的麻点。入口柔爽，奶香馥郁。著名的青海门源奶皮被作为馈赠礼品。

（2）营养及保健

奶皮子每100g含水分36.9g，蛋白质12.2g，脂肪42.9g，碳水化合物6.3g，维生素B_1 0.02mg，核黄素0.23mg，烟酸0.2mg，钾4mg，钠2.3mg，钙818mg，镁28mg，铁1.3mg，锰0.02mg，锌2.22mg，铜0.10mg，磷308mg，硒4.6mg。

（3）烹饪运用

奶皮子可伴奶茶作早点，也可烤黄后食用，或切成小块，放在煮热的牛奶中食用。

8. 酸奶

酸奶又称酸牛奶、酸凝奶、酸奶酪。是以鲜牛奶为原料，添加适量的砂糖，经巴氏消毒法杀菌，冷却后，接种入乳酸菌制成的发酵剂，置于恒温箱中进行乳酸发酵后制成的乳制品。

（1）品种与特点

酸奶按在市场销售时的形态分为凝固型酸奶和搅拌型酸奶，每一类又可在添加果料、果酱、香精以及相应的食品添加剂后加工成不同风味的酸奶；按成品中脂肪含量的高低分为全脂酸奶（含乳脂肪 3.0% 以上）、中脂酸奶（含乳脂肪 1.5% ～ 3.0%）、脱脂酸奶（含乳脂肪 0.1% 以下）三类。

（2）质量标准

酸奶的品质可用感官鉴定法鉴别，正常的酸奶凝结细腻，无气泡，色白或略带浅黄色，味酸微甜，带醇香气味。

（3）营养及保健

酸奶每 100g 含水分 84.7g，蛋白质 2.5g，脂肪 2.7g，碳水化合物 9.3g，硫胺素 0.03mg，核黄素 0.08mg，烟酸 0.1mg，钾 135mg，钠 43.0mg，钙 161mg，镁 15mg，锌 0.54mg，磷 52mg，硒 1.70mg。中医认为其性平、味酸甘，有生津止渴、补虚开胃、润肠通便、降血脂的功效。适宜身体虚弱、气血不足、营养不良、肠燥便秘之人及高胆固醇、动脉硬化、冠心病、脂肪肝患者食用。

（4）饮食禁忌

胃酸过多之人不宜多吃。

（5）烹饪运用

酸奶一般可作为甜菜和点心运用。菜肴如“脆皮酸奶”，是将酸奶放锅中，加入适量白糖烧沸后，用湿淀粉勾芡，倒平盘中，至冷却后，切成粗条，再挂上脆皮糊，即成为色呈金黄，外脆时嫩，酸甜可口的酸甜味甜菜。

本章小结

畜类原料是人类重要的食物材料，在人类的膳食占有非常重要的地位。同时在烹饪过程中起着非常重要的作用。通过本章的学习，应该重点掌握畜类原料的结构特点和烹饪运用的特点，掌握各种畜类的营养特点及饮食禁忌，这样就为科学合理地利用畜类进行合理配菜打下了坚实的理论基础，从而在烹饪实践中正确地加以运用。同时，还可根据各种畜类原料的质量标准正确地挑选该类原料。

课堂讨论

1. 如何在保护野生动物的前提下合理利用野生动物资源？
2. 简述猪肉在中国烹饪中的地位和作用。

复习思考题

1. 试述家畜肉的组织结构特点。
2. 影响肉的嫩度的因素有哪些？
3. 如何检验肉的新鲜度？
4. 试述家畜内脏的结构特点和烹饪运用特点。
5. 如何检验火腿的品质？
6. 如何鉴别注水肉？
7. 举例说明奶类在烹饪中的作用。
8. 比较香肠与西式灌肠的异同点。
9. 乳制品有哪些种类？各有哪些特点？
10. 畜肉制品分为哪几类？各举数例。
11. 兔肉在烹调时要注意什么？
12. 我国的猪有哪些优良品种？
13. 猪肉在运用时有何禁忌？
14. 试述牛奶的营养价值及运用时应注意的问题。

第五章　禽类及蛋品原料

本章内容： 1. 家禽

2. 禽制品

3. 蛋类和蛋制品

4. 食用燕窝

教学时间： 5 课时

教学目的： 使学生掌握禽类原料的主要种类和品种特点，掌握蛋和蛋制品的性质特点，根据特点正确地选择和运用这些原料，并掌握这些原料在配菜时的宜忌

教学方式： 老师课堂讲授并通过实验验证理论教学

禽类原料是指可供烹饪加工利用的鸟类，是指在人工饲养条件下的家禽的肉、蛋、副产品及其制品的总称。禽类原料是人类肉食的又一重要来源。

鸟类是适应于陆上和飞翔生活的高等脊椎动物。这类动物的主要特征为：身体呈流线型，体表被羽；四肢轻便，前肢变成翼；心脏具两心房和两心室，且左右两部完全隔离；呼吸器官除肺外，并有由肺壁凸出而形成的气囊，用以助肺进行双重呼吸；卵生，胚胎外被羊膜。鸟类动物在全世界有9000余种，我国有1100多种。

禽类原料一般分为家禽、禽制品、蛋和蛋制品等几大类。

第一节 家禽

家禽是指人类为满足肉、蛋等需要，经过长期饲养而驯化的鸟类。

目前我国饲养的家禽主要包括鸡、鸭、鹅、鸽、鹌鹑、火鸡等。近年来，有些地方开始规模化养殖孔雀、鸵鸟等。但饲养最广泛的仍属鸡，鸭次之，再就是鹅、火鸡。

一、家禽的种类

（一）鸡

鸡（*Gallus domestica*）属于雉科原鸡属（*Gallus*）。一般认为由红色原鸡（*Gallus bankiva*）驯化而来，现今在我国云南、广西南部及海南岛丛林中，仍有少量红色原鸡分布。鸡在我国的驯养至少有3000年历史。

1. 形态特征

鸡喙短锐，有冠与肉髯，翼不发达，但脚健壮。公鸡羽毛美艳，跖有距，喜斗。母鸡5～8月龄开始产蛋。

2. 品种及特点

鸡按用途可分为肉用鸡、蛋用鸡、肉蛋兼用鸡、药食兼用鸡四大类。

（1）肉用鸡

以产肉为主，容易肥育。我国著名的品种有九斤黄、狼山鸡、惠阳鸡、桃源鸡、浦东鸡等，国外有名的品种有科尼什等。

（2）蛋用鸡

以产蛋为主。著名的品种有白来航鸡、新汉夏鸡。

（3）肉蛋兼用鸡

产肉、产蛋性能均优，但没有蛋用、肉用鸡突出。著名品种有寿光鸡、浦东鸡、桃源鸡、惠阳鸡、萧山鸡、北京油鸡、白洛克鸡、浅花苏赛斯鸡等。

（4）药食兼用鸡

具有明显的药用性能，同时它具有很高的食用性。著名的品种有乌鸡，又称乌骨鸡、竹丝鸡、丝毛鸡，因其产于江西泰和县武山，又有泰合鸡、武山鸡之称。乌鸡是重要的药膳原料。但感冒发热、咳嗽多痰时忌食，患有急性菌痢肠炎之初期忌食。

目前我国鸡的主要品种及特点，扫描二维码查看。

鸡的品种及特点

3. 营养及保健

鸡肉营养丰富（主要营养成分含量见表5–1）。中医认为，鸡肉味甘性温，具有温中益气，补精添髓的功效，对虚劳羸瘦，中虚食少，产后乳少，病后虚弱，营养不良水肿等有一定的治疗保健作用。民间常用老母鸡炖食作为滋补品。

表5–1　鸡的主要营养成分含量（每100g食部）

种类	水分（g）	蛋白质（g）	脂肪（g）	糖类（g）	烟酸（mg）	钙（mg）	铁（mg）	锌（mg）
鸡	69.0	19.3	9.4	1.3	5.6	9.0	1.4	1.09
仔母鸡	56.0	20.3	16.8	5.8	8.8	2.0	1.2	1.46
肥肉鸡	46.1	16.7	35.4	0.9	13.1	37.0	1.7	1.1
土鸡	73.5	21.6	4.5	0	15.7	9.0	2.1	1.06
乌骨鸡	73.9	22.3	2.3	0.3	7.1	17.0	2.3	1.6
鸡肝	74.4	16.6	4.8	2.8	11.9	7.0	12.0	2.4
鸡肫	73.1	19.2	2.8	4.0	3.4	7.0	4.4	2.76
鸡心	70.8	15.9	11.8	0.6	11.5	54.0	4.7	1.94
鸡血	87.0	7.8	0.2	4.1	0.1	10.0	25.0	0.45
鸡翅	65.4	17.4	11.8	4.6	5.3	8.0	1.3	1.12
鸡爪	56.4	23.9	16.4	2.7	2.4	36.0	1.4	0.9

4. 饮食禁忌

凡感冒发热，以及内火偏旺和痰湿偏重之人，肥胖症患者和患有热毒疖肿之人忌食；高血压病人和血脂偏高者忌食；患有胆囊炎、结石症的人忌食。此外，鸡肉与鲤鱼、蜂蜜同食损害肠胃；与大蒜同食降低营养价值；与芥末同食伤元气；与李子同食会引起食物中毒；与糯米同食会引起身体不适。

5. 烹饪运用

鸡在烹饪中应用广泛，可整烹，也可分割成不同的部位使用；可作冷菜、热菜、汤羹，也可作火锅、小吃、点心、粥饭等，可适用于炒、烧、蒸、炖、煨、焖、炸、烤、熘、扒、煮等多种烹调方法。

烹调实例：白斩鸡

将光鸡洗净备用；汤锅内加入足够淹没鸡的清水，加入葱段、姜片，大火烧开，将洗净的鸡放入，再次烧开后转小火，加料酒撇去浮沫；13 ～ 15 分钟后用筷子戳一下鸡肉最厚的部位，如没有血水流出立即关火，迅速捞起鸡浸入冷开水中，让鸡在冷开水中自然冷却；酱油和清水以 1 ∶ 1 的比例混合，加入少许白糖和鸡精煮开融化，冷却后撒上葱姜末，淋上芝麻油制成蘸料备用；待鸡冷却后，将鸡捞出，控去汤汁，在鸡的周身涂上芝麻油，改刀斩件装盆，放上香菜即成。食用时蘸调料即可。

（二）鸭

鸭（*Anas domestica*）属鸟纲雁形目鸭科河鸭属（*Anas*），是由野鸭驯化而来。

1. 形态特征

体长约 60cm，雄鸭头和颈呈绿色而带金属光泽，颈下有一白环，尾部中央有 4 枚尾羽向上卷曲如钩，体表密生绒毛，尾脂腺发达。雌鸟尾羽不卷，体黄褐色，并缀有暗褐色斑点。

2. 品种及特点

根据用途不同，鸭可分为肉用型、蛋用型、肉蛋兼用型三个类型。

（1）肉用鸭。世界著名的肉用鸭品种有北京鸭和瘤头鸭。

（2）蛋用鸭。我国主要的品种有金定鸭。

（3）肉蛋兼用鸭：主要品种有高邮麻鸭、娄门鸭。除此以外，我国肉蛋兼用鸭还有四川建昌鸭、广东东莞麻鸭、广西五通麻鸭等。

目前我国鸭的主要品种及特点，扫描二维码查看。

鸭的品种及特点

3. 营养及保健

鸭肉营养丰富（主要营养成分含量见表 5–2）。中医认为，鸭肉味甘咸，性平，具有滋阴、养胃、利水消肿的作用，可除痨热骨蒸、咳嗽、水肿等症。

4. 饮食禁忌

凡身体虚寒，或受凉引起的不思饮食，胃部冷痛，腹泻清稀，腰痛及寒性痛经之人忌食。另鸭肉与甲鱼、核桃同食易引发水肿腹泻；与木耳同食易引发腹痛、腹泻。配菜时应注意。

表 5-2　鸭的主要营养成分含量（每 100g 食部）

种类	水分（g）	蛋白质（g）	脂肪（g）	糖类（g）	烟酸（mg）	钙（mg）	铁（mg）	锌（mg）
鸭	63.9	15.5	19.7	0.2	4.2	6.0	2.2	1.33
北京鸭	45.0	9.3	41.3	3.9	4.2	15.0	1.6	1.31
雄麻鸭	47.9	14.3	30.9	6.1	—	4.0	3.0	1.9
雌麻鸭	40.0	13.0	44.8	1.4	—	9.0	2.9	1.38
鸭肫	77.8	17.9	1.3	2.1	4.4	12.0	4.3	2.77
鸭肝	76.3	14.5	7.5	0.5	6.9	18.0	23.1	3.08
鸭心	74.5	12.8	8.9	2.9	8.0	20.0	5.0	1.38
鸭肠	77.0	14.2	7.8	0.4	3.1	31.0	2.3	1.19
鸭血	85.0	13.6	0.3	—	—	5.0	39.6	0.94
鸭舌	62.6	16.6	19.7	0.4	1.6	13.0	2.2	0.65
鸭胰	72.6	21.7	2.9	1.0	3.2	20.0	1.9	4.16
鸭翅	70.6	16.5	6.1	6.3	2.4	20.0	2.1	0.74
鸭掌	64.7	13.4	1.9	19.7	1.1	24.0	1.3	0.54

5. 烹饪运用

鸭在烹饪中应用广泛，多以整只烹制，最宜烧、烤、卤、酱，也宜蒸、扒、煮、焖、煨、炸、熏等烹调方法。将鸭加工成小件，可采用熘、爆、烹、炒等方法制作。鸭既可作主料，也可作配料；既可作冷菜、炒菜、大菜、汤羹，又可作火锅、小吃、面点、粥饭或充当馅料。此外，鸭的头、颈、掌、翅、皮、肫、肝、心、血、胰、肾、肠等，也皆是烹调的上好原料。

烹调实例：八宝葫芦鸭

将初步加工好的仔鸭，用整鸭脱骨法剔骨后，保持形态完整，洗净待用；海参、鱿鱼、蹄筋、冬菇、冬笋、火腿均切成小雪花片后开水烫一下，干贝蒸烂撕成小块，莲子蒸烂；糯米蒸半熟捞出，沥去水分；取盆一个，放入各种配料，加入精盐、味精、料酒、姜末、大油和鸡蛋清，拌成八宝馅备用；从腹腔内将鸭翅膀抽拉到里面，将八宝馅填入腹腔，并把鸭头塞进去一半，用纱布条将口扎住，再从翅膀处掐成上小下大的葫芦形，细腰部分用纱布打成活结扎住；将已成形的葫芦鸭在开水锅中略烫一下，捞出沥干水分；将饴糖化开，在鸭身上均匀地抹一遍；锅放旺火上，添入花生油，烧八成热，投入八宝鸭，炸至柿黄色捞出，解去纱布条；将鸭放在腰盘里，加入葱段、姜末、精盐、味精、料酒和酱油，上笼蒸酥烂，取出后拣去葱、姜，汤汁滗入锅内，煮沸勾入流水芡，下入明油，起锅浇在鸭身上即成。

（三）鹅

鹅（*Anser domestica*）属鸟纲雁形目鸭科家禽，是由鸿雁（*Anser cygnoides*）经人类驯化而来。

1. 形态特征

鹅头大，喙扁阔，前额有肉瘤。颈长，体躯宽壮，龙骨长，胸部丰满，尾短，脚大有蹼。羽毛白或灰色，喙、脚及肉瘤黄色或黑褐色。

2. 品种及特点

我国的鹅按形态特征可分为白鹅、灰鹅、狮头鹅及伊犁鹅四类。

（1）白鹅

白鹅是我国主要的鹅品种，分布较广。主要品种有溆浦鹅、奉化鹅、象山白鹅、太湖鹅等。

（2）灰鹅

灰鹅主要品种有兴国灰鹅、清远鹅。

（3）狮头鹅

狮头鹅原产于广东潮汕饶平县，其主要特征在头部，额泡大而隆突与喙均呈黑色，咽下皮囊更发达，延至颈下缘上方，略似狮头。

（4）伊犁鹅

伊犁鹅产于新疆伊犁哈萨克自治州，20 世纪 80 年代初才闻名。

目前我国鹅的主要品种及特点，扫描二维码查看。

鹅的品种
及特点

3. 营养及保健

鹅肉营养丰富（主要营养成分含量见表 5–3）。中医认为，鹅肉味甘性平，具有益气补虚，和胃止渴的作用。适宜身体虚弱，气血不足，营养不良之人食用。

表 5–3　鹅的主要营养成分含量（每 100g 食部）

种 类	水分（g）	蛋白质（g）	脂肪（g）	糖类（g）	钙（mg）	铁（mg）	锌（mg）
鹅	62.9	17.9	19.9	0.0	4.0	3.8	1.36
鹅肫	76.3	19.6	1.9	1.1	2.0	4.7	4.04
鹅肝	70.7	15.2	3.4	9.3	2.0	7.8	3.56

4. 饮食禁忌

凡是湿热内蕴，舌苔黄厚而腻之人忌食；民间传统经验认为鹅肉为发物，故患有顽固性皮肤病，淋巴结核，痈肿疔毒，各种肿瘤之人忌食。此外，鹅肉与鸡蛋同食会损伤脾胃；与鸭梨同食会损伤肾脏；与柿子同食易引起严重中毒。

5. 烹饪运用

鹅在烹饪中多以整只烹制，既可制作筵席常用菜，又可整料出骨，制作高难度工艺菜。嫩鹅还可加工成块、条、丁、丝、末等多种形态供用，适宜于烤、熏、炸、烧、扒、炖、焖、煨、煮、蒸、卤、酱等多种烹调方法。除鹅肉外，鹅的舌、掌、头、翅、血及肠、肫、肝等脏器也为上好的烹饪原料。

烹调实例：荷叶粉蒸鹅

将鹅肉切成 6cm 长、3cm 宽、0.5cm 厚的片盛入盘中。姜去皮切成米粒状，连同绍酒、酱油、精盐、白糖与鹅肉拌匀腌 5 分钟。将八角分成小块，与糯米、粳米下锅煸炒成淡黄色，出锅碾成粗粉放入鹅肉内，加熟猪油、清水、酱油拌和均匀，再一片片平放盘内，上笼蒸至软烂。将鲜荷叶洗净，把蒸好的鹅肉逐片用鲜荷叶包好，整齐地扣在碗内，淋熟猪油再上笼蒸 10 分钟左右，取出翻扣在盘中即成。

（四）鹌鹑

鹌鹑（*Coturnix coturnix*）古称鹑鸟、宛鹑、奔鹑，又称赤鹑、红面鹌鹑、秃尾巴鸡等。属鸟纲鸡形目雉科动物。

1. 形态特征

体型近似鸡雏，头小尾秃；头顶黑色，具有栗色细斑；头顶中间贯有棕白色冠纹；头两侧有同色纵纹，自嘴基越眼而达颈侧；上背栗黄色，两肩、下背、尾均黑，羽缘蓝灰色；背面两侧各有一纵列的棕白色大型羽干纹。额、头侧及颏、喉等均为淡红色；胸栗黄，下体栗色，眼栗褐色，嘴黑褐色；脚淡黄褐色。

2. 品种及特点

鹌鹑按主要用途可分为蛋用型和肉用型两类。我国各地均有饲养。

（1）蛋用型品种

主要有日本鹌鹑、朝鲜鹌鹑、隐性白羽鹌鹑和法国鹌鹑等。

（2）肉用型品种

主要有法国巨型肉用鹌鹑和美国法拉安肉用鹌鹑，此外还有美国加利福尼亚鹑、英国白鹑、大不列颠黑色鹑、白杂色无尾鹑、澳大利亚肉鹑等品种。

鹌鹑的主要品种及特点，扫描二维码查看。

3. 营养及保健

鹌鹑富于营养，有“动物人参”之称。每 100g 鹌鹑肉中约含蛋白质 24.3g，比鸡肉高 4.6%，并且含有维生素 A、B 族维生素、维生素 C、维生素 D、维生素 E、维生素 K 等，比鸡肉中各种相应的维生素的含量高 1 ～ 3 倍。胆固醇含量比鸡肉低 15% ～ 25%，易为人体吸收。中医认为，鹌鹑肉味甘性平，能补脾易气，健筋骨，利水除湿，对脾虚食少、腹泻、水肿、肝肾不足的腰膝酸软有一定治疗保健作用。

鹌鹑的品种及特点

4. 烹饪运用

鹌鹑是禽类原料中的上品。在烹饪中，鹌鹑多以整只制作，最宜烧、卤、炸、扒，也可煮、炖、焖、烤、蒸等。若加工成小件，可适用于炒、熘、烩、煎等烹调方法。

烹调实例：清炸鹌鹑腿

用一只手揪住鹌鹑翅膀，另一只手从脯处撕下皮和羽毛，剪去头、翅膀和爪子，从腹部开膛，掏出内脏，撕下鹌鹑腿；用清水洗去鹌鹑腿的血污和杂物，放碗中，加入料酒、精盐、酱油、葱姜段，搅拌均匀，腌制 10 分钟，然后放入玉米粉拌匀；炒锅置火上，注入花生油，烧至六成热，将鹌鹑腿逐个下入，略炸，捞出；将油锅上旺火，烧至七成热，下入鹌鹑腿重炸两次，呈金黄色时捞出，放入盘中即成。

（五）肉鸽

肉鸽（*Columba livia domestica*）又称菜鸽、地鸽，属鸟纲鸠鸽科家禽。

1. 形态特征

肉鸽喙短，翼长大，善飞，足短，体呈纺锤形，毛色有青灰、纯白、茶褐黑白相杂等。

2. 品种及特点

肉鸽的品种主要有石岐鸽、王鸽、卡奴鸽、法国地鸽等。我国肉鸽饲养在 20 世纪 80 年代后有了较大发展，广东、广西、江苏、浙江、上海、北京等地都建立了养鸽场，肉鸽产量逐年增加。

肉鸽的主要品种及特点，扫描二维码查看。

肉鸽的品种及特点

3. 营养及保健

鸽肉营养丰富，每 100g 约含蛋白质 22.14g，脂肪 1g，所含微量元素和维生素也比较均衡。鸽肉还具有较高的药用价值，中医认为它味咸性平，具有滋肾补气，祛风解毒之功效，于产妇、老人补益作用很好，尤其利于脑力劳动者、夜班工作者和神经衰弱者食用。

4. 烹饪运用

鸽体态丰满，肉质细嫩，纤维短，滋味浓鲜，芳香可口。肉用鸽的最佳食用期是在出壳后25天左右，此时又称为乳鸽，乳鸽肥嫩骨软，肉滑味鲜美，属于高档原料。常以整只烹制，最宜炸、烧、烤，风味独特，也宜蒸、炖、扒、熏、卤、酱等。其胸大而细嫩，可加工成丝、片或剞上花纹，采用炒、熘、烹、贴等方法烹制。鸽腿的筋多而小，常切成条、块制馔。

烹调实例：脆皮乳鸽

将乳鸽洗净毛除去内脏洗净候用；将桂皮、甘草、八角、丁香放入鸡汁汤内，上锅用文火烧约1小时，制成白卤水；把乳鸽放入白卤水锅内，浸1小时后取出；将鸽略晾干，用饴糖和白醋调成糊汁，涂遍鸽身，挂在当风处晾吹3小时；待鸽皮干，即放入油锅炸至金黄色，捞出切块装盘，盘边附加椒盐，以备调味之用。

（六）火鸡

火鸡（*Meleagris gallopavo*）又名吐绶鸡、食火鸡，属鸟纲鸡形目火鸡科家禽。

1. 形态特征

火鸡体高大，裸头而有珊瑚状皮瘤，喉下有肉垂，胸饱突，背宽长，胸肌与腿肌发达。雄性火鸡性成熟后，其尾羽常像孔雀一样扩翼张尾呈扇状，这时皮瘤及肉垂由红变粉红。母火鸡尾羽不展开，前额有一肉锥。

2. 品种及特点

火鸡的品种很多，按主要用途分为肉用型、蛋用型、肉蛋兼用型。包括青铜色火鸡、荷兰白色火鸡、波旁红火鸡、黑火鸡等野生火鸡原产于美国南部与墨西哥，很早就被当地印第安人饲养驯化为家禽。20世纪80年代以来，在我国各地不断推广并迅速发展。

火鸡的品种及特点

火鸡的主要品种及特点，扫描二维码查看。

3. 营养及保健

火鸡肉营养丰富（主要营养成分含量见表5–4）。肉中胆固醇含量比所有家禽都低，是一种高蛋白、低脂肪、维生素丰富、胆固醇少的肉食佳品。

表5–4　火鸡的主要营养成分含量（每100g食部）

种类	水分（g）	蛋白质（g）	脂肪（g）	糖类（g）	烟酸（mg）	钙（mg）	铁（mg）	锌（mg）
火鸡脯	73.6	22.4	0.2	2.8	16.2	39.0	1.1	0.52
火鸡腿	77.8	20.1	1.2	0.0	8.3	12.0	5.2	9.26
火鸡肫	76.5	18.9	0.3	3.1	7.8	44.0	3.7	2.62
火鸡肝	69.9	20.0	5.6	3.1	43.0	3.0	20.7	1.74

4. 烹饪运用

火鸡体大肉厚，出肉率高达 80%，其瘦肉多，胸肌成白色，肉质肥嫩味美。火鸡在烹饪中的应用比较广泛，适合炸、熘、爆、炒、烹、炖、烧等多种烹调方法，也易于多种刀工成型，可制作多种口味的菜肴。

烹调实例：香酥火鸡腿

先剔除火鸡腿中的骨头，葱和油菜叶切丝，姜切片，然后用胡椒粉、花椒和盐均匀地搓在火鸡腿上，并放上葱、姜和料酒腌 2 ～ 4 小时；再将火鸡腿卷起来用线固定，放入笼屉里蒸熟后取出，去掉花椒、姜、葱，将鸡腿蘸匀加有酱油的湿淀粉稀糊；炒锅上火后，倒入花生油，待油八成熟时，再放入粉丝炸酥捞出，凉后用手搓成粉花。再将油菜丝放油中炸酥捞出，沥净油，撒上精盐、味精制成油菜松；最后在油锅内放入鸡腿，炸至金黄色捞出，沥净油，放在案板上用刀在腿的四周分成 1cm 宽的条，两条腿首尾交叉地码在盘中，周围放上粉花和油菜松即成。

（七）珍珠鸡

珍珠鸡（*Numida meleagris*）又称珠鸡、珍珠鸟，广东叫珍珠鹊，属鸟纲珠鸡科家禽。

1. 形态特征

珍珠鸡全身羽毛黑中带灰，满布珍珠白点；面部淡青带紫，嘴强大，端尖，嘴根有红色软性小突起，头顶无冠有软性之突起，色青赤；喉部具软性之肉瓣，稍呈三角形，色淡青；颈长，从后头至颈之中部、有针状之羽毛；足短为暗色，尾直下垂。

2. 品种及特点

珍珠鸡原产非洲西部几内亚一带，又称几内亚鸡，由野生珠鸡驯化而来。我国于 20 世纪 80 年代前期引进良种开始饲养，现在已达到大规模笼养或大群落舍养的程度。

珍珠鸡按形貌分，有头盔形、秃鹰形、冠毛形三种；按产地分，有法国、美国、意大利等不同种类，其中以法国产的“嘉乐”珍珠鸡生长较快。

3. 营养及保健

每 100g 珍珠鸡肉含蛋白质 23.3% ～ 26.3%，脂肪含量为 7.5%，此外，还含有多种维生素及微量元素。食后对于维持人体蛋白质的构型，参与脂肪代谢，增强免疫力等方面有良好作用，被人们视为高级滋补食品，可用于营养不良和肝脏病、心血管和神经官能症等的辅助治疗，还可缓解心律过速症状。

4. 烹饪运用

珍珠鸡虽然例属家禽，但和野禽更相近，其肉质和雉肉极相似而鲜美，嫩似仔鸡。珍珠鸡肉色深红，鲜有脂肪，肉质柔软且富有野味的鲜味，但没有野味的异味。珍珠鸡骨骼细小，头颈也细小，宰杀后体重占活重90%，半净膛占活重量80%。胸腿肉发达，占活重34%，是理想的肉用禽，被誉为“肉禽之王”。

珍珠鸡的烹饪应用与家鸡基本相同。可整用，也可分解取脯肉与腿、翅。整只宜炖、卤；带骨斩块宜于烧、煮、焖、烩；脯肉大于家鸡，可炒、爆，也可斩蓉作丸、糕，或切米粒作粥；腿、翅应用同家鸡。

二、家禽肉

（一）家禽肉的组织结构

家禽肉的组织与家畜类一样，由肌肉组织、结缔组织、脂肪组织和骨骼组织构成。这四种组织相对比例的不同决定了家禽肉品质和风味的差异。

禽类肌肉组织的基本组成单位是肌纤维，其结构与畜类肌肉组织的结构基本相同。但禽肉肌纤维比畜肉细，其截面单位面积内肌纤维数较多，出肉率相对较高。家禽肉的肌肉组织比较发达，尤其是胸肌和腿肌最为丰富，家禽肉中，肌肉主要集中在身体中部腹侧和后肢，而背部的肌肉最不发达。家禽的肌肉有红肌和白肌之分，白肌色泽白，由白肌纤维组成，红肌色泽深红，由红肌纤维组成。红肌纤维中有较多的肌红蛋白，富有血管，肌纤维较细，收缩较慢，但持久有力；白肌纤维的肌红蛋白含量较少，血管较少，肌纤维较粗，收缩较快，但易疲劳。介于白肌纤维和红肌纤维之间还存在中间型肌纤维。家禽体肌均是由白肌纤维、红肌纤维和中间型肌纤维混合构成的，但各块肌肉中各种肌纤维的比例不同，如鸡的胸肌以白肌纤维为主，而腿部肌肉则以红肌纤维为主；水禽和飞禽胸肌则以红肌纤维为主。

家禽肉中的脂肪常均匀地分布在肌肉组织中，而不在肌肉间沉积，所以很难看到家禽肉断面象家畜肉呈大理石样斑纹。家禽类的脂肪组织一般沉积在体腔内部或皮下（除水禽外），脂肪在皮下沉积使皮肤呈现一定颜色，沉积多的呈微红色或黄色，沉积少的（如飞禽）则呈淡红色。

家禽肉中结缔组织的含量比家畜肉低，而且禽肉中结缔组织较柔软，所以家禽肉比家畜肉更柔软，更加鲜美，易于人体消化吸收。家禽肉中结缔组织主要存在于腿的下部及前肢等部位。

家禽的骨骼组织的形态、结构与家畜相应的骨骼有不同程度的差异，其骨骼轻而坚固，大部分中空，内充气体。

总之，家禽肉与家畜肉相比，具有以下的优点。

①家禽的肌肉发达，特别是胸肌和腿肌，占禽体的50%以上，故其食用价值比家畜肉更高。

②家禽肉的结缔组织占胴体的比例远比家畜肉低，由于结缔组织少，肌肉纤维又极其细嫩，故肉的硬度较低。

③家禽肉脂肪熔点低，易被人体消化吸收。

④家禽肉中呈鲜味的物质比家畜肉多，故家禽肉比其他肉类鲜美。

（二）禽体的主要部位及烹饪特点

禽体不同的部位，其品质特点不同，所适宜的烹调方法也不同。禽类在烹饪中除可整用外，还可分割为头、颈、脊背、翅膀、胸脯、腿、爪等7个部位加以分别利用。此外，禽体的一些内脏（如胃、肠、肝、胰、心、睾丸等）和血液、油等也都是较好的烹饪原料。

1. 头部

头部皮多肉少，含胶原蛋白丰富，主要用于制汤，也适合用于卤、酱等烹调方法。其中，舌主要由舌骨、结缔组织、脂肪组织构成，可单独作菜，在烹饪加工时应去掉角质化的黏膜上皮和舌内骨，剩下的部分质地鲜嫩，适于烩、氽等烹调方法。

2. 颈部

禽体颈部皮下脂肪较丰富，有淋巴（应去净），皮韧而脆，肉少而细嫩，可用于制汤或煮、卤、酱、烧等烹调方法。

3. 背部

禽类脊背部分两侧各有一块肉，其老嫩适中，无筋，常用于爆、炒等烹调方法。

4. 翅膀

翅膀皮多肉少，质地鲜嫩（俗称活肉）。可带骨煮、炖、焖、烧、炸、酱等，也可抽去骨填入其他原料烹制成菜。

5. 胸脯

胸脯是禽体最厚、最大的一块整肉，肉质细嫩、香鲜，最宜加工成片、丝、丁、条、蓉等形状，用于炒、熘、煎、炸等烹调方法。它可作冷菜、热菜、汤羹，也可用于火锅，以及小吃、点心、粥饭等的制作，用途较广。在胸脯肉里面紧贴胸骨的两侧还各有一条肌肉，也称里脊肉，是禽体全身最嫩的肉，应用同脯肉。

6. 腿部

腿部骨粗，肉厚，筋多，质老。整只可炸、烧、炖、焖、烤、煮等；去骨切成小件可炒、爆、烹等。

7. 爪趾

爪趾是指禽部膝关节以下的部分。有些禽体（如肉鸡、鸭子等）爪趾部分较为发达，皮厚筋多，含胶原蛋白丰富，质地脆嫩，可烧、煮、烩、煨、卤、酱等，也可煮熟拆骨后用于凉拌。

8. 内脏部分

（1）胃

禽类的胃分为腺胃和肌胃两部分，烹饪中应用较多的是肌胃。肌胃又叫砂囊，俗称肫，呈圆形或椭圆形的双凸透镜状，背侧部和腹侧部壁很厚，前囊和后囊壁较薄。

肌胃的发达程度随禽类食性的不同而有很大差别。如肉食性禽类的肌胃不发达，食浆果的禽，几乎没有肌胃。此外，同一种禽的胃，由于经常饲喂的食料不同也能造成一定的差别，如用肉团和鱼来喂鹅，经过一段时期后，它的肌胃的发达程度就比用谷粒喂时差。

肌胃的肌肉组织由环行的平滑肌纤维构成，其肌纤维中富含肌红蛋白，肉质坚，呈暗红色。肌膜在肌胃两侧以厚而致密的腱相连。肌胃黏膜上皮的分泌物与脱落的上皮细胞一起硬化形成一片厚的胃角质层，紧贴于黏膜上，俗称肫皮，主要成分是酸性黏多糖——蛋白复合物，具有明显的药用价值。肌胃质韧，适于爆、炒、炸、卤、拌等烹调方法。

（2）肠

禽类的肠也有小肠、大肠之分。小肠的黏膜下组织很薄，末端的环肌增厚而形成括约肌；大肠包括一对盲肠和一条直肠。盲肠长，直肠短，没有明显的结肠，环肌层同样增厚形成括约肌。

禽类的肠可用来作肠衣或直接入馔。烹饪应用最为广泛的是鸭肠，鸭肠质韧，色浅红，外附油脂，初加工去异味后，适于爆、炒、涮等烹调方法，如芫爆鸭肠。

（3）肝

禽肝位于腹腔前下部，附有胆囊，烹饪加工时应去掉。禽肝小叶不明显，呈淡褐色至红褐色，分左右两叶，右叶略大。肥育的禽因肝内含有脂肪而呈黄褐色或土黄色。禽肝质地细嫩，适于爆、炒、熘、炸、卤等烹调方法，如酥炸鸭肝、卤鸡肝、熘鸭肝片等。

（4）心

禽类的心脏在比例上较大，约为体重的0.95%～2.37%，分心基部和心尖部，锥形，表面附着油脂。禽心质韧，宜爆、炒、熘、炸、卤等，如炸心花、软熘鸭心等，常与禽肝共同成菜。

（5）胰

胰位于十二指肠襻内，长形，淡黄或淡红色，质地细腻。鸭胰是常用的烹饪原料，所成菜肴有芫爆鸭胰、美人肝、烩鸭胰等。

（6）睾丸

雄禽有一对睾丸，呈卵圆形，与畜类的肾很相似，故常被误称为“腰”（肾），位于腹腔内，被一片短的薄膜悬挂于肾脏前部腹侧。其大小因年龄和季节而变化，性成熟后较大，颜色转为乳白色。可制作各种菜肴，如鸡丝烩鸡腰、烩白玉兔、芙蓉鸡腰、清汤鸡腰、烩奶汤鸡腰等。

（三）家禽的品质检验

1. 光禽的品质检验

家禽肉的品质好坏，主要取决于家禽的品种，而品种确定后，则主要是以肉的新鲜度来确定。

新鲜的家禽嘴部有光泽，干燥有弹性，无异味；眼球充满整个眼窝，角膜有光泽；皮肤为淡白色，表面干燥，具有特有的气味；脂肪白色，稍带淡黄色，有光泽，无异味；肌肉结实有弹性，鸡肉为玫瑰红色，胸肌白色或略带玫瑰红。火鸡腿肉呈深灰色，胸肌呈淡白色。鸭、鹅肉为红色，肌肉稍湿不黏，有特有的香味；制成肉汤，透明芳香，汤表面有大的脂肪滴。

不新鲜的家禽嘴部无光泽，部分失去弹性，稍有异味；眼球部分下陷，角膜无光；皮肤呈淡灰色或淡黄色，不甚干燥，稍有酸败和腐败气味，脂肪色泽稍淡，具轻度异味；肌肉较松软，色泽较暗，有轻微酸腐和腐败气味；肉汤不透明，脂肪滴少而小，有异味。

腐败的家禽嘴部的角质软化，暗淡无光，发黏，有腐败味；眼球下陷，有黏液，角膜混浊污秽；皮肤松弛，表面湿润发黏，色泽变暗，呈淡绿色，有霉斑及腐败气味；脂肪呈淡灰色，有时淡绿色，有酸臭味；肌肉松软、发黏，极湿润，呈暗红、淡绿或灰色；有明显腐败气味；肉汤混浊，有时有絮状物，几乎无脂肪滴，有腐败气味。

2. 活禽的品质检验

鲜活禽类的品质主要是由其健康状况和老嫩程度决定。

健康的家禽羽毛丰润、清洁、紧密，有光泽，脚步矫健，两眼有神；握住禽的两翅根部，叫声正常，挣扎有力，用手触摸嗉囊无积食、气体或积水；头部的冠、肉髯及头部无毛部分无苍白、发绀或发黑现象；眼睛、口腔、鼻孔无异常分泌物；肛门周围无绿白稀薄粪便黏液。反之则为不健康禽。不健康的禽以及病死、毒死或死因不明的禽，一般不得食用。

家禽在不同的生长阶段，其肉质的老嫩程度有较大的差别，烹调时应根据菜肴的要求进行选择。以下是几种常用家禽老嫩度的鉴别标准：

（1）鸡的老嫩鉴别

根据鸡的生长期及老嫩程度的不同，一般可分为以下几种。

①仔鸡。也称嫩鸡，指尚未到成年期的鸡。其特点是羽毛未丰，体重一般在0.5～0.75kg，胸骨软，肉嫩，脂肪少，适宜炒、爆、炸。

②当年鸡。亦称新鸡，指已到成年期，但生长时间未满一年的鸡。其特点是羽毛紧密，胸骨较软，嘴尖发软，后爪趾平，鸡冠和耳垂为红色，羽毛管软，体重

一般已达到各品种的最大重量，肥度适当，肉质嫩，适宜炒、爆或烧、炸、煮等。

③隔年鸡。指生长期在12个月以上的鸡。其特点是羽毛丰满，胸骨和嘴尖稍硬，后爪趾尖，鸡冠和耳垂发白，羽毛管发硬，肉质渐老，体内脂肪逐渐增加，适合烧、焖、炖等烹调方法。

④老鸡。指生长期在2年以上的鸡。其特点是羽毛一般较疏，皮发红，胸骨硬，爪、皮粗糙，鳞片状明显，趾较长，成钩形，羽毛管硬，肉质老，含氮浸出物多，适宜制汤或炖焖。

（2）新鸭和老鸭的鉴别

新鸭翼簪已通，脚有枕，喉管软而翼簪有天蓝色的光泽；老鸭体较重，嘴上花斑多，喉管坚挺，胸部底骨发硬，羽毛色泽暗污。

（3）鸽的老嫩鉴别

鸽子按年龄有乳鸽、中鸽、老鸽之分。乳鸽眼润白色，大都有小黄羽，身上羽毛尚未长全，肉质鲜嫩；中鸽有黄色眼圈，羽毛已长全，肉质次之；老鸽眼圈红色，肉质较老。

（四）家禽肉的贮藏保鲜

贮存禽肉最常用的方法是低温保藏法。因为低温能抑制酶的活性和微生物的生长、繁殖，可以较长时间保持禽体的组织结构状态。在保藏前应注意要去尽光禽的内脏，如果是冻禽，应立即冷藏。

1. 冷却保藏

光禽和禽肉如能在一星期内用完，可在冷却状态下保存。如鸡肉，在温度为0℃，相对湿度85%～90%的条件下，可保藏7～11天。

2. 冻结保藏

宰杀后成批的光禽或禽肉，如果需要保藏较长时间，必须要进行冻结保藏。即先在-30～-20℃，相对湿度85%～90%的条件下冷冻24～48小时，然后在-20～-15℃、相对湿度90%的环境下冷藏保存。一些资料表明：在-4℃时禽肉可保存1个月左右，在-12℃时可保存4个月左右，在-18℃时可保存8～10个月，在-23℃时可保存12～15个月。当然，在餐饮业不应一次进货太多而长时间保管。

第二节　禽制品

一、禽制品概述

禽制品是用鲜禽为原料，经再加工后制成的成品或半成品烹饪原料。禽制品的种类很多，按来源不同可分为鸡制品、鸭制品、鹅制品及其他禽制品；按加工处理时是否加热，可分为生制品和熟制品；按加工制作的方法不同，可分为腌腊制品、酱卤制品、烟熏制品、烧烤制品、油炸制品、罐头制品等。

常见的禽制品有烧鸡、扒鸡、熏鸡、板鸭、烤鸭、熏鸭、烧鹅、盐水鸭等。其中有些种类可直接食用，为熟禽制品；有些种类必须经过加工后才能食用，为生禽制品，如板鸭、风鸡等。

二、家禽制品的种类

（一）板鸭

板鸭也称腊鸭，是以活鸭为原料，经宰杀、去毛、净腌、复卤、晾挂等一系列工序加工而制成的咸鸭。可供久贮远运，因其肉质紧密板实而得名。

1. 品种和产地

板鸭的名产很多，风味各异，最著名的有以下几种。

（1）南京板鸭

又称白油板鸭，已有500多年的产销历史。南京板鸭从选料、制作到烹调成熟，有一套传统的方法和要求，一般每年小雪到翌年清明，为腌制板鸭的生产期。大雪至立春腌制出来的板鸭，油脂不易酸败，又有腊香味，称为腊板鸭；从立春到清明腌制的称为春板鸭，品质不如腊板鸭。

（2）四川什都板鸭

特点是体大形圆，肉质细嫩，香味浓郁。

（3）江西南安板鸭

特点是外形美观，皮色洁白，皮薄肉嫩，骨脆可嚼，尾油丰满，味香可口。

（4）福建建瓯板鸭

特点是色泽淡黄，肉质厚实，丰腴干燥，鲜嫩不腻。

2. 质量标准

板鸭的品质以体表光白无毛，无黏液霉斑，肌肉板实、坚挺，横截面肌肉应呈玫瑰红色、脂肪乳白色为佳。

3. 营养及保健

每100g板鸭可食部分含蛋白质9.7g，脂肪4.5g，糖类18g，钙64mg，铁2.7mg。

4. 烹饪应用

板鸭在烹饪中主要供作冷菜，也可适用于炖、炒、蒸等烹调方法。此外，板鸭的头、颈和骨也是炖汤的好原料。

（二）风鸡

风鸡又称风干鸡，是将鲜鸡经腌制后再风干而成的加工品。风鸡是中国特产，制作风鸡一般多在农历腊月，此时气候比较干燥，气温较低，微生物不易侵袭，同时也能产生特有的腊香。

1. 品种和产地

风鸡的种类较多，根据制作方法的不同，大致分为以下几种。

（1）光风鸡

即煺毛的制品，主要品种有湖北风干鸡、湖南风干鸡（又称南风鸡）、成都元宝鸡等。

（2）带毛风干鸡

主要品种有江苏带毛风干鸡、河南固始风鸡、云南封鸡、贵州带毛风干鸡、四川成都带毛风干鸡等。

（3）泥风鸡

多见于湖南一带，其做法是用黄泥将鸡体连毛糊住风干。食用时将泥壳敲碎，则泥毛尽去。

2. 质量标准

风鸡的品质以膘肥肉满，羽毛整洁，有光泽，肉有弹性，无霉变虫伤，无异味者为佳。

3. 烹饪应用

风鸡味香肉嫩，烹制方法有蒸、煮、炖、烧、炒等，以蒸或煮为佳。它可作冷菜，也可作热菜，同时也是火锅的最佳用料之一。

（三）风鹅

风鹅又称封鹅，是将宰杀后去内脏的光鹅腌制后挂在通风处吹晾风干而成的制品。

1. 加工与产地

光鹅治净，后放入配制好的腌渍液中浸泡，必须控制室温、盐的浓度、时间，待浸入味后，将鹅用特制铁夹挂起，使四肢撑开，腹腔撑开，一种采用吹风的办法，一种采用自然环境下晾干。现在多用鼓风机，将鹅挂在封闭的车间里，吹风晾干。吹风晾干没有天然环境下晾干风味佳，但解决了只有冬季才能生产风鹅的问题。现在四季都能生产风鹅，不受季节影响。风鹅已从民间制作到工业化生产，扬州仪征“馋神”牌风鹅，浙江德清“东立”牌风鹅，都行销全国。

2. 烹饪运用

风鹅制品浸泡后，清洗干净，整只煨、煮亦可，剁块白煨、红烧亦可，亦可与蔬菜原料同烹，如冬笋、芋头、冻豆腐等。其质地硬实，酥香可口。

（四）腊鸡

腊鸡是将宰杀后去内脏的光鸡腌制后挂在通风处吹晾风干烟熏而成的制品。

1. 加工与产地

将活鸡经宰杀，放血，煺毛，去内脏，成白条鸡；白条鸡控尽血污，冲洗干净，晾干；食盐和硝酸钠拌匀（每 1000g 肉鸡用硝酸钠 1.6g），擦遍鸡体内外，并在鸡眼处用刀尖戳一小洞，再把鸡坯浸入卤缸内，浸泡 3 天，中间将鸡翻转 1 次。取出，再经日晒或风干，一般需 7 天左右，天气晴好 2 ～ 3 天即可；晾干后的鸡入烟熏室熏制即成。

全国各地均有腊鸡加工生产，西南诸省如湖南、四川、贵州生产的腊鸡较为有名。腊鸡是春节市场供应的大宗商品。名产如成都元宝鸡，是腊鸡中的上品，一般在冬季腌制，蒸熟食用，特点是鸡皮舒展光滑，清香扑鼻。

2. 质量标准与贮存

腊鸡品质以色泽红润，干燥而有弹性，无异味，在有效保质期内者为佳。腊鸡应挂在干燥通风凉爽处保存，避免日晒，雨淋，走油，发哈喇味。入冬，可进缸存放。如有返潮，应再挂起来。这样可存放至次年立夏。

3. 烹饪运用

腊鸡经泡水后清洗干净可蒸、煮，成熟直接食用，鲜嫩腊香可口，还可与蔬菜配伍炒、爆、炖、烩，风味独特，酒饭皆宜。

（五）腊鸭

腊鸭是在冬至后将光鸭腌制后挂在干燥通风凉爽处风干的鸭制品。

1. 加工与产地

将活鸭经宰杀，放血，煺毛，去内脏，成白条鸭；白条鸭控尽血污，冲洗干净，晾干；食盐和硝酸钠拌匀（每 1kg 肉鸭用硝酸钠 1.6g），擦遍鸭体内外，并在鸭眼处用刀尖戳一小洞，再把鸭坯浸入卤缸内，浸泡 3 天，中间将鸭翻转 1 次。取出，洗净；洗净的鸭体，再用沸水浸泡后，捞出，沥干，再经日晒或风干，一般需 7 天左右，天气晴好 2 ～ 3 天即可。

腊鸭主销我国的香港、澳门地区，也会销往新加坡、马来西亚等地，是南方各省的传统出口商品。名产有云南昆明腊鸭、浙江宁波腊鸭、广东松岗腊鸭等。

2. 烹饪运用

腊鸭经泡洗后，可蒸、可煮、可烧，风味特别。制作的菜式有芋头腊鸭煲、冬菇焖腊鸭等。

第三节　蛋类和蛋制品

一、蛋类

蛋通常是指鸟的生殖细胞。烹饪中运用的蛋类主要包括鸡蛋、鸭蛋、鹅蛋、鸽蛋、鹌鹑蛋等。蛋类含有丰富的营养物质，同时烹饪应用也相当广泛，可作主料、配料及调辅料，是烹饪中最常用的原料之一。

（一）禽蛋的结构

禽蛋由蛋黄、蛋白和蛋壳三个主要部分构成，各部分有其形态结构和生理功能。蛋的横切面呈圆形，纵切面呈不规则椭圆形，一头尖，一头钝。蛋的结构如图 5-1 所示。

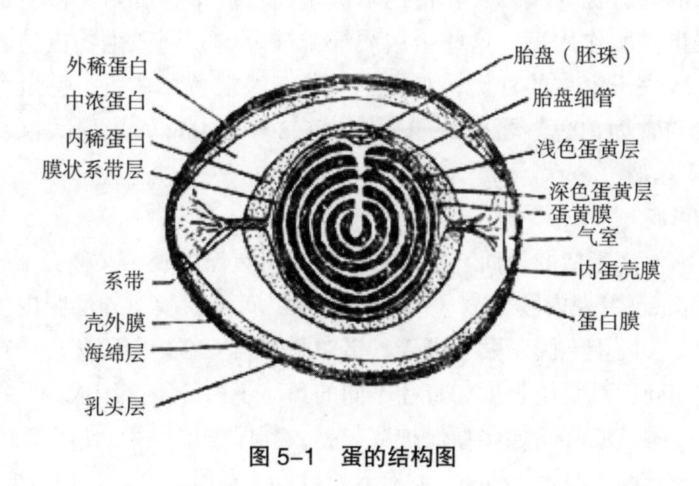

图 5-1　蛋的结构图

由于家禽的品种、年龄、产蛋季节和饲料的不同，各部分在蛋中占的比例也不一样（表 5-5）。

表 5-5　禽蛋的各部分含量（%）

品种	蛋壳	蛋白	蛋黄
鸡 蛋	10 ～ 12	45 ～ 60	26 ～ 33
鸭 蛋	11 ～ 13	45 ～ 58	28 ～ 35
鹅 蛋	11 ～ 13	45 ～ 58	32 ～ 35

1. 外蛋壳膜

蛋壳表面，涂布着一层胶质性的物质，叫外蛋壳膜，也称壳外膜，其厚度为0.005～0.01mm，是一种无定形结构，为无色、透明、具有光泽的可溶性蛋白质，属于角质的黏液蛋白质。蛋在母禽的阴道部或当蛋刚产下时，外蛋壳膜呈黏稠状，待蛋排出体外，受到外界冷空气的影响，在几分钟内黏稠的黏液立即变干，紧贴在蛋壳上，赋予蛋表面呈一层肉眼不易见到的有光泽的薄膜，只有把蛋浸湿后，才感觉到它的存在。外蛋壳膜的作用主要是保护蛋不受细菌和霉菌等微生物侵入，防止蛋内水分蒸发和二氧化碳逸出。对保证蛋的内在质量起有益的作用。鸡蛋涂膜保鲜方法就是人工仿造外蛋壳膜的作用，而发展起来的一种保存蛋新鲜度的方法。

2. 蛋壳

蛋壳又称石灰质硬蛋壳，是包裹在蛋白内容物外面的一层硬壳，它使蛋具有固定形状并起着保护蛋白、蛋黄的作用，但质脆不耐碰或挤压。蛋壳上分布有许多漏斗状的孔道称为气孔，孔道内填满蛋白质纤维，有阻止微生物进入的作用。一旦在蛋白酶作用下，这些蛋白质纤维被分解，则微生物极易通过孔道。蛋壳的颜色取决于家禽的种类，鸡蛋为褐色、淡褐色和白色；鸭蛋为白色和淡绿色；鹅蛋通常为白色。蛋壳的厚度约为0.2～0.4mm，蛋壳颜色越深，壳的厚度越大。

3. 蛋壳内膜

在蛋壳内面，蛋白的外面有一层白色薄膜叫蛋壳内膜，又称壳下膜。其厚度为73～114μm。蛋壳内膜分内、外两层。内层叫蛋白膜，外层叫内蛋壳膜（或简称内壳膜）。内蛋壳膜紧贴着蛋壳，蛋白膜则附着在内蛋壳膜的内层，两层膜的结构大致相同，都是由长度和直径不同的角质蛋白纤维交织成网状结构。每根纤维有一个纤维核心和一层多糖保护层包裹，其保护层厚为0.1～0.17μm，所不同的是内蛋壳膜厚4.41～60μm，共有6层纤维，纤维之间以任何方向随机相交，其纤维较粗，纤维核心直径为0.681～0.871μm，网状结构粗糙，网间空隙较大，微生物可以直接穿过内蛋壳膜进入蛋内。这两层膜的透过性比蛋壳小，对微生物均有阻止通过的作用，具有一定的保护蛋内容物不受微生物侵蚀的作用，并保护蛋白不流散。蛋壳内膜不溶于水、酸和盐类溶液中，能透水透气。

4. 气室

在蛋的钝端，由蛋白膜和内蛋壳膜分离形成气囊，称气室。刚产下的蛋没有气室，当蛋接触空气，蛋内容物遇冷发生收缩，使蛋的内部暂时形成一部分真空，外界空气便由蛋壳气孔和蛋壳膜网孔进入蛋内，形成气室。里面贮存着一定的气体。

蛋的气室只在钝端形成，而不在尖端形成，主要是由于钝端部分比尖端部分与空气接触面广，气孔分布最多最大，外界空气进入蛋内的机会最多最快的原因。

新鲜蛋气室小，随着存放时间延长，内容物的水分不断消失，气室会不断增大。所以，气室的大小与蛋的新鲜度有关，是评价和鉴别蛋的新鲜度的主要标志之一。

5. 蛋白

蛋白也称为蛋清，位于蛋白膜的内层，是一种典型的胶体物质，约占蛋质量的 60%。呈白色透明的半流动体，并以不同浓度分层分布于蛋内。关于蛋白的分层，不同学者有不同的分法。日本千岛氏将蛋白由内向外分为三层：第一层外层稀薄蛋白（外水样蛋白层）；第二层浓厚蛋白；第三层内层稀薄蛋白（内水样蛋白层）。而绝大部分学者将蛋白的结构由外向内分为四层：第一层外层稀薄蛋白，紧贴在蛋白膜上，占蛋白总体积的 23.2%；第二层中层浓厚蛋白，占蛋白总体积的 57.3%；第三层内层稀薄蛋白，占蛋白总体积的 16.8%；第四层系带层浓蛋白，占蛋白总体积的 2.7%。由此可见，蛋白按其形态分为两种，即稀薄蛋白与浓厚蛋白。

此外，在蛋白中，位于蛋黄的两端各有一条浓厚的白色的带状物，叫作系带，一端和大头的浓厚蛋白相连结，另一端和小头的浓蛋白相连结。系带的作用是将蛋黄固定在蛋的中心。大头端的重量约 0.26g。小头端的重量约 0.49g。系带呈螺旋形，小头端呈右旋，平均螺旋回数是 21.81 回，大头端呈左旋，平均螺旋回数是 25.45 回。

系带是由浓厚蛋白构成的，新鲜蛋的系带很粗，有弹性，含有丰富的溶菌酶。随着鲜蛋存放时间的延长和温度的升高，系带受酶的作用会发生水解，逐渐变细，甚至完全消失，造成蛋黄移位上浮出现靠黄蛋和贴壳蛋，因此，系带存在的状况也是鉴别蛋的新鲜程度的重要标志之一。系带在食用上并无妨碍，但在加工蛋制品时，必须将其除去。

6. 蛋黄

蛋黄由蛋黄膜、蛋黄内容物和胚盘三个部分组成。

（1）蛋黄膜

蛋黄膜是介于蛋白和蛋黄液之间的透明薄膜，由三层薄膜组成，内外两层是黏蛋白，中层由角蛋白组成，弹力很强，有韧性和通透性，起着保护蛋黄和胚盘的作用，防止蛋黄和蛋白混合。由于蛋黄和蛋白渗透压不一致，随着贮存时间的延长，蛋黄膜弹性减弱，蛋白中水分不断向蛋黄内渗透，使蛋黄的体积不断增大，当超过原来体积的 19% 时，会导致蛋黄膜破裂造成散黄。新鲜蛋的蛋黄膜有韧性和弹性，当蛋壳破碎时，内容物流出，蛋黄仍然完整不散就是因为有这层膜包裹的缘故。陈旧蛋的蛋黄膜韧性和弹性都很差，稍有震动就会发生破裂，所以，从蛋黄膜的紧张度可以判断蛋的新鲜程度。

（2）蛋黄内容物

蛋黄内容物是一种浓稠不透明的半流动黄色乳状液，包含黄色、淡黄色和白色三种蛋黄液，前两种由里向外分层排到成黄白相间的轮层，白色蛋黄液形成细颈烧瓶状结构，瓶体位于蛋黄中心，瓶颈向外伸延直达蛋黄膜下，托住胚胎。蛋黄之所以呈现颜色深浅不同的轮状，是由于在形成蛋黄时，因禽类昼夜新陈代谢的节奏性不同之故。蛋黄的颜色由叶黄素－二羟－α－胡萝卜素、β－胡萝卜素以及黄体素三种色素组成。

（3）胚盘

在蛋黄表面上有一颗乳白色的小点，未受精的呈圆形，叫胚珠，受精的呈多角形，叫胚盘（或胚胎），直径 2 ～ 3mm。受精蛋很不稳定，当外界温度升至25℃时，受精的胚盘就会发育。最初形成血环，随着温度的逐步升高，而产生树枝形的血丝。“热伤蛋”也由此而产生。未受精的蛋耐贮藏。

（二）蛋的营养价值及保健功效

蛋类含有丰富的营养物质，主要有蛋白质、脂肪、矿物质、维生素等（表 5–6）。蛋的营养成分的含量，受家禽的种类、品种、饲料及其他因素的影响。

表 5–6　禽蛋的营养成分（g/100g）

品种	水分	蛋白质	脂肪	钙（mg）	磷（mg）	铁（mg）
鸡蛋	71.0	14.7	11.6	55	210	2.7
鸭蛋	70.0	8.7	9.8	71	210	3.2
鹅蛋	69.0	12.3	14.0	75	243	3.2

蛋壳的主要成分是碳酸钙（约占 93% 以上）以及少量的有机物、碳酸镁、磷酸镁、磷酸钙和色素等。

蛋白中水分含量较高，占 65% ～ 85%。蛋白质含量占 11% ～ 13%，主要分为两大类：一类是卵白蛋白、卵球蛋白等简单蛋白质；另一类是黏蛋白、类黏蛋白等糖蛋白。此外，蛋白中还含有蛋白分解酶、淀粉酶、溶菌酶等酶类以及少量维生素、矿物质、微量元素和色素。

蛋黄中约含有 50% 的水，另外 50% 左右为干物质。主要包括蛋白质、脂肪、糖类、无机盐、维生素、色素等，还含有淀粉酶、蛋白酶、解脂酶、过氧化氢酶等酶类。蛋黄中的蛋白质主要为卵黄鳞蛋白；脂肪中含有较多的磷脂，其中一半左右为卵磷脂；无机盐中，铁、磷和钙的含量均较多；维生素主要以脂溶性维生素为主，如维生素 A、维生素 D 和维生素 E。

中医认为鸡蛋味甘，性平，有滋阴润燥、养血安胎等功效，可治热病烦闷、燥咳声哑、目赤咽痛、胎动不安、产后口渴、下痢等症；鸭蛋性微寒，味甘咸，有滋阴、清肺的功效，适宜肺热咳嗽、咽喉痛、泄痢之人食用。

（三）饮食禁忌

患高热、腹泻、肝炎、肾炎、胆囊炎、胆石症者忌食鸡蛋；脾阳不足、寒湿下痢及食后气滞痞闷者忌食鸭蛋。

此外鸡蛋与柿子同食易引起腹痛、腹泻、肾结石；与兔肉同食引起腹泻、中毒；与豆浆同食降低营养价值；与生葱、蒜同食引发哮喘或气短；与鲤鱼同食会产生有害物质。在配菜时应该注意。根据前人经验，鸭蛋忌与甲鱼、李子同食。

（四）蛋的理化性质

1. 相对密度

鸡蛋各部分的相对密度都不同，另外，蛋的鲜度不同，其相对密度也不同。蛋壳为 1.741 ～ 2.134kg/m^3，蛋白为 1.039 ～ 1.052kg/m^3，蛋黄为 1.0288 ～ 1.0299kg/m^3。新鲜全蛋的相对密度为 1.088 ～ 1.095kg/m^3，假若蛋的鲜度降低，蛋内水分损失，气室扩大就会变轻。薄蛋壳的相对密度也小。因此可根据相对密度来鉴定蛋的鲜度。

2. pH

新鲜蛋白的 pH 为 7.3 ～ 8.0。贮藏过程中，由于二氧化碳逸出，pH 可达 9 以上。蛋黄的 pH 为 6.2 ～ 6.6，与蛋白的情况不尽相同，贮藏过程中 pH 变化缓慢。这是因受磷和脂肪酸等影响的缘故。

3. 蛋的黏度

蛋白中的稀薄蛋白是均一的溶液，而浓厚蛋白具有不均匀的特殊结构，所以蛋白是一个完全不均匀的悬浊液。蛋黄也是个悬浊液，因此，新鲜蛋黄、蛋白的黏度不同。新鲜鸡蛋的黏度，蛋白为 3.5 ～ 10.5cP（厘泊），蛋黄为 110.0 ～ 250.0cP（厘泊）。蛋的鲜度与其黏度有着密切的关系。陈蛋的黏度降低，主要是由于蛋白质的分解及表面张力的降低所致。

4. 蛋的加热凝固点和冻结点

鲜鸡蛋蛋白的加热凝固固温度为 62 ～ 64℃，平均为 63℃；蛋黄为 68 ～ 71.5℃，平均为 69.5℃；混合蛋为 72 ～ 77.0℃，平均为 74.2℃。蛋白的冻结点为 –0.48 ～ –0.41℃，平均为 –0.45℃，蛋黄的冻结点为 –0.617 ～ –0.545℃，平均为 –0.6℃。据此，在冷藏鲜蛋时，应控制适宜的低温，以防冻裂蛋壳。

5. 蛋的耐压度

蛋的耐压度因蛋的形状、蛋壳厚度和禽的种类不同而异。球形蛋耐压度最大，椭圆形者适中，圆筒形者最小；蛋壳越厚，耐压度越大，反之耐压度变小。蛋壳的厚薄与壳色有关，一般是色浅的蛋壳薄，耐压度小；色深的蛋壳厚，耐压度大。

6. 蛋液的表面张力

表面张力是分子间吸引力的一种量度。在蛋液中存在大量蛋白质和磷脂，由于蛋白质和磷脂可以降低表面张力和界面张力，因此，蛋白和蛋黄的表面张力低于水的表面张力（72×10^{-3}N/m，25℃）。蛋液表面张力受温度、pH、干物质含量及存放时间影响。温度高，干物质含量低，蛋存放时间长而蛋白分解，则表面张力下降。

7. 蛋黄的乳化性

蛋黄所含的脂类均质而高度分散，其中卵磷脂的含量较高。卵磷脂是一种良好的乳化剂。蛋黄的乳化性对蛋黄酱、色拉调味料、起酥油面团等的制作有很大的意义。

8. 蛋白的发泡性

发泡性可分为起泡性和气泡稳定性。发泡性以蛋白质为主，特别是卵白蛋白和球蛋白。发泡性受温度、pH、黏度、无机盐和油的存在等影响。贮藏蛋的发泡性比鲜蛋大，但其稳定性小。这是由于蛋白的黏度下降引起的。另外，若蛋黄脂质的一部分移至蛋白时，其发泡性也显著下降。

（五）蛋的烹饪运用

蛋类在烹饪中应用较广，其中应用最多的是鸡蛋，其次是鸭蛋、鹌鹑蛋。

蛋的烹法较多，适于煎、炸、蒸、烧、烩、炒、卤、糟、酱等，既可作主料，又可作配料使用。

此外，蛋在烹饪中还有一些特殊作用，蛋白经搅打后，能吸收大量的空气，形成大量气泡，使体积迅速增大，故可制发蛋糊，用于“芙蓉鱼片”等工艺菜的制作。蛋白具有较高的黏性，是很好的黏合剂，可用于上浆，挂糊及肉圆等泥茸菜的黏结成形。蛋黄中具有亲水和亲脂肪的物质，具有乳化作用，能使菜肴中油和水充分混合，使菜肴细腻鲜香。此外，还可利用蛋白的白色，蛋黄的黄色来作为制作菜点的配色、调色的原料。

（六）蛋的品质检验

鲜蛋的品质除与蛋的品种有关外，主要取决于蛋的新鲜度。

鉴别蛋的新鲜度的方法很多，有感官鉴定法，灯光透视鉴定法、理化鉴定法和微生物学检验法。在烹饪行业中通常采用感官鉴定法，主要分为看、听、嗅三种。

1. 看

看主要是观察蛋壳的清洁程度、完整状况和色泽三个方面。质量正常的鲜蛋蛋壳表面呈粉白色状，清洁、无禽粪等污物。蛋壳完整无损，表面无油光发亮的现象。打开蛋壳看，蛋白要黏稠度高，蛋黄应饱满，呈半球状。

2. 听

听是从敲击蛋壳发出的声音辨别有无裂损、变质的方法。新鲜蛋一般发音坚实，发出如石子相碰的清脆的“咔咔”声。

3. 嗅

嗅就是闻蛋的气味是否正常，有无特殊的异味。新鲜的蛋打开会有轻微的腥味，无其他异味。如有霉味、臭味，则为变质的蛋。

（七）蛋的贮存保管

鲜蛋贮存的基本原则是：维持蛋黄和蛋白的理化性质，尽量保持原有的新鲜度；控制干耗；阻止微生物侵入蛋内及蛋壳，抑制蛋内微生物（由于禽生殖器官不健康导致在蛋壳形成之前被微生物污染）的生长繁殖。针对这三条原则采用的措施包括：调节贮存的温度、湿度；阻塞蛋壳上的气孔；保持蛋内二氧化碳浓度。常用的方法有冷藏法、石灰水贮存法、草木灰贮存法、泡花碱贮存法、粮食贮存法、涂膜贮存法等。

1. 冷藏法

该法是目前鲜蛋贮存的主要方法，其特点是贮存时间长，量大质好。贮存时，先将鲜蛋预冷，当蛋温度降至 1 ～ 2℃时，将蛋放入冰箱或冷库，温度控制在 0℃，不可低于 –2℃，否则会冻坏，相对湿度为 82% ～ 87%。

由于蛋纵轴耐压力较横轴强，鲜蛋冷藏时应纵向排列且最好大头向上。此外蛋能吸收异味，尽可能不与鱼类等有异味的食品同室冷藏。

2. 石灰水贮存法

此方法简便，成本低，可贮存 8 个月左右。此法的原理是利用石灰水形成的微粒，封闭蛋壳上的气孔，使微生物不能进入蛋内，起内外隔离的作用。石灰水的配方是每 100kg 清水加生石灰 2kg，制成溶液。然后将鲜蛋浸入石灰水中即可。

3. 粮食贮存法

将鲜蛋放入晒干后的豆类、谷类粮食中，可使鲜蛋在较长时间内不变质。此法的原理是利用粮食呼吸过程中释放出的二氧化碳来抑制微生物的生长繁殖，同时抑制蛋本身的呼吸作用。贮存时先在容器底部铺上一层粮食，然后堆放一层蛋，再一层粮食一层蛋堆满后，封上容器的口。

4. 涂膜贮存法

选用石蜡松脂合剂为涂料，均匀地涂抹在蛋壳上，封闭气孔，使蛋白与外界隔绝，防止蛋中水分的散发，同时也阻止微生物的侵入，从而起到保鲜的作用。

二、蛋制品

蛋制品是以鲜蛋为原料，经加工后制成的加工品。蛋制品的种类很多，按成品类型可分为干蛋（包括蛋粉、干蛋白、干蛋片等）、冰蛋（冰全蛋、冰蛋白、冰蛋黄等）和再制蛋（包括皮蛋、咸蛋、糟蛋等）。烹饪中常用的是再制蛋。

（一）皮蛋

皮蛋又称松花蛋、变蛋、彩蛋。一般以鲜鸭蛋（或鲜鸡蛋、鹌鹑蛋）为原料，加生石灰、烧碱、食盐、茶叶及其他添加物质加工而成，是我国独特的风味产品。

1. 形态特征

皮蛋形状椭圆，孔隙细小，肉质不粘皮，蛋白呈黄棕色、褐色或茶色，富有弹性的半透明凝固体上布满了美观的结晶花纹，状似松枝松花；蛋黄外呈草绿色或墨绿色，蛋黄内呈黄红色或橙红色。

2. 品种与加工

皮蛋香味浓郁咸淡适中，风味独特。皮蛋的制造方法略有差异，主要有包泥法和浸泡法。制作过程中烧碱（$NaOH$）可使蛋白质凝固，并使部分蛋白质分解生成二氧化碳和氨等。二氧化碳可与蛋清中的黏液蛋白发生作用形成暗黑色透明体，蛋黄中生成的硫化氢或硫化铁使蛋黄呈褐绿色，食盐可减弱松花蛋的辛辣味。所得的成品分为溏心皮蛋和硬心皮蛋，前者要添加氧化铅或氧化锌，后者要添加草木灰等。著名品种有益阳皮蛋、宝应皮蛋、北京松花蛋等。

3. 质量标准

优质的皮蛋蛋壳完整，无破损。两蛋轻击时有清脆声，并能感觉到内部的弹动。剥去蛋壳，可见蛋清凝固完整，光滑清洁，不粘壳，棕褐色，绵软而富有弹性，晶莹透亮，呈现松针样结晶（松花）；纵剖后蛋黄外围墨绿色，里面呈淡褐或淡黄色；溏心皮蛋中心质较稀薄，有清香味，无辛辣味与臭味。

4. 营养和保健

鲜蛋的营养价值很高，当把它加工成皮蛋时，营养价值仍然很高，而且色、香、味更佳。此外，皮蛋还有一定的药用价值。具有清凉、明目、平肝的功效，能够降低虚火，解除热毒，助酒开胃，增进食欲，帮助消化，滋补身体。皮蛋是夏季清热解暑的最佳食品，也是老、弱、产妇，以及高血压、口腔炎、咽喉炎和肠胃病患者的良好食品。

5. 饮食禁忌

皮蛋与红糖同食会引发呕吐反胃。肾炎病人忌食皮蛋。

6. 烹饪运用

皮蛋多作凉菜，也可熘、炸、炒、烩而制成热菜。同时也是制作风味小吃和药膳的原料。

烹调实例：糖醋皮蛋

将每个皮蛋均匀切成八瓣，滚沾上面粉。生姜去皮洗净切成粒状，葱洗净切花，均盛于碗内，放入白糖、醋、酱油、湿淀粉、芝麻油、肉清汤调匀成汁待用。炒锅置旺火上，放熟猪油烧至七成热，将皮蛋下锅炸成黄色，倒入漏勺沥干油，再将炸好的皮蛋入锅置旺火上，倒入调好的汁，颠翻使皮蛋粘匀汁即成。

（二）咸蛋

咸蛋又称咸卵、盐蛋、腌蛋，是将鲜鸭蛋、鸡蛋放在浓盐水中浸泡或以含食盐的泥土敷在蛋表面腌制加工而成的产品。

1. 形态特征

咸蛋质地细软松沙，蛋白粉嫩雪白，蛋黄丰润鲜红，滋味鲜美可口，咸淡适中，腌好的咸鸭蛋蛋黄为鲜艳的橘黄色，煮熟后还会冒油。

2. 品种与产地

咸蛋的种类按其在加工时所用调辅料的不同，分为黑灰咸蛋、黄泥咸蛋和盐水咸蛋。黑灰咸蛋又名捏灰咸蛋、搓矢咸蛋，我国出口的咸蛋大都是黑灰咸蛋。按所选禽蛋种类的不同，又分为咸鸭蛋、咸鸡蛋、咸鹅蛋等。我国咸蛋名产很多，主要有江苏“高邮双黄咸蛋”、湖北“沔阳一点珠咸蛋”、湖南“益阳朱砂盐蛋”、河南“郸城唐桥咸蛋”、浙江“兰溪黑桃蛋”等。

3. 质量标准

优质的咸蛋，蛋壳完整，轻微摇动时有轻度水荡声。以灯光透视时，蛋白透明，蛋黄缩小；打开蛋壳，可见蛋白稀薄透明，浓厚蛋白层消失，蛋黄浓缩，黏度增强，呈红色或淡红色。

4. 营养和保健

咸蛋的营养价值很高，其中的蛋白质可提供人体所必需的极为丰富的 8 种必需氨基酸，而且组成的比例非常适合人体需要。咸蛋中的脂肪也绝大部分在蛋黄内，而且分散成细小的颗粒，大部分为中性脂肪，还有卵磷脂和胆固醇，极易被人体吸收。咸蛋中的矿物质和维生素含量比鲜蛋多，主要集中在蛋黄内。其中钙、磷、铁都很丰富，特别是咸鸡蛋中的含钙量高，是鲜鸡蛋的 10 倍，接近食品中含钙量最多的虾米。维生素中，以维生素 A 含量最高，硫胺素和核黄素也较多。因此，常吃一些咸蛋，对预防夜盲症、毛发干枯、皮肤粗糙，以及提高对传染病的抵抗力均有一定的帮助。

5. 烹饪运用

咸蛋在烹饪中主要供蒸、煮后制作冷盘；也可用咸蛋蒸猪肉、蒸鱼等制作饭菜；还可作粽子、月饼的馅料，或作咸蛋粥等。

（三）糟蛋

糟蛋是以鸭蛋、鹅蛋等禽蛋为原料，用酒糟、食盐、醋等腌渍而成的蛋制品。加工时先将鲜蛋洗净擦干后敲裂蛋壳，但内蛋壳膜和蛋白膜不能破。然后，将其大头向下装入缸内，放入一定比例的酒糟、食盐、醋等调料，一层鲜蛋，一层糟料，最上面再用食盐盖面，封缸，4 个月左右即可食用。

1. 形态特征

糟蛋蛋壳柔软，蛋质细嫩，蛋色晶莹，蛋白呈乳白色的胶冻状，蛋黄呈橘红色半凝固状；滋味浓郁醉香、鲜美，食之沙甜可口，回味悠长。

2. 品种与产地

我国生产糟蛋的历史悠久，据史料记载，明清时用小生产方式制作糟蛋已比较多见。它不仅受到国内消费者的喜爱，而且已成为我国传统的出口土特产品之一。主要有浙江的平湖糟蛋、四川的叙府（即宜宾）糟蛋、河南的陕县糟蛋等。

3. 质量标准

糟蛋的质量以饱满完整，蛋壳脱落，蛋膜柔软，不破不流，色正味醇者为佳。

4. 营养和保健

糟蛋的营养物质含量比鲜蛋普遍增多，特别是烟酸（维生素 P）增加得最多，比鲜蛋高出 60 多倍，其次是钙质，约增加 4 倍。糟蛋是一种保健食品，其有开胃、助消化、促进血液循环功效。

5. 烹饪应用

糟蛋主要用于冷食或作冷拼的原料。冷食时，不需要经过加热蒸煮（否则香味散失），应先用冷开水或温开水洗去糟蛋表面上的酒糟，剥去蛋膜，改刀（或不改刀），放入小盘或小碗中，再用竹筷挟住（或捣碎）蘸（或拌）糖酒（即在白糖上滴几滴白酒）食之。

第四节　食用燕窝

食用燕窝是鸟纲雨燕科金丝燕属的几种燕和棕雨燕属的白腰雨燕所筑的窝。这类燕鸟的消化机能非常强，而且在喉部具有发达的黏液腺，能分泌黏性很强的唾液，其窝即为这些吐出的胶状黏液凝结而成（图 5–2）。

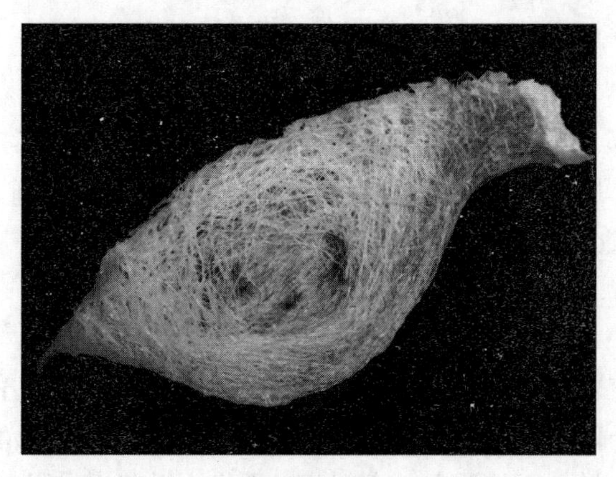

图 5-2　燕窝

一、燕窝的分类

燕窝分为洞燕、厝燕、加工燕三大类。

（一）洞燕

洞燕是指产于岩洞的天然金丝燕窝，它一般存在于悬崖峭壁的岩缝或石洞中，采摘异常艰苦，故产量不多，十分名贵。根据其颜色和品质不同，又分为以下四种。

1. 白燕

白燕是金丝燕第一次筑的窝。质地纯而杂质少，所以整齐均匀，呈白色而光洁透亮；窝体半碗形，一般直径 6 ～ 7cm，深 3 ～ 4cm，个大壁厚，根小而薄，略有清香，涨发出料率高，是最佳品。商品多经过熏制增白，并经去毛，旧时列为贡品，所以又称贡燕、官燕。商品中还分有龙牙燕、象牙燕和暹罗燕等品种。前两种形状较圆而稍大，略有毛，后一种由东南亚进口，较小，色稍黄，无根无毛。

2. 毛燕

毛燕是金丝燕第一次筑的窝被采后第二次所筑的窝。时间比较紧迫，窝体已不甚匀整，毛、藻等杂质也多，颜色已较灰暗。有牡丹毛燕、直哈毛燕、暹罗毛燕等几种。其中，牡丹毛燕的窝体比较厚，色较白而有光泽，毛、藻较少，是毛燕中的上品；直哈毛燕的窝体比较小而薄，根大瓢小，色灰；暹罗毛燕的窝壁薄而毛多，色白夹灰黑。

3. 血燕

血燕是金丝燕第二次筑的窝被采后，第三次又筑的窝。由于产卵期迫近，十分匆忙，窝形更不整齐，唾液少，而藻、毛等杂质多，且带有紫黑色血丝，通常认为是燕鸟口部破损出血所致。此品质量最次，销售价格也低。

4. 红燕

红燕也称血燕，《本草纲目》称为“燕窝脚”。燕窝筑在红色岩壁上，被岩壁渗出的红色液体所浸润，窝体呈较均匀的暗红色，含有较多矿物质，营养食疗价值好，但产量较少，被视为珍品。

（二）厝燕

厝燕是指人工养殖的燕鸟在室内所筑的窝，较洞燕外观整齐光洁，但实际应用效果不如洞燕。印尼是世界上最大的厝燕输出国，其燕窝养殖场一般都建在海边的山丘上，场中模拟天然洞穴，内部漆黑无光，天花板采用多层构造以利燕子筑巢，地板上设有方形储水池，以保持和洞穴一样的湿度，产量较高。

（三）加工燕

加工燕又分为燕饼和燕碎两种。

1. 燕饼

燕饼是将毛燕发制后，去除毛、藻等杂质，再加入海藻胶黏结而成的饼块状体，质地档次近于毛燕。

2. 燕碎

燕碎又称“燕条”，为各类燕窝剩下的破碎体，往往诸档次的混杂一起，比例不一，质量须视具体情况而定。

二、燕窝的质量检验

鉴别燕窝，首先要区别真假。假燕窝是用淀粉等制成，无边无毛，或微有毛，色洁白，乃至如银丝，几可乱真，很易上当，有时甚至要经过药品检验才能鉴别，须特别注意。另一种为人造燕窝，用海藻制成，色白而无光泽，质粗糙而过于坚硬，并具明显的海藻味，易于识别。

确定是真燕窝后再分品类定档次。一般以体大窝厚，完整无缺、洁白、透明、毛少干燥微有清香者为上品。相反，体小窝薄，灰暗有斑，多毛的品质较差，体质发软或两只相碰击而无声，说明是受潮，质即降低。

三、燕窝的贮存

燕窝价格昂贵，要充分注意保管。已购得的燕窝必须注意贮藏好，因其受潮极易发霉。一般可装入洁净木箱或铝皮箱，内衬防潮保护层和吸湿剂，密封并放于干燥处，霉季要及时检查。一般冷藏效果较好，温度在 5 ℃左右时，可保存较长时间。家庭小量贮存，可于包裹后装入塑料袋，封口，放入垫有石灰的容器内，可不致变质。

四、燕窝的营养价值及保健功能

燕窝是珍贵的滋补品，营养价值较高。每100g天然干燕窝含蛋白质49.9g，碳水化合物30.6g，脂肪很少，并含有钙、磷、钾、硫、氨基乙糖和类似黏蛋白等物质。中医认为，燕窝味甘微咸，性平，有养阴润燥，益气补虚的功效，可治虚损、痨瘵、咳嗽、疾喘、咯血、吐血、久痢、久疟以及噎膈反胃等症。但平时肺胃虚寒，痰湿停滞，外有表邪的人慎食。

五、燕窝的烹饪应用

燕窝在烹制前须经过涨发，方法有碱发、蒸发、泡发等几种。发好的燕窝多用于制作汤羹类菜式，甜咸均可，也可用于煮、扒、煨、蒸、拌等烹调方法。但燕窝自身少味，应用上汤调制，或配以有鲜味的配料，如鸡、鸽、火腿等。制作的菜肴有清汤燕菜、三丝燕窝羹、枸杞莲籽煲燕窝等。

烹调实例：清汤燕菜

将发好的燕窝用上汤套汤，反复三遍后，将燕窝入上汤中加热，沸后加盐等调味料调味，盛入器皿中即成。

本章小结

禽类原料是人类重要的肉食来源，在人类的膳食中占有非常重要的地位。同时在烹饪过程中起着非常重要的作用。通过本章的学习，应该重点掌握各种禽类原料的结构特点和烹饪运用的特点，掌握各种禽类的营养特点及饮食禁忌，这样就为科学合理地利用禽类进行营养配菜打下了坚实的理论基础，从而在烹饪实践中正确地加以运用。同时，还可根据各种禽类的质量标准正确地挑选禽类原则。

课堂讨论

1. 燕窝为何备受食客的推崇?
2. 如何在保护鸟类的基础上开发新的禽类原料?

复习思考题

1. 我国常见的家禽主要有哪些品种？

2. 家禽肉与家畜肉相比有哪些优点？
3. 禽肉中的白肌和红肌有何区别？
4. 怎样检验家禽肉的品质？
5. 鸡蛋的化学成分有哪些？分布有何特点？
6. 怎样检验蛋的新鲜度？
7. 怎样贮存蛋类？
8. 蛋类在烹饪中有哪些作用?
9. 鸡蛋配菜时有哪些禁忌?

第六章　水产类原料

本章内容： 1. 水产品概述

2. 鱼类原料

3. 虾蟹类原料

4. 贝类原料

5. 其他水产类原料

教学时间： 12 课时

教学目的： 使学生掌握各种水产品原料的外形特征、产地、性质及烹饪应用方法，掌握水产品原料在贮存过程中的质量变化规律及常用的保管方法，掌握各种水产品原料的品质检验的标准和方法

教学方式： 老师课堂讲授并通过实验验证理论教学

第一节　水产品概述

一、水产品的概念

水产品是指水生的具有经济价值和食用价值的动、植物。狭义的水产品是指鱼类和在水中生活的低等动物，广义的水产品还包括水生的哺乳类、爬行类、两栖类、蔬菜类等。我们习惯上把生长在水中，能作为烹饪原料利用的鱼类、爬行动物及某些低等动物统称为水产品。

我国的水资源非常丰富，既有广阔的海洋，又有无数的江河湖泊，因此水产品的产量丰富。水产品富含各种营养成分，肉质鲜嫩，味道鲜美，使用方便，在烹饪中使用广泛。尤其随着水资源的不断开发利用，水产品的产量越来越大，不但逐渐成为人们日常生活中的主要食物原料，而且在宴席的上席率也越来越高，成为烹饪原料中不可或缺的重要类群。

我国海洋鱼类有1700余种，经济鱼类约300种，其中最常见且产量较高的有六七十种。在中国沿岸和近海海域中，底层和近底层鱼类是最大的渔业资源类群，产量较高的鱼种有带鱼、马面鲀、大黄鱼、小黄鱼等。其次是中上层鱼类，广泛分布于黄海、东海和南海。产量较高的鱼种有太平洋鲱、日本鲭、蓝圆鲹、鳓、银鲳、蓝点马鲛、竹荚鱼等，各海区都还有不同程度的潜力可供开发利用。

虾蟹类（甲壳类）也分布在中国海域，不仅种类繁多，而且生态类型也具有多样性。有个体小、游泳能力弱、营浮游生活的浮游甲壳类和常栖息于水域底层的底栖甲壳类两大群。在甲壳类动物中，目前已知的有蟹类600余种，虾类360余种，磷虾类42种。其中有经济价值并构成捕捞对象的有四五十种，主要为对虾类、虾类和梭子蟹类。其主要品种有中国对虾、中国毛虾、三疣梭子蟹等。

贝类有8800种左右生活于海洋中，占现存贝类总数的80%，常见的有牡蛎、扇贝、贻贝、蛏子、花蛤、鲍鱼、江珧、泥螺、泥蚶等经济食用品种。

藻类植物的种类繁多，目前已知有3万种左右。据初步统计，我国所产的大型食用藻类至少有50～60种，经济食用藻类主要是海产藻类，如海带、紫菜、裙带菜、石花菜、石莼、礁膜等。

头足类是软体动物中经济价值较高的种类，中国近海约有90种，捕捞对象主要是乌贼科、枪乌贼科及柔鱼科。资源种类主要有曼氏无针乌贼、中国枪乌贼、太平洋褶柔鱼、金乌贼等。头足类资源与出现衰退的经济鱼类相比，是一种具有较大潜力、开发前景良好的海洋渔业资源。

我国内陆水域定居繁衍的鱼类，粗略统计有770余种，其中不入海的纯淡水鱼709种，入海洄游性淡水鱼64种，主要经济鱼类有140余种。由于中国大部分国土位于北温带，所以内陆水域中的鱼类以温水性种类为主，其中鲤科鱼类约占中国淡水鱼的1/2，鲇科和鳅科合占1/4，其他各种淡水鱼占1/4。在中国淡水渔业中，占比重相当大的鱼类有鲢鱼、鳙鱼、青鱼、草鱼、鲤鱼、鲫鱼、鳊鱼等。其中青鱼、草鱼、鲢鱼、鳙鱼是中国传统的养殖鱼类，被称为“四大家鱼”。它们生长快、适应性强，在湖泊中摄食生长，到江河中去生殖，属半洄游性鱼类。在部分地区占比重较大的有江西的鲴鱼、珠江的鲮鱼、黄河的花斑裸鲤、黑龙江的大马哈鱼、乌苏里江的白鲑等。也有些鱼类个体虽小，但群体数量大或经济价值高，如长江中下游河湖名产银鱼，产于黑龙江、图们江、鸭绿江的池沼公鱼，产于青海湖的青海湖裸鲤。从国外引进、推广并养殖较多的鱼类有非鲫、尼罗非鲫、淡水白鲳、革胡子鲇、加州鲈、云斑鮰等，主要在长江中下游及广东、广西等省区生产，虹鳟、德国镜鲤等在东北、西北等地区养殖。

我国内陆水域渔业资源除上述鱼类外，还有虾、蟹、贝类资源。中国所产淡水虾有青虾、白虾、糠虾和米虾等。蟹类中的中华绒螯蟹在淡水渔业中占重要地位，是中国重要的出口水产品之一。贝类主要有螺、蚌和蚬，淡水蚌中的有些种类还可用来培育珍珠，供药用或作贵重装饰品外销。

水产品是能自行增殖的生物资源。通过生物个体或种群的繁殖、发育、生长和新老替代，使资源不断更新，种群不断获得补充，并通过一定的自我调节能力而达到数量上的相对稳定。如果环境适宜，注意资源保护，禁止过度捕捞，则水产品会自行繁殖，永续利用，扩大再生产；如果环境不良或酷渔滥捕，则水产资源遭到严重破坏，其更新再生受阻，种群数量急剧下降，资源趋于枯竭。因此对水产品的利用必须适度，以保持其繁衍再生和良性循环。不少鱼类资源的年际产量波动很大。除气象、水文等自然因素对鱼类发生量、存活率和鱼类本身的种群年龄结构、种间关系等有很大的影响外，人为捕捞因素往往更能引起种群数量剧烈变动，甚至引起整个水域种类组成的变化。我国从2020年1月1日起在长江流域进行为期十年的禁捕活动，就是使水产捕捞从自由捕捞水产资源向科学管理、合理利用资源的一种转变。

二、水产品的分类

根据生物学的分类方法，水产品包括藻类植物、腔肠动物、软体动物、甲壳动物、棘皮动物、鱼类和爬行类。在烹饪原料的使用习惯上，水产品可以分为鱼类及其制品、虾蟹类及其制品、贝类及其制品、其他类水产品。

三、水产品的营养价值

水产品含有人体所需的各种营养素，如蛋白质、脂肪、维生素A、维生素D、维生素E、维生素B_1、维生素B_2、维生素B_6、维生素B_{12}及钙、磷、铁、碘、硒、锌等营养元素。水产品中所含的蛋白质能够供给人体必需的氨基酸，易消化吸收，不会增加人体的消化压力。同时，水产品中所含的脂肪中的脂肪酸是一种高度不饱和脂肪酸，对降低胆固醇和降低血液中的中性脂肪有显著效果，还能抑制血液的凝聚，疏通血液管道，刺激脑细胞发育。因此，水产品是人类重要的营养保健食品。以水产品为主食的因纽特人，自古以来很少患有动脉硬化、心肌梗死等疾病；据日本报道，每天食用鲜鱼汤，可使晚期癌症患者延寿一年以上；《本草纲目》也曾记载了水产品的药用价值；近年来科学家还发现，鱼油中含有 DHA，这是一种对人脑和婴儿发育不可缺少而又不可替代的必需脂肪酸，而且还可以增强记忆力。

尽管水产品含有丰富的营养成分，但我们在食用时应学会科学食用。首先，被化学农药、工业三废等污染过的水产品不能食用，如果不慎食用，不但会影响身体健康，甚至会危及生命。其次，水产品必须完全煮熟才能被食用。近年来许多人为了追求口感上的鲜嫩非常喜欢生吃水产品，如风靡广东的刺身龙虾、刺身三文鱼、刺身北极贝及江浙一带的醉虾等，尽管生食能满足口感上的需要，但无论从营养上，还是从卫生上，都是不可取的。

第二节　鱼类原料

一、鱼类概述

（一）鱼类的主要特征

鱼类是终生生活在水中，以鳍游泳，以鳃呼吸，具有颅骨和上下颌的变温脊椎动物。

鱼类属于脊椎动物亚门，但鱼类具有区别于其他脊椎动物的以下特征：体大多被鳞片，少数无鳞；终生生活在水中，以鳍游泳，以鳃呼吸；具有颅骨和上下颌；多数有鳔；心脏具一心耳和一心室。

有些在日常生活中习惯上被称为“鱼”的动物并不具备鱼类的特征。例如，桃花鱼、鲍鱼、墨鱼、鱿鱼和章鱼都是无脊椎动物；文昌鱼不具颅骨，是头索动物；盲鳗很像鱼，但不具上下颌，是圆口动物；娃娃鱼在幼时用鳃呼吸，但长大后用肺呼吸，是两栖动物；鳄鱼和甲鱼是爬行动物；鲸鱼终生用肺呼吸，胎生、哺乳，是哺乳动物。

但是，有些动物尽管在外形上不像鱼类，但由于具有鱼类的特征，反而确实属于鱼类，如海龙、海马等。

（二）鱼类的外部形态

1. 鱼类的体型

由于不同鱼类所处的环境条件和生活习性不同，在长期适应和自然选择的影响下，形成了各种不同的体型，主要可分为四种基本体型：

（1）纺锤形

鱼体头尾稍尖，呈纺锤形。这种体型能减少水的阻力，游泳迅速，便于追逐食物和逃避敌害。这类鱼多生活在中上层。大部分快速游动的鱼类都属于这种体型，例如鲫、鲤、鲐、蓝圆鲹、马鲛等。

（2）侧扁形

鱼体左右两侧显得极扁，短而高。这类鱼游泳能力稍弱，多生活于水中较平定的中下层，例如长春鳊、胭脂鱼、银鲳等。

（3）平扁形

鱼体腹背扁平。这类鱼多生活于水底，适应于底栖生活，游泳缓慢而迟钝。例如团扇鳐、赤魟等。

（4）棍棒形

鱼体圆而细长。这类鱼适于穴居或钻入泥沙，游泳较缓慢。例如鳝、鳗鲡、海鳗等。

绝大多数鱼可纳入这四种体型，但还有一些由于特殊的生活习性而呈现特殊的体型。例如带形的带鱼、球形的河豚、箱形的箱鲀以及海马、海龙、比目鱼等。

2. 鱼类的外部器官

（1）头部

从鱼的身体最前端到鳃盖骨的后缘，称为头部。鱼的头部有吻、口、触须、眼、鼻孔、鳃等器官。

①口。口的形状和位置依它们的食性不同而有多种类型，是区别不同鱼的特征之一。

软骨鱼的口有多种形状，如鲨鱼的口呈半月形，鳐鱼的口呈裂缝状。

硬骨鱼的口的位置有三种情况：下颌长于上颌的称为口上位，如翘嘴红鲌；上颌长于下颌的称为口下位，如鲮；上下颌等长的称为口前位或口端位，大多数鱼类都是如此。

②触须。触须是鱼类的感觉器官，多生在口部周围，是分类的特征之一。例如鲤、鲶、鲱、鳕等具有触须。

③眼。鱼眼的位置和大小有许多差异。大多数鱼的眼生在头的两侧，但也有生在头部一侧的，如鲆、鲽、鳎；或生在头部背面，如鳐、魟等。

鱼眼不能活动，不具有陆生动物那样的眼睑，所以鱼眼总是张开的；但鲱形目、鲻科、鲭科的鱼，在眼上蒙有一层透明的脂肪体，称为脂眼睑。

④鳃。鳃是鱼的呼吸器官。软骨鱼鳃裂直接向体外开口，鲨鱼开口于头的两侧，鳐鱼则开口于头部的腹面。硬骨鱼的鳃有鳃盖，鳃盖后方游离处即为鳃孔。

鱼鳃是分类的特征之一，但无食用价值。

（2）躯干部和尾部

从鱼的鳃盖骨的后缘到肛门的部分，称为躯干部。从肛门至尾鳍基部的部分，称为尾部。这两部分的附属器官主要有鳍、鳞和侧线。

①鳍。鳍是鱼类游泳和保持身体平衡的器官。

鱼类的鳍有背鳍、胸鳍、腹鳍、臀鳍和尾鳍五种。其中胸鳍和腹鳍各一对，叫作偶鳍；其余三种不成对，叫作奇鳍。大多数鱼具有上述五种鳍，但也有例外，例如黄鳝无偶鳍，鳗鲡无腹鳍，电鳗无背鳍，鳐类无臀鳍，赤魟无尾鳍。

有些鱼类在背鳍和腹鳍后方出现一个或数个分离的小鳍，每个小鳍由一根分支鳍条组成，称为副鳍，如鲐、马鲛等。有些鱼类在尾部正中线上还生有透明皮褶状、内含脂肪但无鳍条的小鳍，称为脂鳍，例如黄颡鱼、大马哈鱼、海鲶等。

鳍由支鳍骨和鳍条组成，外附鳍膜。一般鱼类有两种不同的鳍条：一种为软骨鱼类所特有的角质鳍条，为不分节也不分支的纤维状角质细条，加工后即为珍贵的烹饪原料鱼翅；另一种为硬骨鱼类所特有的骨质鳍条，又分为软鳍条和鳍棘；软鳍条柔软分节，前端往往分支，由左右两根组成；鳍棘坚硬不分节，末端不分支，由单根组成，一般较粗大。

②鳞。绝大多数鱼类体外被有鳞片，用于保护身体。少数鱼头部无鳞，或全体无鳞，无鳞鱼通常皮肤有发达的黏液腺，如鳗形目和鲶形目的鱼类。

鱼鳞按其形状不同分为三种类型：盾鳞，是软骨鱼类所特有的鳞片，形如盾状；硬鳞，是硬骨鱼中最原始的鳞片，坚硬而大，呈斜方形，不相覆盖，平行排列成若干行，如鲟形目鱼的鳞；骨鳞，是绝大多数硬骨鱼中最常见的鳞片，略呈圆形，彼此作覆瓦状排列。露出的一端边缘光滑的称为圆鳞，如鲱形目、鲤形目的鱼鳞；露出的部分边缘有许多小锯齿突起的称为栉鳞，如鲈形目的鱼鳞。

鱼鳞除以上形状外，还有其他一些变形，例如鳓鱼和鲥鱼的腹部下缘具有棱鳞，刺河豚的鳞片转化为骨刺，鲻鱼和鲥鱼的胸鳍及腹鳍的上方基部有小刀形腋鳞。

在鱼体两侧常有一条或数条带小孔的鳞片，称为侧线鳞；侧线鳞有规则地排列成线纹称为侧线。许多鱼类每侧有侧线一行，如鲤鱼；有的鱼有侧线数行，如三线舌鳎；有的鱼不具侧线，如鲥鱼；有的鱼头部侧线发达，如鲨鱼。侧线鳞的数目以及侧线上鳞（由背鳍起点的基部至侧线这一段距离上的鳞片）和侧线下鳞（由臀鳍起点的基部至侧线这一段距离上的鳞片）的数目，都是鱼类分类的依据之一。

鱼鳞是区别不同鱼类的特征之一，但一般不具有食用价值，通常在加工时去掉；个别种类鱼的鳞片较薄，鳞下脂肪较丰富，烹调时可以不去鳞，如鲥鱼。

（三）鱼类的内部结构

1. 鱼类的肌肉

（1）鱼体肌肉的种类

鱼类的肌肉组织同其他脊椎动物的肌肉组织类同。肌肉组织主要由收缩性强的肌细胞构成，肌细胞一般呈细长纤维状，因此又称肌纤维。根据肌细胞的形态结构可分为骨骼肌（横纹肌）、心肌和平滑肌。横纹肌构成鱼体的大部分肌肉，为随意肌；心肌分布在心脏壁上，为不随意肌；平滑肌分布在内脏与血管壁上，也属于不随意肌。以下主要介绍食用价值较大、在烹饪中运用较多的骨骼肌。

（2）鱼体各部位的肌肉

鱼体的骨骼肌按部位可分为头部肌肉、躯干部肌肉和鳍基肌肉。

①头部肌肉。鱼的头部肌肉较为复杂，主要分布在头部腹面、眼、鳃、咽、颌等部位。大多数鱼的头部不单独用作烹饪原料；但有的鱼头部较大，肌肉发达，可作为菜肴主料，如鳙鱼。

②躯干部肌肉。鱼的躯干部肌肉有体侧肌、背纵肌、腹纵肌等。其中供食用的主要是位于躯干两侧的体侧肌。

体侧肌被脊椎骨上下延伸的垂直隔膜分为左、右两部分；每侧又被一水平侧隔分为上、下两部分，上部分为轴上肌，下部分为轴下肌。

体侧肌由肌节组成，肌节之间有肌隔联系，分节现象明显。如果观察每一个肌节，可看出背侧上部及腹侧下部的肌节向后突出，背侧深部及腹侧深部的肌节向前突出，使整个肌节呈“Σ”形的斜纹曲折的形态。每种鱼的肌节数几乎是一定的。肌节与肌节之间由薄的结缔组织的肌隔所连接。鱼肉经烹调制熟后，肌节凝固变硬，而肌隔变成柔软的明胶质，所以肌节容易分离脱落。

③鳍基肌肉。鳍基肌肉是由体侧肌分化而来的，如背鳍肌、臀鳍肌、尾鳍肌等，由于不很发达，不是食用的主要部位。

（3）普通肉和血合肉

在鱼的肌肉中，常将颜色很淡的肌肉称为普通肉（普通肌）；将红褐色或暗紫红色的肌肉称为血合肉（血合肌），在加工鱼片或制鱼茸时，因血合肉影响菜肴色泽，常将其剔除。

在不同鱼种中，血合肉的含量不同。例如真鲷、鲈、比目鱼等移动范围小的大多数鱼，仅在其体侧肌的表层部分分布着少量的血合肉；拟沙丁鱼、鲐等少数鱼从体侧中部到后部分布着较多的血合肉；鲣、金枪鱼等洄游性鱼在肌肉表层和深层都有发达的血合肉。

在同一种鱼体的不同部位中，血合肉主要分布在轴上肌与轴下肌的接合处以及鳍基等部位。

鱼肉的红色是由肌细胞中的肌红蛋白和毛细血管中的血红蛋白产生的。

2. 鱼类的脂肪

鱼类的脂肪根据分布方式和生理功能可分为积累脂肪和组织脂肪。积累脂肪主要由甘油三酯组成，在营养状态良好的鱼体中，大量地积累在皮下组织、内脏各个器官特别是肝脏中和肠膜间，成为运动时能量的来源。组织脂肪主要由磷脂和胆固醇组成，分布于细胞膜和颗粒体中，以保持鱼体在营养状况较差时也不被消耗。

不同种类鱼的脂肪分布有很大差异。例如拟沙丁鱼、鲣、鲐等在皮下组织中大量积累；鲱科鱼类在肌肉中脂肪较多，但在肝脏中较少；鲨鱼、鳕等在肌肉中脂肪较少，在肝脏中含量丰富，可用来制造鱼肝油。此外，同一种鱼的脂肪含量还因营养状态、季节和年龄等不同而存在差异。

3. 鱼类的骨骼

鱼类的骨骼按性质可分为软骨和硬骨两种。软骨有韧性和弹性，主要存在于软骨鱼类，是低等鱼类的骨骼特征；硬骨存在于硬骨鱼类。

鱼类的骨骼按部位可分为中轴骨和附肢骨两大类。中轴骨包括颅骨（头骨）、内脏弧骨（包围口腔和咽喉的弧状骨骼）、脊椎骨和肋骨。附肢骨包括肩带骨、腰带骨和支鳍骨（支持各种鳍的骨骼）。

大多数鱼的骨骼无食用价值，但鲨鱼、鳐鱼等软骨鱼的软骨（颅骨、脊椎骨、支鳍骨）以及鲟、鳇等鱼的头骨可加工成烹饪原料鱼骨（明骨）。

4. 鱼类的鳔

鳔是位于鱼的体腔背面的大而中空的囊状器官，具有调节鱼体比重、控制鱼体沉浮的作用。

软骨鱼类无鳔。多数硬骨鱼类都有鳔，但一些底栖生活的、不善游泳或高速游泳的种类无鳔，如鲆、鲽、鲐鱼就没有鳔。

鳔的形状以圆锥形最多，还有卵圆形、马蹄形、心脏形等。有些鱼的鳔很大，延伸于体腔全部，如海鳗；有些鱼的鳔具有鳔管终生与消化道相通，如鲱形目、鲤形目等低等硬骨鱼类；多数鱼的鳔管已退化，如鲈形目等高等硬骨鱼类。

有些鱼的鳔壁较厚实、胶原蛋白含量丰富，可加工成烹饪原料鱼肚，例如毛鲿鱼、黄唇鱼、大黄鱼、双棘黄姑鱼、鮸鱼、鹤海鳗、长吻鮠等鱼的鳔。

（四）鱼类的营养成分

1. 蛋白质

鱼体中的蛋白质主要是肌肉蛋白质。肌肉蛋白质分为细胞内蛋白质和细胞外蛋白质两类，细胞内蛋白质主要有肌原纤维蛋白（肌肉构造蛋白质）和肌浆蛋白两种；细胞外蛋白质主要有基质蛋白（结缔组织蛋白质）和异质组织蛋白（血管、神经蛋白质）两种。

在不同种类的鱼体中蛋白质含量相差较大，大多数为 15% ～ 22%。含有人体必需的 8 种氨基酸，而且含量比较充足，比例也接近人体的需要，生物价约为 80。

2. 脂肪

鱼类的脂肪含量较低，一般为 1% ～ 3%，主要由不饱和脂肪酸构成，熔点较低，通常呈液态，在人体中的消化吸收率约为 95%。海产鱼中不饱和脂肪酸的含量高达 70% ～ 80%，对防治人体动脉粥状硬化和冠心病具有一定效果。

3. 碳水化合物

各种鱼类碳水化合物含量相差较大，低的不足 0.1%，如鳕、海鳗、比目鱼等；高的可达 7%，如鲳。

鱼类的碳水化合物主要是糖原和黏多糖。糖原贮存于肌肉和肝脏中，是能量的来源，这与其他高等动物一样，黏多糖与蛋白质结合成黏蛋白，主要存在于结缔组织中。

4. 维生素

在海产鱼的肝脏中含极为丰富的维生素 A 和维生素 D，远远高于其他原料的含量。在鱼的肌肉和肝脏中，还含有较多的维生素 B_1、维生素 B_2、维生素 B_6 以及烟酸、泛酸、生物素等。

5. 矿物质

鱼类中矿物质的含量略高于畜禽类，为 1% ～ 2%，主要有钾、钠、钙、磷、铁等，是钙的良好来源，海产鱼中还含有丰富的碘。

6. 水分

鱼肉中含水分为 70% ～ 80%，畜肉为 65% ～ 72%，鱼肉中含水量高，而结缔组织量少，肉质柔软，这是鱼肉比畜肉容易变质的原因之一。鱼肉中的水分以两种形式存在：一部分与组织中的蛋白质、碳水化合物以较强的水合作用紧密地结合而存在，被称为结合水；另一部分在组织的网络结构中存在，有的容易流动，有的在肌原纤维间不易流动，被称为自由水。

（五）鱼类的烹饪运用

鱼类是一类在烹饪中运用广泛的原料。

在运用选料上，运用最多的是鱼的肌肉，但有些鱼的副产品也可作为烹饪原料单独运用，例如鳙、鳡等鱼的头；鲨、鳐等鱼的皮；黄唇鱼、大黄鱼、鮸鱼等鱼的鳔；鲨、鳐、鲟等鱼的软骨；大马哈鱼、鲱、鲟等鱼的卵。

在刀工处理上，体型较小的鱼多整用，体型较大的鱼可进行多种刀工处理。有些种类的鱼肉质厚实，可加工成块、丁、片、条、丝等成菜；有些种类肌肉色泽洁白且蛋白质含量高、持水性好，可以制成鱼茸，制作鱼丸、鱼饼、鱼糕、鱼馅等；有些种类还可整鱼出骨，制作特色工艺菜。

在烹制方法上，根据各种鱼的特点可采用爆、炒、熘、烧、扒、煮、炖、焖、煨、蒸、炸、烤、熏等多种烹调方法。例如，几乎所有的鱼均可红烧、油炸；新鲜且脂肪含量较高的鱼可清蒸、制汤。

在调味方式上，适于多种调味，如咸鲜、家常、椒麻、茄汁、酸辣、糖醋、咸甜等。

（六）鱼类的分类

鱼类的种类很多，全世界现在生存的鱼类约有 24000 种，在全球水域中几乎都有分布。我国所产的海洋和淡水鱼类约有 4000 种，其中大多数是海洋鱼类，淡水鱼约有 800 种。

1. 生物学分类

鱼类在生物分类学上属于脊索动物门脊椎动物亚门，根据骨骼的性质分为软骨鱼纲和硬骨鱼纲两大类。

（1）软骨鱼纲

软骨鱼纲具有以下共同特征：①体内骨骼全部为软骨；②体外被盾鳞；③鳃裂一般每侧 5 个，各开口于体外；或 4 个，外被膜状鳃盖；后有一总鳃孔；④肠短，有螺旋瓣；⑤无鳔；⑥雌鱼体内受精，卵生或卵胎生。

软骨鱼纲在我国水域分布的约有 237 种，均为海产。

（2）硬骨鱼纲

硬骨鱼纲具有以下共同特征：①体内骨骼一般为硬骨；②体外被骨鳞，有些种类被硬鳞，少数种类无鳞；③鳃裂外被骨质鳃盖，每侧有一个外鳃孔；④多数种类肠中不具螺旋瓣；⑤多数种类具鳔；⑥多数种类体外受精，卵生。

绝大多数鱼属于硬骨鱼纲，在我国水域分布有 3000 多种。

2. 商品学分类

在商品学上常根据鱼的生长环境和习性将鱼类分为淡水鱼类、洄游鱼类、海产鱼类三类，或者分为淡水鱼类和海产鱼类两大类。这种分类方法易于理解，但缺乏科学性和严谨性，例如在鲑科、银鱼科、东方鲀属、鲚属等类群中，每一类群均有淡水产、洄游、海产三种类型。

二、鱼类的主要种类

（一）淡水鱼类

我国内陆水域有优越的地理和气候条件，纵横交错的江河、星罗棋布的湖泊、遍布各地的库塘，构成了淡水鱼生存繁衍的得天独厚的自然环境。

1. 鲤鱼

鲤鱼（*Cyprinus carpio*）又称鲤拐子、龙门鱼、鲤拐子、赤鲤、黄鲤、白鲤、赖鲤。鲤形目鲤科。产于我国各地淡水河湖、池塘。一年四季均产，但以2～3月产的最肥。

（1）形态特征

鲤鱼体延长，稍侧扁。口端位，须两对。背鳍，臀鳍均具硬刺，最后一刺的后缘具锯齿。体背部灰黑，体侧金黄，腹部白色，雄鱼尾鳍和臀鳍呈橘红色。

（2）品种与产地

鲤鱼有野生种、家养种两大类。野生种的品种较多，知名而质优者主要有产于黑龙江各水系的龙江鲤，产于黄河流域的黄河鲤，产于长江、淮河水系的淮河鲤。家养品种著名的有产于江西的荷包红鲤，产于广西的禾花鲤；按生长水域的不同，鲤鱼可分为河鲤鱼、江鲤鱼、池鲤鱼。河鲤鱼体色金黄，有金属光泽，胸、尾鳍带红色，肉脆嫩，味鲜美，质量最好；江鲤鱼鳞内皆为白色，体肥，尾秃，肉质发面，肉略有酸味；池鲤鱼青黑鳞，刺硬。泥土味较浓，但肉质较为细嫩。

（3）质量标准

按鲤鱼的生长环境来说，河鲤鱼尾红，肉嫩味鲜为佳品。按大小分以500～750g为佳。鲤鱼的质量标准是：眼睛凸起，澄亮有光泽；鳃盖紧闭，鳃片呈鲜红色或红色，无黏液和污物；鳞片大而圆，整齐无脱落现象，排列紧密，有黏液和光泽；体形直，鱼肚充实完整，头尾不弯曲；肉质有弹性，骨肉不分离。

（4）营养和保健

鲤鱼的蛋白质不但含量高，而且质量也佳，人体消化吸收率可达96%，并能供给人体必需的氨基酸、矿物质、维生素A和维生素D；鲤鱼的脂肪多为不饱和脂肪酸，能很好地降低胆固醇，可以防治动脉硬化、冠心病，因此，多吃鱼可以健康长寿。鲤鱼味甘、性平，入脾、肺、肾经；有补脾健胃、利水消肿、通乳、清热解毒、止嗽下气；对各种水肿、浮肿、腹胀、少尿、黄疸、乳汁不通皆有益；鲤鱼对孕妇胎动不安、妊娠性消肿有很好的食疗效果。中医学认为，鲤鱼各部位均可入药。鲤鱼皮可治疗鱼梗；鲤鱼血可治疗口眼歪斜；鲤鱼汤可治疗小儿身疮；用鲤鱼治疗怀孕妇女的浮肿，胎动不安有特别疗效。

（5）烹饪应用

鲤鱼肉质厚实，细嫩少刺，适于多种食用方法。既可整鱼入烹，又可切段、块、片、丁等。因鲤鱼的鳞肥厚，可食用，同时应抽去鱼体两侧的两条白筋，这是去除鲤鱼腥味的最佳方法。可红烧、干烧、醋熘等，也可调制多种味型。因分布广，各地用鲤鱼制作的名菜很多，例如金毛狮子鱼、松塔鲤鱼、醋椒鲤鱼、糖醋鲤鱼、红烧黄河鲤、三鲜脱骨鱼等。

烹调实例：金毛狮子鱼

将鲤鱼宰杀后鱼两面批斜刀，再用剪刀剪成细丝，调味上浆后拍上干生粉，放入油锅炸至成“狮子鱼”，将烹制好的“番茄汁”浇淋在“狮子鱼”身上即可。

2. 鲫鱼

鲫鱼（*Carassius auratus*）又称鲋鱼、鲫瓜子、月鲫仔等。鲤形目鲤科。

（1）形态特征

鲫鱼体侧扁而稍高．头小，唇钝，口端位，无须．眼大，鳃耙长，鳃丝细长。下咽齿一行，扁片形。鳞片大。侧线微弯。背鳍长，外缘较平直。背鳍、臀鳍第3根硬刺较强，后缘有锯齿。胸鳍末端可达腹鳍起点。尾鳍深叉形。背部较宽，一般体背面灰黑色，腹部较圆，腹面银灰色，各鳍条灰白色。因生长水域不同，体色深浅有差异。

（2）品种和产地

我国除青藏高原和新疆北部无天然分布外，全国各地淡水域常年均有生产，以2～4月和8～12月的鲫鱼最肥美。在黑龙江流域和新疆额尔齐斯河水系有一近似种：银鲫，身体比普通鲫鱼高而宽，个体也较大，在产区为重要经济鱼类，如江苏六合“龙池鲫鱼”、江西彭泽“芦花鲫”、宁夏西吉“西吉彩鲫”等。

（3）质量标准

鱼体具有鲜鱼固有的鲜明的本色和光泽，体表黏液清洁、透明；鱼鳞发光，紧贴鱼体，轮层明显、完整而无脱落；眼睛澄清、明亮、饱满，眼球黑白界限分明；鳃盖紧闭，鱼鳃清洁，鳃丝鲜红清晰，无黏液和污垢臭味，肌肉坚实而有弹性，用手指压凹陷处能立即复原。

（4）营养和保健

鲫鱼营养价值很高，食部每100g含蛋白质17.1～19.6g，脂肪2.7～4.2g，碳水化合物3.8～4.5g，钙79～103mg等。鲫鱼所含的蛋白质质优、齐全、易于消化吸收，是肝肾疾病，心脑血管疾病患者的良好蛋白质来源，常食可增强抗病能力，肝炎、肾炎、高血压、心脏病，慢性支气管炎等疾病患者可经常食用；鲫鱼有健脾利湿，和中开胃，活血通络、温中下气之功效，对脾胃虚弱、水肿、溃疡、气管炎、哮喘、糖尿病有很好的滋补食疗作用；产后妇女炖食鲫鱼汤，可补虚通乳；具有较强的滋补作用，非常适合中老年人和病后虚弱者食用，也特别适合产妇食用。

（5）烹饪应用

鲫鱼肉嫩味鲜，肉味甜美，烹饪应用较广，食用方法较多，最宜汆汤，也可清蒸、红烧、干烧等，如奶汤鲫鱼、萝卜丝汆鲫鱼、蛤蜊鲫鱼汤、荷包鲫鱼、红烧鲫鱼等。

烹调实例：奶汤鲫鱼

将鲫鱼去鳞、去鳃、去鳍，从鱼鳃一侧靠下部，用刀尖切成半月牙形，抠取内脏，不要弄破苦胆，鱼子不要掏出，洗净内膛；然后在鱼身两侧剞直刀，将鱼下入沸水中汆一下备用；将白萝卜洗净，刮净皮，斜刀切成丝，下入沸水中焯一下捞出备用；豆苗洗净，用其嫩尖；将炒锅置火上，下油，用葱（切末）、姜（切末）炝锅，加上奶汤，放入料酒、味精、盐、毛姜水，把鱼下入烩煮；再将萝卜丝放入锅内，同鱼一起烩烂，出锅时，调好口味，撒上豆苗，淋上少许明油即成。

3. 鳊鱼

鳊鱼（*Parabramis pekinensis*）又称长春鳊、长身鳊、北京鳊。鲤形目鲤科。

（1）形态特征

一般体长30cm左右，重4kg左右。体略侧扁。吻钝，向前突出。口极宽，横裂。下颌具锐利而发达的角质边缘。下咽齿2行。腹部从胸部到肛门有明显腹棱。尾柄宽大，尾鳍中间截形，两边缘斜上翘，呈新月牙形。体被微黑色，腹侧淡白色，胸鳍黄棕色，其他各鳍色较淡。

（2）品种和产地

鳊鱼栖息在水的中下层，我国南北各地江河、湖泊均产，为重要的经济淡水鱼类之一，与白鱼、鲤鱼、鳜鱼并列为淡水四大名鱼。

（3）质量标准

鱼体具有鲜鱼固有的鲜明的本色和光泽，体表黏液清洁、透明；鱼鳞发光，紧贴鱼体，轮层明显、完整而无脱落。

（4）营养和保健

鳊鱼食用部分每100g含蛋白质18.5～21g，脂肪6.6～8g，钙76～120mg，磷165～211mg，铁1.1～2.2mg等。中医认为其味甘，性平，入阴阳经。具有补虚，益脾，养血，祛风，健胃之功效，可以预防贫血症、低血糖、高血压和动脉血管硬化等疾病。一般人都可食用，适宜贫血，体虚，营养不良，不思饮食之人食用；凡患有慢性痢疾之人忌食。

（5）烹饪应用

鳊鱼肉味鲜美，以清蒸为佳，也可红烧、干烧、汆汤等，如清蒸鳊鱼、红烧鳊鱼、油浸鳊鱼、奶汤鳊鱼等。鳊鱼还可制作“鳊鱼席”，又可做罐头等多种食品。

烹调实例：红烧鳊鱼

将鳊鱼初加工后切日字形块，经葱、姜、酒腌制后，滚上干生粉，放入热油中炸至金黄色，锅中放入姜丝、肉丝、冬菇丝、蒜蓉，炒香，调入生抽、老抽、蚝油、白糖等味料，放入炸好的鱼块，加盖小火加热约5分钟，勾芡后将鱼块上碟，撒上葱丝即可。

4. 青鱼

青鱼（*Mylopharyngodon piceus*）又称黑鲩、乌鲭、螺蛳青等。鲤形目鲤科。

（1）形态特征

体长，略呈圆筒形，尾部侧扁，腹部圆，无腹棱。头部稍平扁，尾部侧扁。口端位，呈弧形。上颌稍长于下颌。无须。下咽齿1行，呈臼齿状，咀嚼面光滑，无槽纹。背鳍和臀鳍无硬刺，背鳍与腹鳍相对。体背及体侧上半部青黑色，腹部灰白色，各鳍均呈灰黑色。

（2）品种和产地

青鱼主要分布于我国长江以南的平原地区，长江以北较稀少；它是长江中、下游和沿江湖泊里的重要渔业资源和各湖泊、池塘中的主要养殖对象，为我国淡水养殖的“四大家鱼”之一。

（3）质量标准

肉质肥嫩，味鲜腴美，尤以冬令时为佳。

（4）营养和保健

青鱼中除含有丰富蛋白质、脂肪外，还含丰富的硒、碘等微量元素，故有抗衰老、抗癌作用；鱼肉中富含核酸，这是人体细胞所必需的物质，核酸食品可延缓衰老，辅助疾病的治疗。青鱼肉性味甘、平，无毒，有益气化湿、和中、截疟、养肝明目、养胃的功效；主治脚气湿痹、烦闷、疟疾、血淋等症。其胆性味苦、寒，有毒，可以泻热、消炎、明目、退翳，外用主治目赤肿痛、结膜炎、翳障、喉痹、暴聋、恶疮、白秃等症；内服能治扁桃体炎。

（5）饮食宜忌

由于胆汁有毒，不宜滥服。过量吞食青鱼胆会发生中毒，半小时后，轻者恶心、呕吐、腹痛、水样大便；重者腹泻后昏迷、尿少、无尿、视力模糊、巩膜黄染，继之骚动、抽搐、牙关紧闭、四肢强直、口吐白沫、两眼球上窜、呼吸深快。如若治疗不及时，会导致死亡。

（6）烹饪应用

青鱼肉洁白，细嫩，刺少，烹饪上以清蒸、红烧、炸为多。也可取肉切片、丁、丝、条，或剞花刀（如菊花、荔枝等花刀），亦可制鱼丸。

烹调实例：红烧托卷

去除苦胆，取出完整的鱼肠，顺着长度剖开，放入水中撕掉肠衣洗净，沥干，剪成3cm长短，将肠段放入容器，加盐、醋反复搅拌洗净，置入沸砂锅中滚烫脆熟，捞出，再用热油锅，添入猪油，爆香葱结；然后推入鱼肠，洒入黄酒略焖，再用旺火，滚洒少量淀粉，拌匀，再加少量猪油，略拌，捞出葱结，加入青蒜即成。

5. 草鱼

草鱼（*Ctenopharyngodon idella*）又称白鲩、鲆、草鲆等。鲤形目鲤科。

（1）形态特征

体略呈圆筒形，头部稍平扁，尾部侧扁；口呈弧形，无须；上颌略长于下颌；体呈浅茶黄色，背部青灰，腹部灰白，胸、腹鳍略带灰黄，其他各鳍浅灰色。

（2）品种和产地

草鱼是我国东部广西至黑龙江等平原地区的特有鱼类。栖息于平原地区的江河湖泊，一般喜居于水的中下层和近岸多水草区域。性活泼，游泳迅速，常成群觅食。为典型的草食性鱼类。在干流或湖泊的深水处越冬。生殖季节亲鱼有溯游习性。已移殖到亚洲、欧洲、美洲、非洲的许多国家。因其生长迅速，饲料来源广，是我国淡水养殖的“四大家鱼”之一。我国大部分地区均有放养，产量颇丰。

（3）质量标准

肉质肥嫩，味鲜腴美，尤以冬令时为佳。

（4）营养和保健

每 100g 可食部分含蛋白质 15.5 ～ 26.6g，脂肪 1.4 ～ 8.9g，钙 18 ～ 160mg，磷 30 ～ 312mg，铁 0.7 ～ 9.3mg，硫胺素 0.03mg，核黄素 0.17mg，烟酸 2.2mg。中医认为其味甘、温、无毒，有暖胃和中之功效。广东民间用以与油条、蛋、胡椒粉同蒸，可益眼明目。草鱼肉若吃得太多，有可能诱发各种疮疥。

（5）烹饪应用

青鱼肉洁白，细嫩，骨刺多，有弹性，烹饪上可清蒸、红烧、炸、炒等，亦可制鱼丸。如红烧草鱼、草鱼豆腐、清蒸草鱼等。

烹调实例：红烧草鱼

草鱼去鳞、去内脏、去头尾，清洗干净，在鱼身上划口，涂上少许盐腌制 15 分钟左右。炒锅烧热放入适量食用油，六成热时将鱼放入锅中炸至两面金黄色捞出沥干油，炒锅内倒入猪里脊丝翻炒，肉变色后放入葱末、姜末、蒜末、香菇丝，炒出香味后加精盐、白糖、料酒、炸好的草鱼、酱油、香油，小火稍焖后，用水淀粉勾芡出锅即可。

6. 鲢鱼

鲢鱼（*Hypophthalmichthys molitrix*）又称白鲢、鲢子。鲤形目鲤科。

（1）形态特征

体侧扁，头较大，但远不及鳙。口阔，端位，下颌稍向上斜。鳃耙特化，彼此联合成多孔的膜质片。口咽腔上部有螺形的鳃上器官。眼小，位置偏低，无须。下咽齿勺形，平扁，齿面有羽纹状，鳞小。自喉部至肛门间有发达的皮质腹棱。胸鳍末端仅伸至腹鳍起点或稍后。体银白，各鳍灰白色。

（2）品种和产地

鲢鱼广泛分布于亚洲东部，在我国各大水系，随处可见。

（3）营养和保健

鲢鱼每100g食部含水分60.3～80.9g，蛋白质15.3～18.6g，脂肪2.0～20.8g，灰分1.0～1.4g，含氮浸出物0.2～1.7g，糖类0.8g，钙22～31mg，磷86～167mg，铁1.2～13.3mg，硫胺素0.04mg，核黄素0.21mg，烟酸2.1mg。中医认为其味甘、性温，有温中补气、暖胃、泽肌肤的功效，适用于脾胃虚寒体质、溏便、皮肤干燥者，也可用于脾胃气虚所致的乳少等症。对久病体虚、食欲不振、头晕、乏力等有辅助疗效。

（4）烹饪应用

鲢鱼刺少，肉厚，肌纤维细而短，肉质细嫩，脂肪含量高。以红烧，干烧最具特色，其头部以烩为最佳。大者又可切割成段、块、条、片、丝、丁等形状，可用于炸、熘、煎、烹、炒、烩等烹调方法，烹调后，肉质肥腴，滋味醇浓，胶糯香甜，酥松盈口。如“红烧全鱼”“豆腐鲢鱼”“干烧鲢鱼”“拆烩鲢鱼头”“葱瓜鱼丁”“芝麻鱼条”“烟熏鱼块”等。鲢鱼出水即死，变质较快，所以要尽可能活用、鲜用。

烹调实例：拆烩鲢鱼头

先将鱼头劈成两片放入锅中，加入清水、料酒、葱、姜、盐至能拆去鱼骨时取出，拆去鱼头骨，锅内爆香姜葱，加入汤水，调入盐、味精，放入鱼头肉，用小火烩十分钟，装盆上席。

7. 鳙鱼

鳙鱼（*Aristichthys nobilis*）又称花鲢、黄鲢、胖头鱼。鲤形目鲤科，是我国淡水养殖业中的“四大家鱼”之一，为我国重要的经济鱼类。

（1）形态特征

鳙鱼体侧扁，头极肥大。口大，端位，下颌稍向上倾斜。鳃耙细密呈页状，但不联合。口咽腔上部有螺形的鳃上器官，眼小，位置偏低，无须，下咽齿勺形，齿面平滑。鳞小，腹面仅腹鳍甚至肛门具皮质腹棱。胸鳍长，末端远超过腹鳍基部。体侧上半部灰黑色，腹部灰白，两侧杂有许多浅黄色及黑色的不规则小斑点。

（2）品种和产地

分布于亚洲东部，我国各大水系均有此鱼，但以长江流域中、下游地区为主要产地。

（3）质量标准

鳙鱼以新鲜、少腥味、少淤血，肌肉富有弹性为佳。

（4）营养和保健

每100g可食部分含水分73.2～83.3g，蛋白质14.8～18.5g，脂肪0.9～7.8g，灰分1.0～1.3g，钙36mg，磷187mg，铁0.6～1.1mg，硫胺素0.02mg，维生素B_2 0.15mg，维生素B_3 2.7mg。中医认为其肉性味甘、温，有暖胃益筋骨之功效。

用鱼头入药可治风湿头痛，妇女头晕。

（5）烹饪运用

鳙鱼肉质与鲢鱼相似，惟稍粗疏，腥味也稍重。鳙鱼头为菜，全国皆有，四川有“砂锅鱼头”，广东有“鱼头煲”“豆腐鱼头汤”，湖南有“剁椒鱼头”等。其肉可红烧、炸。

烹调实例：砂锅焗鱼头

将鱼头斩件，洗净，滤干水分，用调好的酱汁把鱼头拌匀，将砂锅烧热，垫入姜片，蒜籽，加少许食用油，把拌好味的鱼头放入砂锅中焗至熟，将汁收干，撒入芫茜即可。

其他淡水鱼的种类及特点

8. 其他淡水鱼类

其他淡水鱼类的种类及特点，扫描二维码查看。

（二）海水鱼类

1. 大黄鱼

大黄鱼（*Pseudosciaena crocea*）又称大黄花、大鲜、桂花黄鱼。鲈形目石首鱼科。中国近海主要经济鱼类，为传统“四大海产”（大黄鱼、小黄鱼、带鱼、乌贼）之一。

（1）形态特征

大黄鱼体长约 30 ～ 50cm。体延长，侧扁；尾柄细长，尾柄长约为尾柄高的 3 倍多。头大而尖突。体被栉鳞，鳞较小，背鳍起点与侧线之间具鳞 8 ～ 9，体侧下部各鳞均具一金黄色皮腺体。尾鳍尖长，略呈楔形。体背侧黄褐色，腹侧金黄色。各鳍黄色，唇橘红色。为温暖性结群洄游鱼类。

（2）品种和产地

主要产于东海和南海，以舟山群岛和广东南澳岛产量最多。大黄鱼在广东沿海的盛产期为 10 月、福建为 12 月至次年 3 月、江苏、浙江为 5 月。中国沿海的大黄鱼可分为 3 个种群。①东海北部、中部群。分布于黄海南部至东海中部，包括吕泗洋、岱衢洋、猫头洋、洞头洋至福建嵛山岛附近。②闽、粤东群。主要分布在东海南部、台湾海峡和南海北部（嵛山岛以南至珠口）。这一种群又分为北部和南部两大群体。③粤西群。主要分布于珠江口以西至琼州海峡的南海区。

（3）质量标准

优质黄鱼体表呈金黄色、有光泽，鳞片完整，不易脱落；肉质坚实，富有弹性；眼球饱满凸出，角膜透明；鱼鳃色泽鲜红或紫红，无异臭或鱼腥臭，鳃丝清晰。

（4）营养及保健

大黄鱼含有丰富的蛋白质、微量元素和维生素，对人体有很好的补益作用，对体质虚弱者和中老年人来说，食用黄鱼会收到很好的食疗效果；中医认为黄鱼味甘咸、性平，有和胃止血、益肾补虚、健脾开胃、安神止痢、益气填精之功效；对贫血、失眠、头晕、食欲不振及妇女产后体虚有良好疗效。

（5）烹饪运用

大黄鱼肉质鲜嫩，营养丰富，有很高的经济价值，鲜食可红烧、清炖、生炒、盐渍等，烹调几十种风味各异的菜肴。“咸菜大黄鱼”是舟山人待客的家常菜。现广东各地都有用大黄鱼制作咸鲜鱼。

烹调实例：煎焗黄花鱼

将黄花鱼宰杀剖开成两片，去掉内脏，用粗盐、生姜、料酒腌制约 12 小时，取出洗净，斩件，煎至两面金黄色。瓦煲中放入姜片、豆豉、五花腩肉，加少许花生油，烧热后放入煎好的鱼，加盖焗至干身，撒入芫茜即可。

2. 小黄鱼

小黄鱼（*Pseudosciaena polyactis*）又称小黄花、小鲜、黄花鱼。鲈形目石首鱼科。为我国四大经济鱼类之一。

（1）形态特征

小黄鱼体长约 20cm。体延长，侧扁；尾柄较短，尾柄长约为尾柄高的 2 倍多。头大而尖。体被栉鳞，鳞较大，背鳍起点与侧线之间具鳞 5 ～ 6 排。尾鳍尖长，略呈楔形。体背侧黄褐色，腹侧金黄色，各鳍灰黄色。为温水性近海底层结群性洄游鱼类。

（2）品种和产地

主要分布在渤海、黄海和东海，如青岛、烟台、渤海湾、辽东湾和东海，如青岛、烟台、渤海湾、辽东湾和舟山群岛等渔场，以青岛产的数量最多，产期在 3 ～ 5 月和 9 ～ 12 月。

（3）质量标准

优质黄鱼体表呈金黄色、有光泽，鳞片完整，不易脱落；肉质坚实，富有弹性；眼球饱满凸出，角膜透明；鱼腮色泽鲜红或紫红，无异臭或鱼腥臭，鳃丝清晰。

（4）营养及保健

营养价值与大黄鱼相似。其味甘咸、性平；有健脾开胃、安神止痢、益气填精之功效；对贫血、失眠、头晕、食欲不振及妇女产后体虚有良好疗效。适宜贫血、失眠、头晕、食欲不振及妇女产后体虚者食用，但小黄鱼是发物，哮喘病人和过敏体质的人应慎食。

（5）烹饪运用

小黄鱼肉嫩且多，肉呈蒜瓣状，刺少，味鲜美。适合烧、煎、炸、糖醋等烹调方法，也可清蒸。如果用油煎的话，油量需多一些，以免将黄鱼肉煎散，煎的时间也不宜过长。

烹调实例：香煎小黄鱼

小黄鱼初加工后，加入味料腌制，煎至金黄色即可。

3. 带鱼

带鱼（*Trichiurus haumela*）又称白带鱼、海刀鱼、青宗带、牙带。鲈形目带鱼科。主要渔获期为春、冬两个汛期。北方海域以6月为旺汛期，东海各渔场以11月至翌年2月为旺汛期。

（1）形态特征

带鱼体长约30～70cm。体显著侧扁，延长呈带状。头窄长，前端尖突。口大且尖，牙尖锐。眼大位高。体表鳞退化，呈银白色。背鳍长，无腹鳍。

（2）品种和产地

广泛分布于世界各地的温、热带海域。我国沿海均产之。浙江嵊山渔场是带鱼的最大产地，其次是福建的闽东渔场。

（3）质量标准

带鱼因生产方式不同，分为以下3种：钓带，个头大小均匀，体形大，质量好，为上品；网带，因损伤程度大，大小不均匀，质量较次；毛刀，质量最差。

商品带鱼经过分拣、整理，分等论价，大致可以分成四等：特级品，体重在750g以上者；优等品，体形完整，大而鲜肥；一般品，光泽程度差，个头大小不均匀；次等品，体形不整，有破肚现象。

（4）营养及保健

带鱼每100g中可食部分约含蛋白质16.3～18.1g，脂肪3.8～7.4g，钙11～24 mg，磷160～201mg，还含有多种维生素。中医认为带鱼味甘，性温，有滋补强壮、和中开胃、补虚泽肤之功效；适宜久病体虚，血虚头晕，气短乏力，营养不良之人及皮肤干燥之人食用。古称带鱼是发物，过敏体质者宜慎用。

（5）烹饪运用

带鱼肉细嫩鲜美，刺少，可鲜食、制罐、制鱼松或咸干制品，烹饪上可烧、炸、蒸、煎等。

烹调实例：豆豉焖带鱼

带鱼切段，略腌制，煎至金黄色，爆香豆豉、料头，加入汤水、味料，放入带鱼，加盖加热约3分钟即可。

4. 鲈鱼

鲈鱼（*Lateolabrax japonicus*）又称鲈板、花鲈，鲈形目鮨科。既可在江河近海处的咸水中生长，也可在纯淡水中生长。江南水乡均有出产。

（1）形态特征

鲈鱼体长30～50cm。体延长，侧扁。口大，下颌突出。背鳍2个，鳍棘发达，尾鳍分叉。体被小栉鳞，侧线完全。背侧青灰色，腹侧灰白色，体侧及背鳍鳍棘部散布黑色小斑点。

（2）质量标准

鲈鱼以鱼体无损伤，鳞片排列均匀无脱落，少血污为佳。以秋天产为好。

（3）营养及保健

每 100g 鲈鱼肉中，含蛋白质 17.5g，脂肪 3.1g，碳水化合物 0.4g，灰分 1g，钙 56mg，磷 131mg，铁 1.2mg，维生素 B_2 0.23mg，烟酸 1.7mg。具有补肝肾、益脾胃、化痰止咳之效，对肝肾不足的人有很好的补益作用；鲈鱼还可治胎动不安、产生少乳等症，对准妈妈和产妇而言，鲈鱼是一种既补身、又不会造成营养过剩而导致肥胖的营养食物，是健身补血、健脾益气和益体安康的佳品；根据前人经验，患有皮肤病疮肿者忌食。鲈鱼忌与奶酪同食。

（4）烹饪运用

鲈鱼肉质白嫩、清香，没有腥味，肉为蒜瓣形，最宜清蒸、红烧或炖汤；为了保证鲈鱼的肉质洁白，宰杀时应把鲈鱼的鳃夹骨斩断，倒吊放血，待血污流尽后，放在砧板上，从鱼尾部跟着脊骨逆刀上，剖断胸骨，将鲈鱼分成软、硬两边，取出内脏，洗净血污即可（起鲈鱼球用）。

5. 银鲳

银鲳（*Stromateoides argenteus*）又称鲳鱼、白鲳、镜鱼、车片鱼、平鱼，鲈形目鲳科。分布于印度洋和太平洋西部。我国沿海均产之，东海与南海较多。

（1）形态特征

银鲳体长一般 20cm 左右，可达 40cm。体呈卵圆形，高而侧扁。头小，吻圆，稍突出。口小，牙细。体被圆鳞，细小，易脱落。背鳍和臀鳍前部鳍条不显著延长，鳍棘很短；腹鳍在幼鱼时存在，成鱼时退化。背部青灰色，腹部乳白色，全体具银色光泽，并密布黑色细斑。

（2）品种和产地

银鲳广泛分布在印度洋非洲东岸及日本、中国、朝鲜温带及热带海区，中国沿海均产。同属的其他风味稍差，如中国鲳、双鳍鲳、灰鲳等。

（3）质量标准

鲳鱼以鱼体无破损，新鲜，无脱鳞为宜。

（4）营养及保健

每 100g 肉含蛋白质 15.6g、脂肪 6.6g。加工制品有罐头、咸干、糟鱼及鲳鱼鲞等。对于消化不良、贫血、筋骨酸痛等病症有辅助疗效。

（5）烹饪运用

肉质细嫩且刺少，味醇厚，内脏少，出肉率高，烹饪上应用广泛，以蒸、煎、焖为佳。如广东名菜“煎封鲳鱼”。

烹调实例：干煎银鲳

将银鲳鱼斜刀切成厚片，放入味水中浸泡至入味，取出吸干水分，下锅煎至金黄色，成熟，上碟摆回鱼形即可。

6. 鲅鱼

鲅鱼（*Scomberomorus niphonius*）又称蓝点马鲛、马鲛鱼、燕鱼。鲈形目鲅科。我国沿海均有出产，属暖水性中上层鱼类，夏秋季结群远程洄游，每年四至五月和八月为盛产期。

（1）形态特征

鲅鱼体长约 25 ～ 50cm。体长而侧扁，尾柄两侧各有 3 条隆起嵴，其中中央嵴长而高。牙大而尖锐。体被细小圆鳞，侧线位高、呈不规则的波纹状。背鳍和臀鳍后各有 8 ～ 9 个小鳍，尾鳍深分叉。背部蓝黑色，腹部银灰色，沿体侧中间有数列黑色圆斑。

（2）营养及保健

营养成分与鲐鱼相同。

（3）烹饪运用

此鱼肉多，肥厚，鲜性较好，刺少，但肉质粗糙，并略带腥味。烹饪上可红烧、干煎等。

烹调实例：红烧马鲛

将马鲛鱼斜刀切成厚片，加入葱、姜、料酒、盐、味精腌制入味，拍上干淀粉炸至金黄色，爆香冬菇丝、肉丝、姜丝、蒜蓉，加入汤水，调入蚝油、生抽、盐、味精，放入炸好的鱼加盖烧煮五分钟，调入深色酱油，勾芡，滴入麻油即可上碟。

7. 石斑鱼

石斑鱼为鲈形目鮨科石斑鱼属鱼类的通称。

（1）形态特征

石斑鱼的共同特征为：体长椭圆形，稍侧扁。口大，牙细尖，有的扩大成犬牙。背鳍和臀鳍棘发达，尾鳍圆形或凹形。体被小栉鳞，有时埋于皮下。体色变异较多，常呈褐色或红色，并具有不同类型的条纹或斑点。为一群暖水性大中型鱼类，多栖息于热带及温带底质多岩礁的海区。分布于印度洋和太平洋西部。

（2）品类和产地

石斑鱼在我国南方种类颇多，约有 46 种，常见的有：宝石石斑鱼（*Epinephelus areolatus*）、云纹石斑鱼（*E. radiatus*）、六带石斑鱼（*E. sexfasciatus*）、青石斑鱼（*E. awoara*）、赤点石斑鱼（*E. akaara*）等。石斑鱼常群繁于海底的珊瑚礁石丛中，体色鲜艳且有彩色的斑纹带，故名“石斑”。石斑鱼产于我国沿海地区，以浙江舟山、珠江口、湛江等地产量较多。

（3）营养及保健

石斑鱼含蛋白质量高，脂肪少，有高蛋白低脂肪的特点。同时还含有较多的矿物质及维生素。

（4）烹饪运用

石斑鱼肉厚骨丝少，蒜瓣肉，肉鲜味美，烹饪上根据不分品种分别使用。老鼠斑最宜清蒸，红玫瑰宜清蒸或炒或煲汁，东星斑宜清蒸，西星斑宜炒或煲汁。清蒸的方法与“清蒸鲷鱼”相同。

其他海水鱼类的种类及特点

8. 其他海水鱼类

其他海水鱼类的种类及特点，扫描二维码查看。

三、鱼类的品质检验及贮存

（一）鱼类的品质检验

鱼类的质量取决于鱼的新鲜程度，而鱼类是否新鲜，一般情况下都是通过人的感官，根据鱼鳞、鱼鳃、鱼眼、鱼唇、鱼鳍、鱼肉的松紧程度，鱼皮和鱼组织中所分泌的黏液量、气味以及鱼肉横截面的色泽进行判断，方法如下。

1. 鱼鳃

新鲜鱼的鳃盖紧密质坚，鳃内整洁，鳃板鲜红或粉红，黏液较少并呈透明状，没有异味；不新鲜鱼的鳃盖松弛，表面污秽，鳃内不洁，鳃板黑灰，黏液多并有异味。

2. 鱼眼

新鲜鱼的眼球饱满稍突出，眼澄清而透明，并且很完整，周围没有充血的现象；不新鲜鱼的眼多少有些塌陷，色泽灰暗，有时由于内部溢血而发红；腐败鱼的眼球破裂，并移动位置。

3. 鱼鳞

新鲜鱼的鱼鳞鲜明，有光泽，附着牢固，不易剥脱，无黏液或表面有透明无异臭味的少量黏液；不新鲜鱼的鱼鳞光泽稍差，黏液较多；腐败鱼的鳞很易剥脱，光泽暗淡，表面黏液多，且混浊黏腻，有异臭味。

4. 鱼鳍

新鲜鱼的鱼鳍表皮完好；新鲜度较差的鱼，鱼鳍部分表面破裂，光泽减退；腐败的鱼，鱼鳍表皮消失，翅骨暴露而散开。

5. 鱼唇

新鲜鱼的鱼唇肉结实，不变色；不新鲜的鱼，吻部肉苍白无光泽；腐败的鱼的唇肉苍白并与骨分离开裂。

6. 鱼表

新鲜鱼的表皮上黏液较少，体表清洁，鱼皮未变色，有弹性，用手压下的凹陷马上恢复，肛门周围呈一圆坑形，硬实皮白，肚腹不膨胀；不新鲜鱼的黏液增多，透明度下降，鱼背较软，苍白色，用手压入的凹陷不能平复，失去弹性。腐败鱼的肛门较多突出，同时肠内充满因细菌活动而产生的气体使腹膨胀，有腐臭味。

7. 鱼肉

新鲜鱼的肉组织紧密而有弹性，肋骨与脊骨处的鱼肉组织很结实；不新鲜的鱼肉松弛，用手拉脊骨与肋骨极易脱离；腐败的鱼肉有霉味、酸味。

由于现在的活鱼供应较多，因此我们还要学会对活鱼的检验，以免刚买回就死去，失去购买活鱼的意义或造成巨大损失，活鱼以在水中游动活泼，对外部的刺激有敏锐的反应，身体各部分如口、眼、鳃、鳞、鳍都应完整无缺的为好。

冰冻鱼的鱼体应当是坚硬的，用硬物敲击时能发出清晰的响声，其温度应在 -8 ～ -6℃。

检验鱼的品质，应综合运用各种感官检验方法，防止一些不良商贩使用不正当手段。如有些商贩用鱼血涂在不新鲜鱼的鳃上，如果只是片面地通过鱼鳃去检验鱼的品质，那就会上当受骗。

（二）鱼类的贮存

从市场采购回的鱼类，有些是刚捕获的鲜活鱼类，有些是经过短时间贮存的鱼类，有些是经过长时间冷冻的。因此，鱼类在贮存过程中应针对鱼类的不同情况，采用科学的方法，选择正确的贮存方法，保持鱼的新鲜度。

1. 活养

（1）鱼池的要求

鱼池要求干净、宽阔，让鱼能游动自如。新建的鱼池必须经过消毒、水泡，水泡的时间最好不少于 15 天。

（2）水质的要求

根据鱼池所养鱼的不同，分别选用不同水质的水。如果养海鱼，最好用无污染的海水，如果没有海水，可以使用“海水晶”（是根据海水特点配制成的一种结晶体，使用时按比例冲入清水中即可制成与海水相似的水），也可以在清水中加入适量的盐；如果养淡水鱼，可以用清水，但池水要清，不能有污水、污物，尤其是油腻物混入。现在造成的鱼池，大多使用循环水，且有过滤，因此，基本一个月左右才换水。

（3）水的温度

大部分鱼最适宜的水温在 20 ～ 30℃，因此，鱼池必须装有制冷设备，防止夏天天气炎热而造成鱼的死亡。

（4）供氧

尽管鱼池装有循环水系统，水进入鱼池时可以产生水花，但还必须装有供氧设备，使鱼池内有足够的氧气，便于顺利呼吸。

同时还应不同鱼分别装入不同鱼池，防止不同鱼在同一池内互相残杀或把适应不同生活环境的鱼放入同一鱼池，还应注意池里的鱼不能太拥挤。

2. 冷藏

对已经死亡的各种鱼类，贮存方法以冷藏为主。冷藏时应先把鱼体洗净，去净内脏，滤干水分，冷藏的温度视不同情况而定，一般应控制在 - 4℃以下，如果数量太多，需贮存较长时间，温度宜控制在 - 20℃左右。冷藏时应注意堆放，不宜堆叠过多，冷气进不了鱼体内部，就会引起外面冻而内变质的现象。冷藏鱼烹制前，应充分解冻，最好采取自然解冻的方法。

四、鱼制品

（一）鱼制品的分类

鱼类制品的种类较多，按照加工的方法主要可分为干制品、腌制品、鱼糜制品、冷冻制品等。

1. 干制品

鱼的干制品按其干燥之前的预处理方法和干燥方法的不同可以分为淡干品、盐干品、煮熟干制品、焙干制品、烤干制品、熏制品、冻干品等。

（1）淡干品

淡干品是将原料不加处理或经去杂、水洗等简单处理后进行直接干燥的制品。例如：鳕鱼干（鳕鱼整鱼或开片干制）、淡鲱鱼干（太平洋鲱鱼去头尾干制）、淡鱼干〔日本鳀鱼（*Engraulis japonicus*）的干制品〕、小沙丁鱼干〔金色小沙丁鱼（*Sardinella aurita*）的干制品〕、鱼翅（多种养殖的鲨鱼和鳐鱼的鳍加工的干制品）等。

（2）盐干品

盐干品是将原料经过适当的处理、盐腌后干燥而成的产品。例如：盐干沙丁鱼、盐干鲹（蓝圆鲹的盐干品）、盐干鲐（鲐鱼的盐干品）、开片咸鳕干（鳕鱼开片后的盐干品）、狭鳕鱼片〔狭鳕（*Theregra chalcogramma*）开片后的盐干品〕、黄鱼鲞、鳗鱼鲞、龙头鲓〔龙头鱼（*Harpodon neherenus*）的盐干品〕等。

（3）煮熟干制品

煮熟干制品是将原料煮熟后干燥而成的产品。例如：熟干沙丁鱼、熟干海蜒鱼（幼小的日本鳀鱼煮熟晒干）等。

（4）冻干品

冻干品采用冻结后干燥的方法制成。例如：明太鱼干（狭鳕的冻干品）等。

2. 腌制品

鱼的盐腌制品是利用食盐的渗透作用，使鱼肉的水分和重量发生变化制成的。腌制后不仅便于贮藏和运输，而且改善了鱼肉的口感和风味。例如：青鱼、草鱼、大马哈鱼、鲐鱼、蓝点马鲛、鲱鱼、日本鳀鱼、鳓鱼等的腌制品。

3. 熏制品

鱼的熏制品是采用山毛榉、青冈栎、白桦、苹果、山核桃等阔叶树的木材为熏材，使之不完全燃烧、周围放上鱼类熏制而成的。熏制后不仅增强了贮藏性，而且赋予了独特的香味。例如：鲑鱼、赤眼鳟、鳕鱼、鲱鱼等的熏制品。

4. 鱼糜制品

鱼糜制品是在鱼肉中加入2%～3%的食盐、再添加适当的调味料和淀粉并充分研磨成糊状，使其形成适当形状后加热形成凝胶状制品。例如：鱼糕、鱼丸、鱼肉香肠等。

5. 冷冻制品

鱼类的冷冻制品以鱼片、鱼块为主。将鱼的精肉装盘冻结，切成适当的大小，黏附奶油糊状物、面包粉等制成。除此以外，有些鱼类油炸后制成冷冻品。

6. 罐头制品

将鱼类经过制熟、调味后装入罐装容器中，杀菌密封。在常温下可保存较长时间，且食用方便。例如：凤鲚、鲣鱼、鲐鱼、金枪鱼的罐头制品等。

（二）鱼制品的种类

1. 鱼皮

鱼皮是用鳐鱼、魟鱼等软骨鱼背部的厚皮制成的，大多为干制品。一般经过剥皮、刷去皮上血污残肉等杂物、洗涤、干燥、硫黄熏制等工序制成。

（1）品种及分类

鱼皮根据鱼的种类可分为青鲨皮、真鲨皮、姥鲨皮、虎鲨皮、犁头鳐皮、沙粒魟皮等。①犁头鳐皮：用犁头鳐的皮加工制成，为黄褐色，是所有鱼皮中质量最好的。②沙粒魟皮：又称公鱼皮，用沙粒魟鱼的皮加工制成。皮面大，长约70cm；灰褐色，皮里面为白色，皮面上具有密集扁平的和颗粒状的骨鳞。

（2）质量标准

鱼皮的质量以皮面大、无破孔、皮厚实、洁净有光泽者为佳。

（3）营养及保健

干鲨鱼皮（养殖）每100g可食部含水分20.0g，蛋白质67.1g，脂肪0.5g，碳水化合物11.1g，钙54mg，磷65mg，铁16.5mg等。

（4）烹饪运用

鱼皮经涨发后可采用烧、烩、扒、焖等方法成菜。因其自身不显味，常用鲜汤赋味并与鲜味较足的原料配用。菜肴如：蟹黄鱼皮、鸡蓉鱼皮、红烧鱼皮、奶汤鱼皮等。

鱼皮软滑味鲜，但带有灰腥味，烹饪上常用于煲汤。将鱼皮放入清水中浸泡至软，刮去沙，洗净；然后放入清水中，加姜片、料酒煮约半小时，取出漂洗干净；瓦煲内加入鱼皮、焯水处理过的老母鸡、瘦肉，放入姜片，加入清水（最好用汤），用小火煮约3小时，调味即可。

2. 鱼肚

鱼肚是用石首鱼科的毛鲿鱼、黄唇鱼、双棘黄姑鱼、鮸鱼、大黄鱼、海鳗科的海鳗、鹤海鳗以及鲿科的长吻鮠等鱼的鳔经加工制成的，大多为干制品。这些鱼的鳔较为发达、鳔壁厚实，故可制作鱼肚。干鱼肚经剖鱼腹取鳔、去脂膜、洗净、摊平（大鳔可剖开）、晒干而制成。

（1）品种及分类

鱼肚主要有以下几种。

毛鲿肚：又称毛常肚，用毛鲿鱼的鳔制成。呈椭圆形，马鞍状，两端略钝，体壁厚实；色浅黄略带红色。涨发率高。

黄唇肚：又称黄肚、皇鱼肚，用黄唇鱼的鳔加工而成。呈卵圆形或椭圆形，片状，扁平，并带有两根长约20cm、宽约1cm的胶条，表面有显著的鼓状波纹；色淡黄并带有光泽，半透明。体形较大，一般长约26cm、宽19cm、厚0.8～1cm。主要产于东海、南海沿海，由于黄唇鱼稀少且已被列为国家保护动物，故资源极少。

红毛肚：用双棘黄姑鱼的鳔加工而成。呈心脏形，片状，有发达的波纹；色浅黄略带淡红色。

鮸鱼肚：又称敏鱼肚、鳘肚、米肚，用鮸鱼的鳔加工而成。呈纺锤形或亚椭圆形，末端圆而尖突，凸面略有鼓状波纹，凹面光滑；色淡黄或带浅红而有光泽，呈透明状。体形较大，一般长约22～28cm、宽17～20cm、厚0.6～1cm。主要产于浙江舟山、广东湛江和海南省。

大黄鱼肚：又称小鱼肚、片胶、筒胶、长胶，用大黄鱼的鳔加工而成。呈椭圆形，叶片状，宽度约为长度的一半；色淡黄。大黄鱼肚因加工方法不同而有不同的名称，将鱼鳔的鳔筒剪开后干制的称为“片胶”；不剪开鳔筒干制的称为“筒胶”；将数个较小的鳔剪开拉成小长条，再挤压并干制成约0.6cm宽、100cm长的大长条的称为“长胶”。大黄鱼肚根据外形又有不同的商品名称，其中形大而厚实的黄鱼肚称为“提片”；形小而较薄的黄鱼肚称为“吊片”；将数片小而薄的黄鱼肚压制在一起称为“搭片”。大黄鱼肚主要产于浙江的舟山、温州和福建的厦门等地。

鳗鱼肚：又称鳗肚、胱肚，用海鳗或鹤海鳗的鳔加工而成。体呈细长圆筒形，两头尖、呈牛角状，壁薄；色淡黄。主要产于浙江的舟山、温州、台州以及福建的宁德、广东的湛江、海南省等沿海。

鮰鱼肚：用长吻鮠（俗称鮰鱼）的鳔加工而成。呈不规则状，壁厚实；色白。在湖北一带因其外形似"笔架山"之状，故当地称为笔架鱼肚。

在以上各种鱼肚中，以黄唇肚质量最好，但产量稀少；以鳗鱼肚质量最差，其余各种鱼肚质量较好。

（2）质量标准

鱼肚的质量以板片大、肚形平展整齐、厚而紧实、厚度均匀、色淡黄、洁净、有光泽、半透明者为佳。质量较差者片小，边缘不整齐，厚薄不均，色暗黄，无光泽，有斑块。

（3）营养及保健

干鱼肚每100g含水分14.6～21.2g，蛋白质78.2～84.4g，脂肪0.2～0.5g，还含有多种矿物质等。鱼肚性味甘平，具有补肾益精、补肝熄风、止血的功效。

（4）烹饪运用

干鱼肚烹制前需涨发，可采用水发、油发、盐发等方法。烹制多采用扒、烧、炖、烩等制成带汤汁的菜肴。因其自身不显味，常用鲜汤赋味并与鲜味较足的原料配用。菜肴如鸡蓉鱼肚、白扒鱼肚、干贝广肚、虾籽鱼肚、蟹黄鱼肚、口蘑蒸鱼肚、火腿鱼肚汤等。

鱼肚（以鳝肚为例）的涨发：先将原条鳝肚用清水浸至软后用剪刀剪成片状（现在一般不经浸软即剪），平铺在竹篱上晾干，将晾干的鳝肚放入约120℃的油锅中浸炸（炸时应用漏勺压住鳝肚，让油浸住鳝肚），炸至鳝肚涨发通透即可捞起。需使用时，用冷水浸泡至身软，漂洗干净即可。

烹调实例：三丝烩鱼肚

将炸好的鱼肚放于清水中浸泡，漂清油腻，捞起压干水分，切粗丝待用；用油锅爆香姜片、长葱条，加入二汤、料酒、盐、味精，放入鱼肚，加姜煮约20分钟，捞起，去掉姜葱，压干待用；将鸡丝滑油，煨好冬菇丝、笋丝，调味，煮至汤微沸时，用湿淀粉勾稀芡，滴入麻油，撒入胡椒粉，装入汤碗中即成。

3. 鱼唇

鱼唇是用鳐鱼、魟鱼等软骨鱼的唇部加工而成的，大多为干制品。

（1）品种及加工

较常见的是用犁头鳐的上唇加工而成的。将犁头鳐的上唇带眼鳃部分割下，从唇中间用刀劈开，但不劈透使之成为左右相连的两片，唇的里面带有两条薄片软骨。浸入水中24小时去污，干制后即成。成品呈三角形，片状、黄褐色。主要产于福建的宁德、莆田、龙溪以及广东的湛江、汕头。

（2）质量标准

鱼唇的质量以体大、洁净无残污水印、有光泽、迎光时透明面积大、质地干燥者为佳。在各种鱼唇中，以犁头鳐唇为最好。

（3）营养及保健

干鱼唇每100g可食部含水分14.9g，蛋白质61.8g，脂肪0.2g，碳水化合物5.0g等。具有一定的滋补作用。

（4）烹饪运用

鱼唇经涨发后可用烧、扒、蒸、煮、煨、烩等方法烹制，也可制作汤羹。因其自身不显味，烹制时需用鲜汤赋味，或与鲜味较足的原料配用。菜肴如红烧鱼唇、白扒鱼唇、蟹黄烩鱼唇、烩唇丝、鸡蓉鱼唇、肉米鱼唇、虾籽鱼唇等。

4. 鱼骨

鱼骨又称为明骨、鱼脆、鱼脑，是用鲨鱼和鳐鱼的软骨（头骨、脊骨、支鳍骨），以及鲟鱼和鳇鱼的鳃脑骨等加工制成的，多为干制品。一般经过割取选料、去血污残肉、浸泡、漂烫、削去软骨表层残肉黏膜、干燥、硫黄熏制等工序制成。成品长形或方形，白色半透明，坚硬有光泽。

（1）品种及加工

常见的鱼骨是用姥鲨的软骨加工制成的，有长形和方形两种。长形鱼骨为长约15cm的长方条，方形鱼骨为约2～3cm的扁方块。白色或米黄色，呈半透明状。

（2）质量标准

鱼骨的质量以均匀完整、坚硬壮实、色泽白、半透明、洁净干燥者为好。在几种鱼骨中，鲟鱼和鳇鱼的鳃脑骨较好；鲨鱼和鳐鱼的软骨质薄而脆，质量较差。

（3）营养及保健

鱼骨的主要成分为骨素，其中硫酸软骨素具有保健作用。

（4）烹饪运用

干鱼骨经热水泡软后，切成条或片，可烧、烩、煮、煨等制成带汤汁的菜肴，也可制作汤羹。因其自身不显味，须采用鲜汤赋味并配用鲜味足的原料。菜肴如烧鱼骨、鸡蓉鱼骨、清汤鱼骨、桂花鱼骨、明玉鱼骨、烩鱼骨肉丁等。

5. 鱼信

鱼信又称鱼筋，是鲨鱼（养殖）、鲟鱼、鳇鱼等鱼的脊髓的干制品。成品呈长条状，色白。产量较少。

鱼信烹制前用水洗净，上笼蒸发，烹制一般用以制作汤菜，或带汤的菜式，可用烧、扒、烩、煮等。因其自身不显味，烹制需用鲜汤赋味，或与鲜味较足的原料配用。菜肴如芙蓉鱼信、三鲜鱼信、双冬扒鱼信等。

6. 咸鱼

咸鱼是鱼类的腌制品，主要利用食盐的渗透作用，使鱼肉中的水分溢出，而使食盐渗入鱼肉细胞内，起到防止和阻碍微生物繁殖生长和组织酶的分解作用，便于贮存和运输。同时，经过盐的腌制，使鱼体内发生生物和化学反应，产生特殊的芳香气味，颇受人们的喜爱。咸鱼主要产于沿海各地。

（1）鱼的腌制方法

将鱼宰杀后，去除内脏，洗干净，腌制。根据使用盐的方法不同，咸鱼的腌制可分为以下几种。

①干腌法。将盐均匀地撒抹在鱼的全身上，其优点是盐渗入鱼肉组织较快，易于脱出鱼中的水分，缺点是腌制期较长，腌制不均匀。

②湿腌法。将鱼体浸入一定浓度盐水中浸泡，适用范围较广。

③混合腌制法。将干腌法和湿腌法合并使用的腌制方法。制品不仅吸收食盐均匀，而且可加快腌制的速度，适合含脂肪较多的鱼。

（2）营养及保健

由于咸鱼经过腌制，流失了较多的水分，因此其营养价值比鲜鱼低。

（3）烹饪运用

咸鱼因在加工过程中用盐较多，口味较咸，因此在食用时必须先用清水浸泡漂洗，减轻盐分。烹饪上适用于蒸、煎、炸或做辅料。如“姜丝蒸咸鱼”。

7. 鱼干

鱼干就是将鱼类脱去水分的干制品，有淡盐鱼干和淡鱼干之分。淡盐鱼干是将新鲜鱼剖开（500g 以下者腹开，500g 以上者背开），去内脏，洗净，放入淡盐水中浸泡，取出洗净，经过风干（避免日光照射）或人工烘干即成；淡鱼干适用于小型鱼，加工方法简便，去除鱼内脏，洗净，放在日光下晒干。

（1）品种及特点

①黄鱼干。由鲜大黄鱼经剖背，去内脏，洗净，用淡盐水（盐水的浓度为 3%）浸泡，加压，洗涤脱盐，晒干即成。主要产于浙江。其特点是肉厚坚实，色白，盐度轻，干度高。

②真鲷干。其制法与黄鱼干相同。以广东、福建、浙江等沿海所产最好。

③鳗鱼干。由海鳗晒制而成，制法与黄鱼干相同。以浙江、广东、海南等地为多。

④银鱼干。由银鱼干制而成。一般有两种制法。其一是直接将银鱼放在日光下晒干；其二是先用明矾水将银鱼浸渍，以加快脱水，然后晒干，但制品色黄，缺少光泽。主要产地在江苏太湖、洪泽湖，安徽芜湖、巢湖。特点是鱼体均匀、乳白、味鲜、芳香。

（2）营养及保健

鱼干由于脱去水分，其营养价值比鲜鱼稍差。

（3）烹饪运用

鱼干味鲜，干爽，既保留了鲜鱼的鲜美特点，又有其独特的风味，烹饪上以煎、炸、烤、蒸为多。

烹调实例：炸鱼干

将鱼干洗净，切成块状（银鱼干不用切），放入油锅中炸至金黄色即可。其味清淡，鲜美，鱼肉芳香，是佐酒的佳品。

8. 鱼子

鱼子是用新鲜鱼子经盐水腌制而成的制品。

（1）品种及特点

我国腌制的鱼子主要有大麻哈鱼子、鲑鱼子、鲱鱼子、鲟鱼子、鳇鱼子等；干制的鱼子主要有鲐鱼子、大黄鱼子等。其中比较著名的有以下几种。

①红鱼子。红鱼子又称鲑鱼子，是用大麻哈鱼的卵加工制成的。呈颗粒状，形似赤豆，衣膜已脱离，外表附黏液层，呈半透明状，色鲜红，故俗称“红鱼子”。主要产于黑龙江省的合江地区。

②黑鱼子。黑鱼子是用鲟鱼（四川宜宾地区产）和鳇鱼（黑龙江合江地区产）的卵加工而成的。呈颗粒状，形似黑豆，包裹一层衣膜，外附着一薄层黏液，呈半透明状，黑褐色，故俗称“黑鱼子”。鲟鱼籽主要产于四川宜宾地区；鳇鱼子主要产于黑龙江合江地区。

③青鱼子。青鱼子又称鲱鱼子，是用鲱鱼的卵加工而成的。体形较小，颜色泛青，故俗称“青鱼子”。

（2）质量标准

鱼子品质新鲜，色泽气味正常，子粒饱满，完整，洁净，无血丝，血块，粒体坚实。具有弹性和韧性。盐渍充分，水分适宜。

（3）营养及保健

鱼子含较多的蛋白质、脂肪、维生素和矿物质，特别是维生素 A、维生素 D、维生素 E 等脂溶性维生素含量特别丰富，并富含卵磷脂和多种氨基酸，其中的类卵磷脂对补养神经组织具有特别功效。

（4）烹饪应用

鱼子入馔常用于凉拌，例如加葱花或黄瓜丝凉拌；或涂夹于面包片、馒头片佐食；也可加适量的水搅成糊状后炒食。用鲟、鳇鱼的卵经腌制、密封，搅成稠糊状的产品，称为鱼子酱。常将鱼子酱涂夹于面包片或馒头片中食用。

第三节　虾蟹类原料

一、虾蟹类原料概述

虾蟹属于无脊椎动物甲壳纲。

甲壳纲动物的身体分头胸部和腹部。在头胸部有坚硬和较坚硬的头胸甲来保护体内的柔软组织，腹部外骨骼不坚硬。在外骨骼上有许多色素细胞，细胞中的色素是属类胡萝卜素的虾青素。在动物活着时，虾青素与软脂酸结合成酯化合物，又与蛋白质结合成复合蛋白质形式，这是虾青素与蛋白质结合的方式之一。加热或遇酒精时蛋白质变性，虾青素析出被氧化（脱氢）为红色的虾红素，色泽艳丽。虾红素不溶于水，但能溶于酒精或脂溶性溶剂中。但幼小的甲壳类色素细胞少，色泽变化不明显。

甲壳动物的头胸部不分节，腹部分节。其附肢分节，头部 5 对和胸部前 3 对附肢成为感觉、摄食的器官和呼吸器官；胸部后 5 对附肢成为行走的器官——步足；腹部 7 对附肢为游泳足。

甲壳动物（虾、蟹）的肌肉发达且属横纹肌的性质。肌肉洁白，无肌腱，肉质细嫩，持水力强。虾的腹部肌肉发达，包括腹部屈肌、斜伸肌、斜屈肌。其鲜品称“虾仁”；将其干制后称“虾米”。蟹的螯肢、其他附肢和头胸部中连接螯肢和其他附肢的地方的肌肉发达。

二、虾蟹的主要种类

（一）虾类

1. 虾类原料的主要特征及种类

虾类属于甲壳纲、十足目、游泳亚目。身体大而侧扁，外骨骼薄而透明，前端额剑侧扁具齿，腿细长。腹部发达，腹部的尾节与其附肢合称尾扇，其形状是鉴别虾类的特征之一。

虾的种类很多，作为烹饪原料运用的主要有：龙虾科的中国龙虾（*Panulirus stimpsoni*）、波纹龙虾（*P. homarus*）、日本龙虾（*P. japonicus*）、锦绣龙虾（*P. ornatus*）、密毛龙虾（*P. penicillatus*）、杂毛龙虾（*P. versicolor*）等；对虾科对虾属的中国对虾（*Penaeus chinensis*）、长毛对虾（*P. penicillatus*）、墨吉对虾（*P. merguiensis*）、日本对虾（*P. japonicus*）等，新对虾属的近缘新对虾（*Metapenaeus affinis*）、刀额新对虾（*M. ensis*）、周氏新对虾（*M. joyneri*）等，仿对虾属的哈氏仿对虾（*Parapenaeopsis hardorickii*）、细巧仿对虾（*P. tenellus*）以及鹰爪虾属的鹰爪虾（*Trachypenaeus curvirostris*）等；长臂虾科白虾属的安氏白虾（*Exopalaemon annandalei*）、脊尾白虾（*E. carinicauda*）、东方白虾（*E. orientalis*）、秀丽白虾（*E. modestus*）等；樱虾科毛虾属的中国毛虾（*Acetes chinensis*）、日本毛虾（*A. japonicus*）等；美人虾科的日本美人虾（*Callianassa japonicai*）等；虾蛄科的虾蛄（*Oratosquilla oratoria*）等；扇虾科的毛缘扇虾（*Ibacus ciliatus*）；长臂虾科的日本沼虾（*Macrobrachium nipponensis*）、罗氏沼虾（*M. rosebergii*）等；鼓指虾科的

中华新米虾（*Neocardina denticulata sinensis*）等；蝲蛄科的原蝲蛄属的克氏原螯虾（*Procambarus clarkii*）等。

常见虾类原料的种类及特点

其中，龙虾、对虾、新对虾、仿对虾、鹰爪虾、白虾、毛虾、美人虾等为海产虾；日本沼虾、中华新米虾等为淡水虾；罗氏沼虾等为半淡水产的虾。

中国的虾类有400多种，以海产虾的种类和资源量居多。据统计，栖息于南海的有250种以上，东海的有100多种，黄海近60种，渤海20多种。产量最大的是毛虾，其次是对虾（包括中国对虾、长毛对虾、墨吉对虾），此外，黄、渤海产的脊尾白虾和鹰爪虾，南海产的新对虾、仿对虾和龙虾都是重要经济种类。在世界经济中占重要地位的虾有对虾和新对虾，代表暖水性的虾；而长额虾和褐虾则代表冷水性的虾。

常用虾类原料的种类及特点，扫描二维码查看。

2. 虾类原料的烹饪运用

大中型的虾类，其肉嫩鲜美，新鲜者最宜煮（盐水虾）、蒸、干烧（干烧明虾）、炝（腐乳炝虾）、爆（油爆虾）、滑炒、焗、熘、炸成菜。可带壳或不带壳烹制，带壳的多煮制而食；食时以姜醋汁蘸食；烹制时可整用，也可将头、身、尾分端用（头烧、身炒、尾炸）；还可将虾身去壳成虾仁，可整用或经刀工处理成片、丁、肉花，尤其是体型较大的龙虾，由于肌肉块大，所以刀工形式多样，成菜美观别致，通常制作档次高的菜肴，如滑炒虾花、鲜熘虾片等，还可将虾仁剁成泥茸（虾胶），制作梅花虾、锅贴虾、琵琶虾等成型菜肴；还可去头留肉、留尾做虾排。干制品金钩和虾皮，常在拌、炒、烧、汤菜中作配料，兼有调味、调色的作用，可专门作赋味原料使用。

（二）蟹类

1. 蟹类原料的主要特征和种类

蟹类是甲壳纲、十足目、爬行亚目的动物。身体背腹扁平近圆形，额剑背腹扁平或无。头胸甲发达，腹部大多退化紧贴在头胸甲的腹面，但其形状可用于识别雌雄，雌蟹的腹部为圆形，称“圆脐”；雄蟹的腹部为三角形，称“尖脐”，其步足发达，其螯肢更甚。蟹的种类多，尤其是以海蟹为多。海蟹盛产于4～10月，淡水蟹则产于9～10月。在繁殖季节，雌蟹的消化腺和发达的卵巢一起称为蟹黄；雄蟹的生殖腺（精巢）发达称脂膏，都是名贵美味的原料。民间流传着“九月圆脐十月尖”的说法，道出了食用淡水蟹的最佳时节。

蟹的种类很多，中国共有600多种，较常见的食用蟹在20种以上，目前作为烹饪原料运用的主要有：梭子蟹科的三疣梭子蟹（*Portunus trituberculatus*）、锯缘青蟹（*Scylla serrata*）、日本蟳（*Charybdis japonica*）等；蛙形蟹科的蛙形蟹（*Ranina ranina*）等；沙蟹科的招潮（*Uca* spp.）等；馒头蟹科的红线黎明蟹（*Matuta planipes*）、逍遥馒头蟹（*Calappa philargihs*）等；方蟹科的中华绒螯蟹（*Eriocheir sinensis*）、日本绒螯蟹（*Eriocheir japonicus*）、红螯相手蟹（*Sesarma haematocheir*）等。溪蟹科的毛足溪蟹（*Potamon hispidum*）等；华溪蟹科的华溪蟹（*Sinopotamon* spp.）、锐刺拟溪蟹（*Parapotamon spinescens*）等。

常见蟹类原料的种类及特点

其中，梭子蟹、锯缘青蟹、日本虫寻等为海产的蟹，中华绒螯蟹、溪蟹等为淡水产的蟹。

常用蟹类原料的种类及特点，扫描二维码查看。

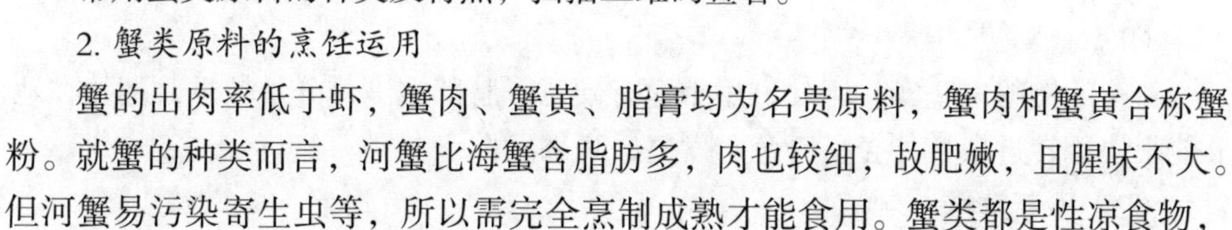

2. 蟹类原料的烹饪运用

蟹的出肉率低于虾，蟹肉、蟹黄、脂膏均为名贵原料，蟹肉和蟹黄合称蟹粉。就蟹的种类而言，河蟹比海蟹含脂肪多，肉也较细，故肥嫩，且腥味不大。但河蟹易污染寄生虫等，所以需完全烹制成熟才能食用。蟹类都是性凉食物，肠胃不良的人应少吃，吃时应配以姜醋味碟蘸食。

最能显示蟹的风味的食法是整只清蒸或煮，然后蘸以姜醋味碟食用。烹制前宜将蟹充分清洗，捆牢螯足，脐向下上笼蒸或入锅煮，一定要熟透。有的多切半带壳使用，或拆取出肉、蟹黄、脂膏单独成菜。可作主料、配料，还可作调味原料。可通过炸、炒、烧、烤、醉、糟、熘、烩、蒸、焖、焗等方法烹制，可用于热菜、凉菜、大菜、汤菜及点心馅料。菜肴有芙蓉蟹片、蟹黄烧豆腐、蟹黄排翅等；面点、小吃有蟹黄炒面、蟹黄汤包、蟹黄小饺等。

在我国传统的膳食习惯中，虾、蟹类均被视为中档偏上的烹饪原料，受大多数人的喜爱。尤其是油润爽口，味道鲜美的虾籽（虾卵）和蟹黄、脂膏更作为高档原料用于不同风格的高档筵席中。

由于虾蟹蛋白质含量高，含水量大，特别是淡水虾蟹易带菌和污物，离水后容易发生腐败变质，再加之属于高档原料，所以选料时一要讲究鲜活、个大；二要精心加工，除尽不可食用的部位（鳃、肠）和污物等；三是仔细挤仁剔肉，不要浪费原料；四是尽量要突出其原汁原味；五是忌过长时间烹煮，否则肉质粗老变硬。

三、虾蟹的品质检验及贮存

（一）虾蟹的品质检验

1. 虾的品质检验

虾的品质是通过感官根据虾的外形、色泽、肉质等方面来检验。

（1）外形

新鲜虾的头尾完整，爪须齐全，有一定的弯曲度，壳硬，虾身较挺；不新鲜的虾，头尾容易脱落或易离开，不能保持其原有的弯曲度。

（2）色泽

新鲜虾皮壳发亮，呈骨绿色或骨白色；不新鲜的虾，皮壳发暗，原色变为红色或灰紫色。

（3）肉质

新鲜虾肉坚实，细嫩；不新鲜的虾肉质松软。

2. 蟹的品质检验

蟹的品质鉴定是根据外形，色泽、体重及肉质等几方面来确定。

（1）新鲜蟹

新鲜的蟹腿肉坚实、肥壮，用手捏有硬感，脐部饱满，分量较重，翻扣在地上能很快翻转过来，外壳呈青色，发亮，腹部发白。

（2）不新鲜蟹

不新鲜的蟹腿肉空松、瘦小、行动不活泼，分量较轻，背壳呈暗红色，肉质松软，味不鲜美。蟹以活的为好，如果已死，不宜选用。

（二）虾蟹的贮存

1. 虾的贮存

活虾应用水池养。活养时要根据不同品种分别调节好水温、比重，水要洁净，氧气要充足；已死虾的贮存应用冷藏法。对虾冷藏时，容器里先放一层冰，再撒一层盐，中间放上一些冰块，将对虾拉直围绕冰块堆放三层，再铺一层冰，然后用麻袋或草袋封口，最后放入冷库。其他的青虾、小虾，只要和碎冰放在一起就可入冷库。

2. 螃蟹的贮存

蟹很娇气，容易死亡，死亡不能食用。因此必须用箩筐装好。箩筐面上用湿草席覆盖，每天分早、午、晚三次用水喷洒，保持筐内湿润。如果发现有死的、慢爪的，要及时取出处理。养蟹忌蚂蚁及烟灰。

四、虾蟹制品

（一）虾米

虾米也叫开洋，是各种小海虾或淡水小虾，经去壳后的干制品，产地较广。虾米色泽有蜡色和赤色几种，以身干、肉身完整、无壳、色艳、味淡、颗粒均匀、不含杂质及异味为好。虾米食味鲜香可口，含有较高的蛋白质及其他营养素。每 100g 虾米含蛋白质 58.1g，脂肪 2.1g，糖类 4.6g，钙 577mg，磷 614mg，铁 13.1mg，还有多种维生素等。烹饪上主要当辅料，取其鲜香味。

（二）虾皮

虾皮是“中国毛虾”的干制品，由于这类虾体型较小，成品感到只有一张皮，故名虾皮。有生、熟之分，外销以生虾皮为主，内销以熟虾皮为主。我国辽宁、河北、山东、浙江、福建等地均产，以河北滦县所产最佳。虾皮的色金黄、鲜亮、片大为佳，以春产质量最好。虾皮的营养价值很高，每 100g 虾皮含蛋白质 39.3g、钙 20000mg、磷 1005mg，还含有碘元素，也是补钙的最佳食品。虾皮的质量比虾米差，使用上与虾米相似。

（三）虾籽

虾籽是虾卵的干制品，赤黑色，味鲜浓但带有腥味。其制法是洗虾时将虾卵积聚起来或在江河中用沙网将虾卵捞起，清洗净杂物，用火炒干便成，虾籽富含蛋白质及其他的营养成分，味特别鲜美。烹饪使用上以调味为主。

（四）大虾干

大虾干是用对虾连壳晒干而成的干制品，产地、产期与对虾相同。以个头完整、均匀、无盐霜、味香醇、身干爽的为佳。大虾干的营养成分比鲜对虾稍差，味香浓郁，肉爽。烹饪上以蒸、煮汤、炸等为多，使用前先用清水浸泡回软后再根据需要使用。

第四节　贝类原料

一、贝类原料概述

贝类又称软体动物类。该类动物身体柔软，由头、足、内脏团三部分组成。

头位于身体的前端，具有摄食和感觉器官（口、触角）。行动活泼的头部发达，行动迟缓的头部退化，甚至完全消失。

足常位于头后，身体的腹面，它是软体动物的运动器官。由于生活方式的不同及对环境的适应，因而表现出不同的形状，而且发达程度不同。有块状（腹足纲），斧状（瓣鳃纲），腕状（头足纲），也有的完全退化。

内脏团是内脏器官所在的地方，常在足的背面。内脏团的背侧皮肤褶襞向下延伸成外套膜。外套膜在水生种类密生纤毛（鳃），陆生种类富含血管（肺），是气体交换的场所。从切面观察外套膜是由内、外表皮和中间的结缔组织和极少量的肌肉纤维构成，表皮层是由圆柱形和椭圆形的表皮细胞和腺细胞组成，表皮细胞中含有色素颗粒。在头足类，外套膜发达覆盖全身，并已高度肌肉化，是主要的食用部位。外套膜可向外分泌物质产生贝壳：腹足纲有呈螺旋状的单个贝壳；瓣鳃纲的贝壳为两片，左右和抱，以闭壳肌柱为力量；头足纲的贝壳大多数退化为内壳（海螵蛸），藏于背部外套膜之下。贝壳的主要成分是95%的碳酸钙，还有少量壳质素。

贝类是动物界数量较多的一类，约有8万种，仅次于节肢动物。虽说众多的软体动物有共同的基本结构，但其外形差别较大。

无论是平原和高山、海洋和湖川，从热带到南北两极都有贝类动物的踪迹。多数种类适应海中生活，淡水和陆地上也生活着不少的种类，有的还生活在极端的地理环境中。海产贝类按其生活习性和栖息的基质不同分出三种生活型：游泳生活型，具有活泼的游泳能力，能抵抗波浪及海流进行自由游泳，如乌贼和枪乌贼；浮游生活型，游泳能力过于薄弱，随风浪而漂浮，不能抵抗海流和波浪，主要包括贝类的幼虫；底栖生活型，绝大多数贝类营底栖生活，可以在岩石的表面或泥、沙滩以及海藻上匍匐生活、固着生活或附着生活，也有的在泥沙内栖息或凿穴生活或与其他动物共生或寄生于其中。

贝类有较大的经济价值，最重要的就是作为烹饪原料来使用。食用价值较大的主要是腹足纲、瓣鳃纲和头足纲的动物。

腹足类以其发达的足作为主要的食用部位；瓣鳃纲有的是以发达的足、有的是以发达的闭壳肌柱为食用部位；头足类以肌肉质的外套膜和发达足作为食用部位。这些肌肉的性质属于分化程度不很高的骨骼肌，也有平滑肌参与构成。由于贝类肌肉通常为纤细的平滑纤维，因此其运动一般不大活泼，但是它能保持长久持续的耐力和低能量消耗。贝类的平滑肌和横纹肌的组织结构不同，大部分平滑肌是坚韧、不透明的，呈灰色或乳黄色。横纹肌经常是斜行的，呈淡红色，可能是有血色素存在。贝螺类（一般指腹足类和瓣鳃类）的足的肌纤维中含多量的糖原，结缔组织较多，肉质稍粗，而且有的种类是连同以结缔组织为主要成分的外套膜一起食用，所以具有脆韧性，烹调时尤其讲究火候，多以炝、爆、炒、汆煮等方法旺火短时间烹制，成菜质脆而味鲜美；而闭壳肌柱和头足类的足以及肉质化的外套膜肌肉组织含量高，结缔组织较少，肉质细嫩，可以多种方法成菜。

贝类呈现独特的鲜甜味（其中甜味来自甜菜碱、甘氨酸、丙氨酸和脯氨酸，鲜味来自琥珀酸），所以其鲜品或干品在作主配料而成菜时，能为菜品提供鲜美的滋味。有的干品就是常用的鲜味调味品，如淡菜、干贝、墨鱼干、蛏干及蛏油、蚝豉及蚝油等。贝类原料的营养价值与鱼类相同，属高蛋白、低脂肪（比鱼类的脂肪含量还低，100g肉中含胆固醇含量不足100mg，比鸡肉的含量还低）一类，还含有丰富的水分（所以加热时失水多，肉的硬度增加，但长时间后又回软），还富含维生素A、B族维生素和Cu、Zn、Se、Ca、Fe等多种矿物质。所含的营养物质及呈味物质容易溶解于汤汁中，不仅使汤汁鲜美，而且易被人体消化吸收。

贝类除供鲜食外，还可以干制或腌制，也可以制成罐头食品。现在很多种类都能进行人工养殖来满足人们日益增大的需要量。

但有些淡水贝螺类，往往是寄生虫的中间寄主，而且死后容易发生腐败变质，所以要注意食用的安全性，如同虾蟹一样选料时特别讲究鲜活。

二、贝类的主要种类

（一）腹足类

1. 腹足类原料的主要特征

腹足类大多数有单一的呈螺旋状的贝壳，有的没有；腹足类的壳为典型的螺旋圆锥形壳，壳尖细的一端称壳顶，由壳顶围绕中心轴连续放大的各层称为螺层，最后一层由于头、足、内脏团可缩入其中而称为体螺层，并且体积最大。体螺层向外的开口称为壳口。各螺层之间的交界线称缝合线。腹足类的壳因种类不同，在形状、颜色和花纹上表现出多样性。

腹足类具有扁平、宽阔，适于爬行的足，大多数具有一角质或石灰质的厣，由足腺分泌物形成，其大小、形状与壳口完全一致，当头足缩回壳内时，可十分严密的密封壳口，起保护作用。以宽大的足部在陆地，水底，或水生植物上爬行，喜食多汁的水生植物的叶子和藻类。

2. 腹足类原料的主要种类

腹足类是贝类动物中种类最多的一纲，约有8.8万种，一般生活于湖泊、河流、沼泽及水田等地，也有的生活于海中。

许多种类可作为烹饪原料运用，主要有：鲍科的皱纹盘鲍（*Haliotis discus hannai*）、杂色鲍（*H. diversicolor*）、耳鲍（*H. asinina*）、多变鲍（*H. varia*）、平鲍（*H. planata*）、羊鲍（*H. ovina*）、格鲍（*H. clathrata*）等；骨螺科的皱红螺（*Rapana bezoar*）等；涡螺科的瓜螺（*Cymbium melo*）等；盔螺科的管角螺（*Hemifusus tuba*）、细角螺（*H. termatamus*）等；玉螺科的扁玉螺（*Neverita didyma*）等；蛾螺科的泥东风螺（*Babylonia lutosa*）、方斑东风螺（*B. areolata*）等；阿地螺科的泥螺（*Bullacta exarata*）等；田螺科田螺属的中国圆田螺（*Cipangopaludina chinensis*）、中华圆田螺（*C. cathayensis*）等，环棱螺属的方形环棱螺（*Bellamya quadrata*）、梨形环棱螺（*B. purificata*）、铜锈环棱螺（*B. aeruginosa*）等；玛瑙螺科褐云玛瑙螺（*Achatina fulica*）等。

常用腹足类原料的种类及特点

其中，鲍、红螺、瓜螺、角螺、扁玉螺、东风螺、泥螺等为海产；田螺、环棱螺等为淡水产；褐云玛瑙螺（非洲蜗牛）、法国蜗牛（盖罩大蜗牛、散大蜗牛、亮大蜗牛）等为陆生。

常用腹足类原料的种类及特点，扫描二维码查看。

（二）瓣鳃类

1. 瓣鳃类原料的主要特点

瓣鳃类软体动物一般具有两个贝壳，身体侧扁，头部完全退化，所以又称“双壳类”或“无头类”。其贝壳左右对称或不对称，贝壳表面有以壳顶为中心的环形生长线和以壳顶为起点，向腹缘伸出的放射状排列的放射肋，又称壳肋。两个贝壳在背缘以韧带相连，两壳间有闭壳肌柱相连，通过其疏张、收缩可关闭开启贝壳。有的有前后闭壳肌，有的种类前闭壳肌退化，后闭壳肌变大，在前闭壳肌完全消失的种类，后闭壳肌更大，并移行到贝壳中央。

外套膜位于左右贝壳的内面，是身体左右两侧包蔽内脏团的薄膜，以外套膜形成的瓣状鳃呼吸，故称瓣鳃纲。其闭壳肌是由外套膜分化形成，一般由平滑肌和横纹肌组成，但区别不明显，有的甚至相互混合，横纹肌部分收缩快，平滑肌部分一般收缩很慢。横纹肌伸缩使贝壳开闭迅速有力，平滑肌收缩使壳持续关闭而不易疲劳，所以瓣鳃纲动物的贝壳可以长时间紧闭而很难撬开。闭壳肌可在壳的内表面附着处留下肌痕。

足在身体腹面，呈斧状，故又称斧足类。有的种类足退化，以足丝附着生活。此类动物以其发达的足或闭壳肌柱作为食用部位。

2. 瓣鳃类原料的主要种类

瓣鳃纲动物种类较多，约有15000种，多生活于海水中，少数生于淡水环境。

其中有许多可作为烹饪原料使用，主要有：蚶科的毛蚶（*Scapharca subcrenata*）、泥蚶（*Tegillarca granosa*）、魁蚶（*Scapharca broughtonii*）等；贻贝科的紫贻贝（*Mytilus galloprovincialis*）、厚壳贻贝（*M. coruscus*）、翡翠贻贝（*Perna viridis*）等；珍珠贝科的珠母贝（*Pinctada margaritifera*）、合浦珠母贝（*P. martonsi*）、大珠母贝（*P. maxima*）等；江珧科的栉江珧（*Atrina pectinana*）、细长江珧（*Pinna incurvata*）等；扇贝科的栉孔扇贝（*Chlamys farreri*）、华贵栉孔扇贝（*C. nobilis*）、异纹栉孔扇贝（*C. irregularis*）、长肋日月贝（*Amussium pleuronectes*）、日本日月贝（*A. japonicum*）等；牡蛎科的近江牡蛎（*Crassostrea rivularis*）、长牡蛎（*C. gigas*）、大连湾牡蛎（*C. talienwhanensis*）、褶牡蛎（*Dstrea plicatula*）等；蛤蜊科的中国蛤蜊（*Mactra chinensis*）、四角蛤蜊（*M. veneriformis*）、西施舌（*Coelomactra antiquata*）等；帘蛤科的青蛤（*Cyclina sinensis*）、文蛤（*Meretrix meretrix*）、菲律宾蛤仔（*Ruditapes philippinarum*）、杂色蛤仔（*R. variegata*）等；蛏科的缢蛏（*Sinonovacula constricta*）等；竹蛏科的大竹蛏（*Solan grandis*）、长竹蛏（*S. strictus*）、弯竹蛏（*S. arcuatus*）等；蚌

科的背角无齿蚌（*Anodonta woodiana*）、球形无齿蚌（*A. globosula*）、三角帆蚌（*Hyriopsis cumingii*）、褶纹冠蚌（*Cristaria plicata*）等；蚬科的河蚬（*Corbicula fluminea*）等。

常用瓣腮类原料的种类及特点

其中，蚶、贻贝、珠母贝、江珧贝、扇贝、日月贝、牡蛎、蛤蜊、西施舌、文蛤、蛤仔、竹蛏、缢蛏等为海产；河蚌、蚬等为淡水产。

常用瓣鳃类原料的种类及特点，扫描二维码查看。

（三）头足类

1. 头足类原料的主要特点

头足类动物的身体特化为头部、躯干部和漏斗三部分。头部两侧有发达的眼，以及由足特化为的腕。形成了头足愈合的头足部，故称头足纲。有 8 ～ 10 条腕，用于捕食，腕上有吸盘。漏斗位于身体腹面躯干的前端，也由足特化而来，前端细长，其开口指向前端，后端宽大，可伸入外套腔中，漏斗后端两侧有一软骨凹陷与外套膜腹缘前端的软骨突形成一闭锁器，以封闭外套腔的开口。

外壳往往退化为内壳，整个身体的躯干部被肌肉质的外套膜覆盖包围，外套膜的边缘有鳍。

头足类的运动是以外套膜的肌肉收缩为动力，以躯干边缘的鳍起舵的作用。快速运动时，闭锁器扣合关闭了外套腔的开口，外套腔中压力增大，迫使水流由漏斗喷出，所以头足类向后倒退运动较向前运动更迅速。

2. 头足类主要种类

现在生活的头足纲动物约有 650 种，全部为海产。虽然现有种类不多，但有的种类产量较高，是常用的烹饪原料，主要有：乌贼科的无针乌贼（*Sepiella maindroni*）、金乌贼（*Sepia esculenta*）等；枪乌贼科的中国枪乌贼（*Loligo chinensis*）、日本枪乌贼（*L. japonica*）、火枪乌贼（*L. beka*）等；柔鱼科的太平洋柔鱼（*Todarodes pacificus*）等；章鱼科（蛸科）的短蛸（饭蛸）（*Octopus ocellatus*）、长蛸（*O. leteus*）、真蛸（*O. vulgaris*）等。

常用头足类原料的种类及特点

常用头足类原料的种类及特点，扫描二维码查看。

3. 头足类原料的烹饪运用

头足类鲜品，如鱿鱼、墨鱼和章鱼等，鲜食时多取胴体加工成丝、片，旺火热油爆炒成菜，或氽水后拌、炝成菜，成菜质感脆嫩。如果剞花刀（麦穗、笔筒、蓑衣、凤尾、竹节、荔枝等）成菜风味更佳质脆嫩；其头部经刀工处理后一般应用于烧、烩、汆、焖煮菜品中。菜肴味型多样。

干制品烹制前须涨发，涨发后通过各种刀工成形常炒、爆、烧、烩成菜。涨发的干品滋味略差，且不如鲜品容易入味，所以一般烧、煨、烩等烹制时应用高汤加调味品共同烹制；而炒爆成菜的，勾芡时要用调味芡汁包裹，使之有味。

三、贝类的品质检验及贮存

（一）贝类的品质检验

贝类除头足类外，其他品种应食用活的。因此，检验的方法简单，即死的不用，专门选择活的使用。头足类的乌贼、章鱼、鱿鱼的检验方法与鱼类相似。

（二）贝类的贮存

贝类的贮存主要是活养。活养时应注意水的比重，水温要恰当，水要清。要注意检查贝类是否是活的，如果已死亡，要及时取出。

四、贝类制品

（一）干贝

干贝是用扇贝科的扇贝、日月贝和江珧科的江珧等贝类的闭壳肌加工干制而成的制品。

狭义的干贝只指由扇贝的闭壳肌柱所加工制成的干制品；广义的干贝是指瓣鳃纲动物闭壳肌的干制品的总称。闭壳肌柱呈短圆柱形，鲜品色白，质地柔脆；干制后收缩，呈淡黄色至老黄色，质地坚硬。15～25kg鲜品闭壳肌可加工成500g干贝。故价格贵，属高档原料，有“海味极品”之誉。

1. 品种及特点

主要品种有以下几类。

（1）干贝

扇贝的闭壳肌柱制得。又称肉柱、肉芽、海刺。

（2）带子

日月贝的闭壳肌柱制得。因数个闭壳肌借外套膜像编发辫一样编织起来而取名带子。

（3）江珧柱

江珧的闭壳肌柱制得，由称大海红、马甲柱、角带子。

（4）海蚌柱

西施舌的闭壳肌柱制得。

（5）面蛤扣

海菊蛤科的面蛤的闭壳肌柱制得。风味一般，吃之有粉状感觉。

（6）车螯肉柱

大帘蛤或文蛤的闭壳肌制得。味美，民间散食，极少出售。

（7）珠柱肉

珠母贝或合浦珠母贝的闭壳肌制得。具有同车螯肉柱一样的风味。

（8）蛤丁

蛤仔、四角蛤蜊的闭壳肌制得。体小如绿豆，但味鲜美。

（9）海蚌筋

砗磲科砗磲属或砗石豪属的六种贝类的闭壳肌加工而成，又称蚝筋、蚵筋。为南海诸岛名产。

2. 质量鉴别

在众多的干贝种类中，以粒大形、饱满圆整、均匀、色浅黄而略有光泽、表面有白霜、干燥有香气的为好。山东荣成市所产的干贝质量最佳。

3. 烹饪运用

鲜贝原先少用，80 年代以来应用日渐增多。一般作主料应用，可与多种原料相配，通过油爆、清蒸、烤、炸、煮、烧（铁板烧）、扒等烹调方式成菜，味型多样。常常是冷菜、热菜、大菜、汤羹及用于火锅、馅料等的原料。

干贝一般放入水中清洗后撕去结缔组织膜，放入器皿中加适量水和黄酒、姜、葱，上笼蒸 2 ～ 3 小时，原汤泡起待用。其汤汁味鲜美，一般不丢弃。干贝涨发后也常作主料、配料使用。由于干贝含呈鲜物质谷氨酸、酰胺、肽类和琥珀酸等，所以常用于给无显味的原料赋味增鲜即作鲜味剂使用，可直接配用或吊汤使用。

（二）淡菜

淡菜为贻贝的干制品，因其味美而淡故名“淡菜”。我国浙江、福建、山东、辽宁等沿海均有生产。

1. 质量鉴别

淡菜形如小蚝豉，色赤红，但无光泽，以身干、色鲜、肉肥者为佳。

2. 营养及保健

淡菜营养丰富，含有丰富的蛋白质、脂肪、钙、磷、铁及维生素等营养素，具有滋肝补肾，调精添髓，温肾驱寒等功效。

3. 烹饪运用

淡菜肉质细嫩，色泽艳丽，味道甘美，但腥味较重。烹饪上的使用与干贝相似。

（三）鱿鱼干

鱿鱼干亦名土鱿，是鲜鱿鱼的干制品，我国沿海各地都有出产，主产在福建和广东海域，以广东产的质量最佳。鱿鱼干的制法是，将鲜鱿鱼从腹部至头部剖开，控去内脏，放入淡盐水中冲洗干净，再以清水冲洗后晒干。等七八成干时，平放在木板上，数层重叠，略加压，晒干后即成。制作要选用新鲜鱿鱼，最好即捕即加工。如果鱿鱼不新鲜，则制品色泽暗淡，且味不鲜美。

1. 质量鉴别

土鱿以色泽鲜明，肉质金黄中带微红，气味清香，表面少盐霜为上品。以广东宝安、香港九龙所产的吊片鱿及海南临高及北部湾一带所产的质量最好。

2. 营养及保健

鱿鱼干的营养成分比鲜鱿鱼稍少。

3. 烹饪运用

土鱿肉味鲜美，甘香爽脆，有特殊的香味。烹饪上以烘烤、炒爆为多，亦有用于配菜，起调味之用。烘烤时，大的必须切小，小的可以整个。炒爆前必须涨发，质量好的土鱿放入清水中浸泡四小时左右即可，质量差的必须加入碱水。当配料时不一定要涨发，如炖汤时加少许土鱿丝，味特鲜香。

（四）蚝豉

蚝豉是用牡蛎肉干制而成的。我国沿海各地均产，以广东、福建所产最佳，由于蚝豉的谐音为“好市”，故深受广东人喜爱，蚝豉的加工有两种。一种是取蚝肉加水及少量盐在锅中煮熟，然后晒干；另一种是取蚝肉直接晒干，称生晒蚝豉。以色泽红赤油润，饱满有香味的生晒蚝豉质量最好。

1. 营养及保健

富含各种营养素，以蛋白质为多。

2. 烹饪运用

蚝豉味道甘香而鲜，软嫩可口，烹饪上以扒、炖、扣为多。如“发财好市”，将蚝豉涨发好后，整齐地砌在碗内，调入味料、汤汁、上笼蒸约 1 小时取出，取出原汁，反覆于碟中，周围拌以烹制好的发菜，用原汁勾芡淋上即可。此菜香滑，味鲜，且寓意深刻，香港、广东地区的人在过年、开张等喜庆日子特别爱吃。

第五节　其他水产类原料

（一）爬行类原料的特点

爬行类原料是指可供烹饪加工运用的爬行动物。爬行动物分类属于脊椎动物亚门爬行纲，身体由头、颈、躯干、四肢和尾部五部分组成；身体皮肤干燥，体被角质鳞片，鳖龟类在背腹部覆盖有大型高度角质化的角质板；肌纤维较粗糙；结缔组织较多，胶质重；脂肪主要集中在腹腔部分，肌肉较少；卵生，体温不恒定，有冬眠习惯和脱皮现象。

爬行类原料高蛋白，低脂肪，多胶质，滋味美，具有独特的口感和良好的滋补功效。长期以来，多与中药材相配，调制滋补养生的食疗菜品。

（二）爬行类原料的烹饪运用

爬行类原料中，龟与鳖的烹制方法基本一致。一般选择500～750g重的龟鳖成菜较好，因为过小的骨多肉少，肉虽嫩但香味不足；过大过老者肉质老硬，滋味不佳。而且讲究鲜活，因死后易变质；在宰杀时不要弄破苦胆和膀胱，否则肉味腥苦；龟鳖的黑色皮膜臊气甚重，需适当地浸泡细心刮除。龟鳖肉中结缔组织含量较高，需要较长时间地煨炖、清蒸、红烧才能使汤汁浓稠而味鲜美，且以保持原汁原味烹制为好。除整只利用外，可将龟鳖肉或鳖的裙边取出单独成菜。为防腥味此类菜品应趁热食用。

我国至少有2000多年的烹蛇历史，广东人更擅长于此道。烹调蛇肉（养殖）的方式很多，常用红烧、清炖、炒、熘、炸烧、爆、煮等方式烹制，调味以清鲜见长，菜品有五彩蛇丝、炒蛇柳、蒜子烧南蛇脯等。还整只或分段炖、煨作汤羹菜，如龙凤汤、花菇炖南蛇、菊花龙虎凤（蛇、豹狸、竹丝鸡）、三蛇羹（眼镜蛇、灰鼠蛇、三索锦蛇）等；蛇皮肌肉发达，食用价值较高，可单独成菜，直接炒或制作镶式菜，还可以与蛇肝、蛇肉同烹；胆汁和蛇血兑酒服用。为使蛇肉细嫩，加工过程中肉不可浸水；为防蛇肉碎烂，应热锅冷油烹制。

（三）爬行类原料的主要种类

1. 龟

龟为爬行纲龟鳖目龟科动物的总称。

（1）形态特征

背腹皆具硬甲，在侧面联合形成完整的龟壳，龟背甲壳上有三条纵走的棱脊。分布于黄河流域、长江流域及其以南地区。

（2）品种及产地

在我国，供食用龟的主要种类是乌龟及平胸龟等。

①乌龟。也称秦龟、金龟，俗称草龟、八卦、十三块。乌龟（*chinemys reevesii*）是爬行纲龟鳖目龟科动物，分布区域主要是黄河流域和长江流域。乌龟喜群居，多栖息于湖池川泽中，生命力极强，断食数日不死，一年四季皆可捕获，但以秋冬季为多。肉质虽老却鲜嫩，既可整只烹调也可拆肉入馔。中医认为其味

甘咸，性平，可益阴补血，历来被视为滋补佳品，若配以药草，则成药膳，可治肺痨吐血之症。

②平胸龟。也称鹰嘴龟、大头平胸龟、鹰嘴蛇尾平胸龟。俗称大头龟，山乌龟等。属爬行纲龟鳖目龟科动物，分布于江苏、浙江、安徽、江西、湖南、福建、广东、广西、云南、贵州等地。山珍之一，头似鹰，尾似蛇，身似鳖，肉味清甜鲜美，传统医学认为平胸龟具滋润补肾功效。

（3）营养及保健

龟类全身皆宝，具有很高的药用价值，中医认为，龟肉可滋阴补血、止血，可治久咳咯血、血痢、筋骨疼痛。乌龟的腹甲称为龟板，是滋补药材。龟类也是去湿的良药。

（4）烹饪运用

龟类肉质粗糙，但肉味鲜美，适用的烹调方法很多，但以炖、老火煲为最佳，大的龟掌可红烧。常见的菜品有“如龟蛇汤”“生地龟汤”等。

烹调实例：龟蛇汤

将乌鱼宰杀洗净，斩成块后绰水，洗干净。然后用姜葱黄酒爆炒，加入汤水略加热，取出洗净待用。将蛇宰杀后斩成段，绰水处理，瓦煲中加入清水、葱姜等料，放入乌鱼肉及蛇段，加热至肉酥烂，去掉姜葱，调入精盐、味精即可。

2. 鳖

鳖又称甲鱼、王八、水鱼、团鱼、鼋鱼等。属爬行纲、龟鳖目、鳖科。

（1）形态特征

头部青灰色，吻部突出，背腹扁平，背盘椭圆形，橄榄绿色，背腹甲包覆着皮肤，背甲边缘的柔软皮肤称作裙边，四肢有蹼，体长 18 ～ 24cm。

（2）品种与产地

鳖的分布很广，中国大部省、区有分布，现已有人工饲养。每年的六七月为最佳食用季节，是名贵的野味之一。

（3）营养及保健

鳖是人们喜爱的滋补水产佳肴，是一种高蛋白、低脂肪、营养丰富的高级滋补食品，具有极高的营养价值。鳖肉每 100g 含蛋白质 16.89 ～ 17.45g，蛋白质中含有 18 种氨基酸，并含有一般食物中很少有的蛋氨酸，故鳖肉具有鸡、牛、羊、鹿、蛙、猪、鱼七味，可见其味道之美。鳖含有易于吸收的血铁，还含有天然形态的对铁吸收有重要作用的维生素 B_{12}、叶酸、维生素 B_6 等；含有许多对人的生长和激素代谢有重要作用的锌；含有大量对骨、齿生长有重要作用的钙。此外，鳖还含有许多磷、脂肪、碳水化合物等营养成分。现代营养学研究发现，鳖营养丰富，不仅有利于肺结核、贫血等多种病患的恢复，还能降低血胆固醇，对高血压、冠心病患者有益。此外，鳖肉及其提取物能有效地预防和抑制肝癌、胃癌、急性淋巴性白血病，并可用于防治因放疗、化疗引起的虚弱、贫血、白细胞减少，还能预防慢性肝炎患者的肝纤维化。中医认为，鳖味甘、咸，性平，主治滋阴益肾、补骨髓、除热散结。用于骨蒸痨热、肝脾肿大、崩漏带下、血瘕腹痛、久疟、久痢等。鳖全身者是宝，其肉、甲、血、头、胆、卵、脂肪均可入药。

（4）饮食禁忌

甲鱼与鸭蛋同食易引起腹胀、腹泻；与苋菜同食易导致肠胃积滞；与橘子同食易引起消化不良；与猪肉、芥末同食易伤肠胃；与兔肉同食易损伤肾脏。配菜时应注意。死甲鱼不能食用。小儿不宜多食甲鱼，否则易恶心、腹胀、腹泻。

（5）烹饪运用

鳖肉质细嫩，味浓鲜美，裙边富含胶质，软嫩滑爽，是“八珍”之一，可制干品。它无论蒸煮、清炖，还是烧卤、煎炸，都风味香浓。常见菜肴有“清炖甲鱼”“甲鱼炖鸡”“荷香蒸甲鱼”等。

3. 蛇

蛇属于爬行纲蛇目，是爬行类动物只种类最多的一种，在我国大约有 170 种，主要分布于热带和亚热带地区，尤以两广（广东和广西）、福建、云南为多。

（1）形态特征

身体细长，四肢退化，身体表面覆盖鳞片。身体分头、躯干、尾三个部分。舌细长而深具分叉。下颌通过方骨与脑颅相连，左右下颌之间以韧带相连，因而张得很大。无胸骨。大部分是陆生，也有半树栖、半水栖和水栖的。蛇有毒蛇与无毒蛇之分，毒蛇的头一般是三角形的；口内有毒牙，牙根部有毒腺，能分泌毒液；一般情况下尾很短，并突然变细。无毒蛇头部是椭圆形；口内无毒牙；尾部是逐渐变细。

（2）营养及保健

“秋风起，五蛇肥”是民间对是食蛇季节的最佳概括，此时蛇为冬眠蓄足了营养，因而又肥又壮，也最滋补。蛇肉含人体必需的多种氨基酸，其中有增强脑细胞活力的谷氨酸，还有能够解除人体疲劳的天门冬氨酸等营养成分，是脑力劳动者的良好食物。蛇肉具有强壮神经、延年益寿之功效。其蛋白质中含人体必需的八种氨基酸，而胆固醇含量很低，对防治血管硬化有一定的作用，同时有滋肤养颜、调节人体新陈代谢的功能。蛇肉中所含有的钙、镁等元素，是以蛋白质融合形式存在的，因而更便于人体吸收利用所以对预防心血管疾病和骨质疏松症、炎症或结核是十分有效的。蛇肉含有丰富的营养成分，脂肪中含有亚油酸等成分，而胆固醇含量则低于猪肝、鸡蛋等，对防治血管硬化等有一定作用。尤其适合风湿痹症、肢体麻木、过敏性皮肤病、脊柱炎、骨结核、关节结核、淋巴结核及末梢神经麻痹者食用。

（3）烹饪运用

目前我国食蛇最多的地方是广东，尤以广州为最。蛇作为烹饪原料，除肉以外，皮、血、胆皆可食，皮谓之为“龙衣”。蛇在烹饪加工前，不宜多泡水，否则肉质会变得老韧，没有鲜嫩的效果。蛇肉色白、细嫩，滋味极鲜，为宴席中之珍品。蛇皮亦可食用。蛇肉适用多种烹调方法，如炒、炖、炸、烩等。常见的菜式有“椒盐蛇碌”“三丝烩蛇羹”“菊花龙虎凤”“龟蛇汤”等。烹制时蛇肉一定要熟透才可以安全食用，由于蛇皮中容易带有寄生虫，因而尽量不食用，或充分加热后才能食用。

烹调实例：五彩炒蛇丝

将蛇宰杀，取肉，切丝，用精盐、味精、嫩肉粉腌制，五彩配料分别加热处理，蛇肉泡油至变白色出锅，与料头、五彩料一起爆炒，倒入碗芡，炒匀即可。

一、两栖动物类原料

（一）两栖类原料的特点

两栖类原料由于其特定的生活习性，从而决定了其独有的组织结构，其结构特点表现为：身体分头、躯干和四肢三部分；皮肤裸露，湿润而富于腺体，与其用皮肤辅助呼吸有关。皮肤有表皮和真皮构成，具有较强的通透性能，个别两栖类动物的皮肤有毒腺（如蟾蜍）。该类动物的体温不恒定，部分种类在由幼体发展为成体的过程中有变态现象。

两栖类动物原料在组织结构是与其他脊椎动物有所不同，主要表现在无胸肋和胸廓，胸腹部相对柔软。两栖类原料的肌肉分节现象已被破坏，形成了块状肌肉，躯干肌肉为长条形或“V”字形，腹部肌肉薄而分层，四肢肌肉较发达，尤其以后退肌肉为甚；两栖类动物原料的肌肉色白而纤维明显，脂肪组织不甚明显，特别是肌肉中间很少，结缔组织含量少，身体行动和牵引力或动力主要在四肢，因而躯干肌肉柔软而细嫩。

（二）两栖类原料的烹饪运用

可作为烹饪原料运用的两栖动物主要是蛙。蛙肉在国内外均有食用者，我国在南部各省食用较多，民间常把稻田中的虎纹蛙、黑斑蛙以及山涧里的棘胸蛙捕捉食用。但从为农业除害虫的角度上来说，应禁止捕捉，特别是稻田中的虎纹蛙、黑斑蛙等。为适应人类食用的需求，在我国南方一些地区，如江西、福建等地已成功地饲养虎纹蛙、棘胸蛙等，近年来从国外引进了牛蛙，这些人工养殖的蛙已构成了一定的食用资源量。

蛙类原料高蛋白、低脂肪，肉质细嫩，易被人体消化吸收，具有补益作用。

由于其质地独特，在烹制时大多适宜红烧、清炒、滑炒、蒸、炸、鲜熘等方式成菜，烹制时用火不可太大；调味多以咸鲜为主。蛙卵非常名贵，以制作烩菜和汤菜为主。蛙皮也是具有独特质感的一类原料，可滑炒成菜。

（三）两栖类原料的主要种类

1. 牛蛙

牛蛙（*Rana catesbeiana*）又称喧蛙、食用蛙，属无尾目蛙科。此蛙因鸣叫声大，远听似牛吼，故名牛蛙。原产于北美洲，我国于1949年以后从古巴引进饲养。

（1）形态特征

体形与一般蛙相同，但个体较大，雌蛙体长达20cm，雄蛙18cm，最大个体可达2kg以上。头部宽扁。口端位，吻端尖圆面钝。眼球外突，分上下两部分，下眼皮上有一个可折绉的瞬膜，可将眼闭合。背部略粗糙，有细微的肤棱。四肢粗壮，前肢短，无蹼。雄性个体第一趾内侧有一明显的灰色瘤状突起。后肢较长大，趾间有蹼。肤色随着生活环境而多变，通常背部及四肢为绿褐色，背部带有暗褐色斑纹；头部及口缘鲜绿色；腹面白色；咽喉下面的颜色随雌雄而异，雌性多为白色、灰色或暗灰色，雄性为金黄色。

（2）营养及保健

牛蛙营养丰富、蛋白质含量高，脂肪少，肌肉中尤其以其腿肌发达，质嫩味香。牛蛙含人体必需的多种氨基酸，属高蛋白、低脂肪、低胆固醇的高级滋补食品。

（3）烹饪应用

牛蛙体大肥硕，肉肌纤维细，质地细嫩，少酸味，蛙腿多用于宴席之中，被视为席上珍品。烹饪上适用于多种烹调方法，如炒、爆、炸、炖等。常见的菜式有“油泡蛙腿”“酱爆牛蛙”“椒盐牛蛙”等。

烹调实例：姜葱爆牛蛙

将牛蛙宰杀洗净后斩件，用精盐、味精、料酒、湿生粉上浆，倒入热油中拉油至，锅中爆香姜葱，下牛蛙一起爆炒，调入味料即可。

2. 石鸡❶

石鸡（*Rana spinosa*）又称棘胸蛙、石蛙、棉袄子、石顿、蝈冻、石蹦、抱手等，为无尾目蛙科动物，是一种大型的野生蛙类。

（1）产地与特征

石鸡为庐山三石（石鸡、石鱼、石耳）之一，是黄山名产。形似一般的青蛙，但比青蛙粗壮肥大得多，成蛙体长超过10cm，体重250g以上，大的接近500g。头又宽又扁，吻端圆并且突出于下颌，吻棱不很明显；皮肤粗糙，背部暗灰色，

❶ 野生石鸡为国家二级保护动物，本书中所使用的均为人工养殖的石鸡。编者注。

有许多疣，雄性的胸部长有分散的角质黑丁肉刺，如同黑棘，故有其名。因体大肉多，且细嫩味美如鸡肉，人们便将其唤作石鸡。石鸡分布于我国南方诸省，喜阴凉潮湿，畏烈日，白天躲在溪流旁、石窟里、岩沟内，晚上出来在水上觅食，并时常发出鸣叫声。

（2）营养及保健

石鸡肉营养丰富，高蛋白质低脂肪，且有滋阴降火、清心调肺、健肝益肾的功效，尤其是夏天，多吃石鸡可以不长痱子。

（3）烹饪运用

石鸡肉质细嫩鲜美，食用价值远远高于牛蛙，堪称山珍上品，被国外美食家誉为“百蛙之王”，是皖南山区野味的珍品。石鸡适用多种烹调方法，可以红烧、清蒸，也可煨炖、软炸，特别是清蒸法，更能保持原汁原味。

烹调实例：椒盐石鸡

将石鸡宰杀洗净后斩件，用经验、料酒腌制，入热油锅中炸至金黄色，干身。爆香料头，下炸好的石鸡，椒盐粉炒匀即可。

3. 蛤士蟆[1]与蛤士蟆油

蛤士蟆

蛤士蟆（*Rana chensinensis*）又名中国林蛙、雪蛤、蛤什蚂、黄蛤蟆、油蛤蟆、红肚田鸡等。属两栖纲，无尾目，蛙科动物。

（1）形态特征

蛤士蟆体长 5 ～ 8cm，身体肤色随季节变化而变化，通常背部呈土灰色，散布黄色及红色斑点，鼓膜处有一黑色三角斑。雄性腹部为乳白色，雌性一般为棕红色，散布深色斑点。

（2）品种与产地

蛤士蟆是我国东北长白山特有的珍稀的野生动物，主要生长在我国的黑龙江、吉林的长白山区。蛤士蟆自然生态情况下生长 3 ～ 4 年，每年的四五月初配对产卵，产卵后在土壤中生殖休眠半月左右，然后上山活动，于 9 月上旬开始下山入河冬眠。饮清泉甘露，食百种昆虫，经历雪霜，耐寒能力极强，在 –20℃以下四肢都已经冻硬，但胸腹部没有冻实，放在温水中就会苏醒，由于在冬天雪地下冬眠 100 多天，故又称“雪蛤”。蛤士蟆可制成蛤士蟆干。

（3）烹饪运用

蛤士蟆的鲜品、干品均可食用。肉质鲜美，是宴席上的美味佳肴。向为贡品，自明代始，被列为“四大山珍”（熊掌、林蛙、飞龙、猴头）、宫廷食谱中的“八

[1] 野生蛤士蟆是国家二级保护动物，属一般性保护动物。本书所指的均为人工养殖蛤士蟆。编者注。

珍”（参、翅、骨、肚、蒿、掌、蟆、筋）和“三宝”（蛤士蟆、红景天、不老草）之誉，是集药用、食补、美容于一体的珍稀两栖类动物，享誉国内外。烹饪中可适用于多种烹调方法，如烧、炖、炒、炸等。

蛤士蟆油

蛤士蟆油又称雪蛤油、雪蛤膏、田鸡油，是雌蛤士蟆的输卵管的干制品，是我国名贵的中药材，同时又是名贵的烹饪原料。每年 9 ～ 11 月，是捕杀蛤士蟆的最佳季节。雄性蛤士蟆，一般供市场鲜食用，雌性蛤士蟆则用来风干，然后剥取蛤士蟆油。

（1）特征与产地

蛤士蟆油的鲜品为乳白色，干品呈不规则块状，弯曲而重叠，常一面拱起，黄白色或淡棕红色，油润，具有脂肪样光泽，有薄膜状干皮，手触有滑腻感，涨发可达 10 ～ 15 倍，状如棉花朵或白云，涨品有腥味。以吉林、黑龙江产的为最好。

（2）营养及保健

蛤士蟆油在药用、滋补和美容方面均具有卓越的功效，如对滋阴补肾、健脑益智、平肝养胃、抗衰驻颜、降血脂、稳血压、抗感冒、嫩肌肤等诸多患疾，能起到显著的提高免疫和治疗作用；对冻疮、脚气和水火烫伤均有效果。蛤士蟆具有明显的润肺养胃、滋阴补肾、补脑益智、提高人体免疫力的功能。是一种强身健体滋补中药，对体虚气弱、气血两亏、神经性头痛、心悸失眠、痨嗽咳血、精力亏损和产后出血、无乳等病症有显著疗效，是国内外紧缺名贵药材。

（3）烹饪运用

蛤士蟆油以块大肥厚、油润、颜色淡黄而带光泽者、没有杂质及黑点为上乘。适用多种烹调方法，如炖、蒸、烩等，多用于制作甜品。常见的品种有红莲炖雪蛤、木瓜炖雪蛤、干蒸雪蛤、雪蛤粥等。

烹调实例：木瓜雪蛤

将水发好的雪蛤择洗干净，将小木瓜横放，切去其上部约 1/3，挖去瓜子成为木瓜盛器。木瓜中放入冰糖水、雪蛤，加木瓜盖，上笼蒸至木瓜粘即可。食用时跟姜汁、椰汁、炼奶、杏仁汁、蜂蜜等。

二、棘皮动物类原料

（一）概述

现存的棘皮动物约 6000 种，分属海百合纲、海参纲、海星纲、海胆纲和蛇尾纲这 5 个纲。本门动物全部生活在海洋中，少数生活在含盐量较低的海水中，我国主要分布于南海，渤海和黄海也有分布。

在棘皮动物中，海参的食用价值最大，且种类最多。海胆的卵也可供食用，用其生殖腺制成的酱为酱类的上品。

（二）主要种类

海参

1. 海参的特征

海参属棘皮海体动物，我国海域均产，以南海出产著名。其外形有的像苦瓜、有的像丝瓜、黄瓜，全身柔软，呈长圆筒状，口在前端，口周围有触须，背面隆起，有 4 ～ 6 行大小不等、排列不规则的圆锥形肉刺。腹面平坦，管足密挤、排列成 3 条不规则的纵带。体色随环境而变化。

2. 海参的种类

海参的种类很多，日常所见均为干货，主要品种如下。

（1）刺参

刺参又名灰参，体圆柱形，一般长 20 ～ 40cm，前端口周围有 20 个触手，背有 4 ～ 6 行肉刺，腹面有 3 行管足，体色有黄褐、绿褐、纯白、灰白等。我国北部沿海出产最多，可以人工繁殖。干品以肉肥厚，味淡，刺多而挺、质地干燥者为佳。

（2）梅花参

梅花参是海参中最大的一种，体长可达约 100cm，背面肉刺较大，每 3 ～ 11 个肉刺基部相连呈花瓣状，故名“梅花参”；又因体如凤梨，故也称“凤梨参”。腹部平坦，开腔平展，管足小而密布，口稍偏于腹面，周围有 20 个触手；背面呈橙色或橙黄色，间有褐色斑点，涨发后视为黑色。盛产于我国西沙群岛一带，品质优，为我国南海所产海参中最好的一种。

（3）方刺参

因体形呈四棱形，每个棱面又有一行圆头小刺，故名方刺参。体色土黄略发红，个头不大，每 500g 有 30 ～ 50 只，主产于广西北海及海南岛一带。

（4）光参

光参又名海茄子、瓜参。因体面光滑无刺而得名，主要产于我国南部海域，有灰褐色、白黄色、暗褐色，口周围有十多个触手，体壁肉质较厚。

（5）克参

克参又名“乌石参”，其体发黑无刺，外皮厚而硬，肉较薄，品质较次。

3. 海参的营养及保健

海参营养丰富，每 100g 海参含蛋白质 14.9g（干品含蛋白质 55.5%），脂肪 0.9g，钙 357mg，磷 12mg，铁 2.4mg 及少许维生素，碘的含量较高，其含有的留醇、三萜醇等对多种霉菌有抑制作用。海参有补肾盖精，养血润燥，镇惊安心，止血消炎，补脑益智等功效，因其功效相似人参，故名“海参”。

4. 海参的烹饪运用

（1）海参的涨发

烹饪上使用到的海参都是干货，因此使用前要经过涨发。其涨发过程是：用清水将海参浸泡 10 小时，然后转放在瓦盆内，每 500g 海参加入石灰 35g 或碱水 15g，加入沸水（以浸没海参为准），加盖焗 3 小时，去清海参本身的臭味。取出海参，用清水漂洗干净，再放入瓦盆内，加入清水，用小火煲焗两小时（以海参全身回软，用刀切时无硬块为准）。取出海参，用剪刀把海参的肚剪开，将肚内砂石洗净，肠留在体内，用冷水浸泡着待用（如不留肠，海参则不耐存放，容易溶化），使用时再去掉海参的肠。

（2）海参的使用

海参肉质软滑中带爽，本身味淡，烹饪上使用较广，如“葱烧海参”“虾子海参”（苏菜）、“鲍汁扣海参”（粤菜）。海参还可以作为辅料。

三、腔肠动物类原料

（一）概述

腔肠动物大约有 900 种，例如水螅、海蜇、海葵等，有些种类常作为烹饪原料使用。腔肠动物可供食用的主要有两类水母：一类是海产的大型水母，如根口水母科的海蜇、黄斑海蜇（*R. hispidum*）、棒状海蜇（*R. rhopalophorum*）以及口冠水母科的口冠海蜇（*Stomolopus meleagris*）；另一类是淡水产的水型水母，如花笠水母科的桃花水母（*Craspedacusta sowerbyi*）。

（二）主要种类

海蜇

海蜇（*Rhopilema esculentum*）产于我国沿海各地，夏秋季是盛产期。

1. 形态特征

海蜇个体分两部，即伞部和口腕部。伞部为个体的上半部，呈半球形，俗称“海蜇皮”；口腕部为伞部的下部分，俗称海蜇头。

2. 营养及保健

海蜇含水丰富，高达 95% 以上，同时还含有少量的蛋白质、钙、镁、铁等营养素，有消滞化食、健脾胃的功效。

3. 海蜇的分类

捕捞海蜇后应立即加明矾和盐压榨，除去水分，洗净后再用盐腌渍。按产地可分为南蜇、东蜇、北蜇。南蜇以福建、浙江所产最好，个大、浅黄色，脆嫩；东蜇产于烟台，肉有沙或肉厚不脆；北蜇产于天津，色白个小，比较脆嫩。

4. 烹饪运用

海蜇在烹饪上以凉拌为多，先把海蜇皮泡洗，去掉杂质和盐分后，切成细丝或块状后，放入开水中略烫，再用清水漂洗，然后加入味料（如盐、味精、糖、辣椒酱、麻油等）拌匀即成“凉拌海蜇”。新鲜海蜇皮有许多沙，去沙方法是：将海蜇皮洗净，滤干水分，然后烧热铁锅，把海蜇皮放入锅中（不用油）炒，由于海蜇皮受热收缩，其沙就从皮上掉下，然后放入清水中漂洗即可。

本章小结

水产原料是烹饪原料中种类非常丰富的类群，在烹饪过程中起着非常重要的作用，同时也是人类优质蛋白质及多种维生素和矿物质的重要来源。通过本章的学习，应该重点掌握各类水产原料的结构特点和烹饪运用的特点，掌握各种水产品的营养特点及饮食禁忌，这样就为科学合理地利用水产原料进行营养配菜打下了坚实的理论基础，从而在烹饪实践中正确地加以运用。同时，还可根据各种水产品的质量标准正确地挑选水产类原料。

课堂讨论

1. 如何进一步科学合理地开发利用水产品？
2. 日常生活中如何选择新鲜的水产品？

复习思考题

1. 如何评价水产品的营养价值？
2. 熟记常见水产品的外形特征。
3. 掌握常见水产品的品质检验方法。
4. 掌握常见水产品的肉质特点及烹饪使用方法。
5. 掌握常见水产品及其制品的质量标准及营养价值。
6. 两栖类原料有什么特点？
7. 爬行类原料有何特点？
8. 蛤士蟆油是什么？怎样进行烹制？
9. 掌握各种爬行类及两栖类原料的烹饪运用特点。
10. 如何区别贝类原料中的腹足类、瓣鳃类和头足类原料？
11. 如何涨发海参？

第三篇　植物性原料

第七章　粮食类原料

本章内容：1. 粮食类原料概述
　　　　　2. 谷类粮食
　　　　　3. 豆类粮食
　　　　　4. 薯类粮食
　　　　　5. 粮食制品
　　　　　6. 粮食的贮存

教学时间：6 课时

教学目的：通过学习本章内容，掌握粮食类烹饪原料的组织结构、营养特性以及食用价值，并根据其特点能在烹饪实践当中正确运用粮食原料

教学方式：利用各种资源查阅资料、制作课件，备课，教师讲解，并通过实验验证这一章的理论教学

第一节　粮食类原料概述

粮食是以淀粉为主要营养成分的、用于制作各类主食的主要原料的统称，主要包括谷类、豆类、薯类以及它们的制品原料。无论从人的营养需求构成，还是从人类饮食历史来看，粮食类都是人类营养基础最主要的食物，是人类膳食的重要组成部分，是人体所需能量的主要来源。因此，粮食是关系国计民生的重要物资。

我国粮食生产的历史悠久，据考古，远在1万年前的新石器时代，人类就已经有了农耕种植业。我国古代传说中的神农氏后稷教稼穑，即说明大约在5000年前，我国已把杂草驯化成作物，培养出不同于杂草的五谷，并掌握了一定的栽培技术。早在6000多年前，已在长江流域种植稻，在黄河流域种植粟。春秋战国时期已有“五谷为养”之说，五谷通常指稻、黍、麦（麦类）、菽（豆类）、粟（谷子）。随着社会经济的不断发展和遗传育种技术的运用，粮食的品种不断增加，粮食的质量也逐渐提高。

一、粮食的分类

粮食的分类方法比较多，通常主要按性质与应用范围来进行分类。

（一）按性质分类

粮食按性质可分为豆类粮食、谷类粮食、薯类粮食以及粮食制品。

1. 谷类粮食

谷类粮食又称为谷类作物，在植物分类上，除荞麦等少数以外，绝大多数隶属于禾本科，如稻、小麦、燕麦、玉米、高粱、粟、黍等。

2. 豆类粮食

豆类粮食在植物分类上都属于豆科植物，如黄豆、大豆、绿豆、蚕豆、扁豆、赤豆等。

3. 薯类粮食

薯类粮食在植物分类上属于不同的科，它们的块根或块茎都含有丰富的淀粉，可作为代粮食物。如马铃薯（土豆）、甘薯（红薯、山芋、白薯）、木薯等。

4. 粮食制品

粮食制品根据加工所用的原料又可分为谷类制品、豆制品、淀粉制品三类。谷类制品（米面制品）如面筋、烤麸、米线、米豆腐等；豆制品如豆腐、豆干、百叶、腐竹、豆沙等；淀粉制品有粉丝、粉条、粉皮、薯粉等。

（二）按粮食的应用范围分类

按其产量和应用范围划分，粮食主要分为主粮和杂粮两类。

1. 主粮

主粮指粮食生产与消费的过程中占主要地位的粮食品种。从全国范围来看，现在的“主粮”主要指稻谷与小麦。但我国地域辽阔，各地的自然条件和粮食作物的生长环境存在很大的差异，粮食作物种类繁多，自古即有“五谷”“六谷”之说，因此，“主粮”是一个相对而言的概念。

2. 杂粮

杂粮一般指粗粮。主要有两种说法：一是指除主粮以外的各种粮食作物的总称；二是除稻谷、小麦以外的各种粮食作物的总称。

我国栽培粮食作物具有悠久的历史，而且长期以农业生产方式为主，故杂粮作物种类繁多。杂粮在人们的食物构成当中占有重要位置，成为主粮不可缺少的补充。由于我国各地自然条件和粮食作物栽培环境的不同，“杂粮”就成了一个广义的概念。

二、粮食的营养成分构成

粮食中的营养成分主要有糖类、蛋白质、维生素、无机盐，还含有少量脂肪及大量食物纤维。

（一）糖类

糖类是谷类的主要成分，平均含量约为70%，而且糖类被人体吸收利用率高，所以是供给人体能量最经济的来源；大豆中含糖比较少；薯类含丰富的淀粉。

（二）蛋白质

大豆含蛋白质35%～40%，其氨基酸组成接近人体的需要。大豆蛋白中含有丰富的赖氨酸、苏氨酸，而赖氨酸、苏氨酸正好是谷类粮食所缺乏的，因此把大豆及其制品与谷类粮食混合食用可明显地提高混合食物的蛋白质营养价值。其他豆类食品，如绿豆、小豆、豌豆、蚕豆等，其蛋白质的含量也明显高于谷类食物，而且含有丰富的赖氨酸；谷类粮食中蛋白质（半完全或不完全蛋白质）含量较高，且谷类在人类膳食中所占比例较大，因此，它们也是人体蛋白质的重要来源。

（三）维生素

谷类是膳食中B族维生素的重要来源，谷胚、谷皮及糊粉层富含B族维生素，其次还含有维生素 A 和维生素 E 等；薯类含有丰富的胡萝卜素和维生素 C、B 族维生素，其维生素 C 的含量可与柑橘相媲美。

（四）无机盐

谷类中含无机盐为 1.5% ～ 3%，大部分集中在谷皮、糊粉层和胚中。几乎人体所需的无机盐大部分可以从谷类中获得。甘薯中含钙、磷、钾、镁等无机盐类。马铃薯所含无机盐以钾的含量最多，其次是磷、钙等。

（五）脂肪

豆类食品含有的脂肪最多，大豆油是世界上产量最多的油脂，含有大量的亚油酸。亚油酸为不饱和脂肪酸，是人体必需的脂肪酸，具有重要的生理功能。

三、粮食的烹饪应用

粮食在烹饪中的应用范围很广，主要包括以下几个方面：作为制作菜肴的主料或配料，可以丰富菜品的种类，例如面筋、粉条、淀粉和各种豆制品等；可加工生产多种调味品，例如酱油、味精、米醋、醪糟和各种调味用酒；用于制作主食，例如南方的米饭、各种稀饭、北方的馒头、面条、饺子等；制作各种地方特色糕点小吃，如扬州的三丁包子、北京的窝窝头、天津的麻花、新疆的馕饼以及兰州的牛肉面、甘露酥、糯米糕、特色月饼等；粮食还是烹饪用淀粉的主要来源。

第二节　谷类粮食

谷类粮食又称谷类作物，是将植物成熟的果实收获后经去壳、碾磨等加工程序而成为人类基本食粮的一类作物。其中，大多数属于禾本科植物，如稻、小麦、大麦、燕麦、黑麦、玉米、高粱、粟、黍（稷）、薏苡等。但蓼科的荞麦、藜科的藜谷以及苋科的苋谷等，因其用途与禾本科粮食相似，习惯上也列入谷类粮食，或称为“假谷类”。

一、谷类粮食的结构特点

禾本科植物的果实属于颖果，如稻、小麦、大麦、燕麦、黑麦、玉米、高粱、粟米、黍（稷）、薏苡等。它们的基本结构都大致相同，一般都由谷皮、糊粉层、胚乳和胚四部分组成（图 7–1）。

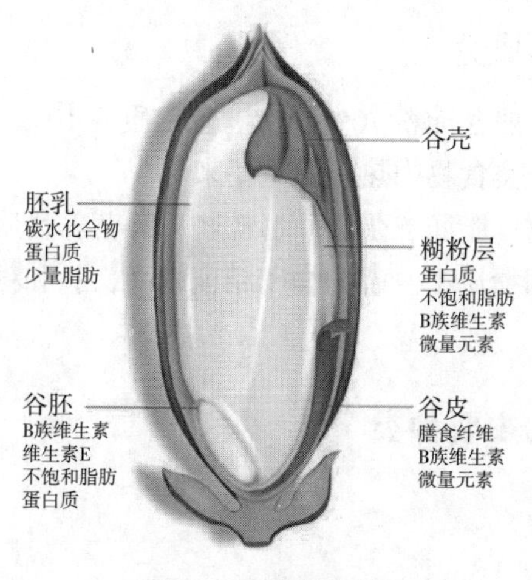

图 7–1　谷粒的结构

（一）谷皮

谷皮包括果皮与种皮两部分，也称为表皮或糠皮，位于谷粒的外部，由坚实的木质化细胞组成，对胚、胚乳起保护作用。其中含有多量纤维素，并含有脂肪、蛋白质、矿物质、维生素和色素等成分。种皮对于谷物的贮藏具有重要意义，去皮后的谷物一旦贮存在通常条件下，变质的速度就会大大加快。

（二）糊粉层

糊粉层由大型多角细胞组成，位于谷皮和胚乳之间，与谷皮联结紧密，加工时大部分常随谷皮碾去，除含有较多的纤维素外，还含有蛋白质、脂肪和维生素。

（三）胚乳

胚乳由许多胚乳细胞构成。胚乳位于谷粒的中部，是种子储藏营养物质的主要场所。胚乳含大量的淀粉和一定量的蛋白质、矿物质及维生素。

（四）胚

胚位于谷粒的下部，胚对于种子来说是最重要的部分，是种子发芽生根的生命中枢，主要由胚根、胚轴、胚芽和子叶四部分组成。胚中含有大量蛋白质，并含有脂肪、矿物质、维生素和纤维素、可溶性糖等成分。这部分成分因为与贮藏、加工或口感的要求有些矛盾，所以在谷物精加工时，往往和种皮一起作为糠麸被除去。

二、谷类的营养成分

谷类粮食的籽实一般含淀粉70%以上，蛋白质约10%，并含一定量的脂肪、维生素和矿物质，是人类食物中热量的主要来源。

谷类的碳水化合物、脂肪、蛋白质、矿物质等营养物质主要集中在胚乳；维生素主要集中在胚及糊粉层中。谷物加工精度越高，胚和糊粉层被碾去越多，其维生素损失也就越多。

三、谷类粮食的主要种类

（一）稻谷和大米

1. 稻谷

稻谷（*Oryza sativa*）为禾本科草本植物栽培稻的果实，包括颖（稻壳）及颖果（糙米）。生长于热带和亚热带地区，以亚洲为主要产地，为世界的重要粮食作物之一，全世界约一半的人口以稻谷为主食。

我国为稻的原产地之一，种植历史极其悠久。水稻在我国至少已有7000年的栽培历史。主要集中在长江流域和珠江流域，华北地区与东北地区，我国的水稻产量占世界总产量的三分之一以上，居世界第一位，并且有许多名贵品种，如广东的“丝苗米”、福建的“过山香”、云南的“紫米”、湖南的“乌山大米”、湖北的“御谷”、江西的“贡米”、北京的“京西稻”、天津的“小站米”、四川的“寸谷”、山东的“香稻米”、山西的“晋祠大米”、江苏的“鸭血糯”，以及上海和浙江一带的“薄稻米”和“老来青”等。这些品种不仅品质好，而且在国内外市场上享有盛誉。

稻的品种很多，按形态特征、生理特征和品种亲缘关系的差异，分为籼稻、粳稻、糯稻；按对光照长短的反应和发育期的长短，分为早稻、中稻、晚稻；按对土壤水分的适应性，分水稻、深水稻和旱稻。水稻属于自花授粉作物，一般不能杂交生育，但20世纪70年代，以袁隆平院士为代表的我国科学家利用自然的水稻雄性不育株，培育出在提高单产、抗倒伏和抗病虫害等方面具有明显优势的杂交水稻品种，为人类的粮食生产作出了巨大的贡献。

我国按生长期和外观的差异，将稻谷分为早籼稻谷、晚籼稻谷、粳稻谷、籼糯稻谷、粳糯稻谷等五类。

（1）早籼稻谷

生长期较短、收获期较早的籼稻谷。一般米粒腹白较大，角质粒较少。

（2）晚籼稻谷

生长期较长、收获期较晚的籼稻谷。一般米粒腹白较小或无腹白，角质粒较多。

（3）粳稻谷

粳型非糯性稻谷的果实。籽粒一般为椭圆形，米质黏性较大胀性较小。

（4）籼糯稻谷

籼型糯性稻谷的果实。糙米一般呈长椭圆形或细长形，米粒呈乳白色，不透明，也有呈半透明状（俗称阴糯），黏性大。

（5）粳糯稻谷

粳型糯性稻谷的果实。糙米一般呈长椭圆形或细长形，米粒呈乳白色，不透明，也有呈半透明状（俗称阴糯），黏性大。

稻的果实为颖果。带内外稃的通称“稻谷”；除去内外稃的通称“米粒（糙米）”；内外稃通称“谷壳”。果皮、种皮和糊粉层合称“糠层（皮层）”，碾米时将内外稃和糠层连同胚一同剥离，成为“精大米”。种皮有黄、红、紫黑等颜色，是区别品种的重要标志。

2. 大米

大米是稻谷经脱壳碾去糠皮所得成品粮的统称。

（1）品种与产地

大米的分类与稻谷的分类有密切关系。我国通常把大米分为籼米、粳米和糯米三类。

①籼米。籼米系用籼型非糯性稻谷制成的米。米粒粒形呈细长或长圆形，长者长度在 7mm 以上，蒸煮后出饭率高，黏性较小，米质较脆，组织细密。我国广东省生产的齐眉、丝苗和美国的蓝冠等均属长粒米。

②粳米。粳米是用粳型非糯性稻谷碾制成的米。米粒一般呈椭圆形或圆形。米粒丰满肥厚，横断面近于圆形，长与宽之比小于2，颜色蜡白，呈透明或半透明，质地硬而有韧性，煮后黏性油性均大，柔软可口，但出饭率低。粳米主要产于我国华北、东北和苏南等地。著名的天津小站米、上海白粳米等都是优良的粳米。粳米产量远比籼米低。

③糯米。糯米又称江米，呈乳白色，不透明，煮后透明，黏性大，胀性小，一般不做主食，可作酿酒的原料。

（2）质量标准

籼米一般是透明或半透明，腹白较小，硬质粒多，油性较大，质量较好。煮后软韧有劲而不黏，食味细腻可口，是籼米中质量最优者。

粳米根据收获季节，分为早粳米和晚粳米。早粳米呈半透明状，腹白较大，硬质粒少，米质较差。晚粳米呈白色或蜡白色，腹白小，硬质粒多，品质优。

籼糯米粒形一般呈长椭圆形或细长形，乳白不透明，也有呈半透明的，黏性大；粳糯米一般为椭圆形，乳白色不透明，也有呈半透明的，黏性大，米质优于籼粳米。

籼米、粳米和糯米的特点比较见表 7–1。

表 7–1 籼米、粳米和糯米的特点比较

种类	粒形和色泽	硬度	黏性	胀性（出饭率）	烹饪加工特点
籼米	粒形细长，横断面为扁圆形灰白色、半透明	硬度中等	黏性小	胀性最大，出饭率最高	多用于制作饭、粥，用籼米粉调制的粉团可发酵使用
粳米	粒形短圆，横断面近圆形，色泽蜡白，透明或半透明	硬度高	黏性低于糯米	胀性和黏性小于籼米，大于糯米	多用于制作饭、粥，用粳米粉调制的粉团一般不作发酵使用
糯米	粒形短圆或细长，色泽乳白，不透明	硬度低	黏性最大	胀性小，出饭率低	多用于制作糕点小吃，用糯米粉调制的粉团一般不作发酵使用

大米的质量在很大程度上取决于它的食用价值。对不同的品种来说，主要取决于大米煮后的黏度、硬度、口味和出饭率等；就同一品种而言，大米的品质由米的粒形、米的腹白及米的新鲜度所决定。

直链淀粉的含量被认为是影响大米蒸煮食用品质的最主要因素，其含量越高，米饭的口感越硬，黏性越低；相反，支链淀粉高的大米饭软黏可口。但这一影响只限于一定的范围，如直链淀粉含量相近的早籼米和晚籼米，米饭质地有明显差异。研究发现米饭的黏度与胚乳细胞的细胞壁强度有关。即蒸煮时，如果米粒外层胚乳细胞容易破裂，糊化淀粉就较多溢出，分布在米粒表面，增加了黏性。籼米胚乳细胞壁较厚，因此其米饭散而不黏。

（3）几种特殊品种稻米

①黑米。黑米是由禾本科植物稻经长期培育形成的一类特色品种。籼稻和糯稻均有黑色品种，其中黑糯米也分籼米型和粳米型两类。黑米又称紫米、墨米等，米粒外观呈黑紫色，糊粉层紫褐色、紫黑色或黑色，胚乳呈白色，极少数品种胚乳呈黑色。

黑米的品种较多，名产主要有：陕西洋县黑米、广西东兰墨米、云南墨江紫米、江苏常熟鸭血糯、贵州惠水黑糯米等。

黑籼米黏性较小，必要时须与糯米配用；黑糯米黏性与糯米相同，烹煮时可添加适量普通米来调节黏度。黑米可直接用于煮粥、做饭，也可与其他原料配合制作黑米八宝饭、黑米八宝粥、黑米八珍汤等，还可制作菜肴如黑米炖鸡、黑米八宝鸡、黑米丸子等，此外还可以用于酿制黑米酒。黑米的营养成分比普通稻米高，每 100g 约含蛋白质 11.43g，脂肪 3.48g，其他如精氨酸、赖氨酸等人体必需的氨基酸等含量也较高。清代以前曾被作为朝廷贡米。

②香米。香米是由禾本科植物稻经长期培育形成的一类特色品种。与传统的稻米相比较，烹煮后有浓郁的香味。香米的品种较多，比较著名的有我国陕西的香米、安徽的夹沟香稻、湖南的江永香米、福建的过山香、云南景谷县的大香糯、日本的“Basmati”、美国的“Della”等。

香米色白而半透明，质地较糯，清香扑鼻，可作饭、粥，也可作年糕、糍粑和酿制米酒。香米不仅具有香味，也具有较高的营养价值，且存放不易变质。

（4）营养与保健

大米含有丰富的碳水化合物，能够被机体迅速氧化分解，在短时间内释放大量的热量，是供给机体热量的主要来源。大米含的蛋白质较少，并且十分缺乏赖氨酸、色氨酸。大米含有高质量的不饱和脂肪酸、纤维素和维生素 E，但含量极少，缺乏维生素 C、维生素 D 和维生素 A，胡萝卜素的含量也很少，钙含量较高但不易被人体吸收。因此，大米与其他食物搭配食用，营养才更全面。中医认为大米性味甘平，有补中益气、健脾养胃、益精强志、和五脏、通血脉、聪耳明目、止烦、止渴、止泻的功效。大米是老弱妇孺皆宜的饮食。病后脾胃虚弱或有烦热口渴的病人更为适宜。

（5）烹饪应用

大米是人们日常生活中不可缺少的食物。主要用于主食的制作，如煮稀饭、蒸米饭等，糯米多用制作糕点、粽子、元宵等。

烹调实例：扬州炒饭

将虾仁洗净后加入盛器中，用蛋清、生粉、盐搅拌上浆待用；用旺火将锅烧热，放入植物油滑锅后，放入小虾仁过油至熟捞出，再放入熟火腿丁、熟鸡丁、青豆过油捞出；另起锅，锅内入冷猪油 30g，放入打散的蛋液炒至八成熟时，放入过油的小虾仁、熟火腿丁、熟鸡丁、青豆和米饭炒散、放入盐、胡椒粉、味精将米饭炒匀，出香味时，撒上葱花即可。

（二）小麦和面粉

1. 小麦

小麦（*Triticum aestivum*）为禾本科植物。是世界上分布最广泛的粮食作物，分布于北半球的温带地区。其播种面积为各种粮食作物之冠，是重要粮食之一。我国生产小麦历史悠久，小麦的主要生产区为河南、山东、甘肃、河北、安徽、湖北、四川、江苏等地区。

（1）小麦籽粒结构

小麦籽粒主要由皮层、胚和胚乳三部分组成。皮层占麦粒质量的 11.7%～14.5%，其中主要成分为纤维素和半纤维素，并且含有较多的植酸等抗营养物质。所以在小麦加工制粉时均去除麸皮，否则会影响面粉的品质。皮层中的糊粉层占麦粒质量的6.7%～7.6%。糊粉层中含有较丰富的蛋白质、脂肪和维生素等营养物质，同时也含有大量的植酸和较高的灰分，其食用品质较差。根据面粉加工精度的不同，其磨入小麦面粉中的量也不同。

胚是小麦籽粒独立部分，约占小麦质量的2%。胚是新生一代植株的幼芽，含有丰富的营养成分。胚中不仅含有丰富的蛋白质、脂肪和糖类，而且集中了全麦粒64%左右的维生素 B_1 和26%的维生素 B_2。此外，麦胚中还含有维生素E、胆碱、甾醇、磷脂等对人体有益的物质。但由于胚中几乎集中了小麦籽粒中100%的酶，其生理活性很强，加上脂肪、色素含量高，所以如果把胚磨入小麦面粉中，会影响粉色，增加酸度，加速小麦粉变质。一般在制粉时把麦胚单独分离，用于生产高级营养食品，如麦胚粥等。

胚乳也称为“麦心”，是由充满淀粉粒的薄壁细胞组成。胚乳质量占小麦籽粒质量的81.4%～84.1%，它是小麦制面粉的主要部分。胚乳的主要成分是淀粉，约占胚乳质量的75%；其次是蛋白质，约占胚乳质量的10%；此外还有可溶性糖、脂肪、矿物质和维生素。同一粒小麦中不同部位的胚乳细胞结构及营养成分也有差别。越接近皮层的胚乳，含维生素越丰富，但细胞壁越厚，灰分含量越高，磨成面粉食用品质较差；越接近心部的胚乳，面筋质含量越多，细胞壁越薄，淀粉粒越细，磨成的小麦面粉食用品质也越好，但维生素含量较低。根据胚乳中蛋白质的含量及胚乳结构紧密程度，小麦胚乳可分角质胚乳和粉质胚乳两类。角质胚乳结构紧密，呈半透明状；粉质胚乳结构疏松，呈石膏状。

（2）小麦品种特征

小麦的生物种和品种都非常多。人类栽培的小麦的“生物种”主要有普通小麦（*Triticum aestivum*）、圆锥小麦（*Tr. turgidum*）、硬粒小麦（*Tr. durum*）、东方小麦（*Tr. turnaicum*）、波兰小麦（*Tr. polonicum*）、密穗小麦（*Tr. compactum*）等。其中，以普通小麦栽种最为普遍，其品种较多，按播种季节不同分为春小麦和冬小麦；按麦粒粒质可分为硬小麦和软小麦；按麦粒颜色可分为白小麦、红小麦和花小麦。

2. 面粉

小麦经过磨制加工后，即成为面粉，也称为小麦粉。

（1）面粉的化学成分及营养价值

面粉中所含营养物质主要是淀粉，其次还有蛋白质、脂肪、维生素、矿物质等。

①碳水化合物。碳水化合物是小麦主要化学成分，约占麦粒重的70%，其中淀粉占绝大部分，还有纤维、糊精以及各种游离糖和戊聚糖。其中小麦粗纤维大多存在于麸皮中，虽不能为人体吸收，但作为功能因子有整肠作用，对预防心血管疾病、结肠癌等有一定效果。然而，粗纤维多的面粉由于加工性和口感较差，精制面粉一般将其去除到较低程度。出于健康考虑，粗纤维多的全麦粉也有一定

市场。戊聚糖在小麦胚乳中只有 2.2% ～ 2.8%，虽不能消化，但对面团的流变性质影响很大。研究表明，它有增强面团强度，防止成品老化的功能。

②蛋白质。小麦的蛋白质含量（干重）最低 9.9%，最高 17.6%，大部分为 12% ～ 14%。小麦中的蛋白质主要可分为：麦醇溶谷蛋白（麸蛋白，约占蛋白质 33.2%）、麦谷蛋白（占 13.6%）、麦白蛋白（清蛋白类，占 11.1%）、球蛋白（占 3.4%）4 种，其余还有低分子蛋白和残渣蛋白。

麦醇溶谷蛋白和麦谷蛋白不溶于水，具有其他动植物蛋白所没有的特点：遇水能相互黏聚在一起形成面筋质，因此也叫面筋蛋白。这是其他任何谷物都不具备的蛋白，也是小麦粉加工性的最大优势。麦白蛋白和球蛋白易溶于水而流失。麦谷蛋白分子质量大，以分子间—S—S—键组合而成，麦醇溶谷蛋白则以分子内的—S—S—键组合而成。两种蛋白都含有相当多的半胱氨酸，使分子内和分子间的交联比较容易。麦醇溶谷蛋白有良好的伸展性和强的黏性，但无弹性，麦谷蛋白富有弹性但无伸展性。这两种蛋白质经吸水膨润，充分搅拌后，相互结合成具有充分弹性和伸展性的面筋，分子在膨润状态下接触，形成网状结构，而淀粉就充填在面筋的网状组织内。判断面粉加工性能的好坏，不仅要看面筋蛋白的数量，更要看其质量。小麦粒糊粉层和外皮的蛋白质含量虽然高，但由于面筋质差，所以加工性差，麦粒靠近中心部分，蛋白质含量虽低，但其加工品质好。湿面筋量不仅与蛋白质有关，而且与面团静置时间、洗水温度及酸度等因素有关。面团静置时间长，洗水温度 25℃左右，酸度低，面筋的产出率就高。此外，盐对面筋有增强其弹性和坚韧性的作用，可使面团抗张力提高。盐又是面粉中淀粉酶的活化剂，能提高淀粉转化率，并能抑制菌类繁殖和杀菌。

面筋质在面团中的作用主要为：加强面团的筋力，使制成的食品有弹性，切片不碎；保留气体和控制膨胀，使食品保持均匀一致的性状；增强食品质构，吸收和保持水分，使食品疏松美观，延长保存期。

小麦蛋白质的氨基酸组成中，赖氨酸含量少，是限制氨基酸。

③脂质。小麦的脂质主要存在于胚芽和糊粉层中，含量为 2% ～ 4%，多由不饱和脂肪酸组成，易氧化酸败，所以在制粉过程中一般要将麦芽除去。小麦粉脂质含量约 2%，其中约一半为脂肪，其余有磷脂质和糖脂质，它们在面团中和面筋质结合，对加工性有一定影响，特别是卵磷脂可使面包柔软。

④矿物质。小麦或面粉中的矿物质（主要有钙、钠、磷、铁、钾等）以盐类形式存在，含量丰富，例如钙、铁、钾等含量比大米高出 3 ～ 5 倍。将小麦或面粉完全燃烧之后的残留物绝大部分为矿物质盐类，这部分也叫灰分。等级不同的面粉中的灰分少则 0.3%，多则 3.0%，灰分大部分在麸皮中，灰分越少面粉越白，因此小麦粉的等级划分也往往以灰分量的多少为标准，以表示去除麸皮的程度。

⑤维生素。小麦和面粉中主要的维生素是 B 族维生素和维生素 E，维生素 A

含量很少，几乎不含维生素 C 和维生素 D。大部分的维生素在皮和胚芽中，因此越是精白面粉维生素含量越少，但即使如此也比精白大米维生素含量要高。

⑥酶类。面粉中的酶类主要有淀粉酶、蛋白酶和脂肪酶 3 种。

淀粉酶中有 α- 淀粉酶和 β- 淀粉酶，这两种酶可以使一部分淀粉水解转化成麦芽糖，是酵母发酵的主要来源。α- 淀粉酶能将可溶性淀粉转化为糊精，改变淀粉的胶性，从而影响焙烤中面团的流变性，可改善面包的品质。正常的面粉内含有足量的 β- 淀粉酶，而 α- 淀粉酶一般在小麦发芽时才产生。在良好的贮藏条件下小麦几乎不发芽，因而 α- 淀粉酶含量很少。为此在制作面包的面粉中常添加适量的麦芽粉或含有 α- 淀粉酶的麦芽糖浆。但是小麦收获季节受雨或受潮引起麦穗发芽，会使 α- 淀粉酶异常增加，严重影响小麦粉的质量。

小麦中的蛋白酶包括直接分解天然蛋白质的蛋白酶和分解蛋白质中间产物的多肽酶两种。蛋白酶一般处于无活性状态。但有还原型的谷胱甘肽和半胱氨酸存在时，对蛋白酶具有激活作用，使蛋白酶活性大大增强。一般在新小麦制成的面粉中蛋白酶含量较高。蛋白酶的作用使面粉发酵后变得稀松，制得的馒头、面包易开裂，并且弹性下降，僵硬，体积小。因此，在新面粉中常添加改良剂，如维生素 C 等，以改变这种情况。含面筋量高的面粉，如强力粉，经发酵后面筋弹性大，成品收缩变形，不酥松，表面起大泡，这种情况可以适当添加蛋白酶，可收到良好的效果。

（2）面粉的分类

根据加工精度的不同，小麦粉分为普通粉、标准粉和特制粉三类，各面粉的营养成分和消化吸收率都不相同。我国小麦粉的质量标准见表 7-2。

①普通粉。普通粉是提取了少量麦皮，加工精度符合普通粉等级标准的小麦粉。普通粉是我国现行质量标准中加工精度较低的小麦粉。从营养角度来看，普通粉中维生素及矿物质等营养物质含量较高，灰分不超过 1.25%，面筋质不低于 22%。但由于加工较粗，普通粉含有大量的粗纤维、植酸和灰分，因而使小麦粉的口感粗糙，影响食用品质，而且会妨碍人体对蛋白质、矿物质等营养素的消化和吸收。

②标准粉。提取了绝大多数的麦皮，加工精度符合国家规定的标准粉等级的小麦粉称为标准粉。在生产标准粉时，一方面清除了绝大部分的麦皮和糊粉层，基本上消除了粗纤维和植酸对小麦粉的消化吸收率的影响；另一方面，标准粉中加入了富含多种维生素和矿物质的外层胚乳和部分糊粉层。所以标准粉不仅出粉率较高，而且营养全面，纤维素含量适中，有益于人体健康。标准粉面筋质不低于 24%，灰分不超过 1.25%，用其制作面食时，面团的发酵能力以及面筋的弹性和延伸性都不如特制粉，其食用品质和人体消化吸收率也不如特制粉。

③特制粉。特制粉又称精白粉、富强粉。它是提取了全部麦皮、糊粉层及麦胚，用小麦胚乳的心部磨制而成，符合国家规定的特制粉等级标准的小麦粉。特制粉

几乎完全消除了粗纤维和植酸对人体消化吸收率的不良影响，并且灰分含量低，不超过0.75%；粉粒细；面筋质含量高，不低于26%；弹性强，延伸性和发酵性能好；适于生产各种高级食品。用特制粉加工成的食品色泽白、口感好、食味美、消化吸收率最高，适合老、弱、妇、婴及病人食用。但特制粉中矿物质和维生素的含量比标准粉低，特别是维生素 B_1 的含量远远不能满足人体的正常需要。长期以特制粉为主食时，若不注意补充上述营养素的不足，可因维生素缺乏而导致维生素 B_1 缺乏症等病。

表 7-2　我国小麦粉的质量标准（GB 1355—86）

<table>
<tr><th>等级</th><th>加工精度</th><th>灰分（%）（以干物计）</th><th>粗细度（%）</th><th>面筋质（%）（以湿重计）</th><th>含砂量（%）</th><th>水分（%）</th><th>脂肪酸值</th><th>气味口味</th></tr>
<tr><td>特制一等</td><td rowspan="4">按实物标准样品对照检验粉色麸星</td><td>< 0.70</td><td>全部通过CB36号筛，留存在CB42号筛的不超过10%</td><td>> 26.0</td><td rowspan="4">< 0.02</td><td rowspan="2">≤ 14.0</td><td rowspan="4">< 80</td><td rowspan="4">正常</td></tr>
<tr><td>特制二等</td><td>< 0.85</td><td>全部通过CB30号筛，留存在CB36号筛的不超过10%</td><td>> 25.0</td></tr>
<tr><td>标准粉</td><td>< 1.10</td><td>全部通过CQ20号筛，留存在CB30号筛的不超过20%</td><td>> 24.0</td><td rowspan="2">≤ 13.5</td></tr>
<tr><td>普通粉</td><td>< 1.40</td><td>全部通过CQ20号筛</td><td>> 22.0</td></tr>
</table>

注：灰分、面筋质、含砂量、水分均以质量分数（%）计。

根据使用目的的不同，在等级粉的基础上加入食用增白剂、食用膨松剂、食用香精及其他成分，混合均匀，制成的面粉称为专用粉。专用粉按面粉的特点大致分为两类：一类是用蛋白质含量高的小麦加工而成，如面包粉、面条粉、水饺粉等；另一类是用淀粉含量高的小麦加工而成，如饼干粉、汤用粉、自发粉等。

①面包粉。用蛋白质含量较高的硬质小麦加工而成，或者用硬质小麦与部分中硬质小麦混合加工而成。蛋白质含量较高，通常为10.8% ～ 11.3%，该面粉发酵质量高，发酵后的面团蓬松多孔，富有弹性，用于制作面包，制成的面包松软而富有弹性、体积大、结构细密而均匀。

②面条粉。用蛋白质含量高的硬质小麦磨制而成，是一种主要用于面条加工的特制面粉，筋力强，弹性好，耐煮，耐嚼。

③水饺粉。用蛋白质含量高的优质小麦磨制而成。粉质洁白细腻，面筋含量高，调制的面团具有良好的韧性与延展性，制作的水饺皮皮薄、耐煮、不糊汤，也可用于制作馄饨、面条。

④饼干、糕点面粉。选用淀粉含量高的软质小麦加工而成。这种粉的蛋白质含量为 8.5% ～ 9.5%，面粉颗粒细腻，是一种为制作饼干、糕点所特制的面粉，制作出的制品结构细密均匀，具有松脆的口感。

面粉的质量与面粉的颜色、面粉中杂质的含量、水分的含量、面筋质的含量及面粉的新鲜度有关。质量好的面粉颜色白，麸皮含量少，杂质含量低，面筋质的含量高，水分含量在 13.5% ～ 14.5% 范围内，新鲜度高。

（3）营养与保健

面粉中含有淀粉 53%～ 70%，蛋白质 11%，可溶性糖 2%～ 7%，糊精 2%～ 10%，粗纤维 2%及脂肪（主要是油酸、亚油酸、棕榈酸、硬脂酸的甘油酯），还含有少量谷甾醇、卵磷脂、精氨酸、淀粉酶、蛋白分解酶和少量的维生素 B、维生素 E。中医认为小麦味甘，性凉，有养心安神、益肾、除热止渴的功效。适宜心血不足、失眠多梦、心悸不安、多呵欠、喜悲伤欲哭、癔症之人食用。患有脚气病、末梢神经炎者宜食小麦；体虚自汗盗汗多汗者，宜食浮小麦；也适宜妇人回乳时食用。

（4）饮食禁忌

患有糖尿病者，适当忌食。《本草纲目》中有：小麦面畏汉椒、萝菔。《饮食须知》中有：勿同粟米、枇杷食。

（5）烹饪运用

面粉在烹饪中的运用极为广泛：可制作主食，如面条等；可作为烹制菜肴的原料，如各类挂糊菜；制作糕点，如扬州的三丁包子；制作小吃，如江苏淮安的麻油馓子。

烹调实例：兰州牛肉面

将 1000g 的面粉用 500g 水与 100g 蓬灰水，和成软硬适中的面团，经过反复揉搓与抽条，利用双手的巧妙配合，拉成均匀的、直径为 0.3cm 的细面条，调上特制的红辣椒、香菜、牛肉，浇上牛肉原汤即成。此为西北地区特有的风味食品。

其他谷类粮食

（三）其他谷类粮食

其他谷类粮食的品种及特点，扫描二维码查看。

第三节　豆类粮食

一、豆类粮食的结构特点

豆类粮食种类繁多，但均属于豆科植物，种子的结构基本相同，主要由种皮、胚和子叶三部分组成（图 7–2）。

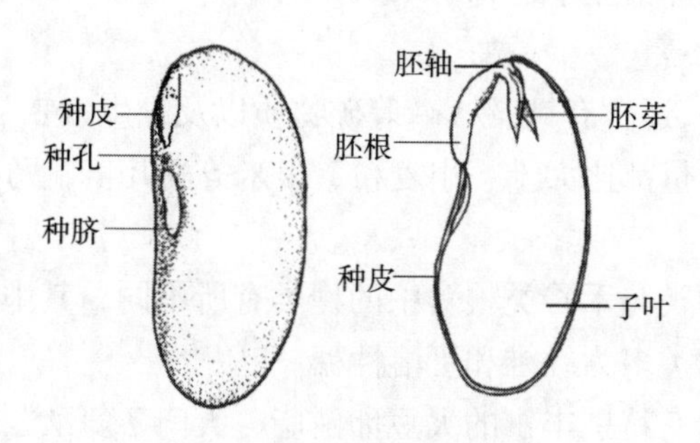

图 7–2　豆类的种子

1. 种皮

位于种子的最外层，种皮的颜色有黄、青、黑、褐色及杂色，是区别不同品种豆类的重要标志，种皮由角质层、栅状细胞、柱状细胞、海绵细胞等多层结构组成。种皮质量占种子总质量的 3%左右。其主要化学成分为纤维素、半纤维素、蛋白质。种皮具有保护种子胚和子叶的作用。

2. 胚

豆类种子的胚位于子叶的基部，由、胚芽、胚轴和胚根构成。这类作物种子成熟时，其胚乳退化，子叶是贮藏营养物质的部位，故豆粒显得非常肥厚，营养丰富。胚较小，其质量只占种子总质量的 2%左右。

3. 子叶

大豆为双子叶植物。子叶即俗称的“豆瓣”，被称为大豆种子的“营养仓库”。子叶体积大，其重量约占全种子质量的 90%。

二、豆类的营养成分

1. 蛋白质

大豆的蛋白质含量一般为 35%～40%，少数品种为 20%～30%，而黑大豆高达50%。大豆蛋白质的质量较好。豆类蛋白质的氨基酸组成接近人体的需要，其组成比例类似动物蛋白质。大豆蛋白质中含有 17 种氨基酸，其中人体必需的 8 种氨基酸的含量均较丰富。除了蛋氨酸、缬氨酸的含量较少之外，其余的必需氨基酸均达到了或超过世界卫生组织的推荐值，尤其是在谷类物中缺乏的赖氨酸在豆类中含量较高。此外苏氨酸的含量也较多，这是大豆蛋白质的一个重要优点。

2. 油脂

大豆含有丰富的油脂，其中以不饱和脂肪酸居多。其组成是：棕榈酸 2.4%～6.8%、硬脂酸 4.4%～7.3%、花生油酸 0.4%～1.0%、油酸 32.0%～35.6%、亚油酸 51.7%～57.0%、亚麻酸 2%～10%，其中不饱和脂肪酸达 86.1%以上。此外大豆中还有约 1.64%的磷脂。

3. 矿物质和维生素

大豆除蛋白质外,还含有钙、铁、磷等矿物质以及维生素 B_1、烟酸、维生素 D 等。大豆内这些物质的含量都比大米、小麦粉、玉米等高几倍，乃至几十倍。

4. 糖类

大豆中含有的糖类与禾谷类粮食中的糖类有所不同，其中的淀粉含量较低或几乎不含淀粉。其糖类多为纤维和可溶性糖。

另外大豆中还含有特别丰富的大豆卵磷脂、天门冬氨酸、谷氨酸、胆碱、豆固醇等特殊的营养物质。

三、豆类粮食的主要种类

（一）大豆

大豆（*Glycine max*）古称戎菽、菽、戎豆、荏菽，是豆科一年生草本植物。为主要的粮食粮食作物之一。

（1）形态特征

大豆的荚果长圆形，密布棕色茸毛，黄绿色。种子有圆形与椭圆等形状，嫩时绿色，老熟后呈黄、青、紫、褐、黑等颜色。

（2）品种和产地

大豆根据种皮的颜色主要分为黄大豆、青大豆、黑大豆三类。

①黄大豆。可细分为白黄（白大豆）、淡黄、深黄、暗黄四种。有辽宁的大粒黄、黑龙江的小黄粒及大金鞭等。中国大豆绝大部分为黄大豆。

②黑大豆。包括黑皮青仁大豆、黑皮黄仁大豆；细分为乌黑、黑两种。山西的太谷小黑豆、五寨小黑豆，广西柳江黑豆、灵川黑豆等。

③青大豆。包括青皮青仁大豆、青皮黄仁大豆；细分为绿色、淡绿色、暗绿色三种。如广西小青豆，大部分地区产大青豆。褐大豆：细分为茶色、淡褐色、褐色、深褐色、紫红色等。有广西、四川的小粒褐色泥豆，云南酱色豆、马科豆，湖南的褐泥豆。

大豆在我国大部分地区都有出产，其中以东北所产质量最佳。

（3）营养及保健

每 100g 大豆可食部分含蛋白质 36.3g，脂肪 13.4g，碳水化合物 25g，钙 367mg，磷 571mg，铁 11mg，胡萝卜素 0.4mg，硫胺素 0.79mg，核黄素 0.25mg，烟酸 2.1mg。还含有卵磷脂，大豆皂醇家族中的 A、B、C、D、E 等各种物质。豆类与谷类搭配食用，能提高混合食品蛋白质的营养价值。大豆含有多种人体必需的氨基酸，对人体组织细胞起到重要的营养作用，可以提高人体免疫功能；黄豆中的卵磷脂可除掉附在血管壁上的胆固醇，防止血管硬化，预防心血管疾病，保护心脏；大豆中含有一种抑胰酶的物质，对糖尿病有治疗效果。中医认为大豆性味甘平，有益气养血，健脾宽中，润燥行水，通便解毒等功效。

（4）饮食禁忌

不宜多食炒豆，多食臃气，生痰，动咳，令人身重。大豆的蛋白质接近于完全蛋白质，但在氨基酸的组成中蛋氨酸、半胱氨酸的含量不能满足人体的需要，能影响蛋白质的消化率。食用大豆或豆制品时要充分煮熟，即可消除对人体的不良影响，提高其蛋白质的消化率。

（5）烹饪应用

大豆在烹饪中用途非常广泛。可制作糕点小吃：将大豆磨粉掺入米、面粉中制作三合泥、窝窝头、特色馒头、花卷等，或炒香磨粉作糕团裹用的豆面，如糍粑、驴打滚和凉糕等裹上豆面，既可分离不粘连，又增加香气。也是常用的大众蔬菜：黄豆炒香可作渍糖醋黄豆、鱼香黄豆等；可直接与猪肘、猪蹄、排骨等同炖、烧、煨制成菜；可加工成豆制品后作蔬菜使用，如豆芽、豆筋、豆皮、豆腐等。也可发酵制作传统调味品酱油、豆酱和豆豉等；更是提炼食用油脂的良好原料。近年来已经成为解决世界蛋白质资源不足的主要产品，如制成人造肉、纤维蛋白、豆奶等，此外也可用于制作食品发泡剂、香肠的油脂分散剂等。

烹调实例：大豆烧鸡肫

准备黄豆 50g，鸡肫 500g，酱油 25mL，黄酒 20mL，白糖 10g，桂皮、大茴香、葱、姜各适量，清汤 500mL。先将鸡肫剖开，去净污物，剥去肫皮，洗净，放入开水中氽一下捞出，撕去筋膜，洗净，再将清汤倒入锅中，加入黄豆、味精、鸡肫等，用旺火烧开后，转入小火烧 1 小时，至鸡肫酥烂捞起，切片装盘。此菜具有益气健脾，消食和中的功效。适用于脾胃虚弱，食积不化，脘腹胀满，食欲不振等病症。

（二）其他豆类粮食

其他豆类粮食的品种及特点，扫描二维码查看。

其他豆类粮食

第四节　薯类粮食

一、薯类粮食概述

薯类粮食是指以富含糖类的植物地下茎与根（块茎、根茎、球茎、块根）供食用的粮食。按对气候的要求和茎叶的耐霜程度可将其分为两类：一类喜冷凉温和气候，耐轻微霜冻，如马铃薯、菊芋等；另一类喜温暖气候，不耐霜冻，如芋、山药、豆薯等。薯类所含的营养成分较相似，含淀粉较多，含蛋白质、脂肪很少。

广义的“薯类粮食”包括：旋花科的甘薯（*Ipomoea batatas*），茄科的马铃薯，豆科的豆薯，大戟科的木薯（*Manihot utilissima*），菊科的菊芋，薯蓣科的薯芋（山药，*Dioscorea opposita*）、日本薯蓣（*D.japonica*）、参薯（*D.alata*），天南星科的芋（*Colocasia esculenta*）、刺芋（*Lasia spinosa*），竹芋科的竹芋（*Maranta arundinacea*）等。

薯类粮食的品种及特点

二、薯类粮食的主要种类

薯类粮食的品种及特点，扫描二维码查看。

第五节　粮食制品

一、粮食制品概述

粮食制品是将原粮经加工后制成的制品，主要包括谷制品、豆制品和淀粉制品。我国粮食制品的加工生产随着机械化程度的提高，粮食制品的品种和数量有了快速发展。

谷制品主要分为面制品和米制品两大类。面制品主要有挂面、通心粉、面筋等。米制品品种繁多，主要有米粉、年糕、米线、锅巴、糍粑、米豆腐等。

豆制品是以大豆等原料加工而成的各种制品或半成品。豆制品的种类很多，可分为豆浆制品和豆腐制品。豆浆制品即用未凝固的豆浆制成的产品，包括豆浆、豆腐皮、腐竹等；豆腐制品，即用点卤凝固的豆腐脑制成的产品，包括豆腐、豆干、百叶、冻豆腐、油豆腐等；豆芽，即由绿豆或黄豆发芽而成的再制品，包括黄豆芽、绿豆芽等。豆制品在烹饪中运用广泛，既可做菜肴的主料而单独成菜，又可作为多种菜肴的配料；并可采用多种烹调方法，调配多种味型。因此我国的豆制品菜肴种类极为丰富。

淀粉制品主要指用从粮食类原料中提取出的淀粉经干制而成的食品，主要品种有粉丝、粉皮和用作调辅料的芡粉。

粮食制品在烹饪原料中占有比较重要的地位，是中华民族以植物类原料为主的饮食结构中的主要组成部分。这些制品极大部分供家常食用，是我国人民膳食中蛋白质的重要来源。随着生活水平的提高以及“三高”（高血压、高脂血症、高血糖）病人的增多，粮食类制品，尤其是豆制品已成为素食菜点生产中不可替代的主要原料，同时也成为筵席中的主要特色菜点。

二、粮食制品的种类

（一）谷制品

1. 面筋

面筋是将小麦面粉加水和成面团，在水中揉洗除去可溶性物质、淀粉和麸皮，最后得到一种浅灰色、柔软而有弹性、不溶于水的胶状物。面筋的主要成分是小麦面粉中不溶于水的麦谷蛋白和麦醇溶蛋白，占干重的85%以上，这两种蛋白质形成面筋的结构骨架，在其结构间隙含有少量淀粉、脂肪等。

（1）品种和产地

刚洗出的面筋叫作生面筋。生面筋容易发酵变质，不易贮存，常按不同的加工方法进一步制成多种制品。

①水面筋。将生面筋制成块状或条状，用沸水煮熟制成。色灰白，有弹性。

②素肠。将生面筋捏成扁平长条，缠绕在筷子上，沸水煮熟后抽去筷子，成形后为管状的熟面筋质地、色泽均同水面筋。

③烤麸。将大块生面筋盛入容器内，保温让其自然发酵成泡，但发酵时间不宜过长，以免变质，然后用高温蒸制成大块饼状。色橙黄，松软而有弹性，质地多孔，呈海绵状。

④油面筋。将生面筋吸干水分，按每1kg面筋加入300g面粉拌和，揉至面粉全部融入面筋中，且外观光亮为止，摘成小团块，放入六成热的油中油炸成圆球状。色泽金黄，中间多孔而酥脆，重量轻，体积大。

面筋有全国各地均有，油面筋为无锡的传统特产。

（2）营养及保健

烤麸每100g含水分68.6g，蛋白质20.4g，脂肪0.3g，碳水化合物9.1g，硫胺素0.04mg，核黄素0.05mg，烟酸1.2mg，总维生素E 0.42mg，钾25mg，钠230mg，钙30mg，镁38mg，铁2.7mg，锰0.37mg，锌1.19mg，铜0.25mg，磷

72mg。面筋和烤麸是介于豆类和动物性食物之间的高蛋白，高无机盐，低脂肪，低碳水化合物的特殊食物，除油面筋外，水面筋和烤麸特别适合肥胖者食用，既保证了蛋白质的供给，又限制了热量的摄入。

（3）烹饪运用

面筋类原料在烹饪中可作为多种菜肴的主配料，可单用或与肉类原料配用。适用于多种烹调方法，因其本身多孔而不显味，故可饱吸汤汁呈味，口感和风味都很有特色。水面筋可制成素肉丸、素鱼肚、素鱼丝等菜式；素肠经红烧或卤制可制成素肠菜；烤麸制作的菜肴多汁、鲜香，如三鲜烤麸、油焖烤麸、粉蒸素肉等；油面筋可烧、烩、作汤，也可作填馅菜，如油面筋塞肉、虾子油面筋等.

烹调实例：红烧烤麸

将200g烤麸用手撕成片状；20g鲜笋先煮熟再切片，15g香菇泡软后去蒂，香菇水留下备用；锅中放入油烧热，将烤麸炸黄捞出；锅中留少量的油将香菇和笋片炒香，最后加入酱油10g、盐3g、白砂糖3g和烤麸同烧；待汤汁收干时即可盛出食用。

2. 米线

米线又称米粉丝、米粉、粉干等，是以大米为原料，经过洗米浸泡、磨浆、搅拌、蒸粉、压条、干燥等一系列工序制成的丝状米制品。生产米线宜用含直链淀粉15%左右的特等米或加工精度高的籼米。这些米制成的米线韧性好，不易断条。

（1）品种和产地

米线的品种随各地而变，著名的产品有福建兴化粉、桐口粉干、广东沙河粉、江西石城粉干等。

（2）营养及保健

每100g米线中约含水分12.3g，脂肪0.1g，蛋白质8.0g，碳水化合物78.2g，灰分1.3g，膳食纤维0.1g，钙6mg，铁0.3mg。

（3）饮食禁忌

对于肠胃功能不太好的人群，不宜多吃米线。

（4）烹饪运用

米线的食用方法很多，可以作为主食，单独或配其他原料煮、炒食用，也可制作小吃，如云南的“过桥米线”、广西的“桂林马肉米粉”、贵州小吃“遵义牛肉米粉”、广东“炒沙河粉”等。

烹调实例：云南过桥米线

先把排骨、鲜鸡、鲜鸭洗净，斩成大块，分别放入沸水，滚去血沫，捞出冲洗干净；然后把上面材料和拍散的姜块、云南火腿一同放入大砂锅，加入固体材料4～5倍的水，先大火烧开，再转为小火，煨制2小时以上；再调入盐，最后成品应该是浓白的汤汁，表面漂着一层明油；另外，将鲜草鱼肉和鲜里脊肉，分别切成极薄的肉片待用（为防表面变干，可以先码好，蒙上保鲜膜），将沸腾的浓汤盛入保温的大碗中，依次平放入鲜鱼肉片、鲜里脊肉片、绿豆芽、榨菜和韭菜，放入生鹌鹑蛋，放盐和白胡椒粉；最后放置2分钟，再放入沸水烫过的米线，撒上香葱即可。

（二）豆制品

1. 豆腐

豆腐是以大豆（黄豆、青豆或黑豆）为原料，经浸泡、研磨、滤浆、煮浆、点卤或加石膏等工序，使豆浆中的蛋白质凝固后压榨成型的产品。

（1）品种和产地

按所用的凝固剂不同，可分为北豆腐、南豆腐、内酯豆腐等。

①北豆腐。又称老豆腐，是经点卤（氯化镁）凝固成豆腐脑后在模具中紧压成型制成。其水分含量约85%，质地紧密，口感较老，适于煎、炸、炒、熘、凉拌、制馅等。

②南豆腐。又称嫩豆腐，是以石膏（硫酸钙）点制凝固成豆腐脑后在布包内轻压成型制成。其水分含量约90%，质地细腻，口感较嫩，适于拌、炒、烩、烧及制羹、氽汤等，不适于炸、煎。

③内酯豆腐。是以葡萄糖酸-δ-内酯作凝固剂制作的豆腐。葡萄糖酸-δ-内酯溶解在豆浆中，会逐渐转变为葡萄糖酸，使豆浆中的蛋白质发生凝固。内酯豆腐质地细腻有弹性，但微有酸味。其烹饪运用方法与南豆腐类同。

（2）质量标准

豆腐的品质以表面光润，白洁细嫩，成块不碎，气味清香，柔嫩适口，无苦涩味或酸味，炸时易起蜂窝者为佳。

（3）营养及保健

豆腐营养价值较高，是一种高蛋白低脂肪的食物，富含B族维生素及矿物质中的钙、磷等。它不但包含了大豆的全部营养成分，而且去除了大豆中的粗纤维、豆腥味等，大大提高了人体对豆腐中各类营养物质的吸收率。此外，由于添加了点卤剂，使得豆腐中钙、镁的含量也增加了。因此，豆腐很受人们的喜爱。将豆腐进一步深加工，还可制成多种豆腐制品。例如，将豆腐置于冰点以下冻结，然后解冻制成的“冻豆腐”；将质地较老的豆腐切成块状，经油炸使其表面结壳而制成的“油豆腐”（又称豆腐果）；将豆腐经特殊发酵制成的“臭豆腐”等。

豆腐中所含的蛋白质很丰富，人体所必需的八种氨基酸都有，且消化吸收率高达92%～96%。豆腐的另一个特点是只含蛋白质，不含胆固醇，这就使它成为心脏病、高血压病、高脂血症患者和老年人非常理想的食品。此外，豆腐中的卵磷脂能使体内乙酰胆碱量增加，有预防老年性痴呆的作用。中医认为豆腐味甘性凉，具有益气和中、生津润燥、清热解毒的功效。

（4）饮食禁忌

对嘌呤代谢失常的痛风病人和血尿酸浓度增高的患者，忌食豆腐，因豆腐中含嘌呤较多；平素脾胃虚寒，经常腹泻便溏之人忌食。豆腐忌与菠菜一同食用。

（5）烹饪运用

豆腐在烹饪中运用广泛，适于多种刀工成形，如条、块、丁、粒、末、泥茸等，适于多种烹调方法成菜，因其本身味清淡，故适于调制各种味型。豆腐既是大众化的食品，又可制成有名的菜肴，如“麻婆豆腐”“镜箱豆腐”“莲蓬豆腐”等。豆腐可作为素菜的重要原料，可作面点的馅料。

烹调实例：麻辣豆腐

将豆腐切成2cm见方的块，下沸水中焯烫透，捞出控净水分；红三色椒切段备用。炒锅上火烧热，加适量底油，下入辣椒酱煸炒至红色，放入葱、姜、蒜末爆香，烹绍酒，加入酱油、白糖、精盐、豆腐块、三色椒翻拌均匀，添少许汤，烧至入味，加味精，用水淀粉勾芡，出锅装盘。另起锅豆油加入香油烧热，下入花椒面炝锅，撒香葱花，浇在盘内豆腐上即可。

2. 豆干

豆干又称豆腐干，是将豆腐脑用布包成小方块，或盛入模具，压去大部分水分制成的半干性制品（含水量一般不超过75%）。其加工原理和方法与豆腐基本相同，只是含水量较少而已。

（1）品种和产地

这种直接用豆腐脑制成的豆腐干称为白豆腐干或白干。白豆腐干可进一步加工成五香干、茶干、臭干、兰花干等。名产有安徽采石矶茶干、四川五香豆腐干、江苏苏州卤干、如皋蒲茶干等。

（2）营养及保健

豆干有抗氧化的功效。所含的植物雌激素能保护血管内皮细胞，使其不被氧化破坏。如果经常食用就可以有效地减少血管系统被氧化破坏。另外这些雌激素还能有效地预防骨质疏松、乳腺癌和前列腺癌的发生，是更年期的保护神。丰富的豆干卵磷脂有益于神经、血管、大脑的发育生长。

（3）饮食禁忌

心力衰竭的病人禁食豆干。

（4）烹饪运用

白干可切成片、丝、丁、粒等用作菜肴的配料，如扬州名菜“大煮干丝”“烫干丝”等。茶干、香干等通常作为茶点、凉菜和炒菜的配料，如茶干拌芹菜等，兰花干经卤煮后可作为下酒菜。

烹调实例：大煮干丝

将豆腐干 100g 先批成薄片，再切成细丝，放入沸水钵中浸烫，沥去水，再用沸水浸烫二次，捞出沥水；锅置火上，舀入熟猪油 25g，放入虾仁 20g 炒至乳白色时，倒入碗中；锅中舀入鸡清汤 200g，放干丝入锅中，再将熟鸡丝 50g、熟鸡肫 20g、熟鸡肝 20g、冬笋 25g 放入锅内一边，加虾子 5g、熟猪油，置旺火烧 15 分钟，待汤浓厚时，加酱油 15g、精盐 10g。加盖再煮 5 分钟，后离火，将干丝装入凹盘中，腕、肝、笋、豌豆苗 15g 分别放在干丝四周，上放火腿丝 15g，撒上虾仁即成。

3. 百叶

百叶又称千张、豆皮等，是将大豆磨浆、煮沸、点卤后，将豆腐脑按规定分量舀到布上、分批折叠、压制而成的片状制品。

（1）品种和产地

各地加工的百叶其厚度从 0.5 ～ 2mm 不等。质量好的百叶薄而均匀，质地细腻，色淡黄、味纯正、久煮不碎。名产有安徽芜湖千张、江苏徐州百叶等。

（2）营养及保健

百页每 100g 食部含蛋白质 24.5g，脂肪 16g，胡萝卜素 30μg，钙 313mg，镁 80mg，铁 6.4mg。

（3）饮食禁忌

小儿及老弱病后，皆不宜食。

（4）烹饪运用

百叶韧而不硬，嫩而不糯，是常用的烹饪原料，可通过熏、酱、炝、拌制成凉菜，也可通过炒、烧、煮、炖等制成热菜，如炒百叶、煮百叶、百叶结烧肉等，还可以用于制作素鸡、素鹅、素火腿、素香肠等，但品质较用豆腐皮制者略差。

4. 腐竹

腐竹的制作工序与豆腐皮类同。将煮豆浆锅面的薄膜挑起后，卷裹成长条状，捋直后经充分干燥而制成，因外形像竹笋干，故称腐竹。

（1）品种和产地

腐竹的品质以颜色浅黄而有光泽、外形整齐不碎、粗细均匀、质地干燥、无异味者为佳。在商品上常将腐竹按揭出油皮的先后次序分等级。名产有桂林腐竹、长葛腐竹、陈留豆腐棍等。

（2）营养及保健

腐竹每 100g 食部含蛋白质 44.6g，脂肪 21.7g，碳水化合物 21.3g，钙 77mg，锌 3.69mg，铁 16.5mg。腐竹是用豆浆加工而成的，在豆制品中营养价值最高。

营养学资料表明，腐竹含蛋白质丰富而含水量少，这与它在制作过程中经过烘干，吸收了其精华，浓缩了豆浆中的营养有关。腐竹具有良好的健脑作用，有助于预防老年痴呆症。这是因为，腐竹中谷氨酸含量很高，为其他豆类或动物性食物的2～5倍，而谷氨酸在大脑活动中起着重要作用。此外，腐竹中所含有的磷脂还能降低血液中胆固醇的含量，达到防止高脂血症、动脉硬化的效果；其中的大豆皂苷还有抗炎、抗溃疡等作用。

（3）饮食禁忌

腐竹的营养价值虽高，但有些人如肾炎、肾功能不全者最好少吃，否则会加重病情。糖尿病、酸中毒病人以及痛风患者也应慎食。

（4）烹饪运用

腐竹经泡发后质地柔软，味清淡，是制作素菜的上好原料。可单独炒、烩、烧、炸等成菜，如油焖腐竹、干炸响铃、卤腐竹等；也可与荤素原料配合成菜，如虾籽烧腐竹、烩三鲜腐竹、奶油腐竹、油焖腐竹等。

烹调实例：烧腐竹

先将腐竹300g泡软，切成4cm长的段；勺内加底油30g烧热，放入姜丝炝锅；加花椒水15g、汤、酱油、精盐、白糖烧开；放入腐竹段，用小火烧透；汁浓时，腐竹已入味，加味精，用湿淀粉10g（淀粉5g加水）勾薄芡，淋明油出勺装盘。

5. 油皮

油皮又称豆腐衣、挑皮等，将豆浆倒入浅锅中加热煮熟，再用小火煮浆浓缩，保持豆浆表面平静，使豆浆中的脂肪和蛋白质上浮凝集，在豆浆表面逐渐自然凝固形成薄膜，用长竹筷将薄膜挑出后平摊成半圆形烘干或晾干，即为油皮。

（1）品种和质量

油皮以颜色奶黄有光泽、薄而透明、表面平滑、外形完整不破者为佳。名产如浙江富阳产的“金衣”。

（2）营养及保健

油皮每100g食部含蛋白质56.6g，脂肪26.3g，碳水化合物6.5g，钙48mg，镁63mg，铁11.2mg。油皮高热量、高蛋白质、高脂肪，而且富含各种维生素和矿物质。油皮所含脂肪营养价值高，其富含人体必需脂肪酸、维生素E、磷脂、豆甾醇、消化吸收率高。中医认为油皮性味甘、淡、平。有益气、和中、清肺热、止咳、消痰、养胃、解毒等食疗作用。

（3）烹饪运用

油皮经泡发后质地柔软，味清淡。可单独烹制，也可与其他原料配用，炸、拌、烧、熘、焖均可；在配制花色菜时，油皮常作为卷裹的外皮；油皮可制作素鸡、素鹅、素鸭、素火腿、素香肠等，质量比用百叶制作者优。

（三）淀粉制品

1. 粉丝

粉丝又称粉条、粉干、线粉等，是以豆类或薯类等粮食的淀粉利用糊化和老化的原加工而成的丝线状制品。将绿豆、蚕豆、马铃薯、甘薯等淀粉含量高的原料经浸泡、磨浆、提粉、打糊、漏粉、理粉、晒粉、泡粉、挂晒等多道加工工艺制成。

（1）品种和产地

粉丝按使用的淀粉原料分为豆粉丝、薯粉丝和混合粉丝三大类；按水分含量多少又可以分为湿粉丝和干粉丝两类。刚制成放在水中、未经干制的粉丝称为水粉丝（也称湿粉丝），多在产地销售；水粉丝经干制后即为干粉丝，便于贮藏运输。

绿豆粉丝细长而均匀、光亮透明、韧性强、不断条，是粉丝中质量最好的一种。如山东烟台一带产的龙口粉丝，其特点是匀细而柔韧，光亮透明，无并条，不酥碎。

蚕豆粉丝韧性较差，成品的颜色和条形均不及绿豆粉丝。

甘薯粉丝是以甘薯淀粉加工而成的，粗细不均，色灰暗不透明，涨性大，烧煮后易软烂。

混合粉丝是用蚕豆、甘薯、玉米的淀粉混合加工而成，色泽稍白也有韧性，但涨性大，煮后易软烂，质量不及绿豆粉丝和蚕豆粉丝。

（2）营养及保健

粉丝中碳水化合物的含量高达 80% ～ 90%，而蛋白质和脂肪加在一起也不足 1%，维生素和矿物质的含量也非常少。与大米、面粉等粮食相比，粉丝在蛋白质和脂肪、维生素等营养价值上，相对低很多；但就能量而言，粉丝所能供给的量却与大米、面粉相似。因此，过多或长期地食用，就会导致身体吸收的营养成分比较单一，造成一定的营养缺乏。

（3）烹饪运用

粉丝可制作多种菜肴、点心、小吃。作为菜肴的主料可拌、炒、炸等，还可作汤菜、火锅的原料。既可用于家常菜肴，也能用于筵席，如“芥末粉丝”“炸熘粉丝”及四川名菜“蚂蚁上树”等。

烹调实例：蚂蚁上树

将粉丝 200g 事先用温水浸泡半个小时，在锅中倒入油烧热，放入蒜蓉 10g，葱花 15g，姜末 10g，煸炒片刻，香味出来后放入猪肉馅 50g 拨散，待猪肉馅变色后，淋入高汤（或水）、豆瓣酱 10g、酱油 10g、白砂糖 10g，最后加入粉丝炒至汤汁收干即可。

2. 粉皮

粉皮又称拉皮，是以豆类或薯类的淀粉利用糊化、老化的原理制成的片状制品，与粉丝的制作原理相同，只是在成型上的差别。粉皮一般以绿豆淀粉和蚕豆淀粉加工而成，将表面抹上植物油的金属浅盘浮在开水锅内，适量倒入用冷水调成的淀粉薄浆，旋转盘子使粉浆匀布盘底，熟后成型取出。

（1）品种和产地

粉皮外形有圆形和方形。制成后未经干制的称为水粉皮，多在产地销售；经干制的称为干粉皮，便于贮藏运输。名产有河北邯郸粉皮、河南汝州粉皮、安徽寿县粉皮等。

（2）质量标准

粉皮以纯绿豆粉制作的较好，而以薯粉制作者较差。干粉皮以片薄平整、色泽亮中透绿、质地干燥、韧性较强、久煮不化者为佳。

（3）营养及保健

粉皮主要营养成分为碳水化合物，还含有少量蛋白质、维生素及矿物质，具有柔润嫩滑、口感筋道等特点。

（4）饮食禁忌

粉皮在加工制作过程中添加了明矾（硫酸铝），摄入过量会影响脑细胞的功能。

（5）烹饪运用

用干粉皮制作菜肴须先经温水泡发。粉皮经切成片状、条状后，可直接调拌作小吃或冷菜，如拌粉皮、鸡丝粉皮，也可烧、炒、烩等，如粉皮烧鱼，还可制汤。粉皮的质感和外形很像鱼皮、鳖裙，烹调中常用粉皮充代或互配。

3. 西米

西米又称西谷米，是用淀粉经冲浆、轧丸、烘焙干制而成的颗粒状淀粉制品。西米制作起源于印度尼西亚，当地有一种西谷椰树，树干内有白色淀粉，将淀粉提取后加工成圆形粉粒即为西米。我国的西米多用木薯淀粉、小麦淀粉加工而成。

（1）品种和产地

西米有粉粒大、小两种类型，常分别称为大西米、小西米，大西米形如黄豆，小西米形如高粱米。

（2）质量标准

西米的质量以大小均匀、色泽白净、耐烧煮、制熟后透明度高、不黏糊者为佳。

（3）烹饪运用

西米在烹饪中多用于制作汤羹。

第六节　粮食的贮存

一、粮食贮存的基本原理

绝大多数的粮食以粮粒的形式贮藏保管，粮粒是活的有机体，在贮藏过程中仍进行着复杂的生理生化反应，如呼吸作用等。而且时刻受外界条件（温度、湿度、空气、昆虫、微生物等）的影响。因此，应采取适宜的条件和措施，把粮粒的呼吸强度控制在最低限度内，并防止虫害和霉害的发生。

二、粮食贮存的措施

粮食的贮存有多种方法，一般来说，在贮存时应注意调节温度、控制湿度、避免感染和防止虫、鼠害。

（一）调节温度

粮粒在贮藏过程中，因呼吸作用或害虫、微生物的活动产生热量，粮食是热的不良导体，因此积聚在粮堆中的热量就会引起粮温的升高。粮食发热又反过来增强呼吸作用和增加含水量，加速微生物、害虫的生长繁殖，使粮食发热更加剧烈，最后导致粮食变质霉烂。

粮堆温度高于粮仓温度5℃以上时就会发热，如温度继续上升，则粮食就会出汗、发芽、黏性增加，继而还会出现发酸、发臭、颜色由黄转为黑红的剧烈变化，使粮食完全变质失去食用价值。所以，注意粮温变化是保管粮食的关键。

一旦发现粮食霉变应立即处理，迅速倒垛、串袋或摊晾，单独保管，以防霉菌蔓延。

（二）控制湿度

粮食吸湿性强，在潮湿环境中易吸水膨胀，遇到适当的温度就会发芽。同时，粮食中的水分增加，又使其呼吸作用加强，使之加剧发热、发霉，并引起虫害；大米和面粉等都有较强的吸湿性，受潮后再受到一定的压力，就会发生结块或霉变。一般来说，粮食的含水量应控制在13%以内。粮食应晾晒、风干处理后方可入库。堆放时要架高，并有铺垫物，以防受潮。另外，进货时不能一次进得太多，以免一时用不完而吸湿霉变。

（三）避免感染

粮食对某些气体或气味具有很强的吸附性，且吸附后不易散失。如粮食被香料、煤油、汽油、桐油、肥皂、蚊香、樟脑或某些农药等污染后，会影响食用或不能食用。因此，在运输或堆放时，对运输工具、仓库或装具等应清洗干净；对粮食中混入的含有异味的杂草种子要及早清理；对使用化学药剂熏蒸处理的粮食要待毒气全部散失并经检测无残留后才可供食用。

（四）防止虫、鼠害

储粮害虫的种类很多，主要有昆虫类与螨类。对害虫的防治通常采用检疫防治、物理机械、化学药剂等综合防治措施，切断其传播途径，限制害虫传播蔓延；破坏害虫的生存条件，抑制其生长繁殖。防止鼠害首先要注意清洁卫生，注意严密封库，杜绝来源，一旦发现鼠害应立即捕杀或毒杀。

根据以上原则，要因地、因粮、因时制宜地采取各种技术和管理措施，如常规储粮（注意防潮隔湿、合理通风）、低温储粮、气调储粮、化学储粮等，切实把粮食保管好。

本章小结

本章的学习重点是掌握粮食类原料各个种类和品种的主要营养成分及其在烹饪中的应用特点。在学习中也应注重对基本知识的认识和理解，进而理解和掌握各种粮食类原料及其制品在烹饪中的合理使用。

课堂讨论

1. 粮食类原料在国民经济中的重要性。
2. 如何爱惜、节约粮食？

复习思考题

1. 绿豆有哪些营养？在烹饪中如何应用？
2. 谷类制品中有哪些主要产品？
3. 玉米粉在实践中如何使用？为什么？
4. 如何加工制作粉皮？
5. 论述大米的品种及特点。
6. 试根据豆类的营养特点分析豆制品在饮食中的地位和作用。
7. 试论淀粉制品在实践中的应用及其各自的特点。
8. 试根据杂粮的营养成分等特点分析杂粮在实践中的应用。
9. 试述面粉的等级和等级标准。
10. 试述谷类粮粒的结构特点和营养特点。

第八章　蔬菜类原料

本章内容：1. 蔬菜类原料概述
2. 根菜类蔬菜
3. 茎菜类蔬菜
4. 叶菜类蔬菜
5. 花菜类蔬菜
6. 果菜类蔬菜
7. 菌藻类蔬菜
8. 蔬菜制品

教学时间：10 课时

教学目的：使学生掌握蔬菜原料的主要种类和品种特点，掌握蔬菜制品的性质特点，并根据特点正确地选择和运用蔬菜类原料，同时掌握这些原料在配菜时的宜忌

教学方式：老师课堂讲授并通过实验验证理论教学

第一节　蔬菜类原料概述

一、蔬菜的概念

蔬菜是可供佐餐食用的草本植物的总称。此外，有少数木本植物的嫩芽、嫩茎和嫩叶（如竹笋、香椿、枸杞的嫩茎叶等）、部分低等植物（如真菌、藻类）也可作为蔬菜食用。

蔬菜是植物性原料中种类较多的一类，也是烹饪原料中消费量较大的一类。目前世界上蔬菜的种类（包括野生的和半野生的）约 200 种，我国现在栽培的蔬菜种类按植物学分类涉及 35 个科、180 多个种，其中普遍栽培的有五六十种，同一种类中有许多变种，每一变种又有许多栽培品种。中国的蔬菜种植有着悠久的历史，几千年来勤劳智慧的中国人民在长期的生产实践中，驯化和培育了丰富的优良蔬菜种类及品种，使我国成为世界上蔬菜栽培历史最悠久，资源最丰富，品种数量和总产量均居世界前列的国家。

现在栽培的许多蔬菜都属于我国原产，如白菜、芥菜、韭菜、茭白和莲藕等，但是也有不少的种类是从世界各地引进来的。这些引进的种类在我国栽培的历史虽然没有我国原产的悠久，但其中不少种类如豇豆、莴笋、黄瓜等经过在我国长期栽培和选择，已培育出了适合于我国自然环境及食用习惯的品种，与我国原产的种类同样普遍和重要。

二、蔬菜的分类

（一）植物学的分类

该法根据植物的形态特征，依据植物的亲缘关系，按照科、属、种、变种来分类。

我国主要蔬菜的植物学分类如下。

1. 藻类植物门

（1）蓝藻类

包括发菜、天仙菜等。

（2）红藻类

包括紫菜、石花菜等。

（3）绿藻类

包括石莼、小球藻、浒苔等。

（4）褐藻类

包括海带、裙带菜、鹿角菜等。

2. 真菌门

（1）伞菌科

包括蘑菇、香菇、草菇等。

（2）木耳科

包括木耳等。

3. 种子植物门

（1）双子叶植物

①番杏科：包括番杏等；②蓼科：包括食用大黄等；③藜科：包括根用甜菜、叶用甜菜、菠菜等；④落葵科：包括红花落葵、白花落葵等；⑤苋科：包括苋菜等；⑥睡莲科：包括莲藕、芡实等；⑦十字花科：包括萝卜、芜菁、芥蓝、甘蓝类（结球甘蓝、抱子甘蓝、花椰菜、青花菜、球茎甘蓝）、小白菜、大白菜、芥菜类（皱叶芥、大叶芥、包心芥菜、雪里蕻、大头菜、榨菜）、辣根、豆瓣菜、荠菜等；⑧豆科：包括豆薯、菜豆、红花菜豆、绿豆、葛、菜豆、小菜豆、豌豆、蚕豆、豇豆、大豆、扁豆、刀豆、矮刀豆、黎豆、苜蓿等；⑨楝科：包括香椿等；⑩锦葵科：包括黄秋葵、冬寒菜等；⑪菱科：包括菱等；⑫伞形科：包括芹菜、水芹菜、芫荽、胡萝卜、茴香、美国防风、香芹菜等；⑬旋花科：包括蕹菜、甘薯等；⑭唇形科：包括草石蚕等；⑮茄科：包括马铃薯、茄子、番茄、辣椒、枸杞、酸浆等；⑯葫芦科：包括黄瓜、西葫芦、西瓜、冬瓜、瓠瓜、丝瓜、苦瓜、佛手瓜等；⑰菊科：包括莴苣（莴笋、直筒莴苣、皱叶莴苣、结球莴苣）、茼蒿、菊芋、苦苣、牛蒡、朝鲜蓟、婆罗门参、菊花脑等。

（2）单子叶植物

①禾本科：包括竹笋（毛竹笋、刚竹笋、绿竹笋、淡竹笋等）、甜玉米、茭白等；②泽泻科：包括慈姑等；③莎草科：包括荸荠等；④天南星科：包括芋艿、魔芋等；⑤香蒲科：包括蒲菜等；⑥百合科：包括金针菜、芦笋、卷丹百合、兰州百合、洋葱、韭菜、大蒜、大葱、薤等；⑦薯蓣科：包括山药、木薯、黄独等；⑧蘘荷科：包括姜、蘘荷等。

（二）农业生物学的分类

该法根据蔬菜生长发育的习性和栽培方法，以蔬菜的农业生物学的特性作为分类的依据。我国蔬菜的农业生物学分类如下。

1. 根菜类

以其膨大的直根为食用部分。包括萝卜、胡萝卜、根用芥菜（大头菜）、芜菁甘蓝、根用甜菜、芜菁等。

2. 白菜类

以柔嫩的叶丛或叶球为食用部分。包括大白菜、小白菜、芥菜、甘蓝等。

3. 绿叶蔬菜

以幼嫩的绿叶或嫩茎为食用部分，包括莴苣、芹菜、菠菜、茼蒿、苋菜、蕹菜等。

4. 葱蒜类

该类叶鞘基部能形成鳞茎，所以也叫作“鳞茎类”，以其鳞茎、叶片及花薹为食用部分，包括洋葱、大蒜、大葱、韭菜、薤等。

5. 茄果类

以肉质的浆果作为食用部分，包括茄子、辣椒、番茄等。

6. 瓜类

以瓠果作为食用部分，包括南瓜、黄瓜、西瓜、甜瓜、瓠瓜、冬瓜、丝瓜、苦瓜等。

7. 豆类

以鲜嫩的种子或豆荚供食用，包括菜豆、豇豆、毛豆、刀豆、扁豆、豌豆、蚕豆等。

8. 薯芋类

以地下根和地下茎供食用，包括马铃薯、山芋、山药、芋艿、姜等。

9. 水生蔬菜

生长在沼泽地区，以地下茎、球茎或嫩茎叶供食用，包括藕、茭白、慈姑、荸荠、菱、水芹、蒲菜等。

10. 多年生蔬菜

该类蔬菜一次繁殖后可以连续采收数年，以嫩茎、芽叶等供食用，包括竹笋、金针菜、芦笋、食用大黄、百合等。

11. 食用菌类

为孢子植物，以其肉质化的子实体供食用，包括蘑菇、草菇、香菇、金针菇、木耳、银耳、猴头、竹荪、平菇、羊肚菌等。

（三）按主要食用部位的分类

该法根据蔬菜的主要食用器官进行分类。主要可分为以下六大类。

1. 根菜类

以植物膨大的变态根作为主要食用部位。

（1）肉质直根

包括萝卜、胡萝卜、根用芥菜（大头菜）、芜菁、根用甜菜、根用芹菜、美国防风、芜菁甘蓝、牛蒡、辣根、婆罗门参等。

（2）块根

包括豆薯、葛、山芋等。

2. 茎菜类

以植物的嫩茎或变态茎为主要食用部位。

（1）地下茎类

①块茎类：包括马铃薯、山药、菊芋等；

②根状茎类：包括藕、姜等；

③球茎类：包括荸荠、慈姑、芋艿等。

（2）地上茎类

①嫩茎类：包括莴苣、菜薹、茭白、芦笋、竹笋等；

②肉质茎类：包括榨菜、球茎甘蓝等。

3. 叶菜类

以植物的叶片和叶柄作为主要的食用部位。

（1）普通叶菜类

包括小白菜、芥菜、菠菜、芹菜、叶用莴苣、苋菜、蕹菜等。

（2）结球叶菜类

包括结球甘蓝（包心菜）、抱子甘蓝、大白菜、结球莴苣等。

（3）香辛叶菜类

包括葱、韭菜、芫荽、芹菜等。

（4）鳞茎状叶菜类

包括洋葱、大蒜、百合等。

4. 花菜类

以植物花部器官作为主要的食用部位。包括花椰菜、青花菜、黄花菜、朝鲜蓟等。

5. 果菜类

以植物的果实或幼嫩的种子作为主要供食部位。

（1）瓠果类

包括南瓜、黄瓜、冬瓜、瓠瓜、丝瓜、苦瓜等。

（2）浆果类

包括茄子、番茄、辣椒等。

（3）荚果类

包括菜豆、豇豆、刀豆、毛豆、豌豆、蚕豆等。

6. 孢子植物类

属低等植物，植物以孢子繁殖，不形成种子和果实。通常以植物体全株或嫩叶片以及子实体等供食用。

（1）食用蕨类

以嫩叶片及叶柄供食用，包括中国蕨、紫蕨、菜蕨等。

（2）食用地衣

以植物体全株供食用，包括石耳、树花等。

（3）食用菌类

以子实体供食用，包括木耳、银耳、蘑菇、平菇、草菇、香菇、猴头、竹荪等。

（4）食用藻类

以植物体全株供食用，包括海带、发菜、紫菜、石花菜、裙带菜、浒苔等。

本教材采用按主要食用部位进行分类的方法来分类叙述。

三、蔬菜的化学组成和营养价值

蔬菜是由许多不同的化学物质组成的，这些化学物质大多数是人体所需要的营养成分，为维持人体正常的生理机能，保持人体健康不可缺少的物质。蔬菜中的化学成分主要有维生素、矿物质、碳水化合物、有机酸、香辛成分、色素、水、含氮物质、脂质和酶等。

（一）水分

水分是蔬菜的主要成分，是影响蔬菜新鲜度、脆度和口感的重要成分。新鲜蔬菜的含水量为 75% ～ 95%，少数蔬菜，如黄瓜、番茄、西瓜含水量可高达 96% ～ 98%。水分的存在为植物完成全部生命活动过程提供了必要条件，同时，也给微生物和酶的活动创造了有利条件。含水量高的蔬菜，细胞膨压大、组织饱满脆嫩、食用品质好、商品价值高。收获后，在自然环境下，由于水分的蒸发，组织大量失水，失水后的蔬菜会变得疲软、萎蔫品质下降。蔬菜采后一旦大量失水，一般难以再恢复新鲜状态。尤其在低湿环境下，会因为水分的过量蒸发而造成细胞的质壁分离以至死亡，引起蔬菜产品的失鲜，甚至腐烂变质。

（二）碳水化合物

蔬菜中的碳水化合物主要有糖、淀粉、纤维素、半纤维素、果胶物质等，是果蔬干物质的主要成分。

糖是决定蔬菜营养和风味的主要成分。蔗糖、果糖、葡萄糖是果蔬中主要的糖类物质，其次是阿拉伯糖、甘露糖、半乳糖、木糖、核糖，以及山梨醇、甘露醇等糖醇。一般蔬菜的含糖量仅有 1.5% ～ 4.5%，含糖量较高的是瓜类，如西瓜、甜瓜、南瓜。果蔬的甜味不仅与糖的含量有关，还与所含糖的种类有关。此外还受到糖酸比的影响，糖酸比越高，甜味越浓，反之酸味越强。

淀粉为多糖，主要存在于块根、块茎等蔬菜中，如薯类。淀粉不仅是人类膳食的重要营养物质，淀粉含量及其采后变化还直接关系到蔬菜自身的品质与其贮运性能的强弱，同时影响其加工性能。多淀粉的蔬菜其淀粉含量随其成熟度及采后贮存条件变化较大。

纤维素和半纤维素是影响蔬菜质地与食用品质的重要物质，同时也是维持人体健康不可缺少的成分。纤维素、半纤维素和木质素等统称为粗纤维，虽然它们不能被人体吸收,不具备营养功能,但能刺激肠胃蠕动,促进消化液的分泌，提高蛋白质等营养物质的消化吸收率同时还可防止或减轻如肥胖、便秘等许多现代“文明病”的发生。人体所需的膳食纤维主要来自蔬菜，随着生活水平的不断提高，动物产品食用量的增加，膳食纤维在人们日常生活中的作用也变得日渐重要。

果胶物质以原果胶、果胶、果胶酸三种不同的形态存在于果蔬组织中。原果胶随着果蔬的成熟，在原果胶酶的作用下分解产生果胶和纤维素。大多数蔬菜中所含的果胶为低甲氧基果胶，其胶凝能力较差。

（三）有机酸

果蔬的酸味主要来自一些有机酸，除含柠檬酸、苹果酸和酒石酸外，还含有少量的琥珀酸、草酸、α-酮戊二酸、绿原酸、咖啡酸、阿魏酸、水杨酸等。这些酸在果蔬组织中以游离状态或结合成盐类的形式存在。对味感关系密切的是游离态的有机酸。蔬菜的含酸量相对较少，除番茄外，大多都感觉不到酸味的存在。菠菜中除含草酸外，还含有柠檬酸、苹果酸、琥珀酸和水杨酸。其中草酸能影响人体对钙的吸收，对人体有害，故在烹调中要将其除掉。

（四）含氮物质

蔬菜中的含氮物质主要以蛋白质形式存在，其次是氨基酸、酰胺、铵盐、硝酸盐等。以豆类菜含蛋白质最多，叶菜类中也含有较多的含氮物质。蔬菜不是人体蛋白质的主要来源，其含氮物质的量较少。蔬菜中的鲜味物质主要来自一些具有鲜味的氨基酸、酰胺等，其中以L-天门冬氨酸、L-谷氨酰胺和L-天冬酰胺最为重要。

（五）脂质

脂质主要存于蔬菜种子中，根、茎、叶中含量很小。另外，蔬菜的茎、叶等表面常有一层薄的蜡质，主要是高级脂肪酸和高级一元酸所组成的酯。它可防止茎、叶和果实的凋萎，也可防止微生物侵害。如甘蓝、冬瓜、南瓜的蜡质比较明显，加强了外表皮的保护作用，增强了蔬菜的贮藏性。

（六）维生素

蔬菜是人体获得多种维生素的重要来源。蔬菜中含有的维生素包括维生素A原、维生素C、B族维生素、维生素E和维生素K等。其中以胡萝卜素和维生素C最为重要。

1. 水溶性维生素

水溶性维生素包括维生素B_1、维生素B_2、维生素C等。此类维生素因为是水溶性的，所以在烹饪加工过程中应注意保护。

（1）维生素B_1（硫胺素）

在长豇豆、菜豆、香椿、毛豆、黄花菜、青豌豆、红甜椒中含量较多。其在中性和碱性环境中加热相当敏感，易被氧化或还原。

（2）维生素B_2（核黄素）

在韭菜、洋葱、羽衣甘蓝、苋菜、芥菜、芦笋、番茄中含量较多。其在碱性环境中加热较不稳定，但能耐热、干及氧化。

（3）维生素C（抗坏血酸）

新鲜蔬菜中含有较多的维生素C，尤以辣椒、甜椒、青蒜、菠菜、韭菜、芹菜、菜薹、豌豆苗、包菜、花菜、番茄等蔬菜中含量更高。由于维生素C易被高温破坏，故上述蔬菜在烹调时应旺火速成，以减少维生素C的损失。

另外，有些蔬菜中还含有维生素B_3（烟酸）、维生素B_6（吡哆素）、叶酸、维生素B_5（泛酸）等B族维生素。如维生素B_3和叶酸在蘑菇、芦笋、长豇豆、菜豆、豌豆、甜玉米等中含量较多；泛酸在新鲜的绿叶蔬菜中含量较多。

2. 脂溶性维生素

脂溶性维生素包括维生素A原、维生素E和维生素K。此类维生素不溶于水，但能溶于油脂中。故含此类维生素较多的蔬菜宜用油脂烹调，而有利于人体的吸收。

（1）胡萝卜素（维生素A原）

许多蔬菜都含有丰富的胡萝卜素，胡萝卜素在人体内可转化成维生素A，故又称为维生素A原。一般情况下，绿色、黄色和红色的蔬菜中胡萝卜素含量较高，如胡萝卜、红辣椒、菜豆、青豌豆、荠菜、芥菜、圆白菜、菠菜、韭菜、葱、苋菜、茼蒿等。胡萝卜素耐高温，但加热时遇氧则易氧化，在碱性环境中比在酸性环境中稳定。

（2）维生素E（生育酚）和维生素K（凝血维生素）

这两种维生素存在于植物的绿色部分，很稳定。新鲜的莴苣、苜蓿、菠菜、甘蓝、花椰菜、青番茄中含有较多的维生素K，莴苣中富含维生素E。

（七）矿物质

蔬菜是人体矿物质的重要来源之一。蔬菜中含有钙、磷、铁、钾、钠、镁、锌、铜等矿物质，其中部分矿物质以硫酸盐、磷酸盐、硼酸盐和有机酸盐状态存在，部分则为一些有机物质的成分。如包菜、白菜、芥菜、蕹菜、苋菜、芹菜等含有丰富的钙；毛豆、豌豆、甜玉米、菜豆、青花菜、大蒜等含有较多的磷；芹菜、黄花菜等含有较多的铁；长豇豆、慈姑、辣椒、蘑菇中含较多的钾；茼蒿、芹菜、马兰中含有较多的钠；大白菜、萝卜中含有较多的锌；有些蔬菜还含有铜。另外蔬菜表面在喷射防治病虫害的药后留有大量的砷、铜和铅，可以造成中毒，这样的蔬菜必须特别注意洗刷干净方可以食用。蔬菜中的矿物质除具有调节人体生理机能的作用外，还是组成人体各种组织的重要成分，是维持体液的渗透压平衡、酸碱平衡的调节物质。蔬菜是为数不多的碱性食品。

（八）挥发油

有些蔬菜中含有挥发油。挥发油又称精油，属于芳香类物质，在植物各器官中均有存在，是蔬菜具香味和其他特殊气味的主要来源。蔬菜中挥发油的含量很少，但因为其有挥发性，所以具香气，可增进风味，提高食品的可消化率。挥发油的主要成分一般为醛类、脂类、醇类、酮类、烃类等，另外还有醚、酚和含硫及含氮化合物。大多数挥发油类具有杀菌作用，有利于蔬菜的保藏。如洋葱、大蒜的辛辣味，芹菜、芫荽的特殊气味等，使这些蔬菜具有独特的香气。

（九）色素

色泽是人们感官评价蔬菜质量的重要因素，在一定程度上能反映蔬菜的新鲜度、成熟度和品质的变化。色素种类很多，有时单独存在，有时几种色素同时存在，或显现或被遮盖，随着生长发育阶段、环境条件及贮藏加工方式的不同，蔬菜的颜色会发生变化。

蔬菜中含有多种色素，按照其颜色可分为下列三类。

1. 红色和蓝色色素（花青素或称花色素）

通常以花青苷的形态存在于果、花或其他器官中。如紫茄子中的飞燕草素和红洋葱皮中的矢车菊色素。加热对花青素有破坏作用，能促进其分解褪色，如茄子、萝卜等煮后变色。

2. 黄色色素

在植物中分布很广，植物的叶、根、花、果中均有存在，总称为类胡萝卜素。如胡萝卜中的胡萝卜素、番茄中的番茄红素、辣椒中的椒红素和椒黄素以及各种植物中均有的叶黄素。黄色色素一般比较稳定，故在烹调中不易变色。

3. 绿色色素

绿色色素主要存在于绿叶及茎中的叶绿素。叶绿素是一种不稳定的物质，长时间加热会分解变色。

这些色素的存在，使蔬菜具有丰富的色彩。

（十）糖苷类

糖苷类是单糖分子与非糖物质结合的化合物。在植物体中普遍存在，并关系到蔬菜的色、香、味和利用价值。主要有如下几种。

1. 黑芥子苷

黑芥子苷主要存在于十字花科蔬菜的根、茎、花与种子中，是这类蔬菜苦味的来源。黑芥子苷水解后生成具有特殊辣味和香气的芥子油，不但苦味消失，而且提高了蔬菜的品质，此变化在蔬菜腌渍中非常重要。如芥菜中的黑芥子苷，芜菁中的芜菁苷，萝卜中的白芥子苷等。

2. 茄碱苷

茄碱苷又称龙葵苷，存在于马铃薯块茎中，番茄和茄子中亦含有。它是一种有毒的生物碱，对红细胞有强烈的溶解作用。马铃薯所含的茄碱苷集中在薯皮和萌发的芽眼附近，受光发绿的部分特别多，所以发芽的马铃薯一般不宜食用。未熟绿色的番茄和茄子果实中的茄碱苷含量较高，成熟果则较低。

3. 其他苷类

除上述几种糖苷外，还有存在于薯芋（山药）中的薯芋皂苷和存在于瓜类蔬菜中引起苦味的药西瓜苷等。

（十一）酶

蔬菜组织中含有大量的各种酶类，它们支配着蔬菜的全部生命活动过程。其中一些酶对蔬菜的保鲜和加工品质有着很大的影响。如维生素 C 的消长，与抗坏血酸氧化酶的存在有关。

在蔬菜贮藏期间，氧化酶类活性的提高可以增强蔬菜的抗病性，如洋葱中果胶酶含量的高低与其耐藏性和抗病性呈正相关。加工中酶是引起蔬菜品质劣变的重要因素，因而需要采取各种措施抑制酶的活性。

四、蔬菜的烹饪运用

蔬菜是烹饪原料中的一个重要类群，在烹饪中有着广泛的运用。

（一）蔬菜可作为制作菜肴的主料和配料

蔬菜作主料应用广泛，如四川的“开水白菜”、北京的“翡翠羹”、陕西的“菠菜松”、扬州的“梅岭菜心”等；在家常菜中应用更为普遍，如“糖醋黄瓜”“清炒茼蒿”“拌芹菜”等。蔬菜作配料，既可配鸡、鸭、鱼、肉、蛋等动物性原料，也可配豆腐、白干等豆制品，还可相互之间搭配，如“青椒炒肉丝”“瓜姜鱼丝”“鲜虾烩瓜蓉”“白干炒芹菜”“萝卜烧青菜”等。

（二）有些蔬菜是重要的调味品

有些种类的蔬菜既能作菜食用，又能去除异味，矫正菜肴的风味，如葱、姜、蒜、辣椒、韭菜、芫荽等。通常含有挥发油的蔬菜都具有这方面的作用。

（三）蔬菜是制作糕点、小吃重要的馅心原料

许多蔬菜可作为制作糕点、小吃的馅心原料。如青菜、萝卜、包菜、韭菜、芹菜、荠菜、菠菜等，用它们可制作多种著名的糕点小吃，如“翡翠烧卖”“荠菜春卷”“萝卜丝饼”和各种水饺、糕团等。

（四）蔬菜是食品雕刻的重要原料

食品雕刻是中国烹饪的一朵奇葩，而其所用的原料大多是蔬菜，如瓜类、块根、块茎类，包括叶菜类等。利用它们可雕刻成各种花、鸟、虫、鱼等栩栩如生的动植物造型，也可雕刻成各地的名胜古迹。

（五）蔬菜是菜点重要的装饰、配色和点缀的原料

由于蔬菜具有丰富的色彩，又有一定的硬度可以成形，故可用于菜肴的围边、垫底、拼衬、填充等，既可以荤素搭配使菜肴营养更全面，又能使菜肴色、香、味、形俱佳而增加人们的食欲和进餐的兴趣。

此外，南瓜、土豆、藕、荸荠、慈姑、芋艿、豆类等淀粉含量较高的蔬菜，还可以代替粮食制作主食；很多蔬菜还可腌制、泡制、酱制、干制成各种加工制品；一些蔬菜可制作成罐头制品。

蔬菜适合多种多样的烹饪方法，但各种烹饪方法对营养成分的保存不一。同一种蔬菜，由于烹调方法不同，其含营养的多寡有很大差异。蒸、炖、焖对糖类和蛋白质起到部分水解作用，有助于消化吸收，但水溶性维生素，特别是维生素C的损失较大，主要适用的菜类如萝卜、芋头、马铃薯、青刀豆、青菜头、冬瓜、瓠瓜、荷兰豆、油菜薹、花椰菜等；炒是中国式的烹调蔬菜的方法，对蔬菜进行短时熟制的过程，营养损失比起煮、炖来讲小一些，此法大多用于一些快熟类蔬菜如菠菜、蕹菜、苋菜、木耳、青椒、韭菜、芹菜等；炸或焙、烤主要用于薯类食品，经油炸或焙烤的薯类，维生素C损失达20%以上，油脂含量升高。不管选用何种烹饪方法，一次做好的蔬菜，最好全部食用完毕，如果重热，则营养损

失更大。

五、蔬菜的品质检验

蔬菜的品质主要从其感官指标来判别。根据国家标准，蔬菜的质量取决于色泽、质地、含水量及病虫害等情况。

（一）色泽

正常的蔬菜都有其固有的颜色。优质的蔬菜色泽鲜艳，有光泽，如叶茎类通常都是翠绿色，萝卜有红、黄、青、白等色，番茄为红色，茄子为紫黑色或青白色等；次质的蔬菜虽有一定的光泽，但其色泽较优质的暗淡；劣质的蔬菜则色泽较暗，无光泽。

（二）质地

质地是检验蔬菜品质的重要指标。优质的蔬菜质地鲜嫩、挺拔，发育充分，无黄叶，无刀伤；次质的蔬菜则梗硬，叶子较老且枯萎；劣质的蔬菜黄叶多，梗粗老，有刀伤，萎缩严重。

（三）含水量

蔬菜是水分含量较多的原料。优质的蔬菜保持有正常的水分，表面有润泽的光亮，刀口断面会有汁液流出；劣质的蔬菜则外形干瘪，失去水色光泽。

（四）病虫害

病虫害是指昆虫和微生物侵染蔬菜的情况。优质的蔬菜无霉烂及虫害的情况，植株饱满完整；次质的蔬菜有少量霉斑或病虫害，经拣挑后仍可食用；劣质的蔬菜严重霉烂，有很重的霉味或虫蛀、空心现象，基本失去食用价值。

此外，蔬菜的品质还与存放的时间有很大的关系。存放时间越长，蔬菜的质量就下降得越多。

六、蔬菜的贮藏保管

蔬菜是鲜活的产品，易腐烂。在商品流通中，保鲜难度大，在贮藏、运输中应创造极好的条件，才能保证新鲜蔬菜的品质。

（一）蔬菜在流通及贮藏过程中的品质变化及控制

由于各种蔬菜的遗传特性、组织结构、生理状态各异造成贮藏性能有较大差异；即使同一种类的不同品种或同一品种而生产条件不同的蔬菜，其耐贮性也有差异。因而在蔬菜的流通和贮藏过程中必须注意以下几个方面。

1. 防萎蔫

水是新鲜蔬菜的主要成分，大部分蔬菜的水分含量达 90% 以上，充足的水分可维持细胞的正常膨压，使组织坚实挺拔，保持蔬菜新鲜饱满的外观品质。由于采后蔬菜的蒸腾作用一直在进行，若贮藏运输中遇到高温、干燥和空气流速快，又无包装，会使蒸腾作用大大加强，形成组织萎蔫、疲软、皱缩、光泽消退、重量大大下降，失去蔬菜新鲜状态。因而低温、合理湿度、空气流速慢、包装完好等对防止蔬菜萎蔫有积极作用。

2. 防变色

有一些蔬菜因酶、采收后有切口或碰伤、长期光的照射等，在流通过程中会发生变色现象，如褐变、伤口处的变色。因而护色处理、轻采、背光是保证产品质量的措施。

3. 防发芽与抽薹

萌发主要指休眠芽（马铃薯）及鳞芽（洋葱、大蒜）的萌发和生长。抽薹指花芽的伸长与生长。发芽与抽薹会消耗大量养分，致使产品变糠松粗老，因而在流通、贮藏中除利用低温、合理的湿度等措施控制和延缓其萌芽、抽薹，在生产上防发芽外，还可采用 α- 萘乙酸甲酯、青鲜素（MH）等处理或采后进行辐射处理。

4. 防霉烂

蔬菜是营养体，大多生长在土壤中，易携带微生物，若采收运输中的不当引起碰伤或是空气湿度过大、环境温度或高或低、菜堆大引起内外温差，导致蔬菜的叶面凝结水滴称（称为“发汗”），均易引起病菌的侵染、繁殖，使蔬菜发生霉烂、变质。因而合理的采收及运输方法、稳定的低温条件是防霉烂的积极措施。

5. 防后熟和衰老

后熟是指蔬菜采收后成熟过程的继续。对大多数蔬菜，随着后熟则衰老加剧，产品形态变劣，组织粗老，品质下降。贮藏期间保持低温、控制氧化及乙烯等条件是延缓产品后熟、老化的有效方法。

（二）蔬菜的贮藏方法

根据蔬菜的生理特性，以低温为主，再配以其他贮藏措施，是保证蔬菜在流通中的商品性和良好品质的有效方法。在长期的生产实践中，人们创造了多种多样行之有效的蔬菜贮藏方法，以创造贮藏适温为主，分为自然降温和人工降温。随着科学技术不断进步，一些新的贮藏技术也不断产生并应用于生产。

1. 蔬菜的简易贮藏

主要是利用自然降温的方法来尽量维持蔬菜所要求的贮藏温度（-2 ～ 10℃），

设备结构简单，有一定的贮藏作用，是我国北方地区蔬菜贮藏的主要方式一。其方法有堆藏、沟藏、窖藏，可贮白菜、甘蓝、萝卜、胡萝卜、马铃薯等。冻藏适用于一些耐寒蔬菜如菠菜、芫荽、油菜、芹菜等绿叶菜；假植用于芹菜、油菜、莴苣、水萝卜等蔬菜。这些贮藏方式大多用于个体生产者，贮量较小。而生产上的大量贮藏，在北方地区多用通风贮藏库。通风贮藏库是棚窖的发展，以砖、木、水泥结构的固定式建筑，利用空气对流原理，引入外界冷空气而起降温作用，比简易贮藏更经济、简便。这些贮藏库的库房面积一般为 250 ～ 400m^2，贮量可达 100 ～ 200t。可用于贮藏马铃薯、胡萝卜、甘蓝、洋葱、芜菁等，也可用于一些夏菜的短期贮藏。

2. 蔬菜的冷藏

在缺乏自然降温条件时，采用人工降温至 -1 ～ 5℃的方法以获得蔬菜安全贮藏所需要的低温。人工冷藏有两种方式。一是冰藏，是采用天然或人工制冰来降低或维持产品的低温，借以延长保存的时间。可贮藏香瓜、茄子、黄瓜、辣椒、四季豆、豌豆、茄等。二是机械冷藏库，这种贮藏库是在一个适当设计的隔热建筑中借机械冷凝系统的作用，将库内的热传到库外，使库内的温度降低并持续，其贮藏效果可大大提高。绝大多数的蔬菜都可用冷库进行贮藏。

在冷藏的基础上除控制贮藏的温度、湿度外，还可同时控制气体条件，即适当降低空中的 O_2 分压和提高 CO_2 分压，明显抑制蔬菜产品的代谢和微生物代谢，延长保藏期，这是当前贮藏最先进实用的方法，称为调节气体贮藏，简称气调贮藏（CA 贮藏）。国内在 CA 贮藏中多采用自发性 CA 贮藏。

辐照处理可用于对马铃薯、洋葱、大蒜、蘑菇、石刁柏等蔬菜的贮藏。减压贮藏是气调冷藏的进一步发展，即在贮藏场所形成一定的真空度，一般降至 1/10Pa。

总之，蔬菜是活的有机体，因而贮藏的时间是有限的，必须保证它的商品价值，才具有真正的作用。

3. 蔬菜的冷链

为更好维持蔬菜在商品流通中的低温条件，冷链在发达国家普遍使用。蔬菜等食品的贮藏，在生产地收获后，运输、贮藏、上货架到食用前，均为低温流通形式，人们称这种保藏方法为冷链，冷链这种方式在我国已广泛使用。

4. 蔬菜采后处理

蔬菜采收工作是农业生产的最后一环，又是商品化、贮藏、加工的最初一环。采收的原则是适时无损，除应把握各种蔬菜的质量标准外，还应充分做好以下工作：一是采收成熟度的确定；二是采收时间和方法；三是采后处理。大量蔬菜上市后，若要进行贮藏或运输，还应进行如下处理。①愈伤。在蔬菜采收中，尤其是一些微小而不易发现的伤口，会导致微生物入侵，要创造良好的温、湿度条件，使其伤口愈合；②预冷。即除去田间热，可采用田间自然散热、流水冷却、真空冷却等方法；③晾晒。叶菜类要适当晾晒，降低水分，增加贮藏运输性能；④化学药剂防腐或植物激素处理。以上步骤完成后，认真细致地做好包装和安全运输。

第二节　根菜类蔬菜

一、根菜类蔬菜的结构特点

根菜类蔬菜是指以植物膨大的根部作为食用对象的蔬菜。这种根为植物的贮藏器官，富含糖类等营养物质。由于根菜的产量高、耐贮藏，适于加工腌制，在北方冬、春季节蔬菜短缺时占有重要地位。

根菜类蔬菜按其肉质根的生长形成不同可分为肉质直根和肉质块根两种类型。

肉质直根是由短缩茎、下胚轴和主根上部膨大形成的复合器官，可分为根头、根茎和真根三部分，各部分的比例因种类和品种而异。肉质直根的上部具有胚轴和节间很短的茎，在上面着生许多叶子。在发达膨大的主根中，薄壁细胞内贮存了大量的营养物质，是供食的主要部分。肉质直根按解剖结构可分为三种类型。①萝卜型。其肉质根的次生木质部发达，为主要食用部分，导管呈放射状排列，其间是薄壁组织细胞，韧皮部占比例小，萝卜、芜菁、芜菁甘蓝等属此类型。②胡萝卜型。肉质根的次生韧皮部发达，成为主要食用部分，木质部占比例较小，胡萝卜、根用芹菜、美洲防风等属此类型。③根用甜菜类型。肉质根内具有多轮形成层，并形成维管束环，环与环之间充满薄壁细胞，根用甜菜属此类型。

肉质块根是由植物侧根或不定根膨大而成的，在外形上不很规则，而且其膨大部分没有茎和胚轴的部分，完全由根所形成；此外由于块根不是由主根膨大而成的，因此不像萝卜、胡萝卜、甜菜那样每株只能形成一个肉质根，而是一株可以形成许多膨大的块根，山芋、豆薯等属此类型。

二、根菜类蔬菜的主要种类

（一）萝卜

萝卜（*Raphanus sativus*）又称莱菔、芦菔。为十字花科萝卜属能形成肥大肉质根的二年生草本植物。

1. 形态特征

萝卜根部膨大为肉质根，其肉质根汁多，脆嫩；肉质根形状有长、圆、扁圆、卵圆、纺锤、圆锥等形，皮色有红、绿、白、紫等。

2. 品种和产地

萝卜主要分为中国萝卜和四季萝卜两大类。主要品种有薛城长红、济南青圆脆、石家庄白萝卜、北京心里美、成都春不老萝卜、杭州笕桥大红樱萝卜、北京炮竹筒、蓬莱春萝卜、南京五月红、南京扬花萝卜、上海小红萝卜、烟台红丁等。萝卜是世界上古老的栽培蔬菜之一。现在世界各地都有种植，欧美国家以小型萝卜为主，亚洲国家以大型萝卜为主，尤以中国、日本栽培普遍。

3. 质量标准

萝卜的质量以个体大小均匀，无病虫害、无糠心、黑心和抽薹现象，新鲜、脆嫩、无苦味者为佳。

4. 营养及保健

萝卜每 100g 鲜品中含水分 87 ～ 95g，糖 1.5 ～ 6.4g，维生素 C 8.3 ～ 29.0mg，还含有氨基酸、淀粉酶、芥辣油等物质。中医认为萝卜性味甘、辛、平、微凉，有清热、解毒、利尿、消炎、化痰、止咳等功效。现代研究认为，萝卜含有能诱导人体自身产生干扰素的多种微量元素，可增强机体免疫力，并能抑制癌细胞的生长，对防癌、抗癌有重要意义。常吃萝卜可降低血脂、软化血管、稳定血压，预防冠心病、动脉硬化、胆石症等疾病。

5. 饮食禁忌

平时脾胃虚寒之人忌食生萝卜，虚喘之人亦忌食。萝卜与苹果、橘子、葡萄、菠萝等水果同食易诱发甲状腺肿；与胡萝卜同食降低营养价值；与黄瓜、动物肝脏同食破坏维生素 C；与人参同食易积食滞气。在配菜时应以注意。

6. 烹饪运用

萝卜的烹制方法较多，适于烧、拌、做汤、炝、炖、煮等，与牛、羊肉一起烧还具有去膻味作用。萝卜可用于糕点、小吃的制作。此外，萝卜还是食品雕刻的重要原料，可用于菜点的装饰和点缀。萝卜经腌制后，可制酱菜、萝卜干等。

烹调实例：萝卜丝汆鲫鱼

将鲫鱼去鳞、鳃，开膛去内脏洗净，在鱼身两面每隔 1.5cm 切一刀（不要切得太深）。萝卜洗净去皮切丝，香菜洗净切 3cm 长的段。汤锅放油加热，用葱姜丝炝锅，倒入奶汤，调入料酒、精盐、味精。将鲫鱼用开水汆一下，放入汤锅内，汤开时移至微火上炖，再把萝卜丝用开水汆一下，捞出控净水，同鱼一起炖烂，淋上花椒油，倒入大汤碗中，撒上香菜段即成。

（二）胡萝卜

胡萝卜（*Daucus carota* var. *sativa*）又称红萝卜、黄萝卜、丁香萝卜等，为伞形科胡萝卜属野胡萝卜种胡萝卜变种能形成肥大肉质根的二年生草本植物。

1. 形态特征

胡萝卜直根上部肥大，形成肉质根，其上生四列纤细侧根。肉质根形状有圆、扁圆、圆锥、圆筒形等；色泽有紫红、橘红、粉红、黄绿等，其中紫红和橘红等色深者含胡萝卜素较多。

2. 品种和产地

胡萝卜素按其肉质根的形态可分为短圆锥形、长圆锥形和长圆柱形三类。短圆锥形早熟、肉厚，质嫩味甜，宜生食，主要品种有烟台三寸萝卜；长圆锥形中晚熟，味甜，耐贮存，主要品种有内蒙古黄萝卜、烟台五寸萝卜、汕头红萝卜等；长圆柱类型晚熟，根细长，肩部粗大，根先端钝圆，主要品种有安徽肥东黄萝卜、湖北麻城棒槌胡萝卜、上海长红胡萝卜等。胡萝卜原产于亚洲西部，13 世纪经伊朗传入我国。现分布世界各地，我国南北方均有栽培，产量居根菜类第二位。

3. 质量标准

胡萝卜的品质以质细味甜、脆嫩多汁，表皮光滑，形态整齐，心柱小，肉厚，无裂口和病虫伤害者为佳。

4. 营养及保健

胡萝卜中含有丰富的胡萝卜素。每 100g 鲜品中含胡萝卜素 1.35 ～ 3.70mg，含蛋白质 0.3 ～ 1.4g，脂肪 0.3g，糖类 6.2 ～ 10.4g。因胡萝卜素是脂溶性物质，故食用胡萝卜时应与肉类同烹或在烹调时多放些油，有助于被人体吸收利用。中医认为胡萝卜性平、味甘，有健胃脾、化滞、消食的功效。适宜脾胃虚寒，贫血，营养不良，食欲不振之人食用；亦适宜癌症患者，高血压、胆石症患者食用。

5. 饮食禁忌

胡萝卜不宜与醋同食，因醋会破坏胡萝卜素；胡萝卜中含有抗坏血酸分解酶，与花菜、菠菜、西红柿、辣椒等蔬菜及柠檬、杏、荔枝等水果同食会破坏其中的维生素 C，配菜时应注意。

6. 烹饪运用

胡萝卜做菜，适于炒、烧、拌等，与牛、羊肉同烧，还有去除膻味的作用。此外，胡萝卜可用于食品雕刻，作菜点的装饰、围边等。胡萝卜还是制作腌菜、酱菜的原料。

烹调实例：胡萝卜炖羊肉

将羊肉洗净，拖刀切成块，放入冷水里泡 1 小时，入开水锅中汆一下捞出。将胡萝卜洗净，直刀切成滚刀块，也放入冷水里泡半小时。炒锅置火上，放入猪油烧热，投入葱、姜、八角炸出香味，放入羊肉、酱油、黄酒、精盐煸炒，兑入适量清水，烧开后放至小火上炖至七成熟，再把胡萝卜块放入炖熟即成。

（三）其他根菜类蔬菜

其他根菜类蔬菜的品种及特点，扫描二维码查看。

其他根菜类蔬菜的品种及特点

第三节　茎菜类蔬菜

一、茎菜类蔬菜的结构特点

茎菜类蔬菜是指以植物的嫩茎或变态茎作为主要供食部位的蔬菜。

该类蔬菜品种较多，有的生于地下，有的生于地上，形态多种多样。但在外观上都具有植物茎的基本特征，即顶端有顶芽，有节和节间，有叶或叶痕并着生腋芽。从茎的解剖结构看，茎由表皮、皮层和维管柱三部分组成。表皮在茎的最外层；皮层是由许多层薄壁细胞组成的，其特点是细胞排列疏松，细胞壁薄；维管柱由中柱鞘、木质部和韧皮部三部分组成的。作为蔬菜，通常利用的都是幼嫩时期的茎或变态的茎，一旦植物茎长老后，其茎中维管柱木质化，也就失去了食用价值。

茎菜类蔬菜按其生长的环境可分为地上茎蔬菜和地下茎蔬菜两大类。

1. 地上茎类蔬菜

地上茎类主要包括嫩茎蔬菜和肉质茎类蔬菜：嫩茎类通常以植物柔嫩的茎或芽作为食用对象；肉质茎类则以植物变态的肥大而肉质化的茎供食用。

2. 地下茎类蔬菜

地下茎类包括球茎类蔬菜、块茎类蔬菜、根状茎类蔬菜和鳞茎类蔬菜，它们均为茎的变态类型。球茎为短而肥大的地下茎，外表有明显的节与节间，在节上生有起保护作用的鳞片及腋芽，其内部贮存养料，球茎通常由地下茎的先端膨大而成，芽多数集中于顶端；块茎是由地下茎逐渐膨大而形成的，块茎外部分布着许多凹陷的芽眼，在顶部有一个顶芽，芽眼在块茎上呈螺旋状排列，每一芽眼下面有叶迹（顶芽除外），块茎的内部构造有周皮、皮层、外韧皮部、木质部、内韧皮部及位于中央的髓；根状茎的外形与根相似，横着伸向土中，但它具有明显的节与节向，节上的腋芽可长出地上枝，节上并可生长出不定根，在节上可以看到小型的退化鳞片叶；鳞茎是一种扁平或圆盘状的地下茎，上面生有许多肉质肥厚的鳞片，肉质鳞片包于顶芽的四周，在鳞片的叶腋内还有腋芽。肉质鳞片外面有干燥膜质的鳞片包围，起保护作用。

二、茎菜类蔬菜的主要种类

（一）地上茎蔬菜

1. 茎用莴苣

茎用莴苣（*Lactuca sativa* var. *augustana*）又称莴笋、青笋等，为菊科莴苣属

莴苣种能形成肉质嫩茎的变种，一二年生草本植物。

（1）形态特征

莴苣叶较狭，先端尖或圆，每株高30cm左右，节上长有几片小叶，茎粗肥大，有圆桶形、长圆锥形等，肉质致密细嫩，纤维少，汁多皮薄。

（2）品种和产地

茎用莴苣根据其叶片形状可分为尖叶和圆叶两个类型，各类型中依茎的色泽又有白笋、青笋和紫皮笋之分。尖叶类型叶片披针形，先端尖，节间较稀，肉质茎棒状，下粗上细，较晚熟。主要品种有柳叶莴苣、北京紫叶莴苣、南京白皮香早种等；圆叶类型叶片长倒卵形，顶部稍圆，节间密，茎粗大（中、下部较粗，两端渐细），成熟期早。主要品种有北京鲫瓜笋、成都挂丝红、济南北莴笋、南京紫皮香、上海小圆叶、大圆叶等。莴苣原产亚洲西部及地中海沿岸，目前我国各地普遍栽培。

（3）质量标准

莴笋的品质以粗短条顺，不弯曲，皮薄质脆，水分充足，不空心，不抽薹，表面无锈斑，不带老叶、黄叶者为佳。

（4）营养及保健

每100g莴笋中含水分97g，蛋白质0.6g，脂肪0.1g，糖类1.9g，以及多种维生素和矿物质。中医认为莴苣味苦性甘微寒，有清热化痰、利气宽胸、利尿通乳的功效。适宜胸膈烦热、咳嗽多痰、小便不利，以及尿血之人食用。

（5）饮食禁忌

凡脾胃虚寒，腹泻便溏者忌食；女性月经期间以及寒性痛经之人忌食凉拌莴苣；有目疾、痛风病者忌食。莴苣与奶酪、蜂蜜同食易引起腹泻，应予以注意。

（6）烹饪运用

茎用莴苣的茎和叶均可食用，常适用于烧、拌、炝、炒等烹调方法，也可用作汤菜和做配料等，还能作为食品雕刻的原料。此外，莴笋还可制作腌菜、酱菜等加工品。

烹调实例：虾子烧莴笋

把莴笋去叶、削皮洗净，切成6cm长、筷子粗的条。虾子用温水洗净，用开水泡软。炒勺加热，倒入油，油温达六成热时，放入莴笋条，炸至橘黄色时，倒入漏勺，控尽油。把勺内余油加热，倒入鸡汤，加入精盐、酱油、白糖、绍酒、葱姜汁，放入虾子、莴笋，加味精，再用湿淀粉勾芡，淋上香油出锅装盘即可。

2. 竹笋

竹笋又称笋，为禾本科中竹亚科（*Bambusoideae*）多年生常绿木本植物的可以食用的肥嫩短状的芽。

（1）形态特征

竹笋外形为锥形或圆筒形，笋基质嫩肥壮，外包有箨叶，颜色有赤褐、青绿、淡黄等。

（2）品种和产地

竹笋的种类较多，常见的品种有：分布于长江流域的毛竹笋、淡竹笋；分布于江苏、浙江的早竹笋、石竹笋等；分布于长江以南各省的水竹笋；分布于长江流域及山东、河南、陕西的刚竹笋；分布于广东、广西、福建、台湾、浙江等地的麻竹笋、绿竹笋等。此外，竹笋按上市季节可分为冬笋、春笋和鞭笋，以冬笋品质最好。竹笋盛产于热带、亚热带和温带地区。我国目前全国各地均有分布，以珠江和长江流域最多。

（3）质量标准

竹笋的质量以新鲜质嫩、肉厚、节间短、肉质呈乳白色或淡黄色、无霉烂、无病虫害者为佳。

（4）营养及保健

竹笋中营养物质的含量随品种不同而异：冬笋含蛋白质4%，脂肪0.4%，碳水化合物3.8%；春笋含蛋白质2.1%，脂肪0.33%，碳水化合物3.19%。竹笋性味甘、淡、微涩、寒，有清热、利尿、活血、祛风等功效，可治积食、咳嗽、麻疹、疮疡等症。

（5）饮食禁忌

凡患严重消化道溃疡，食道静脉曲张，上消化道出血，尿路结石之人忌食；平素脾胃虚寒，腹泻便溏者忌食。竹笋忌与红糖、鹧鸪（养殖）肉同食。

（6）烹饪运用

竹笋在烹饪中应用较广，适于炒、煮、焖、烩、烧等多种烹调方法，既可作主料，也可作配料，还能作点心的馅心。竹笋可鲜食，也可加工成干制品和罐头。鲜食时应先焯水或焐油处理，以除去其中多量的草酸。

烹调实例：干煸冬笋

净冬笋500g用刀拍松，切成3cm长的条；瘦猪肉50g剁成末；榨菜切细。炒锅置旺火上，下猪油75g，烧至六成热时，随即下冬笋和肉末煸炒；再下榨菜反复煸炒，直炒至冬笋表皮起皱时，下豌豆苗、精盐、姜米、醪糟汁、味精，每下一样就煸炒几下，起锅时撒上葱花，淋上麻油，起锅盛入盘内即成。

3. 其他地上茎类蔬菜

其他地上茎类蔬菜的品种及特点，扫描二维码查看。

其他地上茎类蔬菜的品种及特点

（二）地下茎蔬菜

1. 马铃薯

马铃薯（*Solanum tuberosum*）又称土豆、山药蛋、洋山芋等，为茄科茄属中能形成地下块茎的栽培种，一年生草本植物。

（1）形态特征

马铃薯的地下块茎膨大，形状有扁圆形、圆形和圆筒形，表皮有黄、黄白、红或紫色，肉为黄或白色，肉质致密，含丰富的淀粉，皮薄肉厚，块茎为食用部分。

（2）品种和产地

马铃薯品种较多，按块茎的皮色分为白、黄、红和紫皮品种；按薯块的颜色分为黄肉种和白肉种；按形状分为圆形、椭圆、长筒和卵形等；按块茎的成熟期分为早熟、中熟和晚熟种。优良品种有：丰收白、白头翁、克新1号、沙杂15号、虎头等。马铃薯起源于秘鲁和玻利维亚的安第斯山区，1650年传入我国，目前全国各地均有栽培，全年均有应市。

（3）质量标准

马铃薯的质量以体大形正，整齐均匀，皮薄而光滑，芽眼较浅，肉质细密，味道纯正者为佳。

（4）营养及保健

每100g马铃薯中含水分81g，蛋白质1.8g，脂肪0.02g，糖类15.8g，以及钙、磷、铁等矿物质和维生素B、维生素C等。马铃薯性味平、甘，有和胃、调中、健脾益气、消炎等功效。适宜胃火牙痛、脾虚纳少、大便干结、高血压、高血脂等病症；还可辅助治疗消化不良、习惯性便秘、神疲乏力、慢性胃痛、关节疼痛、皮肤湿疹等症。

（5）饮食禁忌

马铃薯发芽后能产生龙葵素等有害成分，不能食用。患有糖尿病者忌食。马铃薯与柿子、西红柿同食会引起消化不良，与香蕉同食会导致脸部生斑。配菜时应注意。

（6）烹饪运用

马铃薯适于炒、煮、烧、炸、煎、煨、蒸等烹调方法。可制作主食，亦可制作菜肴，还可用于食品雕刻。此外还是制淀粉和酒精的原料。马铃薯去皮后易变色，可将去皮后的马铃薯用水洗后再泡入水中，能防止褐变。

烹调实例：土豆烧牛肉

将牛肉切成3cm见方的块，放在清水中浸泡去血水，洗干净后捞起；土豆去皮洗净，也切成3cm长的滚刀块；葱打结，姜拍破。锅置旺火上下油烧热，加牛肉翻炒，待见肉块上有斑点时，下葱、姜、白糖、酱油、桂皮、八角和开水，烧开后撇去浮沫，盖上盖改用微火焖约 2 小时，再加入土豆块，继续焖 1 小时左右即可。

2. 山药

山药［*Dioscorea opposita*（*Dioscorea batatas*）］又称薯蓣、薯药、长薯，为薯蓣科薯蓣属中能形成地下肉质块茎的栽培种，一年生或多年生缠绕性藤本植物。

（1）形态特征

山药肉质块茎肥大，长棒形、球形或块状，皮为白色或紫红色、浅紫色，皮薄肉厚，含丰富淀粉，为食用部分。

（2）品种和产地

山药的品种较多，按块茎形状分为扁块种、圆筒种、长柱种三个类型。品种有脚板薯、浙江瑞安红薯、黄岩薯药、台湾圆薯怀山药、河北武鹭山药、山东济宁米山药等。山药原产亚洲东部热带地区，目前全国除西藏、东北北部及西北黄土高原外，其他地区都有栽培，以江苏、山东、河南、陕西一带栽培最多。全年均有供应。

（3）营养及保健

山药每 100g 含水 82g，蛋白质 0.83g，脂肪 0.16g，糖类 15.7g，以及粗纤维和维生素等。山药自古以来就作为滋补品利用，中医认为山药性温味甘，无毒，有补中益气，补脾胃，止泄泻等功效。适于脾虚泄泻、食少浮肿、肺虚咳喘、消渴、遗精、带下、肾虚尿频等症；外用可治痈肿，瘰疬。

（4）烹饪运用

山药质地细腻，肉色洁白，烹调时可用炒、蒸、烩、烧、扒、拔丝等方法，咸甜皆宜，还可与大米等一起煮粥制作主食。

烹调实例：拔丝山药

山药洗净，上笼蒸熟去皮，切成菱形块，撒上生粉。锅置火上下油烧至八成热，将山药块投入炸至呈金黄色，即可捞出沥去油。炒锅洗净下清水 50g、白糖，用文火使白糖溶化成浆液，烧至粉性起丝，投入山药块，翻炒，起锅装于涂过油的盘中。

3. 藕

藕(*Nelumbo nucifera*)又称莲藕,为睡莲科莲属中能形成肥嫩根状茎的栽培种,多年生宿根草本植物。

（1）形态特征

莲藕地下茎长而肥大，由多段藕节组成，内有孔道，皮色黄白，含丰富的淀粉。肥大地下茎味甜、多汁，为食用部分。

（2）品种和产地

莲藕的品种较多，按上市季节可分为果藕、鲜藕和老藕；按用途可分为藕用种、莲籽用种和花用种。作为蔬菜食用以藕用种为主，著名品种有苏州花藕、杭州白花藕、宝应贡藕、安徽雪湖贡藕、广州丝苗、长沙大叶红等。藕起源于中国和印度，目前我国各省普遍栽培，以长江三角洲、珠江三角洲、洞庭湖、太湖为主产区。每年秋、冬及春初均可采挖上市。

（3）质量标准

藕的品质以藕身肥大，肉质脆嫩，水分多而甜，带有清香味者为佳。

（4）营养及保健

每100g鲜藕中含水分77.9～89g，糖类约20g，蛋白质约1.0g，还含有维生素C等多种维生素和矿物质。中医认为，生藕甘，寒，无毒。熟藕甘，温，亦无毒。生藕具有消瘀清热，除烦解渴，止血（鼻血、尿血、便血、子宫出血等）、化痰，治肺炎，肺结核、肠炎、脾虚下泻、女性血崩等诸症。藕经过煮熟以后，性由凉变温，失去了消瘀清热的性能；而变为对脾胃有益，有养胃滋阴，益血，止泻的功效。

（5）饮食禁忌

生藕性质偏凉，脾胃虚寒者忌食；女性月经期间和素有寒性痛经者忌食；熟藕及藕粉不适宜糖尿病患者食用。煮藕时不宜用铁锅铁器。

（6）烹饪运用

藕是重要水生蔬菜之一。烹调中适于炒、炸、炒、糖醋、蜜渍等烹法，可制作藕荚、藕盒等特殊菜式。藕也可作水果生食。此外，藕还可加工成藕粉、蜜饯等加工品。

烹调实例：炸藕夹

将藕去节，洗净去皮，切成1cm厚的连刀片。猪肉切成米粒状的小丁，装入盘中，加入胡椒粉、精盐、味精、葱姜末和少许蛋清调拌均匀（加一点鱼蓉更好），分别夹入每个连刀片内，再轻轻按一下。用余下的鸡蛋和淀粉、面粉、适量清水调成糊。炒锅放火上，倒入油，油温达八成热时，把做成的藕荚生坯，逐个蘸上糊放入油中，炸至淡黄色定型时，捞出，晾2分钟，再放入八成热的油锅中炸至金黄色熟透时，捞出，控净油装盘即成。

4. 姜

姜（*Zingiber officinale*）又称生姜、黄姜，为姜科姜属能形成地下肉质根状茎的栽培种，多年生草本植物，作一年生栽培。

（1）形态特征

生姜的地下茎肥大，为肉质，表皮薄，淡黄色、肉黄色或浅蓝色。在嫩芽及节处有鳞片，鳞片为紫红色或粉红色，肉质茎具辣味，为食用部分。

（2）品种和产地

姜的品种根据植株形态和生长习性可分为疏苗型和密苗型两类；按用途可分

为嫩姜和老姜。嫩姜一般水分含量多，纤维少，辛辣味淡薄，除作调味品外，可炒食、制作姜糖等；老姜水分少、辛辣味浓、多作调味料。姜原产中国及东南亚等热带地区，我国目前除东北、西北寒冷地区外，其他地区均有栽培，以广东、浙江、山东为主产区。秋季收获上市，四季均有供应。

（3）质量标准

姜的质量以不带泥土、毛根，不烂，无虫伤，无干瘪现象，无受热、受冻现象者为佳。

（4）营养及保健

每 100g 鲜姜中含粗蛋白 7.98 ～ 10.04g，脂肪 0.7g，淀粉 4.16 ～ 8.88g，维生素 C 9.81 ～ 16.74mg，挥发油 0.19 ～ 0.25mL，还含有钙、磷、铁等矿物质。姜自古入药，中医认为姜味辛性温，有解毒、散寒、温胃、止呕、止咳、止泻的功效。为芳香性辛辣健胃食品，有温暖、兴奋、发汗、止呕、解毒等作用，特别对于鱼、蟹毒，半夏、天南星等药物中毒有解毒作用。适用于外感风寒、头痛、痰饮、咳嗽、胃寒呕吐等。在遭受冰雪、水湿、寒冷侵袭后，急以姜汤饮之，可增进血行，驱散寒邪。

（5）饮食禁忌

凡属阴虚内热，内火偏盛者忌食；患有目疾、痈疮和痔疮者不宜多食；肝炎患者忌食；多汗者忌食；糖尿病人及干燥综合征者忌食。生姜与牛肉同食易引起牙龈炎；与狗肉同食会引起腹痛；与兔肉同食易腹泻。配菜时应注意。

（6）烹饪运用

姜含有姜油酮、姜油醇等物质，故常作调味品。嫩姜作菜，适于炒、酱制、泡、拌等方法，此外，姜还是加工酱菜、姜油等的原料。

烹调实例：瓜姜鱼丝

取鳜鱼净肉 250g，切成细丝，用鸡蛋清、干淀粉、少许精盐上浆。酱瓜用清水稍加浸漂与嫩姜分别切成细丝。炒锅内放熟猪油，用旺火烧到四成热时，放入鱼丝用铁筷划散，待鱼丝变色成熟，倒入漏勺沥油。炒锅留少许余油，下酱瓜丝、姜丝、料酒、鲜汤和调味料、勾薄芡汁后，倒入鱼丝颠翻几下，淋些芝麻油后出锅装盘即成。

5. 洋葱

洋葱（*Allium cepa*）又称葱头、圆葱，为百合科葱属中以肉质鳞片和鳞芽构成鳞茎的二年生草本植物。

（1）形态特征

洋葱叶圆柱形，中空，浓绿色，叶鞘肥厚呈鳞片状，密集于短缩茎的周围，形成鳞茎。鳞茎大，球形、扁球形或椭圆形，外皮白色、黄色或紫红色。鳞茎的肉质细密，多汁，有辣味，为食用部分。

（2）品种和产地

洋葱按鳞茎皮色分为红皮、黄皮、白皮三类。品种有北京紫皮、上海红皮、西安红皮、东北黄玉葱、南京黄皮、新疆哈密白皮等。洋葱起源于中亚，我国目前全国各地均有种植，四季都有供应。

（3）质量标准

洋葱的质量以葱头肥大，外皮光泽，不烂，无机械伤和泥土，鲜葱头不带叶；经贮藏后，不松软，不抽薹，鳞片紧密，含水量少，辛辣和甜味浓者为佳。

（4）营养及保健

每100g洋葱中含蛋白质1.8g，糖类8.0g，维生素C 8mg，以及钙、磷、铁等矿物质。洋葱性味甘、温，有消炎、杀菌、润肠、降压等功效，对创伤、溃疡、便秘、阴道滴虫等有一定疗效。适宜高血压、高血脂和动脉硬化等心血管系统疾病患者食用；适宜糖尿病患者及癌症患者食用；适宜急慢性肠炎，痢疾患者食用；适宜消化不良，饮食减少和胃酸不足之人食用。

（5）饮食禁忌

患有瘙痒性皮肤疾病者忌食；患有急性眼疾而眼红肿充血者忌食。洋葱忌与蜂蜜同食，会导致腹胀、腹泻；洋葱也不宜与黄鱼同食。

（6）烹饪运用

洋葱做菜，适于煎、炒、爆等烹法，多作配料运用，洗净后亦可生吃。洋葱是西餐的主要蔬菜之一，可以做汤、作为配料、调料和冷菜。

6. 其他地下茎类蔬菜

其他地下茎类蔬菜的品种及特点，扫描二维码查看。

其他地下茎类蔬菜的品种及特点

第四节　叶菜类蔬菜

一、叶菜类蔬菜的结构特点

叶菜类蔬菜是指以植物肥嫩的叶片和叶柄作为食用对象的蔬菜。这类蔬菜品种多，用途广，其中既有生长期短的快熟菜，又有高产耐贮存的品种，还有起调味作用的品种，因而在蔬菜的全年供应中占有很重要的地位。

叶菜类蔬菜的形态多种多样，但其供食用的产品均是植物的叶或叶的某一部分，所以在外观上都具有叶的基本特征，由叶片、叶柄和托叶组成。叶片是叶的最重要的部分，由表皮、叶肉和叶脉三部分组成；叶柄的结构和茎的结构大致相似，是由表皮、基本组织和维管束三部分组成；托叶是位于叶柄和茎的相连接处的结构，通常细小，而且早落，食用价值较低。

二、叶菜类蔬菜主要种类介绍

（一）小白菜

小白菜（*Brassica campestris* ssp. *chinensis* var. *communis*）又称白菜、青菜、油菜等。为十字花科芸薹属芸薹种白菜亚种的一个变种，一二年生草本植物。

1. 形态特征

小白菜植株矮小，叶张开，不结球。叶片较肥厚，表面光滑，呈绿色或深绿色；叶柄明显，白色或淡绿至绿白色，没有叶翼。

2. 品种和产地

小白菜的种类根据其形态特征及栽培特点，可分为秋冬白菜、春白菜和夏白菜三类。代表品种有南京矮脚黄、常州长白梗、无锡三月白、南京四月白、上海火白菜、广州马耳白菜、南京矮杂一号等。小白菜原产我国，现全国各地普遍栽培，长江以南为主要产区，在江淮流域以南地区，四季均能露地栽培。

3. 质量标准

小白菜的品质以无黄叶，无烂叶，不带根，外形整齐者为佳。

4. 营养及保健

小白菜每 100g 食用部分含蛋白质 1.6g，脂肪 0.2g，糖类 2g，粗纤维 0.7g，以及钙、磷、铁等矿物质和多种维生素。中医认为小白菜味甘性平，可解热除烦，通利肠胃，适用于肺热咳嗽、便秘、丹毒、漆疮等症。

5. 饮食禁忌

小白菜与动物肝脏、胡萝卜、黄瓜同食时维生素 C 易被破坏，配菜时应注意。

6. 烹饪运用

小白菜是一种大众化的蔬菜，适于炒、拌、烧等，也可作配料或围边，垫底，还可作点心的馅心。此外，还是加工腌菜的重要原料。

（二）大白菜

大白菜（*Brassica campestris* ssp. *pekinensis*）又称结球白菜、黄芽菜、菘菜，为十字花科芸薹属芸薹种中能形成叶球的亚种，一二年生草本植物。

1. 形态特征

大白菜个体较大，叶片多而呈倒卵形，边缘波状有齿，叶面皱缩，中肋扁平，叶片互相抱合，内叶呈黄白色或乳白色。

2. 品种和产地

大白菜的品种很多，市场常见的有半结球变种、花心变种、结球变种三种类型。

品种有辽宁兴城大矬菜、山西阳城大毛边、北京翻心白、山东济南小白心、胶州大白菜、洛阳包头、天津青麻叶等。大白菜为我国特产蔬菜之一，现在全国各地均有栽培，主产区为长江以北，山东、河北等地种植最多。一般 9 ～ 11 月上市。

3. 质量标准

大白菜的品质以包心紧实，外形整齐，无老帮、黄叶和烂叶，不带须根和泥土，无病虫害和机械损伤者为佳。

4. 营养及保健

每 100g 大白菜鲜品中含水分 94 ～ 96g，糖类 1.7g，蛋白质 0.9g，以及多种维生素和矿物质。大白菜性味甘平，有解热除烦，通利肠胃之功，可治胸烦口渴、唇焦咽痛，小便赤涩不通，热咳不止等。

5. 饮食禁忌

大白菜与动物肝脏、胡萝卜、黄瓜同食时维生素 C 易被破坏，配菜时应注意。

6. 烹饪运用

大白菜在烹饪中应用广泛，可炒、烧、涮、拌、扒、酱等，也可做汤和作为馅心，还是加工泡菜和干菜的原料。大白菜耐贮藏，是我国北方地区重要的越冬蔬菜。

烹调实例：开水白菜

将白菜心洗净，放在沸水中焯至断生，立即捞入凉开水漂凉，再捞出顺条放在菜墩上，用刀修整齐，放在汤碗内，加佐料，上笼用旺火蒸 2 分钟取出，滗去汤，再用沸清汤 250g 过一次；炒锅置旺火上，放入高汤，加少许胡椒粉烧沸后，撇去浮沫，倒入盛有菜心的汤碗内，上笼蒸熟即成。此菜为四川名菜。

（三）菠菜

菠菜（*Spinacia oleracea*）又称菠棱菜、赤根菜，为黎科菠菜属以绿叶为主要食用对象的一二年生草本植物。

1. 形态特征

菠菜主根粗长，红色，带甜味。叶柄长，深绿色。叶片为箭头状或圆形，片较大。根和叶均可食用。

2. 品种和产地

菠菜的品种可分为尖叶菠菜和圆叶菠菜两大类。尖叶型，叶片呈箭头形，叶柄长而叶肉较薄，根粗大而含糖分多，品质佳，秋、冬毯子菠菜属此类型；圆叶型，叶片呈圆形，卵圆形成椭圆形，叶大肉肥厚，叶柄短阔，草酸含量高，春、夏季菠菜多属此类型。菠菜的主要品种有黑龙江的双城尖叶、北京尖叶、广州铁线梗、广东圆叶、春不老菠菜、美国大圆叶等。菠菜原产伊朗，公元 7 世纪初传入我国，目前全国各地均有栽种，春、秋、冬季均可上市供应。

3. 质量标准

菠菜的品质以色泽浓绿，叶茎不老，根红色，无抽薹开花，不带黄、烂叶，无虫眼者为佳。

4. 营养及保健

每100g鲜菠菜中含水分94g，蛋白质2.5g，脂肪0.4g，糖类2g，以及丰富的维生素C和胡萝卜素。菠菜性味甘、凉、滑、无毒，有补血止血、通血脉、止渴润肠、滋阴平肝、促进胰腺分泌、帮助消化等功效。适宜高血压、头痛、目眩、风火赤眼、糖尿病、便秘、消化不良、跌打损伤、衄血、便血、维生素C缺乏、大便涩滞等人群食用。

5. 饮食禁忌

凡肾炎患者、肾结石患者不宜食用；菠菜草酸含量较高，一次食用不宜过多；另外脾虚便溏者不宜多食。菠菜与豆腐、奶酪、黄豆同食会影响钙的吸收；与黄鳝同食易导致腹泻；与黄瓜、胡萝卜、南瓜同食会破坏维生素C。配菜时应注意。

6. 烹饪运用

菠菜入馔，适于炒、汆、拌、烫等加工方法，也可作为配料，做垫底、围边，还能作点心的馅心。菠菜含较多的草酸，烹调前宜用开水略烫，以除去草酸。

烹调实例：翡翠羹

菠菜叶100g洗净，剁成细泥；鸡脯肉50g砸成鸡泥。熟猪油倒入炒锅，在旺火上烧热，将菠菜泥与精盐、料酒、白糖一起调匀，倒入锅中炒约2分钟，再加入鸡汤200g，并不断搅动，烧开后，加入少许水淀粉勾芡，即成稠羹，盛入汤盘中的一边（在汤盘中间立一片S形隔板相隔）。再将鸡蛋清6个放入碗中，加入鸡泥、姜末、料酒、精盐、白糖和湿淀粉，搅打起泡沫，再加入凉鸡汤200g继续搅打出泡沫，即为鸡糊。将熟猪油倒入炒锅内，放在旺火上烧热，倒入鸡糊用手勺搅成稠羹，盛入汤盘中的另一边，然后，轻轻将隔板抽出即成。

（四）生菜

生菜（*Lactuca sativa*）又称叶用莴苣、莴苣菜，为菊科莴苣属中以叶或叶球作为食用对象的一二年生草本植物。

1. 形态特征

植株矮小，叶片扁圆或狭长形，多皱缩，绿色。叶肉肥嫩，外叶略苦，心叶稍甜。

2. 品种和产地

生菜包括长叶莴苣、皱叶莴苣和结球莴苣三个变种。著名品种有广州东山生菜、登峰生菜、山东皱叶结球莴苣、北京青白口结球莴苣等。生菜原产地中海沿岸，主要分布于欧洲、美洲，我国目前多分布在华南地区，其中以台湾种植较多。

3. 质量标准

生菜的品质以不带老帮，无黄叶、烂叶，抱心，不抽薹，无病虫害，不带根和泥土者为佳。

4. 营养及保健

每100g生菜中含蛋白质0.8～1.6g，糖类1.8～3.2g，以及多种维生素和矿物质。生菜味甘、性凉，有清热爽神、清肝利胆、刺激消化、增进食欲、降低胆固醇、驱寒、消炎、明目、利五脏、通经脉等功效。

5. 烹饪运用

生菜是西餐常用蔬菜之一，以生食为主。中餐中常炒制或做汤菜，其叶色彩艳丽，可用作菜肴的点缀。

烹调实例：蚝油生菜

锅放水烧沸后放一匙猪油、少许精盐，然后把洗净的生菜叶逐片放入，烫一下即捞出放盘中。另用碗盛蚝油、生抽、香油搅匀，浇在生菜上即成。

（五）结球甘蓝

结球甘蓝（*Brassica oleracea* var. *capitata*）又称洋白菜、包菜、圆白菜、卷心菜、莲花白等，为十字花科芸薹属甘蓝种中顶芽或腋芽能形成叶球的一个变种，二年生草本植物。

1. 形态特征

叶片厚，卵圆形，蓝绿色，叶柄短；心叶抱合成球，呈蓝白色。

2. 品种和产地

结球甘蓝按叶球的形状可分为尖头型、圆头型、平头型三个类型。品种有鸡心甘蓝、开封牛心甘蓝、黑叶小平头、黄苗、大同茴子白菜等。结球甘蓝起源于地中海至北海沿岸，我国各地均有栽培，是东北、西北、华北等较冷凉地区春、夏、秋的主要蔬菜。

3. 质量标准

结球甘蓝的质量以新鲜清洁，叶球坚实，形状端正，不带烂叶，无病虫害和损伤者为佳。

4. 营养及保健

每100g鲜菜中含水分94.4g，蛋白质1.1g，脂肪0.2g，糖类3.4g，维生素C 38～41mg，粗纤维0.5～1.1g，以及钙、磷、铁等矿物质。结球甘蓝性味甘平、无毒，有补骨髓、利关节、壮筋骨、利脏器和清热止痛等功效。特别适合动脉硬化患者、胆结石症患者、肥胖患者、孕妇及有消化道溃疡者食用。

5. 饮食禁忌

患皮肤瘙痒性疾病、眼部充血患者忌食。包心菜含有粗纤维量多，且质硬，故脾胃虚寒、泄泻以及小儿脾弱者不宜多食；另外对于腹腔和胸外科手术后，胃肠溃疡及其出血特别严重时，腹泻及肝病时不宜吃。结球甘蓝与动物肝脏、黄瓜同食会损失大量维生素 C，配菜时应注意。

6. 烹饪运用

结球甘蓝在烹调中适于炒、炝、熘等加工方法，可作为馅心和各类原料的配料，亦可凉拌作冷菜。此外，还可制作泡菜。

（六）芹菜

芹菜（*Apium graveolens*）又称芹、旱芹、药芹、香芹等，为伞形科芹属中形成肥嫩叶柄的二年生草本植物。

1. 形态特征

芹菜直根粗大。叶为羽状复叶，叶柄发达，中空或实，有绿、白、红之分，有特殊香味。

2. 品种和产地

根据叶柄的形态，芹菜可分为中国芹菜和西芹两种类型。中国芹菜又称本芹，叶柄细长。依叶柄颜色又可分为青芹和白芹。品种有贵阳白芹、昆明白芹、广州白芹等。西芹叶柄肥厚而宽扁，有青柄和黄柄两个类型。品种有矮白、矮金、伦敦红等。芹菜原产地中海沿海沼泽地带，我国南北各地均有种植，四季均有上市。

3. 质量标准

芹菜的质量以大小整齐，不带老梗和黄叶，叶柄无锈斑，色泽鲜绿或洁白，叶柄充实肥嫩者为佳。

4. 营养及保健

芹菜每 100g 可食部分含水分约 94g，糖类 2g，蛋白质 2.2g，以及多种矿物质和维生素。芹菜中含芹菜油，具芳香气味，有降低血压、健脑和清肠利便的作用。特别适合高血压、动脉硬化、高血糖、缺铁性贫血、经期女性食用。

5. 饮食禁忌

芹菜性凉质滑，脾胃虚寒、大便溏薄者不宜多食，芹菜有降血压的作用，故血压偏低者慎用；芹菜与黄瓜、蟹同食会破坏维生素 C，与兔肉同食会导致脱发，配菜时应注意。

6. 烹饪运用

芹菜入馔，可炒、拌、炝或作配料，也可制作馅心或腌、渍、泡制小菜，有时还可作调味品。

烹调实例：开洋芹菜

芹菜洗净，切成 3cm 长的段放沸水中汆一下；开洋用热水泡发透。锅置旺火上，放入油烧至八成热，下葱、姜炸香，放开洋翻炒，烹料酒，放精盐、芹菜翻炒，加味精炒匀盛盘即成。

（七）韭菜

韭菜（*Allium tuberosum*）又称起阳草、懒人菜，为百合科葱属中以嫩叶和柔嫩花茎供食用的多年生宿根草本植物。

1. 形态特征

韭菜叶簇生，扁平狭线形，绿色，叶鞘合抱成假茎，花茎细长，茎绿色，花白色。

2. 品种和产地

韭菜品种较多，按食用部位可分为根韭、叶韭、花韭、叶花兼用韭四个类型。品种有北京大白根、江苏马鞭韭、北京铁丝韭等。韭菜原产中国，目前全国各地均有栽培，四季均有上市，尤以春、秋季为佳，冬季的韭黄品质也较好。

3. 质量标准

韭菜的质量以植株粗壮鲜嫩，叶肉肥厚，不带烂叶、黄叶，中心不抽花薹者为佳。

4. 营养及保健

每100g鲜韭中含水分91～93g，糖类3.2～4g，蛋白质2.1～2.4g，脂肪0.5g，以及多种维生素和矿物质。韭菜中还含有挥发性物质硫化丙烯，具有香辛味，可增进食欲。韭菜性味甘、辛、温、无毒，有健胃提神、止汗固涩、调和脏腑、益阳补虚等功效。适宜寒性体质、便秘等人群食用；适用于跌打损伤、反胃、肠炎、吐血、胸痛等症的治疗。

5. 饮食禁忌

韭菜多食会上火且不易消化，因此阴虚火旺、有眼病和胃肠虚弱的人不宜多食。隔夜的熟韭菜不宜再吃。韭菜与菠菜同食会引起腹泻；与牛肉同食易引起牙龈炎；与蜂蜜同食易导致腹泻；与白酒同食易引起胃病、肝病。配菜时应注意。

6. 烹饪运用

韭菜以炒食为多，也可焯水后凉拌，作配料可用于炒、熘、爆等菜式，韭菜也可作馅心料，作调料运用也较广。

烹调实例：韭黄炒肉丝

猪肉片成大片，再顺丝切成5cm长、0.3cm粗的肉丝；韭黄择洗干净，切成3.3cm长的段。炒锅置旺火上，放少许油烧热，下入肉丝煸炒至松散，放入酱油、料酒、味精、姜水稍炒，再放入韭黄，颠翻几下，韭黄一瘪即成。

（八）葱

葱为百合科葱属中以叶鞘组成的肥大假茎和嫩叶为食用对象的二三年生草本

植物。

1. 形态特征

葱根据形态特征可分为四种。

（1）大葱（*Allium fistulosum*）

大葱主要分布于淮河秦岭以北和黄河中下游地区，植株粗壮高大，按假茎形态可分为长白型、短白型、鸡腿型，代表品种有山东章丘大葱、陕西华县谷葱、山东莱芜鸡腿葱等。

（2）分葱（*A. fistulosum* var. *caespitosum*）

分葱主要分布于南方各地，假茎和绿叶细小柔嫩，辛香味浓，代表品种有合肥小官印葱、重庆四季葱、杭州冬葱等。

（3）楼葱（*A. fistulosum* var. *viviparum*）

楼葱又称龙爪葱，假茎较短，叶深绿色，中空，假茎和嫩叶作调料。

（4）胡葱（*Allium ascalonicum*）

胡葱又称火葱、蒜头葱、瓣子葱，能形成鳞茎，嫩叶作调料用，鳞茎为腌渍原料。

葱起源于中国西部和西伯利亚。我国是栽培大葱的主要国家，全国各地均有栽培，以山东、河北、河南等省种植较多，四季均可上市。

2. 营养及保健

每100g鲜葱中含水分92～95g，糖类4.1～7g，蛋白质0.9～1.6g，还含有胡萝卜素和磷等。因含有硫化丙烯，故葱有辛辣味，可作调料，也有杀菌作用。中医认为葱味辛性温，能发表和里、通阴活血、驱虫解毒。主治风寒感冒轻症、痈肿疮毒、痢疾脉微、寒凝腹痛、小便不利等病症。对感冒、风寒、头痛、阴寒腹痛、虫积内阻、痢疾等有较好的治疗作用。

3. 饮食禁忌

患有胃肠道疾病特别是溃疡病的人不宜多食；另外葱对汗腺刺激作用较强，有腋臭的人在夏季应慎食；表虚、多汗者也应忌食；过多食用葱还会损伤视力。葱与狗肉同食易导致鼻出血；与鸡肉同食易使人上火，伤害身体；与大枣同食易导致胃肠不适。配菜时应注意。

4. 烹饪运用

葱是重要的调味品，有去腥增香的作用。葱作蔬菜，可炒、烧 、扒、拌等，葱也可生食，还可作为馅料。

烹调实例：葱烧海参

水发嫩小海参1kg洗净，整个入凉水锅烧开，煮约5分钟后捞出，沥净水。炒锅添熟猪油，烧至八成热时下葱段100g（5cm长），炸至金黄色捞在碗中，加入鸡汤、料酒、姜汁、酱油、白糖，上屉用旺火蒸1～2分钟取出，滗去汤汁，留葱段待用。炒锅添熟猪油，烧至八成热时加入白糖，炒成金黄色，再下入葱姜末、海参煸炒几下，随即下入料酒、鸡汤、酱油、姜汁、精盐、烟葱油，待汤开后，挪到微火上㸆5分钟，㸆去2/3汤汁，再改用旺火，边颠翻炒锅，边淋入水淀粉勾芡，使芡汁都挂在海参上，随即倒入盆中。炒锅倒入烟葱油30g，置旺火上烧热，下入青蒜段（长3.3cm）和蒸好的葱段，略煸一下，撒在海参上即成。

（九）其他叶菜类蔬菜

其他叶菜类蔬菜的品种及特点，扫描二维码查看。

其他叶菜类蔬菜的品种及特点

第五节　花菜类蔬菜

一、花菜类蔬菜的结构特点

以植物花的各部分作为主要食用对象的蔬菜称为花菜类蔬菜。该类蔬菜品种不多，但经济价值和食用价值较高。

花菜类色泽丰富，形态多样，质地柔嫩或脆嫩，具特殊的清香或辛香气味。很多种类不仅营养丰富，而且有较大的药用价值，是值得大力开发的一类蔬菜原料。花菜类是菜肴制作的常用主料和配料。由于花是植物柔嫩的器官，加之有的种类肉质化程度较高，所以适合生用，或采取快速烹制的方式成菜，并且突出花菜类独特的清鲜口感；作为配色、配形原料，展示花菜类的色泽和形态，不仅用于菜点本身的点缀和装饰，还可以用于环境气氛的布置；作为调味原料，用于菜肴、糕点和小吃中，提供特殊的花香气息，如玫瑰花、桂花、菊花、晚香玉等；由于有的花菜有较大的药用价值，常用于药膳和食疗菜点的制作，如菊花、金银花、腊梅花、黄花菜等。

花是蔬菜植物的繁殖器官，通常由花柄、花托、花萼、花冠、雄蕊群、雌蕊群几部分组成（图8-1）。花柄是每一朵花所着生的小枝，有些植物的花柄肥大肉质化（如花椰菜），是食用的主要对象。花托是花柄顶端花萼、花冠、雄蕊、雌蕊着生的部分。花萼是由若干萼片组成的，一般为绿色叶状薄片，包在花的最外面，有些植物的萼片肥厚可食用（如朝鲜蓟）。花冠位于花萼的里面，由若干花瓣组成，花瓣细胞中含有花青素或有色体，因而具有鲜艳的颜色。雄蕊位于花冠的里面，一般直接着生在花托上，也有着生在花冠上，由花丝和花药两部分组成。雌蕊位于花的中央部分，由柱头、花柱和子房三部分组成。有些植物的花冠、雄蕊、雌蕊部分肉质肥嫩，可食用（如黄花菜）。

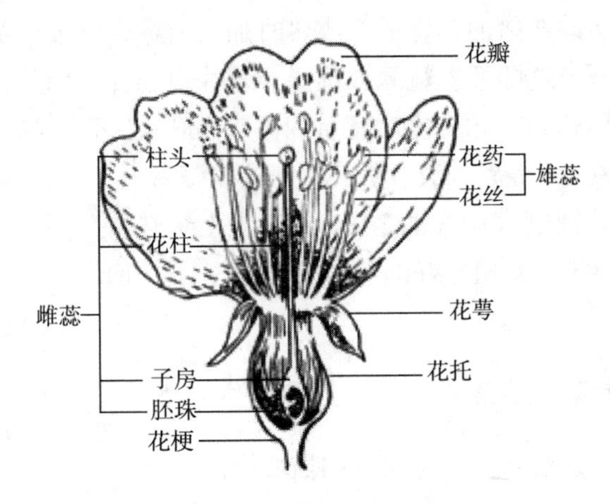

图 8-1　花的结构图

目前常用的花菜类蔬菜主要有花椰菜、青花菜、朝鲜蓟、黄花菜、霸王花、食用菊、玫瑰花、茉莉花等。

二、花菜类蔬菜的主要种类

（一）花椰菜

花椰菜（*Brassica oleracea* var. *botrytis*）又称花菜、菜花，为十字花科芸薹属甘蓝种中以花球为食用对象的一个变种，一二年生草本植物。

1. 形态特征

花椰菜以花球供食用。其花球由肥嫩的主轴和 50 ～ 60 个一级肉质花梗组成，一个肉质花梗具有若干个小花枝组成的小花球体。花球球面呈左旋辐射轮状排列。

2. 品种和产地

按生长期的不同，分为早熟种、中熟种及晚熟种；根据花球颜色分白色品种、紫色品种和橘黄色品种。原产地中海沿岸，由甘蓝演化而来，19 世纪传入我国，目前世界各地广泛栽种，我国各地均有栽培，以华南生产较多。每年冬春季大量上市。目前利用不同熟性的品种配套种植，可以实现整年生产，月月上市。

3. 质量标准

商品性好的花球质地致密，色泽洁白、肉厚而细嫩、坚实、花柱细、无虫伤、不腐烂，呈颗粒状。以花球质地坚实、表面平整、边缘未散开，花蕾紧密，肉质细嫩者为佳。

4. 营养及保健

每 100g 花椰菜可食部分含水分 92.6g，糖类 3.0g，蛋白质 2.4g，以及多种维生素等。花椰花是一种营养丰富的蔬菜，维生素 C 含量较高。它含有多种吲哚类衍生物，可提高肝脏的芳烃羟化酶的活性，增强分解致癌物质的能力。因此，花椰菜被世界有关科学家列入抗癌食谱。中医认为花椰菜性味甘、平、无毒。有开胃消食、化滞消积的功效。

5. 饮食宜忌

清洗时要注意用清水浸泡 5 ～ 10 分钟，以防止农药残留。花椰菜与胡萝卜、黄瓜、动物肝脏同食会破坏维生素 C。

6. 烹饪应用

花椰菜质地细嫩，粗纤维少，味甘鲜美。花椰菜适于多种烹调方法。在烹调中可作主料或配料，且最宜与动物原料合烹，如花菜焖肉、金钩花菜等。因其形状和色泽独特，也常作为菜肴的配形配色原料。

（二）黄花菜

黄花菜（*Hemerocallis citrina*）又称黄花、金针菜、忘忧草，为百合科萱草属多年生草本植物的幼嫩花蕾。

1. 品种和产地

黄花菜原产亚洲和欧洲，我国自古就有栽培，现在主要产于甘肃庆阳、湖南邵阳、河南淮阳、陕西大荔、江苏宿迁、云南下关和山西大同等地。每年 6 ～ 9 月采收上市，干品常年有供应。通常将同属的北黄花菜、红萱等也加工食用，也称为金针菜，但其品质稍差。

2. 质量标准

鲜黄花菜的质量以菜色黄洁净、鲜嫩、不蔫、不干、花未开放、长而粗、干燥、柔软有弹性、有清香、味浓、无杂物者为佳。

3. 营养及保健

每 100g 鲜花蕾中含水分 83.3g，蛋白质 2.9g，糖类 11.6g，维生素 C 33mg，以及钙、磷、铁等矿物质。黄花菜性味甘凉，具有利水凉血、安神明目、健脑、抗衰老等功效。

4. 饮食宜忌

黄花菜以其花蕾供食，适于炒、汆汤或作配料。由于鲜菜中含秋水仙碱，食用后易在胃中形成有毒的二秋水仙碱，故鲜菜食用时要煮透，或烹调前用热水浸泡数小时，以除去秋水仙碱。干制的黄花菜因在加工时多经过了蒸制加热，秋水仙碱已被破坏。

5. 烹饪应用

烹饪中可用以炒、汆汤，或作为面食馅心和臊子的原料，如木须肉、黄花肉圆等。

烹调实例：三丝黄花菜

将干黄花菜浸入温水中泡软，拣去老梗洗净，沥干水。水发香菇去杂质洗净切成丝。冬笋、胡萝卜洗净切丝。炒锅放油，烧至七成热，投入黄花菜和冬笋、香菇、胡萝卜三丝煸炒，加入鲜汤、料酒、精盐、白糖、味精、煸炒至沸，用小火焖烧至黄花菜入味，改旺火用湿淀粉勾芡，淋上麻油即可。

其他花菜类蔬菜的品种及特点

（三）其他花菜类蔬菜

其他花菜类蔬菜的品种及特点，扫描二维码查看。

第六节　果菜类蔬菜

一、果菜类蔬菜的结构特点

果菜类蔬菜是指以植物的果实或幼嫩的种子作为主要供食部位的蔬菜。

植物的果实构造比较简单，由果皮和种子两部分构成。果皮又有外果皮、中果皮和内果皮之分。果实是由花发育而来的，当花受精后，其各部分发生显著的变化，花萼、花冠一般枯萎（花萼有宿存的），雄蕊以及雌蕊的柱头和花柱也都萎谢，剩下来的只有子房。子房中受精的胚珠发育成种子，而子房也随之长大，则发育成果实。多数植物的果实，是只由子房发育而来的，叫真果，也有些植物的果实，除子房外尚有其他部分参加，最普通的是子房和花被或花托一起形成果实，这样的果实叫作假果。

果菜类蔬菜依照供食的果实的构造特点不同，可分为瓜类（瓠果类）、茄果类（浆果类）和豆类（荚果类）三大类。瓜类蔬菜果皮肥厚而肉质化，花托和果皮愈合，胎座肉质并充满子房；茄果类蔬菜的中果皮肉质化或内果皮呈浆状，是食用的主要对象。豆类蔬菜其果实呈长刀形，果皮嫩时肉质化（大豆、蚕豆除外）可食，成熟后果皮干燥而裂开，不可食用。豆类蔬菜均含有丰富的蛋白质和糖类，营养价值较高。

二、果菜类蔬菜的主要种类

（一）瓜类蔬菜

1. 黄瓜

黄瓜（*Cucumis sativus*）又称胡瓜、王瓜，为葫芦科甜瓜属中幼果具刺的栽培种，一年生攀缘性草本植物。

（1）形态特征

黄瓜果实呈长形或棒形，皮薄肉厚，肉质脆嫩，胎座含籽，果面具有小刺突起，果皮绿色。

（2）品种和产地

黄瓜品种按外观形状不同，可分为刺黄瓜、鞭黄瓜和秋黄瓜三类。黄瓜原产喜马拉雅山南麓的印度北部地区，我国各地均有栽培，四季均有上市，尤以夏秋季产量最多。

（3）质量标准

黄瓜的质量以长短适中，粗细适度，皮薄肉厚，瓤小，质地脆嫩，味道清香者为佳。

（4）营养及保健

每 100g 鲜黄瓜含水分 94 ～ 97g，糖类 1.6 ～ 4.1g，蛋白质 0.4 ～ 1.2g，以及多种矿物质和维生素 C。黄瓜性味甘寒，有清热、利水、除湿、滑肠、镇痛等功效。适宜热病患者、肥胖、高血压、高血脂、水肿、癌症、嗜酒者多食；并且是糖尿病人首选的食品之一。

（5）饮食禁忌

脾胃虚弱、腹痛腹泻、肺寒咳嗽者都应少吃，因黄瓜性凉，胃寒患者食之易致腹痛泄泻。黄瓜与花生同食易导致腹泻；因黄瓜中含有维生素 C 分解酶，故与辣椒、西红柿、茄子、柑橘、青菜、菠菜、芹菜、花菜、大白菜、包菜等维生素 C 含量高的蔬果同食，会降低营养价值。配菜时应注意。

（6）烹饪运用

黄瓜做菜，可生吃凉拌，也可炒、烧、烩、焖等熟吃，可作为汤菜和配料以及热菜的围边装饰。此外，还可作酱菜和腌菜。

烹调实例：蒜泥黄瓜

将新鲜黄瓜去两头，洗净后切成滚刀块，用精盐拌匀码味，沥干水分。把酱油、蒜泥、味精、辣椒油、麻油调成味汁，与黄瓜拌匀即成。

2. 冬瓜

冬瓜（*Benincasa hispida*）又称白冬瓜、枕瓜等，为葫芦科冬瓜属中的栽培种，一年生攀缘性草本植物。

（1）形态特征

冬瓜果实长圆或近球形，果皮青绿、灰绿、深绿或白色，表面被白粉，皮厚肉白，肉质爽脆。

（2）品种和产地

冬瓜的品种按果实的大小可分为小果型和大果型两类；按果皮白蜡粉的有无

分为粉皮种和青皮种。品种有北京一串铃、四川五叶子、南京早冬瓜、广东青皮冬瓜、上海白色冬瓜等。冬瓜起源于中国和印度，我国各地均有栽培，以广东、台湾产量最多。夏秋季供应上市。

（3）质量标准

冬瓜的质量以发育充分，肉质结实，肉厚，心室小，皮色青绿，形状端正，外表无斑点和外伤，皮不软者为佳。

（4）营养及保健

冬瓜每100g鲜果中含水分95～97g，糖类1.4～2.4g，维生素C 8～18mg。冬瓜性味甘凉，有清热、解毒、利尿、消肿等功效。用于心胸烦热、小便不利、肺痈咳喘、肝硬化腹水、高血压等。

（5）烹饪运用

冬瓜做菜，适于烧、扒、烩、瓤、煮、蒸或做汤。冬瓜可用于蜜饯的加工，也可用作食品雕刻的原料。

烹调实例：冬瓜燕

将冬瓜片成薄片，再切成10cm长的细丝，扑上干淀粉。火腿切成细丝。炒锅内加清水烧沸，放入冬瓜丝汆至色白发亮，捞入冷开水中漂冷，再捞出整理好，放入汤碗内，加精盐、火腿丝、清汤、味精，置笼中蒸至冬瓜丝入味、熟透即成。

3. 南瓜

南瓜（*Cucurbita moschata*）又称番瓜、倭瓜、饭瓜等，为葫芦科南瓜属中叶片具白斑、果柄五棱形的栽培种，一年生蔓性草本植物。

（1）形态特征

南瓜的果实为瓠果。果梗五棱形，果实圆筒形、扁圆形或球形。果实表面多有纵沟呈瘤状突起；果皮深绿色或绿白相间，成熟果黄色，多蜡粉。果肉粗而密，纤维质或胶质。

（2）品种和产地

南瓜按果实的形状可分为圆南瓜和长南瓜两个变种。①圆南瓜（*C. moschata* var. *melonaeformis*）：果实扁圆或圆形，果面多有纵沟或瘤状突起，果实深绿色，有黄色斑纹。主要品种有武汉的柿饼南瓜、江西的缩面南瓜、广东的盒瓜、南方普遍栽培的大磨盘南瓜等。②长南瓜（*C. moschata* var. *toonas*）：果实长，头部膨大，果皮绿色有黄色斑纹。主要品种有山东的长南瓜、杭州十姐妹南瓜、桂林牛腿南瓜等。

南瓜起源于中美洲和南美洲，因传入中国后已有很久的栽培历史，故又称中国南瓜。现在世界各地均有栽培，以中国、印度和日本栽培面积最大，其次为欧洲和南美洲。中国普遍种植，夏、秋季大量上市。

（3）营养及保健

每 100g 食部含水分 93.5g，蛋白质 0.7g，脂肪 0.1g，碳水化合物 4.5g，膳食纤维 0.8g，以及多种维生素和矿物质。中医认为南瓜味甘，性温，有润肺、补气、益中、消炎止痛、解毒杀虫等功效。常吃可以有效地防治高血压以及肝脏和肾脏的一些病变；常吃有助于防治糖尿病；还有防癌防中毒的作用，并能帮助肝、肾功能减弱患者增强肝肾细胞的再生能力。一般人都可食用，肥胖者和中老年人尤其适合。

（4）饮食禁忌

患有脚气、黄疸者忌用。南瓜与羊肉同食易引起胸闷、腹胀；南瓜中含有维生素 C 分解酶，与菠菜、青菜、西红柿、花菜、辣椒等维生素 C 含量高的蔬菜同食会降低营养价值，配菜时应注意。

（5）烹饪运用

南瓜以嫩果和成熟果入馔，适于炒、烧、煮、蒸等吃法，也可作为糕点的馅心。南瓜可代替粮食作主食，也是重要的食品雕刻原料。

（二）茄果类蔬菜

1. 番茄

番茄（*Lycopersicon esculentum*）又称西红柿、洋柿子，为茄科番茄属中以成熟多汁浆果为食用对象的一年生草本植物。

（1）形态特征

番茄叶为羽状复叶，浆果呈圆、扁圆或樱桃形，颜色有红、粉红、黄三种。

（2）品种和产地

番茄的品种很多，按果实的形状可分为圆球形、梨形、扁圆球形、椭圆形等；按果皮的颜色可分为红、粉红和黄三种。番茄起源于南美洲的安第斯山脉，我国自 20 世纪初开始种植，现在全国各地均有种植。四季均有上市，以夏秋季较多。

（3）质量标准

番茄的质量以果形端正，无裂口、虫咬，酸甜适口，肉肥厚，心室小者为佳。

（4）营养及保健

每 100g 番茄鲜果中含水分 94g，蛋白质 0.6 ～ 1.2g，糖类 2.5 ～ 3.8g，以及维生素 C、胡萝卜素和矿物质等。番茄性平、味酸干，具有止渴生津、健胃消食、清热解毒、凉血平肝的功效。

（5）饮食禁忌

番茄与蟹同食会引起腹痛、腹泻；与鱼肉、黄瓜等同食会破坏维生素 C。

（6）烹饪运用

番茄作菜，可炒、蜜渍、做汤等，也可凉拌作冷菜。番茄可作水果生食，还是加工番茄酱、番茄汁的原料。

2. 茄子

茄子（*Solanum melongena*）又称落苏、昆仑紫瓜等，为茄科茄属中以浆果为食用对象的一年生草本植物。

（1）形态特征

叶互生，倒卵形或椭圆形，暗绿色或紫绿色。浆果为紫色、白色或绿色，形状有球形、扁圆形、长卵形、长条形等，肉质柔软，皮薄肉厚。

（2）品种和产地

茄子的品种很多，有北京大红袍、天津二敏茄、南京紫线茄、广东紫茄、成都墨茄、北京小圆茄等。茄子起源于东南亚热带地区，我国目前各地均有种植，夏季大量上市。

（3）质量标准

茄子的品质以果形周正，老嫩适度，无裂口，无锈皮，皮薄籽少，肉厚细嫩者为佳。

（4）营养及保健

每100g茄子中含水分93～94g，糖类3.1g，蛋白质2.3g。还含有少量的苦味物质茄碱苷，纯品为白色结晶，有降低胆固醇，增强肝脏生理功能的作用。茄子与蟹同食会损坏肠胃，导致腹泻，应注意。

（5）烹饪运用

茄子的吃法很多，适于炒、烧、烩、拌、酿、煎、蒸、煮等烹法。此外，茄子还可制作腌、酱制品，也可干制。

烹调实例：鱼香茄子

将茄子去蒂洗净，用刀从中间一破两开，每面切2分间隔的斜刀，每刀进三分之二不切离（蓑衣花刀）。将辣椒、大蒜、葱、姜切丝，白糖、醋、料酒、味精、胡椒粉、湿淀粉调汁待用。炒锅上火，锅热放入猪油25g，热油下茄子，煎至一面稍黄时，翻面再放猪油15g，煎好茄子后，放入葱、姜、蒜同煎，待发出香味后，放入酱油、精盐和适量热水，加盖稍煮，待熟倒入混合汁，锅开汁浓时炒锅离火，先把茄子完整地放到盘内，带皮一面向上，再把调料丝和汤汁浇在茄子上面即可。

（三）豆类蔬菜

1. 菜豆

菜豆又称四季豆、芸豆、玉豆等，为豆科菜豆属中以嫩荚或种子为食用对象的栽培种，一年生缠绕性草本植物。

（1）形态特征

菜豆叶为3片小叶的复叶。花白、黄或淡紫色。荚果条形，略膨胀，无毛。种子红、白、黑、黄和斑纹彩色。豆荚有绿和黄两色。

（2）品种和产地

菜豆按其生长习性可分为矮生型和蔓生型两类。品种有棍儿豆、白籽四季豆、中花玉豆、青岛架豆、嫩荚菜豆、矮生棍豆、圆荚三月豆等。菜豆起源于美洲中部和南部，我国南北各地均有种植，四季均有上市。

（3）质量标准

菜豆的品质以豆荚鲜嫩肥厚，折之易断，色泽鲜绿，无虫咬、无斑点者为佳。

（4）营养及保健

每100g菜豆嫩荚中含水分88～94g，蛋白质1.1～3.2g，糖类2.3～6.5g，以及多种维生素、矿物质和氨基酸。中医认为菜豆具有滋补、解热、利尿、消肿等功效，可用于治呕吐、便血、脚气、抽搐、吐血等症。

（5）烹饪运用

菜豆入馔，以烧、炒、煮、焖等吃法较多。烹调时要煮熟煮透，否则易中毒。老的种子也可食用，可制作豆沙、豆泥等。

烹调实例：干煸菜豆

菜豆去蒂、去筋，一根折成两节，淘洗干净，芽菜洗净，挤干水分，切成细末。锅置旺火上，倒入菜油烧至六成热时，放入菜豆炸至皱皮捞起，沥干油，锅内留油100g，将菜豆再次入锅煸炒，烹入酱油、精盐、芽菜炒香，加入料酒、味精、麻油炒匀即成。

其他果菜类蔬菜的品种及特点

（四）其他果菜类蔬菜

其他果菜类蔬菜的品种及特点，扫描二维码查看。

第七节　菌藻类蔬菜

一、食用菌类

（一）食用菌类蔬菜的结构特点

食用菌是指可供食用的大型真菌的子实体，通称食用蘑菇。广义的食用菌还包括利用发酵作用进行食品加工的菌丝体、丝状真菌和酵母菌。

食用菌的结构可分为菌丝体和子实体两部分。菌丝体是食用菌的营养体，由菌丝体从土壤、木材或其他基质内吸收营养，供食用菌生长的需要；子实体是食用菌的繁殖体，是由菌丝体发育分化所形成的伸展到基质以上的部分，也是供人类食用的部分。典型的子实体由菌盖、菌柄和其他附属物组成。子实体的形态多种多样，有伞状、耳状、头状、花状等；其颜色也各不相同，有白色、红色、棕色、灰色、褐色、黑色、黄色、青色等；其质地也多种多样，有胶质、革质、肉质、海绵质、软骨质、木栓质和木质等。

食用菌食用部分为具有产孢结构的子实体，是一类营养丰富兼具食疗保健价值的食物原料。食用菌子实体的蛋白质含量为鲜重的3%～4%或干重的20%～40%，介于肉类和蔬菜之间，含氨基酸种类齐全；食用菌中含有较多的核酸和各种维生素，如维生素B_1、维生素B_{12}、维生素PP、维生素C等；食用菌中矿物质的含量也很丰富，特别是含磷较多，有利于对人体机能的调节；食用菌中还含有具抗癌活性的真菌多糖等有效成分。

食用菌种类繁多，约95%以上的食用菌在植物分类上属担子菌纲，少数属于子囊菌纲。目前全世界食用菌共约有500种，中国有350种左右，已经人工栽培的有20种左右。

（二）食用菌主要种类介绍

1. 木耳

木耳又称黑木耳、光木耳、黑菜、云耳等，为担子菌纲木耳目木耳科木耳属的一种食用菌。

（1）形态特征

木耳子实体呈半透明的胶质状，初生时小杯状，长大后呈片状，边缘有皱褶。宽2～12cm。耳片富有弹性。子实层着生于腹面，腹面光滑或略有皱纹，红褐色或棕褐色，干后变深褐色至黑褐色；背面灰褐色有短毛。

（2）品种和产地

木耳在世界上主要分布于温带或亚热带的山地。我国利用和栽培木耳历史悠久，现主要产于东北、华中和西南各省，总产量居世界首位。通常加工成干制品应市，常年均有供应。

（3）质量标准

黑木耳的质量以颜色乌黑光润、片大均匀、体轻干燥、半透明、无杂质、胀性好、有清香味者为佳。

（4）营养及保健

木耳是一种营养丰富的食用菌。每100g干品含水分15.5g，蛋白质12.3g，脂肪1.5g，碳水化合物35.7g，膳食纤维29.9g，以及多种氨基酸、维生素和矿物质。

中医认为其味甘，性平，有益气、充饥、轻身强智、止血止痛、补血活血等功效。因富含多糖胶体，有良好的清滑作用，故是矿山工人、纺织工人的重要保健食品。还具有一定的抗癌和治疗心血管疾病功能。

（5）饮食宜忌

干木耳烹调前宜用温水泡发，泡发后仍然紧缩在一起的部分不宜吃。鲜木耳含有毒素不可食用。黑木耳有抗凝的作用，有出血性疾病的人不宜食用。孕妇不宜多吃。

（6）烹饪应用

黑木耳广泛应用于菜肴的制作，适于炒、烧、烩、炖、炝等烹法。可作为多种原料的配料，也可做汤或作为菜肴的配色、装饰料。

烹调实例：木须肉

鸡蛋打散，加入适量的盐；黑木耳浸泡，去除硬的部分，洗净，摘成小片；小黄瓜切成片。锅上火加热，加适量油，倒入鸡蛋液翻炒，碗底残留的蛋液加少量水，一起倒入锅中，翻炒均匀，结成蛋块后盛出。另加一些油，先煸炒小黄瓜片，盛出，再加入黑木耳煸炒，加适量水，加适量盐，加盖焖烧约五分钟，加入煸炒过的小黄瓜片和炒好的鸡蛋，少许胡椒粉调味，翻匀盛出。

2. 银耳

银耳又名白木耳，质量上乘者称作雪耳。为担子菌纲银耳目银耳科银耳属的一种食用菌。

（1）形态特征

银耳由菌丝体和子实体两大部分组成。菌丝体是营养器官，由无数的分枝繁茂的菌丝组成，菌丝呈管状，具有隔膜。子实体乳白色，胶质，由多数丛生瓣片组成，呈花朵状。鲜时柔软，半透明；干燥后呈米黄色，体积收缩到原来的1/20～1/10。

（2）品种和产地

银耳多生于温带和亚热带地区。我国是世界上最早栽培银耳的国家，早在1894年四川省已开始栽培，后陆续传到其他各省。目前主要产于西南和华东等地区。多制成干品应市。

（3）质量标准

银耳的质量以色泽黄白、朵大肉厚、气味清香、底板小、胀发率高、胶质重者为佳。具体等级标准如下：

一级：整朵圆形，直径4cm以上，色白或略带米黄色、干透（含水量在12%以下），肉厚；无耳脚、无杂质。

二级：整朵圆形，直径3cm以上，色白或略带米黄色，干（含水量在12%以下），肉略薄；略带耳脚，无杂质。

三级：整朵直径 2cm 以上，色白或米黄，肉略薄，干（含水量在 12% 以下）；略带耳脚，无杂质。

四级：整朵大小不一，色米黄或黄色，有一定斑点；有耳脚，无杂质。

五级：干透，耳形大小不一，肉薄；无杂质、无泥沙，尚有食用价值。

（4）营养及保健

银耳干品每 100g 含蛋白质 6.7 ～ 10g，碳水化合物 65 ～ 71.2g，脂肪 0.6 ～ 1.28g，粗纤维 2.4 ～ 2.75g，无机盐 4 ～ 5.44g。银耳能提高肝脏解毒能力，保护肝脏功能，它不但能增强机体抗肿瘤的免疫能力，还能增强肿瘤患者对放疗、化疗的耐受力。它也是一味滋补良药，特点是滋润而不腻滞，具有补脾开胃、益气清肠、安眠健胃、补脑、养阴清热、润燥之功，对阴虚火旺不受参茸等温热滋补的病人是一种良好的补品。银耳富有天然特性胶质，加上它的滋阴作用，长期服用可以润肤，并有祛除脸部黄褐斑、雀斑的功效。银耳中的膳食纤维可助胃肠蠕动，减少脂肪吸收，具有减肥功效。

（5）饮食宜忌

银耳宜用开水泡发，泡发后应去掉未发开的部分，特别是那些呈淡黄色的东西。冰糖银耳含糖量高，睡前不宜食用，以免血黏度增高。银耳能清肺热，故外感风寒者忌用。食用变质银耳会发生中毒反应，严重者会有生命危险。

（6）烹饪应用

银耳入馔，多用于汤、羹菜的制作，也可用于炒、烩等，制甜菜较多，还可与大米同煮成粥。

烹调实例：冰糖银耳

银耳用湿热水泡至软后，去蒂去杂质，用手撕成小朵，放入小盆内，冰糖、清水一同煮沸溶化后，取清澈部分加入银耳盆内入笼，用旺火蒸至银耳粑糯，汁浓稠，取出舀入碗内即成。

3. 侧耳

侧耳又称平菇、北风菌、糙皮侧耳、冻蘑、青蘑等，为担子菌纲伞菌目侧耳科侧耳属的一种食用菌。

（1）形态特征

侧耳子实体丛生或叠生，中等至较大。菌盖呈贝壳形，近半圆形至长形，直径 5 ～ 21cm。表面湿润，幼时青灰色至几乎黑色，老时变青灰色、灰黄色。菌盖边缘薄、平坦、内曲，有时开裂。菌肉白色，皮下带灰色，稍厚、柔软。菌褶白色，有时在菌柄上形成隆起的脉络。菌柄侧生，中部致密。

（2）品种和产地

野生的侧耳生于阔叶树枯干上，在 20 世纪 60 年代后才进入商业性栽培，是世界上人工栽培的一个主要的菌类群。按子实体的色泽，平菇可分为深色种（黑色种）、浅色种、乳白色种和白色种四大品种类型。

（3）质量标准

侧耳的质量以色白、肉厚质嫩、味道鲜美者为佳。

一级：菌盖横径 1 ～ 5cm，自然色泽，肉厚，约八分熟，菌盖圆润整齐，菌柄长度 2cm 以下；无霉烂，无杂质，无虫蛀，无破碎。

二级：菌盖横径 5 ～ 10cm，色泽自然，肉厚，约八分熟，菌盖圆整无破碎，菌柄长度 2cm 以下；无泡水，无霉烂，无杂质，无虫蛀，无破碎。

三级：菌盖横径 10cm 以上，成熟菇，允许 5% 破碎菇，无泡水，无杂质，无霉烂，无虫蛀。

（4）营养及保健

侧耳鲜品每 100g 含水分 92.5g，蛋白质 1.9g，碳水化合物 2.3g，脂肪 0.3g，粗纤维 2.3g。中医认为平菇性味甘、温，具有追风散寒、舒筋活络的功效。用于治腰腿疼痛、手足麻木、经络不通等病症。平菇中的蛋白多糖体对癌细胞有很强的抑制作用，能增强机体免疫功能。常食平菇不仅能起到改善人体的新陈代谢、调节植物神经的作用，而且对减少人体血清胆固醇、降低血压和防治肝炎、胃溃疡、十二指肠溃疡、高血压等有明显的效果。另外，对预防癌症、调节女性更年期综合征、改善人体新陈代谢、增强体质都有一定的好处。

（5）烹饪应用

侧耳多以鲜品供食用，也可干制或制成罐头。适于炒、烧、拌、酿、卤等烹调方法，还可做汤及馅心。

烹调实例：平菇炖豆腐

将平菇洗净，撕成条，在开水锅中焯透捞出，沥干。豆腐切成 2cm 的方块，放入开水锅中焯后捞出。在炒锅内放入豆腐块、平菇条，加入素汤，在中火上烧开后再用小火炖 10 分钟，加入酱油、味精，淋上香油即成。

4. 香菇

香菇又称香菌、香蕈、香信、椎茸、冬菇等，为担子菌纲伞菌目侧耳科香菇属中典型木腐性伞菌。

（1）形态特征

香菇子实体的菌盖呈伞状，直径 5 ～ 12cm，扁半球形，后渐平展。菌盖半肉质，表面淡褐色或紫褐色。菌肉厚，白色；菌褶白色，稠密，弯生；菌柄中生至偏生，白色，内实，稍弯曲。菌环窄而易消失。

（2）品种和产地

香菇的人工栽培始于中国，目前世界许多地区均有栽培，总产量在世界菇类中居第二位，是世界著名的食用菌之一。通常多以干品应市。香菇的栽培品种很多，按外形和质量分为花菇、厚菇、薄菇和菇丁 4 种；按生长季节可分为春生型（春菇）、夏生型（夏菇）、秋生型（秋菇）和冬生型（冬菇）4类；按菌盖大小可分为大型种（10cm以上）、中型种（6～10cm）、小型种（6cm以下）3类；按菌肉厚度分为厚肉种（12mm以上）、中肉种（7～12mm）、薄肉种（7mm以下）3类。

（3）质量标准

香菇的质量以菇香浓、菇肉厚实、菇面平滑、大小均匀、菌褶紧密细白、菇柄短而粗壮、菇面带有白霜者为佳。

（4）营养及保健

每100g干香菇含蛋白质18.64g，脂肪4.8g，碳水化合物71g，以及粗纤维等。中医认为其性平，味甘。有化痰理气，益胃和中的功效。

（5）饮食宜忌

香菇为“发物”，脾胃寒湿气滞者慎食。

（6）烹饪应用

香菇在烹饪中运用较广，可作主料，也可作为多种原料的配料，还可用于馅心的制作；有时还有配色的作用，适于卤、拌、炝、炒、炖、烧、炸、煎等多种烹法。成菜吃口柔滑，具特有醇香。香菇除用于制作菜肴外还可用于制作菌油、香菇酱油。

烹调实例：鲜冬菇炒笋丝

将冬笋去皮，冬菇洗净，二者切丝备用；热锅加油，入冬菇、冬笋丝，加适量葱根、精盐，熟透即可上盘。

5. 金针菇

金针菇又称金菇、朴菇、毛柄金钱菌、构菌、冻菌等，为担子菌纲伞菌目白蘑科（口蘑科）小火焰菌属中的一种伞菌。

（1）形态特征

金针菇的子实体小型、多丛生。菌盖直径2～10cm。菌盖初期球形，后渐平展，白、黄白至淡茶褐色，表面光滑，湿时有黏性，边缘初内卷，后呈波形，有线形条纹。菌肉白色或黄白色，中央厚、边缘薄，质地柔软。菌褶弯生，白色。菌柄长3.5～10cm，直径0.3～0.5cm，上部黄白色或黄褐色，下部密被黄褐色或黑褐色绒毛，软骨质至纤维质，中央初期海绵状，后变为中空。金针菇的菌柄为主要的食用部位。

（2）品种和产地

金针菇分布于亚洲、欧洲和北美洲的多个国家和地区。目前世界上金针菇的产量占菇类总产量的第三位，以日本产量最多，中国次之。

（3）营养及保健

金针菇含有人体必需氨基酸成分较全，尤其是赖氨酸和精氨酸的含量很高，有益于儿童脑细胞的发育，因此国外称其为“增智菇”。

（4）烹饪应用

金针菇以其菌盖滑嫩、柄脆、营养丰富、味美适口而著称于世。金针菇多加工成罐头，也可鲜食。通常凉拌，也可炒、烩、涮等，还可作为多种原料的配料。

烹调实例：凉拌金针菇

切去金针菇的根部，洗净；蒜剁末；大葱、辣椒均切细丝；将芥末膏、白糖、白醋、盐、味精、香油、适量纯净水或冷开水放同一个碗里调成味汁。锅中加水烧沸，下金针菇煮约五分钟至熟。捞出过凉控干水分。金针菇放拌碗里，加入调好的味汁、辣椒丝、大葱丝、蒜末。拌匀后装入小碗里，压紧实。倒扣入盘中，再撒上一些大葱丝即成。

6. 草菇

草菇又称南华菇、美味包脚菇、中国菇、稻草菇、兰花菇、麻菇（湖南）等，为担子菌纲伞菌目光柄菇科包脚菇属中的一种伞菌。

（1）形态特征

草菇子实体伞形，分为菌盖、菌柄、菌托等几部分。菌盖直径 5 ～ 19cm，初期白色，后逐渐成为水红色、灰黑色或褐色，中心较深，边缘较浅，并有褐色条纹。菌柄白色，长 6 ～ 18cm。菌托在菌蕾期包裹菌盖和菌柄，当被菌盖顶端突破后，残留于基部；上部灰黑色，下部色浅，甚至白色。

（2）品种和产地

草菇的人工栽培始于我国广东、湖南等省，现在主要分布于东南亚地区。草菇起源于广东韶关的南华寺中，300 年前我国已开始人工栽培，约在 20 世纪 30 年代由华侨传入世界各国，是一种重要的热带、亚热带菇类，是世界上第三大栽培食用菌。我国草菇产量居世界之首，主要分布于华南地区。

（3）质量标准

草菇多在鸡蛋大小、菌盖未开裂之前采收，过期则品质较差。草菇的品质以菇身粗壮均匀、质嫩肉厚、菌伞未开、清香无异味者为佳。

一级：菇体高 6 ～ 8cm，横径 4.5 ～ 5cm，色泽正常，菇体紧实，无开伞菇，无虫蛀菇。

二级：菇体高 5 ～ 5.9cm，横径 4 ～ 4.4cm，色泽正常，菇体基本紧实，或一级菇内部变松、将要开伞的，无虫蛀。

三级：菇体高 5 ～ 5.9cm，横径 4 ～ 5cm，色泽正常，手感内松，将要开伞，无虫蛀。

等外品：包被刚刚破裂，无虫蛀，大小不计。

（4）营养及保健

每 100g 鲜菇含维生素 C 207.7mg，糖分 2.6g，粗蛋白 2.68g，脂肪 2.24g，灰

分0.91g。草菇蛋白质含18种氨基酸，其中必需氨基酸占40.47%～44.47%。此外，还含有磷、钾、钙等多种矿质元素。

（5）烹饪应用

鲜草菇食用前应去掉菌柄下部的泥根，在菌盖上划一十字形刀口，便于入味。烹调时，适于炒、烧、烩、卤、焖、煮、蒸等。干草菇用前须用水泡发、洗净后再使用。与草菇同一属的银丝草菇也可供食用。

烹调实例：草菇豆腐羹

嫩豆腐200g，面筋15g，水发草菇100g，绿菜叶50g，笋片50g。精盐、味精、姜末、麻油、湿淀粉、生油、鲜汤各适量。将嫩豆腐、笋片都切成小丁。水发草菇去杂洗净切成小丁。绿菜叶洗净切碎。炒锅下油烧至八成热，加入鲜汤、精盐、豆腐丁、草菇丁、笋丁、面筋丁、姜末、味精，烧沸后加入绿菜叶，再沸用湿淀粉勾芡，淋上芝麻油，出锅装入大汤碗即成。

7. 双孢蘑菇

双孢蘑菇又称蘑菇、洋蘑菇、白蘑菇等，为担子菌纲伞菌目蘑菇科（黑伞科）蘑菇属中的一种伞菌，是目前唯一全球性栽培的食用菌。

（1）形态特征

双孢蘑菇的菌盖宽5～12cm，初长时半球形，后平展。菌盖白色，光滑，略干则变淡黄色，边缘初期内卷。菌肉白色，质厚，破伤后略变淡红色，具有蘑菇特有的气味。菌褶初期粉红色，后变为褐色至黑褐色，菌褶离生、密、窄、不等长。菌柄白色、光滑，近圆柱形，内部松软或中实。菌环单层、白色，膜质，生于菌柄中部，易脱落。

（2）品种和产地

双孢蘑菇依菌盖的颜色可分为白色种（又称夏威夷种）、奶油色种（又称哥伦比亚种）、棕色种（又称波希米亚种）。这3类品种在栽培习性、生产性能和食用质量上均有不同，其中以白色种栽培最广。

（3）质量标准

以菇形完整、菌伞不开、结实肥厚、质地干爽、有清香味者为佳。

一级：菌盖直径1.8～4cm，菌柄长1.5cm以下；菌盖直径在3cm以下时，其菌柄长度不得超过菌盖直径的1/2。要求：菇形圆整、自然纯白色；菌盖内卷，无开伞及开伞迹象；菌柄切削平整；菌柄无白心、无空心；菇体无硬斑点，无虫蛀，无破碎菇。

二级：菌盖直径1.8～4.5cm，菌柄长在1.5cm以下；菇形外观圆整，但允许有少部分畸形，色泽纯白或略有斑点，菌柄粗壮，中部疏松，切削欠平，有污斑；菌柄无空心、无虫蛀、无破碎菇。

三级：菌盖直径1.8～5.5cm，菌柄长度在1.5cm以下；纯白色或略有斑点，无开伞菇；允许有厚皮菇、空心菇及少量破碎菇。

（4）营养及保健

双孢蘑菇含有丰富的蛋白质、多糖、维生素、核苷酸和不饱和脂肪酸，不仅营养丰富，肉质肥厚，味道鲜美，而且热量低，具有很高的医疗保健作用，可以延年益寿，保持青春活力。它味道鲜美，质地脆嫩，属高蛋白低脂肪的营养食品，且所含的蛋白质大部分是粗蛋白，其含量高过一般的蔬菜、水果，居食用菌之首，故有“植物肉”的美称。

（5）烹饪应用

双孢蘑菇可鲜食或加工成罐头食用。适于炒、烩、熘、烧等，也可制汤菜和馅。

烹调实例：蘑菇拌鲜贝

西芹摘去叶子，洗净切小段；蘑菇切片；将鲜贝肉洗净，沥干，放入碗中加少许盐、胡椒粉、料酒、鸡蛋清、水淀粉搅拌均匀，腌片刻后放入沸水中焯熟，捞出加少许盐、味精、香油，搅匀备用。锅置火上，放油烧热，放入葱末煸炒出香味，放入蘑菇片、西芹、盐、酱油，速炒，盛出置盘中，将鲜贝堆放在菜的中间即可。

其他食用菌的品种及特点

（三）其他食用菌类

其他食用菌的品种及特点，扫描二维码查看。

二、食用藻类

（一）食用藻类蔬菜的一般特征

藻类是自然界中自养的原植体植物。其特征是一般具有光合作用色素，能进行光合作用，制造本身所需要的养分；生殖器官为单细胞构造；植物体没有根、茎、叶的分化，而且它们在大小、形态构造上的差异很大。藻类的生态习性多种多样，但绝大多数是水生的，也有少数是陆生或气生的。

（二）食用藻类蔬菜的主要种类

1. 海带

海带又称昆布、海带菜、江白菜。为海带科植物海带等的叶状体。

（1）形态特征

藻体褐色，长带状，革质，一般长 2 ～ 6m，宽 20 ～ 30cm。藻体明显地区分为固着器、柄部和叶片。固着器假根状，柄部粗短圆柱形，柄上部为宽大长带状的叶片。在叶片的中央有两条平行的浅沟，中间为中带部，厚 2 ～ 5mm，中带部两缘较薄有波状皱褶。

（2）品种和产地

我国辽宁、山东、江苏、浙江、福建及广东省北部沿海均有养殖，野生海带在低潮线下 2 ～ 3m 深度岩石上均有生长。

（3）质量标准

以叶体清洁平展，平直部为深褐色至浅褐色。两棵间无粘贴，无霉变、无花斑，无海带根者为佳。

（4）营养及保健

每 100g 含有水分 12.8g，蛋白质 8.2g，脂肪 0.1g，碳水化合物 56.2g，钙 1177mg，碘 300 ～ 700mg，磷 216mg，铁 150mg，硫胺素 0.09mg，核黄素 0.36mg，烟酸 1.6mg。此外，还含有甘露醇、藻胶酸、脯氨酸、氯化钾等物质。中医认为其性寒，味咸，有清热利水、破积软坚的功效。海带含碘量较高，所含碘质有促进甲状腺激素生成的作用，能预防甲状腺肿大，亦可暂时抑制甲状腺功能亢进的新陈代谢而减轻症状。

（5）饮食宜忌

海带性寒，脾胃虚寒者忌食。患有甲亢的病人不要吃海带。孕妇、哺乳期女性不宜吃过多海带，因为海带中的碘可随血液循环进入胎（婴）儿体内，引起胎（婴）儿甲状腺功能障碍。

（6）烹饪应用

海带入馔适于拌、炝、爆、炒、烩、烧、煮、焖、汆等多种烹调方法，有些地区还用作馅心料。既为家常佳蔬，也可用于筵席。

烹调实例：海带冬瓜豆瓣汤

先将洗净切成片状的海带和蚕豆瓣一起下锅，用香油炒一下，然后添加 200mL 清水，加盖烧煮，待蚕豆将熟时，再把切成长方块的冬瓜和盐一道入锅，冬瓜烧熟即可。此汤具有消暑利水的功效，适用于中暑头晕，头痛燥渴等病症。

2. 紫菜

紫菜又称索菜、紫英、紫菜、子菜、乌菜等。为红毛菜科植物甘紫菜的叶状体。

（1）品种和产地

紫菜叶状体多生长在潮间带，喜风浪大、潮流通畅、营养盐丰富的海区。分布在辽宁至广东沿海。

（2）质量标准

优质紫菜具有紫黑色光泽（有的呈紫红色或紫褐色），片薄、口感柔软，有芳香和鲜美的滋味，清洁无杂质，用火烤熟后呈青绿色；次质紫菜表面光泽差，片张厚薄不均匀，呈红色并夹杂绿色，口感及芳香味差，杂藻多，并有夹杂物。

（3）营养及保健

紫菜性味甘咸寒，具有化痰软坚、清热利水、补肾养心的功效。用于甲状腺肿、水肿、慢性支气管炎、咳嗽、脚气、高血压等。

（4）饮食宜忌

紫菜性寒，胃寒阳虚者慎食。

（5）烹饪应用

紫菜作菜，适于拌、炝、蒸、煮、烧、炸、氽等烹调方法，也可以用于馅心的制作或作卷菜的包裹料。

烹调实例：紫菜榨菜汤

将榨菜切丝，紫菜用清水泡开；锅内加肉汤500mL烧开，倒入榨菜丝、紫菜，加适量精盐，汤沸片刻加适量胡椒即成。此汤具有清心开胃的功效，适用于烦渴纳差，脘腹痞满，嗳气等病症。

3. *石花菜*

（1）形态特征

石花菜是红藻的一种，它通体透明，犹如胶冻，藻体黄色，羽状分枝，口感爽利脆嫩，还是提炼琼脂的重要原料。

（2）品种和产地

生长于中潮或低潮带的岩石上，主要分布于我国渤海、黄海、东海沿岸以及朝鲜、日本等地沿海的中潮或低潮带的岩石上。

（3）营养及保健

石花菜含有丰富的矿物质和多种维生素，尤其是它所含的褐藻酸盐类物质具有降压作用，所含的淀粉类的硫酸脂为多糖类物质，具有降脂功能，对高血压、高血脂有一定的防治作用；经常吃一些“琼脂”制品，它能在肠道中吸收水分，使肠内容物膨胀，增加大便量，刺激肠壁，引起便意。石花菜还具有防暑、解毒、清热等功能。

（4）饮食宜忌

脾胃虚寒，肾阳虚者慎食；孕妇不宜多食。

（5）烹饪应用

石花菜泡发后可作凉拌菜，也可酱腌；不可久煮，否则会溶化；凉拌当添加姜末或姜汁，以缓解寒性。将石花菜加水熬煮成汤汁后过滤，放在冰箱中冷藏成冻，再切成块加冰水或糖即可。经常食用可以使肌肤的油脂分布趋于平和，不易长出小痘痘。

4. *裙带菜*

裙带菜是褐藻门海带科植物，色黄褐，呈羽状裂片，叶片较海带薄，外形像大破葵扇，也像裙带，故取其名。

（1）品种和产地

分淡干、咸干两种。我国辽宁的吕达、金县，山东青岛、烟台、威海等地为主要产区，浙江舟山群岛亦产。除自然繁殖，已开始人工养殖。

（2）营养及保健

裙带菜营养丰富，食用价值较高，被誉为“海中蔬菜”。含有大量的碘和钙，其蛋白质和铁的含量比海带还要多。此外，还含有维生素 A、维生素 B_1、维生素 B_2、维生素 C 以及叶酸、镁、钠和多种氨基酸及褐藻胶酸、食物纤维等。有降低血压和增强血管组织的作用。

（3）烹饪应用

裙带菜可以做汤也可以拌凉菜。

烹调实例：裙带菜豆腐汤

裙带菜泡发后洗干净剪成段备用；蘑菇洗干净撕小块；盒豆腐切成方块；锅里放油烧热入葱花爆香倒入高汤烧开；将裙带菜、豆腐、蘑菇放入锅中用中火煮 2 分钟，加盐调味，撒上少量的白胡椒粉，出锅即可。

第八节　蔬菜制品

一、蔬菜制品的分类

以新鲜蔬菜为原料经干制、腌制、酱制、渍制、泡制等方法加工后的加工品称为蔬菜制品。蔬菜制品的种类很多，按其加工方法可分为脱水菜、腌渍菜、蔬菜蜜饯、蔬菜罐头、速冻菜等几大类。

（一）脱水菜

新鲜蔬菜经自然干燥或人工脱水干燥制成的加工品称为脱水菜。其特点是便于包装、携带、运输、食用和保存。包括金针菜、玉兰片、香菇、黑木耳等。

（二）腌渍菜

腌渍菜是将新鲜蔬菜用食盐腌制或盐液浸渍后的加工品。其特点是保藏性强，组织变脆，风味好。包括泡菜、榨菜、咸菜、酱菜、霉干菜、冬菜等。

（三）蔬菜蜜饯

蔬菜蜜饯是以蔬菜为原料，利用食糖腌制或煮制的加工品。其特点是保藏性强，色、香、味、外观好。包括冬瓜条、糖姜等。

（四）蔬菜罐头

蔬菜罐头是将完整或切块的新鲜蔬菜经预处理、装罐、排气、密封、杀菌等处理后制成的成品。其特点是耐贮藏，便于运输。包括清水笋、清水马蹄、菜豆、金针菇、蘑菇、石刁柏罐头等。

（五）速冻菜

速冻菜是将整体或切分后的新鲜蔬菜经快速冻结后的一种加工菜。其特点是耐贮存，解冻后品质和风味接近于新鲜蔬菜。包括速冻菜豆、甜玉米、土豆、豌豆、洋葱、蒜薹等。

二、蔬菜制品主要种类介绍

（一）玉兰片

玉兰片是以鲜嫩的冬笋或春笋为原料，经加工干制而成的制品。

1. 品种和产地

玉兰片的品种按采收时间的不同，分为尖片、冬片、桃片和春片等。①尖片。又称玉兰宝、笋尖，是在立春前用冬笋尖制成的，片长不超过 8cm，顶端剖成两片，笋节密而无根部，质嫩味鲜，是玉兰片中的上品。②冬片。是在农历十一月至第二年惊蛰前用冬笋加工而成的，片长 8 ～ 12cm、宽约 3cm，片平光滑，笋节较密，品质仅次于尖片。③桃片。又称桃花片，是在春分前后用已出土或未出土的春笋加工制成的，长 12 ～ 15cm、宽约 6cm，因此其形状似桃，又值桃花盛开时，故名，品质仅次于冬片。④春片。又称大片，是在清明前后用已出土的春笋加工而成的，长 15 ～ 20cm，笋节相对较长、但不超过 1.5cm，笋节较明显、质较老、纤维较粗，品质次于桃片。玉兰片的加工和食用在中国已有悠久的历史，现在中国主要产于湖南、江西、广西、贵州、福建等地区。因选择原料优良，被视为高档干制蔬菜原料。

2. 质量标准

玉兰片的品质以色泽玉白，无霉点黑斑，片小肉厚，节密，质地坚脆鲜嫩，无杂质者为佳。

3. 烹饪运用

玉兰片经水发后，能恢复脆嫩的特色，其食法与鲜笋相似。

（二）榨菜

榨菜是用茎用芥菜的瘤状地上茎（俗称菜头）为原料，配以传统的保健辅料，经独特的工艺处理，加工成的半干态的发酵性腌制品。

1. 品种和产地

根据加工和生产的气候条件不同，以及原料栽培和加工工艺的差别，榨菜可分为四川榨菜（川式榨菜）和浙江榨菜（浙式榨菜）两大类。四川榨菜的加工经过原料修整、晾晒、盐腌、修整、淘洗、拌料装坛、贮存后熟等工序。浙江榨菜的加工与四川榨菜基本相同，但不经晾晒，直接腌制。

2. 质量标准

榨菜的质量以干湿适度，咸淡适口，色泽鲜明，无泥沙、污物者为佳。

3. 营养及保健

每100g榨菜含水分75.6g，蛋白质2.3g，脂肪0.2g，碳水化合物3.2g，膳食纤维2.5g，灰分16.2g，钙250mg，铁3.1mg，磷56mg，并含有17种游离氨基酸。食用榨菜能刺激味觉，增进食欲，具有开胃生津、增强消化的功能，有助于排泄等作用。

4. 烹饪运用

榨菜可直接食用，也可作配料使用，适于炒、烧、拌、煮、煨、爆、酿等烹法，还是制作汤菜的原料，有些地区还用来作馅心。此外，榨菜还可作调味品。制作的菜肴有“榨菜肉丝汤”“鸡包榨菜鱼翅”“翡翠榨菜虾仁”等。

烹调实例：榨菜肉丝

将猪里脊肉切成6cm长、0.3cm粗的丝，放入碗内加盐、绍酒、湿淀粉拌匀。榨菜洗净，切成5cm长的丝。取碗一只，放入盐、味精、湿淀粉兑成滋汁。锅置旺火上，下熟猪油烧至六成热，放入肉丝炒散后，加入榨菜丝翻炒，下葱段炒匀，迅速烹入调好的滋汁颠勺，起锅装盘即成。

（三）梅干菜

梅干菜又称咸干菜，是用鲜雪里蕻腌制而成的。

1. 品种和产地

主要产于浙江的绍兴、慈溪、余姚等地。

2. 质量标准

梅干菜的质量以色泽黄亮，咸淡适度，质嫩味鲜，香气正常，身干，无杂质，无硬梗者为佳。

3. 烹饪运用

梅干菜在烹调前，用冷水洗净，随后便可进行加工。适于蒸、炒、烧等，还可作汤菜及馅心。

（四）酱菜

酱菜是利用蔬菜或一些植物的根、茎等为原料，用酱（豆酱或面酱）腌制而成的制品。

1. 品类与加工

酱菜的加工一般经过原料处理、腌渍、脱盐、酱渍、包装等工序制成。酱渍是酱菜加工的主要环节。酱料配方因产品种类规格而异。一般第一次酱渍用已酱渍过一次的二酱或稀甜酱。第二次酱渍才用质量较高的新酱料。酱菜经酱制后吸收了豆酱或面酱中的各种营养物质和风味物质。同时广泛采用多种配料，如花椒、胡椒、陈皮、桂皮、丁香、豆蔻、山柰、砂仁等，制成咸、酸、甜、辣等不同风味的产品。酱菜的棕红色主要是非酶促褐变的结果；鲜味物质主要是氨基酸（谷氨酸）、核苷酸（如鸟苷酸、肌苷酸、黄苷酸的钠盐）；芳香物质主要是醇、醛、酯、酚、挥发酸类及缩醛类等物质，其中包括酱和酱油特有的愈创木酚、香草醛、香草酸、阿魏酸等。中国的酱菜取材广泛、种类众多，尤以北京、扬州和镇江等地酱菜最著名。主要品种有酱姜、酱瓜、酱疙瘩、玫瑰大头菜、酱乳瓜、酱莴苣、酱苤蓝、酱什锦菜等。

2. 质量标准

酱菜的质量以菜块匀整，颜色新鲜呈酱色，咸味适口有鲜味，具清香气，入口脆嫩者为佳。

3. 烹饪运用

酱菜通常作小菜，作稀饭、汤面等的佐餐食品，部分品种可作为宴席中的味碟，有些品种可作为菜肴的配料，如酱黄瓜、酱生姜等。

（五）芽菜

芽菜是用芥菜中光杆青菜为原料加工成的腌制品，产于四川，是四川的著名腌菜之一，古称“叙府芽菜”，常作贡品。

1. 品类与加工

芽菜腌制时，将光杆青菜去叶后留叶柄，将叶柄划成细条晒干后再腌制。腌制时多次加盐搓揉，排出水分晾至半蔫时，拌花椒、八角、山柰等香料装坛密封数月而成。芽菜有咸、甜两种。甜味菜产于宜宾，以纯菜茎制成，品质优良；咸味菜产于南溪、江安、泸州等地，特点是色泽金黄，菜条细长均匀，质地脆嫩，有浓郁的辛辣味。

2. 质量标准

芽菜的品质以色泽黄亮，条杆均匀，无杂质，辛香味浓，无酸味和异味，咸淡适口，有拉力，不酥不腐者为佳。

3. 烹饪运用

芽菜是川菜中很重要的干菜调料，可提鲜、解腻、增香。也可作主、配料应用，适于制馅和做汤等，还可做蒸肉的菜底，用麻油拌制后可下粥。制作的菜点有“芽菜肉丝”“龙眼烧白”“担担面”等。

（六）泡菜

泡菜是将新鲜幼嫩的蔬菜经预处理后，装入专用的泡菜坛中，在低浓度食盐溶液中进行乳酸发酵而制成的一种酸菜。泡菜是中国特有的一种低盐液乳酸发酵腌渍菜，各地均有加工，是大众化的简易蔬菜加工品。

1. 品类与加工

大多数脆嫩的蔬菜，如结球甘蓝、球茎甘蓝、萝卜、胡萝卜、嫩姜、蕹、莴笋、黄瓜、甜椒、豇豆等都可制作泡菜。

制作泡菜的水宜用硬水，加7%～8%的食盐、适量的黄酒、甜酒酿汁、干辣椒、花椒、大茴香和砂糖等，并加入3%～5%泡制过多次的泡菜水。将预腌过的菜料一同装入泡菜坛中进行乳酸发酵。3～10天后即可食用。

2. 营养及保健

泡菜是一种传统的乳酸发酵食品。主要原料是蔬菜、食盐和若干辅料。其脆嫩芳香，风味独特，含有丰富的维生素、氨基酸。有解腻、开胃、健身的功能。

3. 烹饪运用

泡菜具有鲜美的酸味，菜质细嫩，一般适于鲜食，作佐餐的小菜，也可用于菜肴的制作，可炒、煮、烧等。

（七）酸菜

酸菜是以叶菜为原料，经过清水熟渍或生渍制成的具有酸味的蔬菜制品。

1. 加工与品类

加工方法为将优质的叶菜洗净，晾晒两天收回。把菜与食盐逐层装入缸内。边装菜、边揉压，使叶菜变软，菜汁渗出，压上石块腌渍。第二天继续揉压，使缸内菜体紧实，待几天后缸内水分超出菜体时，即可停止揉压。再压上石块，盖上盖，放在空气流通处自然发酵。30天左右即成酸菜。叶菜在腌制过程中经过正常的乳酸发酵产生酸味，具有香酸可口的特点。主要产品是北方酸白菜，也可用包菜、芥菜、青菜等叶菜制作。

2. 烹饪运用

酸菜具有一定的酸味，可鲜食，作佐餐的小菜，也可用于菜肴的制作，适于炒、煮、烧、炖、做汤等。制作的菜品有“酸菜鱼”“酸菜汤”等。

（八）干菜笋

干菜笋是用精制的梅干菜与干笋片拌合而成的干菜制品。

1. 加工与品类

干菜笋是浙江余姚、慈溪一带的传统特产。其加工过程分为两部分，即菜干的加工和干笋的加工。梅干菜的加工过程包括选料、初晒、堆放、切菜、日晒、腌制、晒干、分级和包装。干笋片的加工过程包括选料、剥壳、刨片、烫笋、晒笋、过筛等。以干笋片 3kg、干菜 50kg 的比例，将两者拌和均匀后即为干菜笋的成品。

2. 质量标准

干菜笋的质量以干菜与干笋拌和均匀，干笋比例不少于 6%，外形美观，色黄亮，质嫩味鲜，咸淡适口，香气浓，干燥，无杂质、碎末者为佳。

3. 烹饪运用

干菜笋的食用方法与梅干菜相似。可以做汤料、油焖、清蒸等，也可作为烧肉、炖鸭、煮豆腐等的配料，具有味道鲜美的特点。

（九）扁尖

扁尖又称扁尖笋，是以乌鸡笋、白鸡笋、红壳笋、早笋、石笋、水笋、青笋和广笋等 20 多种鲜笋为原料经干制加工而成的制品。

1. 加工与品类

扁尖的加工方法为：将采集的鲜笋用刀削到稍，剥净笋壳，去除老的部分，下锅煮制。一般每 100kg 笋肉加盐不超过 4kg，烧煮 60 ～ 80 分钟后取出沥净盐水摊开，置于烘灶上用炭火慢烤，烤成色泽青翠黄亮的直尖。将直尖再用煮沸的含 10% 的盐水浸软，剪去笋件，将余下的笋坯用人工搓捻，搓成球形焙干，再用木棰敲打成扁圆形，使之结实成只，即成“扁尖”。扁尖在浙江、江西、湖南、福建等地均有产，但在江浙地区以天目山产的质量最好。

扁尖是春笋的加工制品，无鲜品、干品之分。它的最好加工原料是石笋，一般农历四月开始采集，中旬为旺季，月内结束。扁尖及春笋都是很优质的烹饪原料。春笋受到季节的局限，但扁尖一年四季市场上都有供应，具有不受季节限制、便于运输和滋味鲜美的特点。

在扁尖的加工制品中，笋形肥大壮实者称为“肥挺”，略小的为“秃挺”比较小的为“小挺”。扁尖在加工时自然脱落下来的笋尖叫“焙尖”，它的质地最嫩，色青黄，味鲜，身干，肉份好。

2. 质量标准

选购时要求色青翠而微带土黄，无老根，表面泛有白色盐霜，用手摸捏笋身坚实，盐霜不粘手。要特别注意含盐量和干燥程度，一般干燥程度越低，质量越差，越不容易保存。

3. 营养及保健

扁尖不但滋味鲜美，而且营养含量相当丰富，含有蛋白蛋、脂肪、维生素 C，

B族维生素以及磷、镁微量元素和氨基酸等多种成分，对人体非常有益。根据营养学家研究报告称：每100g扁尖含蛋白质2.2g，脂肪0.2g，碳水化合物2.5g，抗坏血酸9mg，钾318mg，锰0.35mg。中医认为，扁尖性味甘寒，具有滋阴益血、化痰、消食、去烦、利尿等功能，适用于浮肿、急性肾炎、喘咳、糖尿病等患者。

4. 烹饪运用

扁尖在烹饪中应用极为广泛，既能与鸡、鱼、肉等荤类原料为伍，也能与豆制品同烧。适用于炒、煮、烩、烧、炖等多种烹调方法；在味型上也富于变化，可制成咸鲜味、红油味、麻辣味、鱼香味等多种味型；根据菜肴组配的要求，在料形上可以加工成丝、丁、粒、末等形状，烹制出各种冷菜、热菜、大菜、汤菜、点心等。因扁尖是春笋的加工制品，在加工过程中一方面失去了诸多的水分，另一方面又加入了许多的盐分，因此我们在对扁尖进行初加工时，要将其放入清水中浸泡，以去除咸味、杂质和使之膨胀。在浸泡过程中尤为注意的是浸泡的时间和水温，一般以冷水浸泡，以去除咸味、杂质即可。要掌握用多少浸泡多少的原则，浸泡时间过长易腐烂变质。以扁尖为主配料制作的菜肴众多，如扁尖老鸭（浙江）、柴把鸽蛋汤（上海）、罗汉鸭（福建）、罗汉鱼首（福建）等。在点心制作上，用途最广的便是馅心的制作，如“三鲜馅”“虾肉馅”“青菜馅”等馅料里面都可以把扁尖当成原料的组成成分之一。

本章小结

蔬菜是烹饪原料中种类最丰富的类群，在烹饪过程中起着非常重要的作用。通过本章的学习，应该重点掌握各类蔬菜的结构特点和烹饪运用的特点，掌握各种蔬菜的营养特点及饮食禁忌，这样就为科学合理地利用蔬菜进行营养配菜打下了坚实的理论基础，从而在烹饪实践中正确地加以运用。同时，还可根据各种蔬菜的质量标准正确地挑选蔬菜类原料。

课堂讨论

1. 简述蔬菜类原料在人类膳食中的重要性。
2. 野菜有哪些资源？如何进一步开发和利用？

复习思考题

1. 按照食用部位蔬菜可分为哪几类？举例说明。
2. 肉质直根类蔬菜有哪几种类型？各有何形态特征？

3. 如何鉴别萝卜、胡萝卜的品质？
4. 地下茎类蔬菜包括哪几类？各类的特点如何？
5. 鲜竹笋、菠菜、茭白为什么食用时要先焯水处理？
6. 试述花的结构。
7. 食用菌子实体的形态、色泽和质地各有哪些类型？
8. 如何检验香菇、口蘑、黑木耳的品质？
9. 蔬菜制品按加工方法可分为哪几类？各有何特点？
10. 如何检验蔬菜的品质？
11. 归纳总结蔬菜类原料的营养特点。
12. 归纳总结蔬菜类原料在烹饪过程中的作用。

第九章　果品类原料

本章内容：1. 果品类原料概述

2. 鲜果

3. 干果

4. 果品制品

教学时间：4 课时

教学目的：使学生掌握果品原料的主要种类和品种特点，掌握果品制品的性质特点，并根据特点正确地选择和运用果品类原料，并掌握这些原料在配菜时的宜忌

教学方式：老师课堂讲授并通过实验验证理论教学

第一节　果品类原料概述

一、果品的概念

果品是鲜果、干果和果品制品的统称。即指高等植物所产的可直接生食的果实或可制熟食用的种子，以及它们的加工制品。

果品来源于高等植物的繁殖器官——果实，它们分别以果皮、种子或果实中的其他部位供食用。我国盛产果品，一年四季均有供应，尤以夏秋两季种类最多。

二、果品的化学成分及营养价值

果品中含丰富的营养物质，尤其是含丰富的维生素 C 和无机盐，黄色果品中还含有胡萝卜素。这些调节机体代谢的物质，能维持体内的酸碱平衡。果品还能提供丰富的膳食纤维以促进胃肠的蠕动，帮助人们对食物的消化吸收。

此外，果品中的化学成分对果品的质地和风味也有较大影响。

（一）水分

水分是果品的主要成分，不同的果品含水量的高低不同。一般鲜果含水量为 73%～95%，占鲜果重量的 2/3 以上；干果含有 20% 的水分。新鲜水果鲜嫩多汁、质地柔软或脆嫩，都是由于细胞和细胞间质中含大量的水分。

含水量的高低是衡量果品质量好坏的一个重要指标，鲜果含丰富的水分而显得新鲜饱满，色泽艳丽，一旦丧失水分，就表现出色泽变化、萎蔫、皱缩等现象，甚至腐烂变质，从而降低或失去食用价值，影响菜点的质量。也因为鲜果水分含量高，所以较干果难于保存；而干果如果吸水变潮，则容易霉烂变质。

（二）碳水化合物

在果品中存在的碳水化合物依其部位和功能不同，可分为两类：一是营养贮藏成分，包括淀粉、双糖和单糖等，这些成分主要影响果品的风味；二是细胞构成成分，包括纤维素、半纤维素和果胶质等，它们主要影响果品的质地。

1. 淀粉

淀粉主要存在于植物的果实、块根和块茎中，并以淀粉粒的形式存在于细胞中。有些鲜果和干果也含有丰富的淀粉，如香蕉、苹果、板栗和莲子等。

未成熟的果品淀粉含量较多，但成熟时，由于淀粉酶的作用，淀粉转化为单糖，例如香蕉在后熟过程中，淀粉含量由 26% 降为 4%，而单糖（葡萄糖）则由 1%

增至 19.5%，表现出甜味逐渐增强。而对淀粉含量不高的果品（桃、杏、柑橘等）成熟时已不含淀粉，故后熟期糖量不会增高；而且不同种类的果品淀粉转化量的大小不同。

2. 纤维素和半纤维素

纤维素和半纤维素是构成植物细胞壁的主要成分，且随细胞的生长而加厚（即含量增多）。尤其是在机械组织和输导组织中含量高。砂梨中所含的石细胞即为机械组织的一类，它的存在影响着梨的品质，使其食用时有一种砂粒感。虽然纤维素和半纤维素可以增强果品的耐贮性，但从食用品质来讲，纤维素和半纤维素少，质地才细嫩；反之，质地则粗硬多渣。

3. 果胶物质

果胶物质是植物细胞壁成分之一，存在于相邻细胞间的中胶层中，起黏着细胞的作用。果胶物质的基本结构是 D– 吡喃半乳糖醛酸以 α–1，4– 糖苷键结合的长链。

果胶物质在植物体内一般以 3 种形态存在：原果胶，只存在于细胞壁中，不溶于水，水解后生成果胶；果胶，存在于植物汁液中；果胶酸，稍溶于水，遇钙、铝等生成不溶性盐类沉淀。未成熟的果实细胞间含有大量原果胶，因而组织坚硬。随着成熟的进程，原果胶在酶或酸作用下，水解成可溶于水的果胶，与纤维素分离，并渗入细胞液内，果实组织变软而富有弹性；最后，果胶产生去甲酯化作用生成果胶酸，由于果胶酸不具黏性，果实变成软疡状态。果实的种类和品种不同，果胶质含量有差异。

果胶是亲水胶体物质，其水溶液加适量的糖、酸可形成凝胶。果冻、果酱就是利用这种性质加工而成。果实的种类不同，果胶的含量和性质不同。苹果、柑橘和山楂等果品所含果胶多而且凝胶力大，因为凝胶力的大小与果胶物质的分子量的高低及甲氧基的含量呈正比关系。

4. 单糖和双糖

果实中含丰富单糖和双糖，主要是葡萄糖、果糖和蔗糖。个别种类还含有阿拉伯糖、甘露糖、山梨糖醇和甘露醇等。果实种类不同，所含三种主要糖的差别很大。梨果类以果糖为主，浆果类以葡萄糖和果糖为主，柑果类含蔗糖较多。由于所含糖的种类不同，果实的甜味风格便有了差异。

果实甜味的强弱，不仅取决于糖的种类和含量，在很大程度上受酸和丹宁的影响。

当果实中糖和酸的量相等时，只感觉到酸味，只有当含糖量增加或酸量降低时才会感到甜味。所以果实中含糖和酸的比例决定了果实的甜度。一般糖酸比例为 25 ∶ 1 时为酸甜味，38 ∶ 1 时为甜酸味，50 ∶ 1 时是纯甜味。令人愉悦的、和谐的滋味，必定具有最佳的糖酸比值。因而很多国家均以糖酸比作为果实是否能采收、贮藏或加工的主要衡量指标之一。

（三）有机酸

果实中含有机酸较多，主要是苹果酸、柠檬酸和酒石酸等，此外有的含少量的草酸、苯甲酸和水杨酸等。它们多以游离状态存在，所以很多果品都有明显的酸味。果实中有机酸含量的多少，随品种和成熟期不同有差异。梨果和核果中含较多的苹果酸，柑果中含柠檬酸较多，葡萄中含酒石酸较多。在同一果实中，一般近果皮的果肉中含酸较多，果实中部和近果核的果肉含酸较少。

有机酸与糖和丹宁的组成比例不同，将形成果品独特的风味。有机酸有促进消化和保护维生素 C 的作用。

（四）色素

果品原料含有大量的色素物质。果实在未成熟以前含大量的叶绿素为深绿色，但随着逐渐成熟，叶绿素逐渐减退呈现各种美丽的色泽，红、深红、紫、橙黄、淡黄、淡绿等，所以果品色泽的变化可作为鉴定果品是否成熟的一个标志。

果实的主要色素组成为：

1. 类胡萝卜素类

α- 胡萝卜素存在于柑橘和菠萝中；β- 胡萝卜素存在于柑橘、枇杷、杏和菠萝中；γ- 胡萝卜素存在于柑橘和杏中；茄红素存在于柿、杏和桃中；叶黄素类，如玉米黄素存在于柿、桃和柑橘中；隐黄素存在于番木瓜、柑橘和木瓜中；柑橘黄素存在于柑橘中。

2. 黄酮类色素

呈黄色或白色，最常见的是槲皮素和橙皮素。槲皮素存在于苹果、柑橘和梨中；橙皮素存在于柑橘中。黄酮类色素能与金属离子呈变色反应，遇碱也可明显变黄，因而在加工中应注意盛器选用与介质 pH 的控制。

3. 花色苷

花色苷是黄烷类的衍生物，果品中花色素有天竺葵、矢车菊、飞燕草、芍药、牵牛和锦葵色素等。多为水溶性色素，性质不稳定，变色条件与水解酶、氧化酶的活性、加热、pH、氧、过氧化氢、抗坏血酸、二氧化硫和光等有关，变色原因仍在研究之中。

果品的色泽是鉴别果品新鲜度的指标之一。在菜肴的加工中应尽量保持其原有的色泽，防止变色现象的发生。

（五）芳香物质

果品的独特果香来自所含的各种不同的芳香物质。这些芳香物质多是呈油状的挥发性物质，故又称挥发油，由于含量少，又称“精油”，主要成分是酸酯、醛、酮、烃、萜及烯等。如苹果中含 0.0007% ～ 0.0017% 的精油，其成分是乙酸戊酯、已酸戊酯等；甜橙中含精油 1.2% ～ 2.1%，其成分是葵醛、柠檬醛、辛醇等；柠檬中含柠檬油 1.5% ～ 2%，其成分是柠檬醛、柠檬烃、辛醛、壬醛等。

有的果品的芳香物质最先不是以挥发油状态存在，而是以糖苷或氨基酸的形式存在，必须借助酶的作用进行分解，生成挥发油才有香气，如杏仁油等。

（六）脂类

果品中所含的脂类主要是不挥发的油脂和蜡质。

油脂多存在于植物的种子中，特别是在一些干果中含量较高，如花生、核桃、松子、芝麻等。

植物的果实表面常有一层薄薄的蜡，如桃子、李子、苹果、西红柿、柿子等，通常称为蜡质或果霜。它的主要成分是高级脂肪酸和一元醇组成的酯类。蜡一般为固体，熔点为 60 ～ 80℃，较油脂难于皂化，也不易发生自动氧化作用。果实表面蜡质的生成，是果实成熟的一种标志。同时可防止水分蒸发避免果实干枯以及保护果实免受微生物的侵入。因此，果品在贮存时，应尽量轻拿轻放，尽量不要摩擦以保护蜡质，起到对果品的保鲜保质作用。

（七）单宁

单宁是一些多酚类化合物的总称，易溶于水，有涩味。当果品中单宁含量很低时，会有某种清凉味道，含量高时则出现强烈涩味。一般未成熟的果实单宁含量多高于成熟果实，所以多涩味，而且果肉易变褐。果实受损或切配时，在伤口或切口部分的单宁物质由于在酶的作用下，氧化成醌的黑色聚合物，从而使其果肉褐变，影响果品的美观，显得质量较低。

（八）酶

鲜果采收后，在贮藏运输、加工的过程中，其化学成分不断变化的原因是果实中存在着各种酶进行的催化作用，酶引起果实品质的劣变和营养成分的损失。果实中的氧化酶类，如酚酶、抗坏血酸酶、过氧化物酶在加工中可引起原料变色、变味等。

果实中还含有其他多种有机成分，它们都不同程度地影响着果实的风味和质地，所以必须掌握其性质和变化规律，达到对果品保鲜保质的目的，从而将高质量的原料用于烹饪之中。

三、果品的分类

（一）植物学的分类

植物学中通常按果实的组织结构对果实进行分类。

果实是由成熟的子房或子房与其他附着部分在受精后发育而成的器官。外有果皮、内有种子，为果实的基本结构。果皮是由子房壁的细胞分裂而来，渐渐增大体积，进一步分化成 3 层不同的组织并形成果皮。一般果皮可分为外果皮、中果皮和内果皮 3 部分。纯由子房长大而形成的果实，叫作真果，如桃和杏等。也有一些果实除子房以外，还有花的其他部分，如花托、花萼或花轴也参加形成果实的一部分，这种果实叫假果或称附果，如苹果、梨、菠萝和草莓等。

在这些果实中，大多数是由一朵花中仅有的一个雌蕊发育形成的，这种果实称为单果。有的植物一朵花中具有许多雌蕊，每一雌蕊形成一个小果实聚集在花托上，这种果实称为聚合果，如莲蓬、草莓。还有的果实是由整个花序发育而来，这种果实称为复果或聚花果，如桑椹、菠萝、无花果。果实的植物学分类见下图。

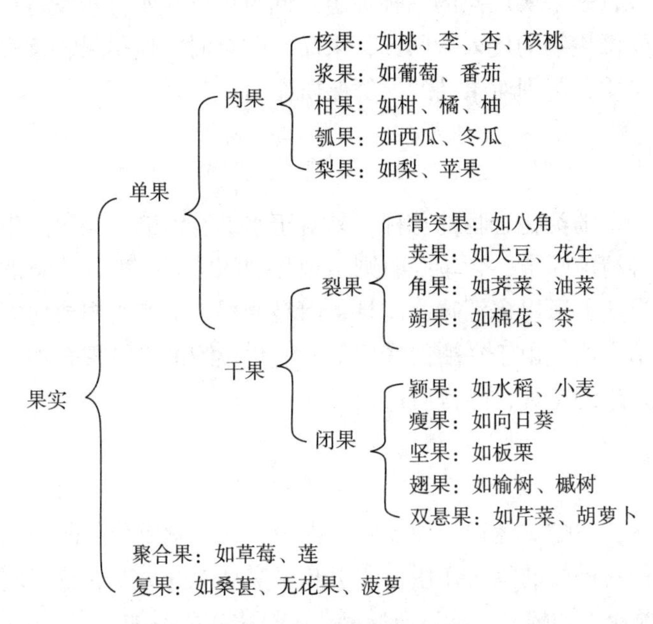

图　果实的植物学分类

（二）按商品学和流通习惯分类

按我国商业经营的习惯，将果品分为鲜果、干果、瓜类以及加工制品。

鲜果又称水果，是果品中最多和最重要的一类。在商品流通领域中，可按上市季节不同分为伏果和秋果，伏果是夏季采收的果实，如桃、李、杏、樱桃、西瓜和伏苹果等；秋果是在晚秋或初冬采收的果实，如梨、秋苹果、柿子、鲜枣、柑橘等。

干果系指自然干燥的干果和将鲜果经过人工干燥而得的果干，如核桃、板栗、松子、榛子，以及红枣、乌枣、柿饼、葡萄干、山楂干和香蕉干等。

瓜类包括葫芦科以果皮或瓜瓤为食的甜瓜、西瓜等。

加工制品是指鲜果经加工后的再制品，如果酱、蜜饯等。

四、果品的烹饪运用

（一）制作菜肴

果品广泛地用于菜肴的制作，既可以作菜肴的主料，也可以作配料，有时还作调味料使用。

由于大多数果品类原料都是呈现甜酸、酸甜或纯甜味，而且带有独特的芳香气味。为突出其自身风味，多作甜菜品以顺应其味，达到和谐统一的目的。大多数鲜果由于甜酸味浓，易软熟，所以是甜菜的主要选料；甜味淡的鲜果或自身无显味的干果（果仁）除制作甜菜外，还作咸品菜肴，且味型多样。一般甜菜品常采用拔丝、挂霜、软炸、蜜汁、鲜熘和酿蒸等方法制成，菜品有琉璃桃仁、拔丝香蕉、网油枣泥卷、蜜汁桃脯、八宝酿梨、枇杷冻、什锦果羹、时令鲜果锅巴、雪花桃泥等。咸菜品多以炝炒、煨、炖、烧等方式成菜，菜品有白果炖鸡、宫保鲜贝、蛋酥花仁、怪味桃仁、红枣煨肘等。

果品除作主料外，也是广泛使用的配料之一。可以和多种动物性原料、植物性原料相配成菜。鲜果的香甜、干果的软糯或酥香赋予菜品特有的风味，而且使营养物质合理搭配，使菜品不仅有良好的色、香、味、型，更赋予菜肴较高的营养价值。菜品有炒鲜桃仁丝瓜、板栗烧菜心、板栗烧鸡、奇妙桃仁鱼卷、松仁烧香菇、石榴熘鸡丁等。

果品不论作主料，还是配料使用时，都将其风味表现于菜品中。直接作调味料使用更有其独到之处。从鲜果中直接挤出果汁用于菜肴和饮料的调味，如柠檬汁、柑橘汁、菠萝汁和椰子汁，常用于烹制味甜而且带有浓郁果香的菜肴；将果酱作菜肴淋汁也是起调味的作用，从而为菜肴增色和增加了菜肴味型。

（二）用作配形料和配色料

果品类原料色泽丰富而形态各异，本着自然、美观、实用的原则，就原料本身的色和型来创造菜肴的特色，所以果品常用于花式菜中，既可用于花色冷盘造型和配色以及热菜的点缀、围边等；还用于造型别致、风味独特的罐式菜、盅式菜和水果拼盘，如梨罐、橘罐、西瓜盅等都是运用广泛的菜式。

（三）制作糕点、小吃

糕点、小吃等面点制品花色品种多样化，主要源于所使用的配料多样化。干果、果干以及果脯、蜜饯常用于其中，一般混合用或作馅心。如莲蓉酥、五仁月饼、葡萄干面包、红枣糕、枣泥卷、八宝饭、粽子、芝麻汤圆和松糕等。它们不仅提供了果品的香甜或酥香的味感，而且也起到了丰富色泽的作用。有的果品也有滋补调养的功效，常用于做食疗保健粥。

（四）作食品雕刻料

许多果品（特别是鲜果），由于有脆硬的质地和鲜艳的色泽，经常用于食品雕刻，如西瓜、甜瓜、火龙果、菠萝等。

五、果品的品质检验

果品的品质主要从果形、色泽和大小、成熟度及损伤与病虫害情况等方面来检验。

（一）果形

每种果品都有其典型形状。根据形状即可判定果品的品质。凡是具有各类品种的典型形状的果品，说明其生长情况正常，质量较好；那些因缺乏某种肥料造成的缩果和病虫害引起的畸形果实，质量就差。

（二）色泽和大小

果品的色泽能反映果实的成熟度和新鲜度。新鲜水果色泽鲜艳，当色泽改变时，其新鲜度就降低，品质也随之下降。果品的大小在一定程度上也反映了果品的成熟度和质量。同一品种中，个大的一般比个小的发育充分，质量好。

（三）成熟度

成熟度对果品的风味质量和耐贮性有重大影响。一般是成熟度好的果品，食用价值高，且耐贮藏，未成熟或过于成熟的果品则质量及耐贮性均较差。

（四）损伤与病虫害

果品在采收、运输、销售过程中，都可能造成摔、碰、压伤以及各种刺伤，这些损伤都会破坏果品的完整性，同时也容易引起微生物的感染，从而降低果品的质量。果品在生长期间也易遭到虫害和病害的侵染，影响果品的外观和耐贮性，降低品质。

第二节　鲜　果

一、鲜果的概念和结构特点

鲜果就是通常所说的水果，即植物学分类中的肉果。其果实由果皮和种子两部分组成。果皮可分为外果皮、中果皮、内果皮三层，果皮肉质化、多汁、柔软或脆嫩，为供食的主要部分。果皮的质地、色泽以及各层发达的程度，因植物种类不同而有所不同。梨果是由子房和花托愈合在一起发育形成的果实，属于一种假果。食用的果肉是花托部分，中间形成果核的部分才是子房发育来的，外果皮与花托之间没有明显的界线，内果皮很明显，由木质化的细胞组成，内含多枚种子，如苹果、梨、山楂的果实。核果外果皮薄，中果皮肉质化，为食用部位，内果皮全部由石细胞组成，特别坚硬，有一枚种子包裹在其中形成果核，如桃、梅、李、杏、樱桃等的果实。瓠果的外果皮是由子房和花托一起形成的，属于假果一类。瓠果中果皮和内果皮均肉质化，而且胎座也发达，肉质化的果皮和肉质多汁的胎座是主要食用部位，如西瓜、甜瓜的果实。浆果外果皮薄、中果皮和内果皮都肉质化，柔软或多汁液，内含多数种子。有的浆果除果皮肉质化外，胎座也非常发达，一起形成食用部分，如葡萄、柿子、西红柿等的果实。柑果是由中轴胎座的子房发育而来，外果皮革质，且具有油囊，中果皮比较疏松，维管束（橘络）发达，内果皮成瓣状，并向内生出无数肉质多汁液的腺毛是食用的部位，如橘子、柚子、柠檬等的果实。复果的果实由整个花序发育而来，许多花长在花轴上，花轴肉质化，是食用的主要部分，食用的部分还包括花托和子房，如菠萝的果实。

二、鲜果的主要种类

（一）苹果

苹果又称平波、频婆、奈，为蔷薇科植物苹果（*Malus pumila*）的果实。

1. 形态特征

苹果的果实由花托和子房两部分发育而来，子房形成果心，花托形成果肉。果实呈圆、扁圆、长圆、椭圆等形状，果皮青、黄或红色。

2. 品种和产地

苹果的品种很多，我国现有400余个品种，市场上常见的有几十种，根据果实成熟期不同可分为早熟种、中熟种和晚熟种。早熟种，如祝光（伏香蕉）、黄魁等；中熟种，如红玉、黄元帅、红元帅等；晚熟种，如富士、国光、青香蕉等。

苹果原产于欧洲东南部、中亚和我国新疆一带，我国栽培已有二千多年的历史，现今发展为五大产区，其中渤海湾产区为主要产区。

3. 质量标准

苹果的质量以色泽鲜艳，香气浓郁，风味适口，果形端正，表面光滑，无刺伤、病虫害者为佳。

4. 营养及保健

每100g苹果可食部分含糖类13g，钙11mg，磷9mg，铁0.3mg，维生素C 5mg。中医认为苹果味甘酸、性凉，有补心益气、生津止咳、健脾和胃的功效。现代医学研究证明，严重水肿患者多吃苹果有利于补钾，减少副作用。妊娠期多食苹果，可补充维生素等营养物质，还可以调节水、盐及电解质平衡，防止因频繁呕吐导致酸中毒。中老年人经常吃苹果，不仅能止泻，对高血压病也有显著的预防效果。

5. 饮食禁忌

平素有胃寒病者忌食生冷苹果；糖尿病患者忌食苹果。苹果与萝卜同食会诱发甲状腺肿大；与海味同食会引起腹痛、呕吐。配菜时应注意。

6. 烹饪运用

苹果除鲜食外，烹饪中多用于甜菜的制作，适于酿、拔丝、蜜渍、扒等方法，如“拔丝苹果”“熘苹果”“苹果布丁”等。苹果还可以加工成果干、果脯、果汁、果酱、果酒等多种制品。

烹调实例：苹果炒鸡柳

苹果去皮，切粗条浸在盐水中，避免变黑。笋洗净，切粗丝，放沸水中约8分钟，捞出沥干水。青椒洗净，去蒂及子切丝。鸡肉洗净切粗条，用盐、水淀粉、花椒油调制的腌料腌15分钟，然后放沸水中烫至将熟。锅加热放油，爆炒姜丝，放青椒丝炒至将熟时，加入蒜末炒片刻，下鸡肉 、苹果、笋炒几分钟，加入盐和味精稍炒，装盘即可。

（二）梨

梨又称快果、玉乳、果宗、玉露、蜜文等，为蔷薇科梨属（*Pyrus*）植物的总称。

1. 形态特征

梨的果实亦为梨果，内部结构与苹果相同，果形为卵圆形、尖圆形或葫芦形，果皮有黄色、黄绿色或红褐色，果肉脆嫩多汁。

2. 品种和产地

梨可分为中国梨和西洋梨两大类。梨属植物约有30种，我国有13种。作为市场经营的果品主要有秋子梨系统、白梨系统、沙梨系统和西洋梨系统。秋子梨系统著名品种如京白梨、南果梨、香水梨、秋子梨、延吉苹果梨等；白梨系统著名的品种有鸭梨、雪花梨、秋白梨、长把梨、新疆库尔勒香梨等；沙梨系统著名品种如浙江三花梨、诸暨黄樟梨、江西麻酥梨、四川苍溪梨等；西洋梨系统著名品种有巴梨、三季梨等。中国梨为我国特产，是我国重要的果树品种，南北都有栽培，以华北和西北为多。

3. 质量标准

梨的质量以果皮细薄，有光泽，果肉脆嫩，汁多味甜，香气浓，果形完整，无疤痕，无病虫害者为佳。

4. 营养及保健

每100g梨的可食部分含糖类8～15g，蛋白质0.1～0.9g，脂肪0.1～0.8g，以及钙、磷、铁、维生素C等。中医认为梨性寒味甘，有润肺、消痰、止嗽、降火、凉心的功效，可起到生津止渴、润肺热、止咳化痰的作用。适宜肺结核、气管炎和上呼吸道感染的患者食用，适宜高血压、心脏病、肝炎、肝硬化的病人食用。

5. 饮食禁忌

梨性寒凉，一次不要吃得过多。慢性肠炎、胃寒病、糖尿病患者忌食生梨。脾胃虚弱的人不宜吃生梨，可将梨切块水煮食用；吃梨时喝热水、食油腻食品会导致腹泻。

6. 烹饪运用

梨可供鲜食，也可以制作菜肴，炒、熘、扒、蒸、炖均可。如“八宝梨罐”“京糕拌梨丝”“雪梨炒牛肉片”等，以制作甜菜和冷菜为主，还可以做梨汁粥。梨可以加工成梨膏、梨脯、梨干，还是制醋、酿酒的原料。著名的梨膏糖是止咳的良药。

烹调实例：鸭梨炒腰花

将猪腰剥膜去油筋，对剖成两片，再用平刀法批去腰臊，剞上网形花纹，再切成3cm见方的块，将腰块放在多量沸水锅中迅速地烫一下，使其因刀纹的影响，卷缩成球状，花纹爆出，同时烫去血水，减少腥臊，然后捞出立即用冷水激凉、沥干；将鸭梨削皮去核，切成0.5cm厚的片；淀粉加水调成芡汁；大葱洗净切段，再切成丝；姜洗净切成丝备用。将锅烧热，放猪油烧至七成热时，投腰花迅速地爆炒一下，立即倒出沥油，原锅内留少许油，放葱姜丝煸炒出香味，烹黄酒、下梨片、细盐、味精，烧沸后，下水生粉勾包芡，使卤汁稠浓，再倒入腰花，颠翻均匀即可。

（三）柑橘

柑橘（*Citrus reticulata*）为芸香科植物。柑橘是世界重要的水果品种。

1. 形态特征

柑橘包括柑和橘两大类型。

（1）柑类

多为橘与其他柑橘的杂交种。果实比橘大，近球形，果皮橙黄。细胞突起，白皮层一般较厚，囊瓣 9 ～ 11 瓣。果皮比橘紧，但可以剥离。胚淡绿色、子叶乳白色。果实汁液丰富，味酸甜。

（2）橘类

果实大小不一，果皮有橙黄、橙红、朱红等色泽，皮质细薄，白皮层也较薄，细胞平滑或突起，囊瓤 7 ～ 11 瓣，果皮极易剥离，胚深红色、子叶淡绿色。味甜或多酸。

2. 品种和产地

柑橘的品种较多，著名品种有广东椪柑、福建芦柑、广东芦柑、四川红橘、浙江黄岩蜜橘、广东蕉柑、温州蜜柑等。主要分布在长江以南，以四川、广东、广西、福建、湖南、江西、浙江为多。柑橘上市季节从 10 月上旬可延至 12 月，晚熟品种可到次年 3 ～ 4 月成熟。

3. 营养及保健

柑橘果肉中维生素 C 含量丰富，比柠檬、苹果和梨都多。胡萝卜素和维生素 P 的含量也很高。中医认为橘子味甘酸、性凉，有帮助消化、防维生素 C 缺乏病的功效。橘皮可健胃、祛痰、利尿、止胃痛；橘络可化痰、通经、防治高血压。

4. 饮食禁忌

凡风寒咳嗽、痰多者不宜食用，糖尿病患者不宜食用。饭前或空腹时不宜食用。吃橘子前后 1 小时内不要喝牛奶，因为牛奶中的蛋白质遇到果酸会凝固，影响消化吸收。橘子不宜多吃，吃完应及时刷牙漱口，以免对口腔牙齿有害。橘子含热量较多，如果一次食用过多，就会“上火”，从而促发口腔炎、牙周炎等症。过多食用柑橘类水果会引起“橘子病”，出现皮肤变黄等症状。橘子与萝卜同食易诱发甲状腺肿；与动物肝脏、黄瓜、胡萝卜同食会破坏维生素 C；与螃蟹同食导致痰多、腹胀。

5. 烹饪运用

柑橘除鲜食外，在烹饪中主要适用于拔丝或制作甜羹，还可用于冷盘拼摆，如“拔丝橘子”“水晶橘子冻”。柑橘也可加工成罐头、果酱、果汁、果粉、果醋、果酒和蜜饯。

（四）香蕉

香蕉是食用蕉类（香蕉、金蕉、大蕉、粉蕉）的总称，为芭蕉科植物。

1. 形态特征

（1）香蕉（*Musa nana*）

果实弯曲向上生长，横断面为五棱形，果皮绿色，果肉不易剥离且硬涩，成熟时棱角小且近圆形，皮薄黄绿色，有浓郁香味。成熟时皮上带黑麻点。果肉黄白色、味甜、纤维少、细腻嫩滑、香味浓、品质上乘。

（2）大蕉（*M. sapientun*）

大蕉又称鼓槌蕉。果实较大、果身直，棱角显著，呈五棱形。皮厚韧，熟后呈深黄色。果肉淡黄色、坚实爽滑、味甜中带酸、无香气、偶有种子。

（3）粉蕉

果身近圆形而微起棱，形较小。成熟时果皮鲜黄色、薄而微韧、易开裂。果肉乳白色、质地柔滑、味甜，香气一般。

2. 品种和产地

香蕉品种较多，优良品种有北蕉、短香蕉、天宝蕉等。香蕉原产于亚洲，现广东、海南和福建等省栽培较多。

3. 质量标准

香蕉的质量以果实肥壮，成熟后皮薄，果形整齐美观，色泽鲜艳，无机械损伤，无霉烂柄，无冻伤，无病虫害者为佳。

4. 营养及保健

每100g香蕉的可食部分含糖类34g，蛋白质1.2g，脂肪0.6g，以及钙、磷、钾等矿物质和多种维生素。中医认为香蕉性寒，味甘，有止烦渴、润肺肠、通血脉、填精髓的功效，适用于便秘、酒醉、发烧等症。

5. 饮食禁忌

香蕉属凉性食物，脾胃虚寒、经常腹泻者应少食用。香蕉与红薯同食易引起消化不良，与芋艿同食会引起胃部胀痛。

6. 烹饪运用

香蕉果实成串，为浆果，食用其胎座。香蕉可供鲜食，大蕉类可代粮食用。烹饪中香蕉适于拔丝、炸、冻等方法，如“拔丝香蕉”。此外，香蕉还可加工成罐头、香蕉干、香蕉汁、香蕉酒；从香蕉中提取的香蕉精，是食品加工中的名贵香料，可用于制饼干、糖果、饮料。

（五）桃

桃又称桃子，是蔷薇科植物桃树（*Prunus persica*）的果实。

1. 形态特征

桃果实表面有茸毛，核果近球形或扁圆形，中果皮肉厚多汁，是食用的主要部位。

2. 品种和产地

桃根据其分布的地区和果实的类型可分为北方桃品种群、南方桃品种群，黄肉桃品种群、蟠桃品种群、油桃品种群。著名品种如上海水蜜桃、奉仙玉露桃、山东肥城桃、天津水蜜桃、宁夏的黄甘桃、华北的黄金桃、撒花红蟠桃、白芒蟠桃、新疆的黄李光桃、甘肃的紫脂桃等。桃原产于我国，现在全国各地均有栽培，以浙江、江苏、山东、河南、河北和陕西栽培较多。桃的成熟季节从5月下旬至9月上旬，以7月、8月成熟较多。

3. 质量标准

桃的质量以果实大小适中，形状端正，色泽鲜艳，皮薄易剥，肉色白净，粗纤维少，肉质柔嫩，汁多味甜，香气浓郁者为佳。

4. 营养及保健

每100g桃肉中含糖类7～15g，蛋白质0.4～0.88g，脂肪0.1～0.8g，有机酸0.2～0.9g，以及钙、磷、铁等矿物质和维生素C。中医认为其性热，味甘酸，有生津、润肠、活血、消积的功效。桃树的根、皮、叶、花、幼果和桃仁均可作药材。

5. 饮食禁忌

凡糖尿病或血糖过高者不宜食用；桃子性热，有内热生疮、毛囊炎、痈疖和面部痤疮者忌食。桃子不宜与甲鱼同食，同食会降低营养价值。

6. 烹饪运用

桃在烹饪中常用于甜菜制作，适于酿、蜜渍等，如“蜜汁桃”等。桃可以生食，还可以加工成桃脯、蜜桃片、桃果酱及罐头等制品。

（六）西瓜

西瓜又称寒瓜、夏瓜、水瓜，为属葫芦科植物西瓜（*Citrullus lanatus*）的果实。

1. 形态特征

果实大，呈圆形或椭圆形，皮色浓绿、绿白或绿中夹蛇纹，其瓜瓤是胎座发育而成，多汁而味甜，鲜红、淡红、黄色或白色，有瓜子或无瓜子。

2. 品种和产地

西瓜分果实用和种子用两种类型。种子用型瓜形小、皮厚，瓜瓤味淡，种子大而多，种子多用作炒货。作为水果或烹调用瓜是果实用型，名品有蜜宝、新疆瓜、喇嘛瓜、三白瓜、马铃瓜、无籽西瓜等。西瓜原产非洲撒哈拉沙漠，现在除少数寒冷地区外，南北各地均有栽培。

3. 营养及保健

每100g西瓜中含糖类4.2～6.1g，蛋白质0.4～1.2g，水分94g，以及钙、磷、铁等矿物质和各种维生素。西瓜能消暑解热，治喉病，医口疮，利小便，解酒毒。

4. 烹饪运用

西瓜除作水果食用外，瓜瓤多以蜜汁、果冻、果羹等方式制作甜菜；瓜皮可作咸味或甜味的盅式菜肴，其中甜味菜品多配以植物性原料，如猕猴桃、菠萝、柑橘、樱桃、苹果及银耳、莲子等，咸味菜品多配以鸡、鸭等动物性原料；也可将瓜皮切片、丝、丁经炒、煮、拌而成菜。

其他鲜果类原料的品种及特点

（七）其他鲜果类原料

其他鲜果类原料的品种及特点，扫描二维码查看。

第三节　干　果

一、干果的概念和结构特点

果实成熟后，果皮干燥，这类果实称为干果。干果的果皮干燥，使之失去了食用价值，但其种子可以食用，所以干果是以其种子作为食用部位，又称为果仁。裸子植物直接以种子为食，因此也归在干果之列。植物的种子由种皮、胚和胚乳三部分组成。种皮包被于胚和胚乳之外，起保护种子的作用，种皮的颜色、花纹、厚薄和坚硬程度与植物的种类有关；胚是种子中最主要的部分，包括胚芽、胚根、胚轴和子叶四部分，萌发后能长成新的植物体；胚乳是种子贮藏营养物质的地方，在种子萌发时为胚提供养料。

在所食用的干果中，一类是属于油脂和蛋白质含量较高的，如核桃、花生、松子、腰果和杏仁等；另一类油脂和蛋白质含量较低，但淀粉含量较高，如板栗、莲子、白果等。

二、干果的主要种类

（一）核桃

核桃又称胡桃，为胡桃目胡桃科植物胡桃（*Juglans regia*）的果实。

1. 形态特征

核桃果实椭圆形或球形，外果皮、中果皮肉质，成熟后干燥成纤维质，内果皮坚硬，木质化，有雕纹。去壳后，其种子可食用，将其称为桃仁。

2. 品种和产地

核桃有多种，一般分为绵桃和铁桃。市场供应以绵桃为主，主要品种有绵核桃、石门核桃、薄皮核桃、光皮核桃等。核桃原产我国西北部及中亚，现在河北、山东、山西、陕西、云南、河南、湖北、贵州、四川、甘肃和新疆等地种植较多。通常在9～10月成熟上市。

3. 质量标准

核桃的质量以个大圆整、肉饱满、壳薄、出仁率高、桃仁含油量高者为佳；桃仁的质量以片大肉饱满，身干，色黄白，含油量高者为佳。

4. 营养及保健

每100g桃仁中含糖类8.1g，蛋白质16g，水分4g，脂肪63.9g，粗纤维6.6g，以及钙、磷、铁等矿物质和各种维生素。桃仁具有通润血脉，补气养血，润燥化痰，温肺润肠的功效。

5. 烹饪运用

桃仁应用较广泛。用前宜先经开水浸泡去衣（种皮）。适于酱汁、炒、扒、炝、炖、爆、蒸等烹调方法。通常用于咸、甜菜品和甜点中，既可作主料，又可作配料，以及甜点的馅心和配料。一般鲜桃仁多用于咸品菜，突出清香和时令；干桃仁多用于甜品菜和糕点配料，突出其油润香脆，所以用前需油炸、烘烤或炒制等。

烹调实例：核桃酪

将核桃仁200g用沸水浸泡后剥去表皮，再用凉水洗净。红枣50g放在开水锅中煮到膨胀时捞出，去皮、去核。粳米50g淘净，用温水泡2小时。把核桃仁和红枣一起剁成碎末，加入泡好的粳米和清水200g，搅成粥状，再用粉碎机搅成极稠的核桃浆，随即将浆放入铜锅里（若用铁锅则会变黑），加入白糖和清水500g搅匀，放在火上，用小铜勺不断推搅，待浆烧开后即成。

（二）莲子

莲子又称莲实、莲心，为睡莲科植物莲（*Nelumbo nucifera*）的果实（莲蓬）去壳后留下的种子。

1. 形态特征

莲子果实呈椭圆形或卵形，长1.5～2.5cm，果皮坚硬，内有一枚种子。

2. 品种和产地

莲子依生长时期和出产季节的不同，分为夏莲和秋莲；依种植地和种植方法的不同，分家莲、湖莲和田莲。主要品种有湘莲、白莲、红莲、通心莲等。莲子原产于中国和印度东部，现长江中下游和广东、福建省都有栽培。湖南、湖北、江西、福建为主要产区。

3. 质量标准

莲子的品质以颗粒圆整饱满、干燥、肉厚色白、口咬脆裂、胀性好、入口软糯为佳。

4. 营养及保健

每100g莲肉含碳水化合物66g，蛋白质17g，脂肪1.9g，以及丰富的钙、磷、铁等矿物质。莲子味甘涩，性平，有养心、益肾、补脾、涩肠的功效。

5. 烹饪运用

莲子做菜适于蒸、煨、扒、拔丝、煮、烩等烹法。可作主料成菜，也可作配料运用于菜肴，可作甜味菜品，也可作咸味菜品。还可作为糕点的馅心。

烹调实例：冰糖湘莲

取干白莲 200g，去皮、心，放入碗内加温水蒸至软烂。砂锅内放水 500g，加入冰糖 300g 煮溶，用纱布过滤后加入少许枸杞子、桂圆肉、菠萝片，上火煮开，将蒸好的莲子滗去水，盛入大汤碗内，倒入烧开的冰糖水和配料即成。

（三）花生

花生又称落花生、长生果，为豆科植物落花生（*Arachis hypogaea*）的不开裂的荚果。

1. 形态特征

花生荚果长椭圆形，果皮厚，革质，具有突出网脉，长 1 ～ 4cm，内含 1 ～ 4 颗种子。种子即是可食的部位，称花生仁（花仁）。花生仁有长圆、长卵、短圆等形状。外被红色或粉红色种皮。

2. 品种和产地

花生的主要品种有普通型、蜂腰型、多粒型和珍珠型等。花生原产于巴西，我国以黄河下游各地为最多，通常 9 ～ 10 月上市。

3. 质量标准

花生的质量以粒大均匀，体干饱满，味微甜，不变质者为佳。

4. 营养及保健

每 100g 花生含碳水化合物 13.5g，蛋白质 24.6g，脂肪 48.7g，以及丰富的矿物质和维生素。花生有润肺、和胃及催奶的作用。

5. 烹饪运用

花生可生用，也可熟用。可作菜肴主配原料和糕点的馅心和配料，而且是传统的“宫保”菜式的必备配料。适于炒、煮、炸、卤、爆、煨、炖等烹调方法。

烹调实例：宫保鸡丁

将鸡脯肉拍松，剞成 0.3cm 见方的十字花纹，再切成 2cm 见方的丁，放入碗内加精盐、红酱油、湿淀粉、绍酒拌匀。干红辣椒去籽，切成 2cm 长的节。取碗一只，放入精盐、白糖、红酱油、醋、绍酒、味精、肉汤、湿淀粉，兑成滋汁。炒锅置旺火上，下油烧至六成热，放入干辣椒，待炸成棕红色时，下花椒、鸡丁炒散后，再加入葱、姜、蒜炒出香味，烹入滋汁，加入花生仁，颠翻几下，起锅装盘即成。

（四）白果

白果又称银杏，为银杏科裸子植物银杏（*Ginkgo biloba*）的种子。

1. 形态特征

白果种子呈核果状，椭圆形或侧卵形。外种皮肉质，中种皮骨质，内果皮膜质。种子肉色白。

2. 品种和产地

白果按果形可分为梅核果、佛手果、马铃果等。主要产于江苏、浙江、安徽一带，以江苏泰兴所产最为著名。

3. 质量标准

白果的品质以粒大、光亮、饱满、肉丰富，无僵仁、瘪仁者为佳。

4. 营养及保健

每100g白果果仁含碳水化合物71.2g，蛋白质13.4g，脂肪3g，还含有钙、磷等矿物质及多种维生素。白果有化痰、止咳、补肺、通经、止浊、利尿的功效。

5. 烹饪运用

白果中因含氰苷等有毒物质，以绿色胚芽含量高，所以食用时应去胚芽，虽制熟后可供食用，但不宜多食。白果可作主配原料成菜，适于炒、蒸、煨、炖、焖、烩、烧等烹法。

烹调实例：诗礼银杏

将银杏750g砸去外壳，用碱水煮后刷去二层皮，入锅煮开后放盆里焖一下，再用沸水焯过，去掉苦味。炒锅放中火上，加入白糖15g炒至棕红色，加热水100g，再放入蜂蜜50g、白糖250g、桂花酱2g，熬溶后将银杏放入，至汁浓，淋上熟猪油，撒上少许红、绿丝，盛入汤盘中即成。

其他干果类原料的品种及特点

（五）其他干果类原料

其他干果类原料的品种及特点，扫描二维码查看。

第四节　果品制品

一、果品制品概述

（一）果品制品的概念

果品制品是指以鲜果为原料经干制、用糖煮制或腌渍而得的制品。其中加入高浓度的糖制成的制品，由于糖多甜味重，又被称为“糖制果品”，如果脯、蜜饯和果酱等。

（二）果品制品的分类

按照加工方法的不同，果品制品可分为下列几类。

1. 果干类

果干是将鲜果经过脱水干燥而制得的制品。如山楂干、葡萄干、香蕉干、柿饼、椰丝、杏干和龙眼干等。由于脱去水分，有利于鲜果保色、保味和使用。

2. 果脯、蜜饯类

果脯、蜜饯是将鲜果经糖煮或糖渍后制成的制品。一般较干燥的为果脯，较湿润的为蜜饯。如苹果脯、杏脯、橘饼、冬瓜条、蜜饯樱桃等。

3. 果酱类

果酱是将鲜果破碎或榨汁和糖一起熬煮而成的酱状制品。由于加工工艺的要求不同，其形式有浓稠的果酱、较浓稠的果泥、凝胶状的果冻和较干燥的果丹皮等。

4. 果汁类

果汁是提取鲜果的汁液制成的液体状加工品。一般采用压榨法和浸出法提取，可保持原浓度或进行浓缩，无论在风味和营养上都十分接近鲜果。

5. 水果罐头

水果罐头是将整只鲜果或鲜果经去皮、去核、切块、热烫处理后，浸泡于糖水中，再装罐、密封、杀菌的制品。便于贮藏和运输。

二、果品制品的主要种类

（一）葡萄干

葡萄干为葡萄科植物葡萄（*Vitis vinifera*）果实的干制品。

1. 品种和产地

因葡萄品种不同，葡萄干分为白葡萄干和红葡萄干两类。白葡萄干无核、色泽绿白、粒小而有透明感，肉质细腻，味甜美；红葡萄干无核或有核、皮紫红或红色、粒大而有透明感，肉质较次，味酸甜。葡萄干主要产于新疆，多悬挂于四面通风的干燥屋内阴干而成。

2. 营养及保健

每 100g 葡萄干含糖类 81.4g，蛋白质 2.2g，钙 32mg，磷 33mg，铁 5.5mg，还含有多种维生素和有机酸。葡萄干具有生津止渴，健脾开胃，养肝补血的功效。

3. 烹饪运用

葡萄干在烹饪中应用较广，常整体作糕点配料，或剁成蓉泥作甜点的馅心；也是甜菜品中常用的配料和花色炒饭的配料。在这些运用中均起到了配色、提味和增香甜的作用。

（二）山楂糕

山楂糕是采用成熟度适宜的鲜山楂或干山楂片，配以白砂糖加工成的山楂制品。

1. 质量标准

山楂糕的质量以块状完整，表面油润，无明显斑点，组织软润有弹性，无明显粗糙感，半透明状，色泽一致，甜酸适度，有原果风味，无异味者为佳。

2. 烹饪运用

山楂糕可制作甜菜拔丝山楂糕，亦可用来制作冷菜。

（三）红丝、绿丝

红丝、绿丝是“苏蜜”的特产，采用香抛皮（即青抛片）作原料，经过刨丝后配以白砂糖精制而成，成品色泽鲜艳。红丝、绿丝常拼在一起使用，故简称红绿丝。

1. 质量标准

红绿丝的质量以丝条完整，外表干燥，无块状，糖液渗透均匀，组织饱满，无粗纤维，红丝浅红色，绿丝浅绿色，具有甜味和香味者为佳。

2. 烹饪运用

红绿丝是制作各种糕点和月饼的原料，可作甜馅，也可用于八宝饭的制作，此外还是菜点配色的原料。

（四）糖冬瓜

全国有很多地区生产糖冬瓜，以青皮、瓜肉肥厚的鲜冬瓜为原料，通过刨皮、切条等工艺，配以白砂糖精制加工而成。

1. 质量标准

糖冬瓜的品质以表面干燥，糖霜面均匀，无黏结块，糖液渗透均匀，组织饱满，肉质稍脆，食时无纤维感，色白半透明者为佳。

糖冬瓜是糕点生产的重要原料，一般用作馅心。有时也可用于八宝饭的制作。

（五）枣干

枣干为大枣（*Ziziphus jujuba* var. *inermis*）的干制品。大枣南北各地均有栽培，以河南、河北、山东、陕西、甘肃和山西等地盛产。

1. 形态特征

核果长圆形，鲜品时为黄色或黄中带紫红或全部紫红色。含丰富的糖类和维生素C。

2. 质量标准

鲜枣去核或不去核通过不同的方法加工成红枣、乌枣、蜜枣和牙枣等果干。红枣果皮色红鲜艳，蜜枣果实色黄亮而有透明感，乌枣果皮色乌紫光亮。一般常以果干粒大核小，肉厚皮薄，口味香甜质软糯为佳。

3. 烹饪运用

除直接食用外，常用作甜咸味不同的菜肴，名菜有红枣煨肘、红枣炖甲鱼等具有滋补功效的菜品；除整用外，可制作枣泥、枣糕等风味糕点和小吃，如网油枣泥卷、慈姑枣泥饼、桃仁枣泥等。

本章小结

果品原料是人类重要的食物材料，在人类的膳食中占有非常重要的地位。同时在烹饪过程中起着非常重要的作用。通过本章的学习，应该重点掌握各类果品的结构特点和烹饪运用的特点，掌握各种果品的营养特点及饮食禁忌，这样就为科学合理地利用果品进行营养配菜打下了坚实的理论基础，从而在烹饪实践中正确地加以运用。同时，还可根据各种果品的质量标准正确地挑选果品类原料。

课堂讨论

1. 简述果品原料的营养价值及对人体的保健作用。
2. 如何正确地选购各类果品原料？

复习思考题

1. 植物学上是如何对果实进行分类的？
2. 如何检验果品的品质？
3. 常用的鲜果有哪些？了解它们在烹饪中的运用。
4. 常见的干果有哪些？了解它们在烹饪中的运用。
5. 果品制品分为几大类？各有哪些种类？

第四篇 调辅原料

第十章 调味料

本章内容：1. 调味料概述

2. 调味料的主要种类

教学时间：5 课时

教学目的：使学生掌握各种调味料的性质、形态特征及烹饪运用方法；掌握影响各种调味原料品质的因素、品质检验的标准和方法；掌握调味原料在贮存过程中的质量变化规律及常用的保管原料的方法

教学方式：老师课堂讲授并通过实验验证理论教学

第一节 调味料概述

一、调味料的概念

调味料又称调味品，是在烹调过程中主要用于调和食物口味（滋味）的一类原料的统称。

二、人的味觉生理

味觉又称味感，广义的“味觉”是指从看到食物开始到食物摄入口腔，通过口腔咀嚼，然后进入消化道这一整个过程中所引起的感觉，包含着心理味觉（形状、色泽和光泽等）、物理味觉（软硬度、黏度、温度、咀嚼感、口感等）和化学味觉。狭义的“味觉”仅指化学味觉，即舌面上的味蕾对食物中的呈味物质味道的感觉。

味的类型很多，一般可分为基本味和复合味两大类。基本味是某一种单一的滋味，如咸、甜、酸、苦、涩、碱味、金属味等；复合味是由两种或两种以上的基本味混合而成的味，如酸甜味、麻辣味、椒盐味等。

人体的味觉生理是比较复杂的。人体的味觉感受器是舌头上分布的味蕾，味蕾主要分布在舌的背面，特别是舌尖和舌的两侧。味蕾是由味觉细胞和支持细胞组成的，支配味蕾的感觉神经末梢包围在味觉细胞周围，将冲动传入中枢。当人们进食时，食物中的一些溶于水的呈味物质刺激味觉感受器细胞，从而使味觉细胞产生神经冲动，并将冲动沿着感觉神经将冲动传入中枢神经（大脑），便产生味感，使人能感知到食物中的各种味道。味蕾对各种味觉的反应不一，其中咸味最快，苦味最慢。舌头的不同部位对味的敏感度也不同，舌尖部位对甜味最敏感，舌尖和边缘对咸味最敏感，靠腮部两侧的舌面对酸味最敏感，而舌根部位则对苦味最敏感。

三、调味料在烹饪中的作用

调味料是菜肴中用量很小，但使用范围最广的一类原料，在某种程度上，调味料的变化是菜肴变化的重要手段。在烹调过程中，调节味感是调味料最主要的作用，它可以增加菜肴的味道并除去菜肴中的部分异味，另外它还能调节菜肴的色泽、增加菜肴的营养素、丰富菜肴的口感、延长原料的保存期以及杀菌消毒。经过烹调师的妙手调制出来的菜肴还可以增进食欲，促进消化。概括起来，调味料在烹饪中具有以下作用：①对本身不显味的原料赋味；②确定菜点的口味（味型）；③矫除原料的不良异味；④增强菜点的色泽；⑤增加菜点的营养；⑥杀菌消毒；⑦增进食欲，促进消化。

从调味的原理上来说，凡在烹调过程中有调和食物味道作用的原料都应属于调味料的范畴。许多原料当它们出现的场合不同时，它们的作用也不一样，在本章里，为了使讨论的对象更加明确，我们只对人们习惯上所认同的、在菜肴中以调味为存在目的的原料进行介绍和讨论，至于其他原料的调味作用，有待于大家在实际的操作过程中去认识。

中国的烹饪特别重视对味的研究，认为不同的味道在不同的情况中有它特殊的作用，特别在季节与味的关系上，古人提出："凡和，春多酸，夏多苦，秋多辛，冬多咸。"在具体的调味过程中，则提出"酸而不酷，咸而不减，甘而不浓，澹而不薄，辛而不烈"的用味原则。前人的这些认识至今对我们还有着借鉴作用。

要充分地发挥调味料的作用，首先必须了解调味料的性质特点，只有掌握了调味料的性能，才能正确地运用；其次，也要了解主配原料的性质，因为并不是所有的原料都适合用同样的方法来调味，不同种类的原料有其最合适的调味味型，如豆腐在大多数情况下适合于咸鲜味的调味料；最后，水果类的原料一般不适合用麻辣的调味料等。

四、调味料的分类

调味料的外观、气味、来源以及它们的化学成分都不同，因此调味料就可以有许多种分类方法。在烹调工作中，人们更习惯于以人口鼻所感觉到味的不同来给调味料进行分类。这里所说的味主要包括两个方面：一是口腔的味觉，如咸味、甜味、酸味等；二是鼻腔的嗅觉，如香味、臭味等。另外还有一类，那就是辣味，这是一种特殊的味，它既不是味觉也不是嗅觉，它是一种痛感，人们习惯上一直把它当成一种味道看待。

本教材根据调味料的主要呈味成分及在烹调中的作用，将调味料分为六大类。

1. 咸味调料

如盐、酱油、酱、豆豉等。

2. 甜味调味

如蔗糖、饴糖、蜂蜜、糖精等。

3. 酸味调味

如红醋、白醋、柠檬酸等。

4. 麻辣味调料

如花椒、辣椒、芥末、胡椒等。

5. 鲜味调料

如味精、鱼露、蚝油等。

6. 香味调料

如八角、桂皮、孜然、陈皮、黄酒等。

在实际操作中我们会发现，许多调味品不只是有一种味。如生姜是常用来给菜肴增香去腥的，但在“姜汁肉”这一菜肴中则是利用了生姜的独特的辛辣味。我们按生姜最常见的用途把它放在香味调料中，而不会把它放在麻辣调料中，其他的调味料的类别区分也是如此。

此外还有依据调味品的制取方法进行分类的。在日本，天然调味品被分为四类。①分解型，是把原料通过水解和自溶两种分解的方法，制取调味品，如动物性 HAP、植物性 HAP、酵母提取物、鱼酱等都是属于这一类型。②提取型，直接从原料中提取而制成的调味品，这一类型又可分为畜产物、水产物和农产物。③酿造型，如酱油、醋等。④配制型，以上述三类方法制取的调味品为基料，加上氨基酸、核酸、糖类等物质配制而成。

第二节　调味料的主要种类

一、咸味调味料

（一）概述

咸味是最基本的味，许多味道都必须与咸味结合才能更充分地表现出来，例如，鲜味若不与咸味结合，则人的口腔完全无法判断出这种味道有多鲜美；甜味中适当加了点咸味，则可以让甜味甜得更有回味，行业中说的“若要甜，搁点盐”就是这个道理。咸味调味料除调味的作用外，还具有防腐、杀菌的功效。

咸味是一些中性无机盐显示的一种味道。盐类物质在溶液或唾液中电离后，其阳离子被味细胞膜上的蛋白质分子中的羧基或磷酸基吸附而产生咸味。各种中性无机盐的咸味性质由它溶于水后的离子所决定，阳离子和阴离子均对咸味的形成产生影响，但主要取决于阳离子，而阴离子则影响着咸味的强弱和其他副味的产生。

自然界中的许多中性盐都具有咸味。除了以氯化钠为主要成分的食盐外，氯化钾、氯化铵、氯化镁、溴化钠、碘化钠、硫酸镁等也有咸味，但以氯化钠的咸味最为纯正；而且从人体生理需求及安全性方面考虑，只有氯化钠是最佳的食用盐。因此烹调中所用的咸味调料主要是氯化钠，或是含有氯化钠的加工品，如酱油、酱、豆豉等。

咸味是菜肴制作过程中调味的主味。大部分菜肴要先有些咸味，然后配合其他味道。菜肴的咸味主要来源于食盐，除了调和口味以外，还具有改善色泽和香味的作用。

（二）主要种类

1. 食盐

食盐是人类最早使用的几种调味品之一，人们很早就发现了盐在菜肴中的不可替代的作用，提出“盐为百味之主”的著名观点，李时珍在《本草纲目》中也说：“五味之中，唯此不可缺。”

（1）形态特征

盐是白色晶体，因加工粗细不同，结晶有大有小，还可能会有一些颜色。正常烹饪中用的食盐一般都要求色泽洁白，颗粒细小，干燥，没有结块现象，没有苦涩味。

（2）品种和产地

按食盐的来源可分为海盐、湖盐、井盐和矿盐。海盐又名“大盐”，为沿海盐田取水经日晒制成，含氯化钠达 90%，常含有杂质，主要用于腌制食品。湖盐又名“青盐”，从内陆咸水湖中提取的盐，湖盐含水量较小，不需加工即可食用。井盐是由盐井中提取卤水熬制而成的盐，含杂质少，无苦味，为四川菜不可缺少的调味品。矿盐又称“岩盐”，由地下或者山中所蕴藏的大块岩层提取的盐，产量不多，可供食用和药用。

食盐按提取时的加工工艺可分为粗盐、精盐、加味盐。粗盐又名“原盐”，是指从海水、盐井直接制得的食盐晶体。粗盐含有较多的杂质，除氯化钠外，还有氯化镁、氯化钙、硫酸钠、硫酸钙和一定量的水分，所以有苦涩味，一般用于腌制食品。精盐是将粗盐溶解，成为饱和溶液，然后除去杂质，再蒸发而结晶的盐，精盐呈粉末状，色洁白，易溶，是理想的烹饪用盐。加味盐又名混合盐，是指以优质的精盐，加入多种香辛料或者其他调味料制成的混合盐，常用的加味盐有蒜盐、胡椒盐、辣椒盐、洋葱盐、香芹盐等。

此外，还有按特殊需要而制成的健康食盐，如低钠盐和加碘盐等。低钠盐是指氯化钠含量极低，而含有氯化钾及微量元素的盐，其使用方法和普通盐相同，其对防治高血压、心脑血管疾病和小儿补锌具有良好效果。加碘盐是指在精制的食盐中加入适量的碘，目的是预防因地区性饮水和食物中缺乏碘所引致甲状腺地方病。

（3）质量标准

优质食盐以颜色洁白，无肉眼可见的杂质，结晶整齐一致，坚硬光滑，呈透明或半透明。不结块，无反卤吸潮现象，无异味，具有纯正的咸味。

（4）烹饪运用

食盐在烹调中的作用有四个方面：①它是咸味的主要来源，是菜肴最基本的味道，也是决定菜肴味道的重要因素；②食盐可以改良原料的质感，增加原料的脆嫩感，如白瓜水分较多，在炒的时候水分大量渗出，使白瓜的口感变得软烂，如果加点盐先腌渍一下再炒，则白瓜就会变得脆嫩；③在动物原料的上浆、蓉泥类菜肴与面团调制的过程中，加入适量的盐可以起到“上劲”的作用，使面团柔韧性增强，蓉泥类菜肴的黏性提高；④食盐具有防腐作用，经过盐腌的食物可以长时间的贮存，还可以增加原料的风味。除此以外，在某些场合，食盐也被用作传热的介质。

食盐在使用时应注意投放的时间，制汤时放盐不宜过早，否则会使得原料中的蛋白质不易溶于汤中，汤的味道也就不会浓厚鲜醇；炒蔬菜时盐则应早下，能使菜肴入味，如果盐加晚了，蔬菜容易炒老；对于加碘盐来说，高油温与长时间加热会使碘损失，应在菜肴快炒好时下锅。同时要注意使用量，过量的盐不仅会影响菜点的口味，而且会产生高渗透压，不利于人体健康。

2. 酱油

酱油又称“豉油”，是我国的特产调味品，是以大豆的蛋白质和小麦或大米的淀粉为主要原料，经微生物或酶的催化水解生成多种氨基酸和糖类，并以这些物质为基础，再经过复杂的生物化学变化，然后合成的具有特殊色泽、香气、滋味的调味品。

（1）形态特征

酱油按形态可分为液体酱油、固体酱油、粉末酱油。固体酱油鲜味比液体酱油略淡。

酱油的生产工艺主要有微生物发酵法、半微生物半化学法和化学水解法三种，通常所说的“酿造酱油”仅指微生物发酵法酿制的酱油。酱油在我国具有十分悠久的生产历史，已成为一种重要的调味料。

酱油的呈味成分除食盐外，还含有多种氨基酸、糖类和有机酸等。酱油原料中的蛋白质经蛋白酶的催化水解逐渐变成氨基酸类，其中有些氨基酸是酱油的呈味成分，如谷氨酸与天门冬氨酸在中性环境中与 Na^+ 形成谷氨酸钠和天门冬氨酸钠，两者都具有鲜味；甘氨酸、丙氨酸、苏氨酸、脯氨酸和色氨酸又具有甜味。酱油原料中的淀粉经水解后产生葡萄糖和各种中间产物，也是酱油的呈味成分。适量的有机酸的存在，增加了酱油的特殊风味。

酱油的香味成分比较复杂，但主要是酯类。在酱油酿造过程中，在曲霉和酵母中的酯化酶的作用下，各种有机酸与相应的醇类可以酯化生成具有芳香气味的酯。原料中的脂肪经脂肪酶的作用可以生成软脂酸、油酸和甘油等，软脂酸和油酸分别与乙醇结合，生成软脂酸乙酯和油酸乙酯；部分乳酸与乙醇结合生成乳酸乙酯。这些酯类不仅构成酱油的芳香气味，而且保持酱油的醇厚口味。

（2）品种和产地

常用的酱油有生抽酱油、老抽酱油、甜酱油、辣酱油、复制酱油等。生抽酱油简称“生抽”，为广东地区对天然露晒发酵制成的酱油的俗称，生抽颜色较浅，具有可口鲜味和丰富营养，为烹制中式菜肴常用的调味品，著名品种如“海天牌”生抽王。老抽酱油简称“老抽”，为广东地区对酿制酱油时加入焦糖，使产品呈现深黑色的酱油的俗称，老抽咸味较浓，香味和鲜味则不及生抽，多用来腌制肉类。甜酱油是指以黄豆制成酱醅后，配加红糖、饴糖、食盐、香料及酒曲酿成的酱油，酱油味甜咸兼备，气香味鲜，可用于蒸、炖、煮、炒等调味，著名的如云南“通海”甜酱油。辣酱油是指将辣椒泡于酱油中，一定时间后捞去辣椒，再将酱油煮沸冷却而成的酱油，除酱油原有的鲜味外，兼有辣味，多用于调拌。复制酱油指在酱油中加入海产如虾子、蟹子，菌类如冬菇、草菇，香料如八角、草果，或加入味精等制成的酱油，常用的有虾子酱油、草菇酱油等。忌盐酱油是一种不含或只含少量钠离子的、专供肾脏病患者食用的特制酱油。

酱油的品种及特点

酱油的主要品种及特点，扫描二维码查看。

（3）质量标准

酱油（酿造酱油）的品质以色泽红褐或棕褐、鲜艳、有光泽、不发乌；有酱香和酯香气，无其他不良气味；滋味鲜美，咸甜适口，味醇厚，柔和味长，无苦、酸、涩等异味和霉味；体态澄清，浓度适中，无沉淀物，无霉花浮沫者为佳。

（4）烹饪运用

在现代烹饪中，酱油的地位与盐的地位是不相上下的，在有些地方，甚至还超过了盐的作用。酱油可以代替盐来定味，能增加菜肴的鲜味，对菜肴还具有增色，增香的作用，如在制作红烧类菜肴时经常使用酱油。同时，在广东许多地方还将酱油作为蘸料使用。酱油的品种在某种程度上决定着菜肴的风味特征，如在烹制冰糖扒蹄、东坡肉时所用的酱油则应为味咸而色淡的浅色酱油。

3. 酱类

酱类是一种常用的调味品，在烹调中用途广泛，许多菜肴需要用酱，酱类味道咸中带鲜，又因所用原料不同，口味各有差别。酱是以大豆或面粉、米、蚕豆等为原料，采用曲制或酶制法加工而成的一种糊状物，味有咸鲜、咸甜等不同。它的生产工艺与酱油相似，原理也完全一样。

（1）品种和产地

酱类属于酿造品，古代制酱多利用天然霉菌自然成曲，以太阳热力发酵，近代多用固态低盐发酵酿造，根据用料的不同，一般分为：黄豆酱、甜面酱、豆瓣酱、沙茶酱、XO 酱等。黄豆酱又称“黄酱”，以黄豆为原料的产品，将黄豆粉碎加水拌匀，然后蒸煮制曲发酵而成，色泽金黄，酱味芳香，咸淡适口，可供炸酱及烹饪时作酱炸菜肴之用。甜面酱又称“面酱”，以面粉为原料，以食盐经发酵制成，成品呈稠粥状，金黄色，有光泽，味醇厚而鲜甜。豆瓣酱的主要原料为蚕豆、面粉、辣椒和食盐、味精等，如在原料中除去辣椒则成为蚕豆酱，蚕豆酱无辣味，豆瓣酱则含有强烈辣味，故也称为“豆瓣辣酱”。沙茶酱又名“沙爹酱”，是以黄豆、面粉等发酵酿造成黄酱后再加入虾干、大地鱼、花生、香葱、沙姜和植物油等辅料，经油炸高温处理制成，酱味鲜美微辣，酱内有小颗粒，嚼之甘香适口，可供拌、炒和蘸食之用。XO酱是以黄豆、面粉等酿造成酱后，再加入扇贝、火腿、虾干及香料等酿制而成，酱味鲜美可口，可作烹制菜肴及蘸食的调味品。

酱的主要品种及特点

酱的主要品种及特点，扫描二维码查看。

（2）质量标准

优质酱类呈红褐色或棕红色，油润发亮，鲜艳而有光泽；黏稠适度，不干不懈，无霉花，无杂质；具有酱香和酯香气味，无其他异味；滋味鲜美，入口酥软，咸淡适口，有豆酱或面酱独特的滋味，豆瓣辣酱可有锈味，无其他不良滋味。

（3）烹饪运用

酱品鲜味浓郁，在烹饪中具有非常重要的地位，可用于爆、烤、蒸、凉拌等多种烹调方法。一般在用于热菜时宜先炒香出色，而用于蘸食或凉拌时宜将其先炒熟或蒸熟再用，以确保卫生及菜肴的风味特色。

4. 豆豉

豆豉是以黄豆或黑豆为原料，利用霉菌或酶的作用，将原料中的蛋白质分解，当分解达到一定程度时，即加酒或者盐，或用干燥方法，抑制酶的活动，使原料中的一部分蛋白质和分离出来的产物在特定的条件下保存，形成具有特殊风味的发酵食品。

（1）形态特征

豆豉是一种非常古老的发酵的食品，古时称“幽菽”“嗜”“香豉”。它是以豆类原料加曲霉菌种发酵后制成的，是酿造酱油的副产品。

（2）品种和产地

豆豉的种类繁多，按原料分有黄豆豉和黑豆豉；按体态可分为干豆豉和水豆豉；按口味可分为淡豆豉和咸豆豉；按添加的特殊辅料可分为酒豉、姜豉、葱豉、辣豉和香油豉等。①黄豆豉，是以黄豆作为原料制成，成品呈黄褐色，质量略差于黑豆豉，除可供制作炸酱外，也可蒸食，或作蘸料，为北方菜多用的调味品，著名的品种有江苏黄豆豉。②黑豆豉，是以黑豆为原料制成，成品呈黑褐色，味鲜而香，可供多种菜肴应用，为南方菜多用的调味品，著名的有广东阳江豆豉。③干豆豉，是指豆豉经制作完成后，再行干燥的产品，一般含水量低于30%，用时以水稀释，为最常用的品种，多用于炒菜，或制作酱等，著名的有四川太和豆豉。④水豆豉又称“湿豆豉”，是指制作完成后未经干燥的豆豉，滋味鲜美适口，可作为一般菜肴调味之用。⑤淡豆豉，是指制作时不加食盐的豆豉，作烹调时要加盐，但家厨一般少用，著名的有湖南浏阳豆豉。⑥咸豆豉，是指制作时加入盐水腌制的品种，是烹饪时常用的品种，口味较重，适用于一般菜肴，著名的有江西南昌葡萄豆豉。

（3）质量标准

豆豉的质量不分规格，概以颗粒饱满，色泽黄黑，味香鲜浓郁，咸淡适口，无霉变异味，中心无白点和泥沙者为佳品。

（4）烹饪运用

豆豉在烹调中主要用于提鲜、增香、去腥，多用于炒、爆、烧、蒸、焖法烹制的菜肴，一般炒香后效果较好。广东菜中使用较多，如“豉汁蒸排骨”等。在使用时要注意，豆豉的味道很重，不宜用得太多；保存时则要注意防霉、防潮，可用适量盐、白酒和香料与其拌匀。

5. 味噌

味噌又称发酵大豆，是一种大豆和谷物经过发酵，含有一定盐分的酱类制品，具有典型的咸味和明显令人愉快的芳香味。

味噌源于日本，随着饮食文化在国际间的交流，味噌已广泛使用于东南亚各国和欧美等国。近年来在我国烹饪行业中也已开始使用味噌这一调味品了，如广州、深圳、上海等地的餐馆中常有使用。

（1）加工与产地

味噌在制作过程中，虽然方法因地区、原料的不同而各异，但基本制作原理大致相同。一般需经浸泡、蒸煮、接种、发酵、成熟、粉碎等一系列工序。浅色味噌的酿造时间只需 5 ～ 20 天，而深色味噌则需要 3 ～ 12 个月之久。总之，酿造时间越长，味噌的风味越浓郁。

（2）品类与特产

味噌的种类很多，大多数的味噌是膏状的，其组织结构的坚实性和光滑性与奶油相似，颜色从浅黄色的奶油白到深色的棕黑。一般来说，颜色越深，其风味越强烈。味噌具有典型的咸味和明显的令人愉快的芳香气味。根据原料的不同，味噌可以分为三大类：一是大米味噌，由大米、大豆和食盐制得；二是大麦味噌，由大麦、大豆和食盐制得；三是大豆味噌，由大豆和食盐制得。如果按味道还可分为甜味噌、半甜味噌和咸味噌。每一种还可根据颜色进一步分为浅黄味噌和棕红味噌。在上述这些味噌中，大米味噌是最常见的，占总消费量的80%以上。

（3）成分与养生

味噌的营养价值很高，其中含有多种氨基酸和碳水化合物以及多种矿物质。日本人称味噌具有鱼和肉的营养效果，经过长时间酿造，大豆中的蛋白质经发酵、分解，变得更易被人体消化吸收。据日本有关专家的研究表明，味噌有一定防癌、保肝、预防动脉硬化、降低血压、防止贫血、预防中风等多种保健功效。味噌不但营养丰富，而且热量低，可减肥，被广泛誉为健康食物，成为日本、欧美等国的时髦食物，深受人们的欢迎。

（4）烹调运用

味噌在烹调中的作用很广泛，根据菜肴的需要和口味不同，可以选择不同种类的味噌。它适用于炒、烧、蒸、烩、烤、拌类菜肴的调味，可起到丰富口味、补咸、提鲜、增香，并具有一定的上色作用，使菜肴获得独特的风味。日本人很喜欢食用味噌调制成的味噌汤，这种汤具有一种特有的酱香气，并且营养、滋味均很好，深受日本人的喜欢。西餐中也常把味噌拌在米饭、海带丝、鱼松中，风味很好。味噌用于中餐的拌面条、蘸饺子、拌馅心等其食效果也不错。

（5）贮藏与保管

味噌的存放最重要的是要注意防止生霉变质，尤其是甜味噌和半甜味噌，因其食盐含量较低，不宜久贮，宜尽早食用完为好。

二、甜味调味料

（一）概述

我国最早的甜味调料是甘蔗汁，宁玉的诗中“臑鳖炮羔有柘浆兮”之句，“柘浆”就是甘蔗汁，由此开始了我国甜味调味品的发展历程。甜味是很受人们欢迎的一种味道，甜味调味料在烹调中的作用仅次于咸味调料。从结构上来说，呈甜味的物质主要是单糖和双糖，如葡萄糖、果糖、麦芽糖、蔗糖及糖醇等。此外，合成的甜味剂糖精钠、非糖类的甜叶菊苷、甘草苷，以及部分氨基酸、肽等也有甜味，糖精的甜味是最强的。在所有的甜味剂中，味道最好的是果糖，使用最广泛的是蔗糖。

甜味在烹调中的作用很大，可作为甜味剂单独用于调制甜菜；可参与其他多种复合味型的调制，如糖醋味、家常味等；可用于矫除异味，如去除苦味、去腥味等；在某些菜点中起着色和增加光泽的作用，如红烧类菜肴；还可以用来腌渍原料，有防腐的作用。甜味调料在使用时温度、浓度对其甜度都有影响，盐和醋的存在也会使甜味有所减轻。另外，过多地使用甜味，可使人产生饱腹感，抑制人的食欲，这是我们在使用时应注意的。

（二）主要种类

1. 食糖

食糖是从甘蔗、甜菜等植物中提取的一种甜味调料，其主要成分是蔗糖。我国最早提取蔗糖是在汉朝，人们把甘蔗汁经过太阳蒸发，制成糖块，称为“石密”；宋朝还出现了我国最早的制糖专著《糖霜谱》。我国甜菜制糖起步较晚，直到20世纪才出现甜菜糖。

（1）形态特征

糖的外形特征与其加工的精细程度有很大的关系，一般来说，食糖的质量以色泽明亮，质干味甜，晶粒均匀，无杂质，无返潮，不粘手，不结块，无异味为佳。

（2）品种和产地

根据外形和色泽，蔗糖通常分为以下几类。①白砂糖。白砂糖是食糖中的精纯品种，含蔗糖量最高，含水分最少，而且色泽好、无杂味，一般在食品工业中使用最广。白砂糖颗粒较粗，溶解慢，易结晶，在烹调使用时多用于烧、炒类的热制菜肴，挂霜菜肴的用糖以白砂糖为佳，而在冷菜尤其是作蘸食的调料时不宜使用。②绵白糖。绵白糖又称为细白糖，是以甜菜为原料制成的，在生产过程中，还要加入2.5%的转化糖浆。它晶粒细小、均匀，颜色洁白，质地绵软、细腻，纯度低于白砂糖。因含较多的还原糖，甜度又高于白砂糖。绵白糖晶粒细小，入口即化，宜用于凉拌菜或蘸食。因其中含有少量转化糖，结晶不易析出，比白砂糖更适合于制作拔丝菜。③赤砂糖，又称红砂糖、赤糖。在制作时未经洗蜜工艺，表面附着糖蜜，还原糖含量高，同时含有非糖成分。传统的中医认为，赤砂糖营养丰富，是孕妇的传统营养品。赤砂糖的颜色较深，呈赤红、赤褐或黄褐色，晶粒连在一起，有糖蜜和甘蔗香味。赤砂糖不耐贮存，旱季易结块，雨季易溶化。在烹调中适于红烧类菜肴，可产生较好的色泽和香气。④土红糖，又称为老红糖、粗糖，是最古老的和最富于国产特色的品种。按外观不同分为红糖粉、片糖、条糖、碗糖、糖砖等。土红糖纯度较低，其中水分、还原糖、非糖杂质含量较高，颜色深，结晶粒小，易吸湿溶化，稍有甘蔗的清香气和糖蜜的焦甜味，人们美称为“桂花味”。土红糖有多种颜色，以色泽红艳者质量较好。烹调中使用较少。⑤冰糖。冰糖是一种纯度较高的大晶体蔗糖，是白砂糖的再制品，是深受人们喜爱的一个品种。冰糖块状晶莹，很像冰块，所以称为冰糖。按颜色可分为白冰、黄冰、红冰三种，以白冰透明度为最高。根据形状加工方法不同，分为盒冰糖和单晶冰糖。按结晶形状分，有纹冰、车冰、片冰、统冰、冰角、冰屑等，纹冰为最好。单晶冰糖个粒均匀，甜味纯正，纯度高，为每粒有12个面的单斜晶体。冰糖在烹调中多用于制作甜菜或扒菜。⑥方糖。方糖是未经干燥的优质白砂糖用水湿润，再用压制机压成的。方糖有整方、半方两种，要求色洁白，砂面平整，正方形六面体，无缺口破损，溶解快，携带方便，多用于喝牛奶、咖啡时调味。

（3）烹饪运用

食糖在烹饪中主要用作菜肴的调味品，也是制作糕点、小吃的重要原料，还可制成糖色，以增加菜肴颜色，用在红烧菜肴中，可使菜的汤汁黏稠、有光泽，在腌制品中可减轻加盐脱水所致的老韧，保持肉类制品的软嫩。

2. 饴糖

饴糖又名水饴、糖稀、麦芽糖，是我传统的甜味调味剂。它是以粮食淀粉为主要原料，经过加工后用淀粉酶液化，再利用麦芽中的酶使原料中的淀粉糖化而成的。

（1）品种产地

饴糖可分为硬饴和软饴两大类，硬饴为淡黄色，软饴为黄褐色。依据淀粉来源的不同可分为小米饴、甘薯饴、马铃薯饴、高粱饴等。其主要成分是麦芽糖，约占 1/3，此外还含有葡萄糖、糊精等成分。

（2）质量标准

以色泽淡黄色，透明澄清；具有饴糖特有的香气，无其他异味；味道浓厚纯正，洁净无杂质，无酸、苦、涩味为佳。

（3）烹饪运用

饴糖主要用于糖果糕点，烹饪中饴糖主要用于上色，也可用来调味。它可以用来调味。它可以使成熟的点心质感松软，菜肴则色泽红亮。烧烤类的菜肴使用尤其多，如“叉烤鸭”“烤乳猪”“脆皮乳鸽”等。

3. 蜂蜜

蜂蜜是蜜蜂采集花蜜后经过反复酿造而成的，通常带有花的香气。

（1）品种和产地

蜂蜜的品种主要是按来源来分的，有紫云英蜜、荔枝蜜、槐花蜜等，由于蜜的来源不同，它的颜色、香气和味道也不同；还有许多蜜里添加了一些营养物质，以适应不同人群的需要。蜂蜜的主要成分是糖类，占 75% ～ 80%，其中葡萄糖约占 36%，果糖 37%，蔗糖 2% ～ 3%。此外还含有蛋白质、有机酸、维生素及芳香物质等。

（2）烹饪运用

在烹调中，蜂蜜主要用来代替食糖调味，具有矫味、增白、起色等作用。在点心制作中还可起到增添香味的作用。蜂蜜也可替代饴糖作上色用。蜂蜜有很大的吸湿性和黏性，在使用时应注意用量，过多使用会使制品吸水为软，相互粘连，在长时间贮存时，蜂蜜里会有白色的葡萄糖的结晶，但并不影响食用。

4. 糖精

（1）形态特征

糖精是人工合成的甜味剂，主要使用的是糖精钠，又称为水溶性糖精。糖精钠是无色的晶体或结晶性粉末，无臭，易溶于水。糖精的甜味相当于蔗糖的 300 ～ 500 倍，后味微苦。

（2）烹饪运用

糖精钠在人体中不能分解，可随人体代谢排出，不产生热量，也没有任何营养价值。它主要作为甜味调味的辅助调味，一般不单独使用。适合于糖尿病人和需要低热量食品者作为甜味剂。糖精的使用有较严格的国家标准，为 0.15g/kg。

5. 木糖醇

木糖醇是一种非糖天然甜味剂，制造原料为玉米芯、甘蔗渣、花生壳等。木糖醇甜度略高于蔗糖，对人肌体无害，吸湿性也小，有清凉味，不受酵母菌的影响，有抗龋齿的作用，也可作为糖尿病人的甜味剂，但过量食用会引起腹泻。

6. 甜叶菊糖

甜叶菊糖又称甜菊精，为白色粉末，是非糖天然甜味剂，甜度是蔗糖的300倍，1969 年首先在美洲发现，耐高温、无苦味，适于糖尿病人食用，也是很好的低能食品。此外还有促进新陈代谢、治疗胃酸过多等作用。可作蔗糖的增甜剂，对食品起防腐作用。

三、酸味调味料

（一）概述

酸味是无机酸、有机酸和酸性盐特有的一种滋味，呈酸味的本体是氢离子。酸在水溶液中可解离出氢离子。日常用的酸性调味品主要为食用醋类。食用醋古时称为“醯”，是以谷类、果实、酒类等含有淀粉、糖类和酒精的物质为原料，经过微生物发酵、酿造而成的一类烹饪调味品。其主要成分为乙酸、高级醇类和糖。除供烹制酸味菜肴外，还可渍制酸菜，有调味、增鲜和辟腥作用。因其味酸性温，故亦有促进食欲、帮助消化的功效。

（二）主要种类

1. 食用醋

醋是我国传统的调味品，是以粮食、果实、酒类等含有淀粉、糖、酒精的原料，经微生物发酵酿造而成的一种酸性液体调味料。醋的主要成分是醋酸，还含有少量不挥发酸、氨基酸、糖等。

（1）品种和产地

各地出产的著名食用醋品种很多，如米醋、白醋、糖醋、熏醋、甜醋、香醋、麸醋等。①米醋又称“玫瑰米醋”，盛产于浙江一带，故又称“浙醋”，是以大米为原料，先发酵为白醋坯，再经直接过淋而制成的一种食用醋。色泽呈玫瑰红色而透明，香气纯正。酸味醇和，略带甜味，适用于蘸食或炒菜。②白醋以福建米醋为著名，是以大米为原料，先酿成米酒，再加入醋母，经天然发酵酿制而成，白醋无色透明，酸味柔和，适用于需酸而又不起色的菜肴。③糖醋为我国北方地区生产较多和最常用的食用醋，是以砂糖或饴糖为原料，加水稀释，再接种醋母发酵而成，具有醇香甜酸的特点，为烹制酸甜菜肴如西湖醋鱼、五柳居鱼等的调味品。④熏醋又名“黑醋”，主要产地为山西和河北，以山西老醋最为出名，以高粱为主料，麸皮或谷糠为辅料，经过发酵先成熏坯，再经夏曝晒、冬捞冰等工序形成的陈酿醋，熏醋会发酸，入口酸味柔和。⑤甜醋以广东的八珍醋最为著名，原料与熏醋相同，先制成熏坯，再以熏坯和白坯各半，并加入花椒、八角、桂皮、草果和片糖，再熬制而成，酸味醇和，香甜可口，兼有补益作用。⑥香醋以镇江香醋最为出名，原料主要为糯米和麸皮，经过醋酸发酵和乳酸发酵，配入砂糖，香醋呈深褐色，香味芬芳，味酸而甜，别具风味。⑦麸醋以四川阆中酿造者最为著名，阆中市古称“保宁”，故麸醋又称“保宁醋”，该醋以麸皮为主要原料，混入以药曲制造的醋母，进行醋酸发酵而制成，麸醋色泽黑褐，气味芬芳、酸味浓厚。

食用醋的品种及特点

醋的主要品种及特点，扫描二维码查看。

（2）质量标准

优质食醋呈琥珀色，棕红色或白色；液态澄清，无悬浮物和沉淀物，无霉花浮膜，无醋鳗、醋虱或醋蝇； 酸味柔和，稍有甜口，无其他不良异味；具有食醋固有的气味和醋酸气味，无其他异味。

（3）烹饪运用

醋是烹饪中运用得较多的调味品，主要起添酸味、加香味、增鲜味、除腥味、解腻味等作用。在烹饪中主要用于调制复合味型，是调制“糖醋味”“荔枝味”“鱼香味”“酸辣味”等许多复合味型的重要调料。醋还具有抑制或杀灭细菌、降低辣味、保持蔬菜脆嫩、防止酶促褐变、保持原料中的维生素 C 少受损失等功用。醋可促进人体对钙、磷、铁等矿物元素的吸收。用食醋作为主要调味料制作的菜肴有北京的“醋椒鱼”、江苏的“醋熘鳜鱼”、浙江的“西湖醋鱼”、上海的“醋熘鲨鱼（养殖）”、广东的“咕咾肉”、山东的“酸辣汤”、福建的“酸甜竹节肉”、四川的“醋烧鲶鱼”、河北的“金毛狮子鱼”、河南的“糖醋黄河鲤鱼”、云南的“酸辣螺黄”、湖南的“糖醋排骨”等。

（4）营养及保健

食醋的主要成分是醋酸（乙酸），还含有氨基酸、糖分、酯类、不挥发酸等。中医认为，食醋性温味酸苦，具有开胃、养肝、散瘀、止血、止痛、解毒、杀虫等功效。用食醋治病是古今中医药学的重要组成部分，历代医药学家在用醋治病养生方面积累了许多丰富的经验。古今药醋方甚多，有关食醋治病养生的论述也颇多。现代医学认为，经常食醋可以起到软化血管、降低血压、预防动脉硬化的作用。此外，食醋还能减肥、美容、抗癌、杀菌，具有独到的保健作用。许多价廉效著的药醋方至今为人们所沿用，而且备受欢迎。食醋虽然营养价值很高，但也应适可而止，不宜过多。《黄帝内经·素问》曰：“醋伤筋，过节也。”《本草纲目》中有记载，食醋“酸属水，脾病毋多食酸，酸伤脾，肉皱而唇揭。”在日常生活中，吃醋的量不宜过大，一般来说，成人每天可食用 20 ～ 40g，最多不超过 100g，老弱妇孺及病人则应根据自己的体质情况，适当减少食量，为了治病而无节制地饮醋是不可取的。

2. 番茄酱

番茄酱又称茄汁。是以番茄作为主要原料，将番茄洗净去皮，切成小块，然后加热使之软化，软化后经搅打成浆状，最后加砂糖浓缩而成。番茄酱的制作以工业化生产的番茄酱罐头为多。

（1）形态特征

番茄酱的色泽红润，质地均匀细致，酸味适中，并有一种番茄所特有的风味。番茄酱中的酸味来自于苹果酸、草酸、酒石酸、枸橼酸、琥珀酸等。

（2）营养及保健

番茄酱中含有多种营养成分，如糖、粗纤维、钙、铁、磷，还有少量蛋白质、游离酸等，番茄酱中所含的维生素有维生素 C、B 族维生素、维生素 P 等。

（3）烹饪运用

在现代中国烹饪中应用很多，主要用于酸甜味的复合味型中，在使用时需先用油炒出色。番茄沙司是番茄酱的再制品，它的味道已经基本调好，开封即可使用，目前的餐饮业中使用最多。常见的菜式有茄汁大虾、菊花鱼等。番茄酱也可以作为一些小吃、面点在品尝食用时的调味料。

3. 柠檬酸

（1）形态特征

柠檬酸又称为枸橼酸、柠檬精，是无色半透明结晶或白色颗粒，或白色结晶性粉末，无臭，味极酸。柠檬酸广泛分布于柠檬、柑橘、草莓等水果中。最初由柠檬汁分离制取而得，现在工业上由糖质原料经发酵或其他方法合成制得。柠檬酸是所有有机酸中最和缓而可口的酸味调味料。

（2）烹饪运用

在烹调上，柠檬酸有着保色、增香、添酸等作用，可让菜肴产生特殊性的风味。在使用时应注意用量，通常浓度在 0.1% ～ 1.0% 为宜。

四、麻辣味调味料

（一）概述

麻辣味是一种刺激性很强的味道，它包括麻味和辣味两大类。麻辣味由于刺激，很受人们的欢迎，尤其是辣味，更是当今的流行味。

辣味又称辛味，是辣味物质刺激舌部和口腔的触觉神经和鼻腔而产生的强烈刺激性感觉。辣味一般分为火辣味和辛辣味两类。火辣味又称热辣味，是一种在口腔中引起烧灼感的辣味，如辣椒、胡椒的辣味；这类辣味物质一般由 C、H、O、N 等元素构成，如辣椒素、花椒素、胡椒碱等。辛辣味是一种冲鼻刺激感的辣味，如姜、葱、蒜、芥末的辛辣味；这类辣味物质一般由 C、H、O、N、S 等元素构成，如存在于葱、蒜、韭菜、洋葱中的二丙烯二硫化物、丙基丙烯二硫化物、二正丙基二硫化物等，存在于芥末中的异硫氰酸烯丙酯等。

麻味则是专指刺激味觉神经有麻醉感的一种特殊味道。

麻辣味一般不能单独使用，必须与其他味道配合起来使用才能起到良好的效果。适当的麻辣味具有增进食欲、促进消化液分泌、帮助消化的功效，并具有杀菌的作用，是麻辣复合味型的重要调味品。烹调中常用来提辣上色、提味增香、压制异味等。辣味调味品的种类较多，其不同种类的性质差异较大，在烹饪中用途有别，在使用时应视不同种类的性质而运用，还应根据食用者的对象不同及气候、环境、季节的变化而掌握用量。另外，菜肴的温度对麻辣味效果的体现有着非常大的影响，菜肴温度高时，麻辣味重，而当菜肴温度降低时，麻辣味也会变淡。

在烹调中使用的麻辣味调料主要有辣椒制品、胡椒、芥末、咖喱粉、花椒等。

（二）主要种类

1. 辣椒及其制品

辣椒的种类很多，性质也不一样，了解它们可使其在烹调中的利用更加妥当。辣椒是在明朝中后期从南美洲引进的，因而又称“番椒”。辣椒进入中国后，受到广泛的欢迎，各个地方的辣椒的叫法不一样，四川人叫它“海椒”，关中人叫它“秦辣”，贵州人叫它“辣角”，还有叫“辣子”“辣虎”“大胡辣”“腊茄”的。绿色的称为“青椒”，红色的称为“红椒”，不辣的称为“甜椒”。

（1）形态特征

通常新鲜的青红椒是用来作蔬菜的，有灯笼形的甜椒、尖尖长长的味很辣的羊角椒，还有小指头大小的野山椒等。用作调味料的大多是辣椒的五制品。辣椒制品主要以粉末状、油状较多。

（2）品种和产地

辣椒包括以下几个品种：①邵阳朝天椒，是全国六大优良辣椒品种之一，用它加工的辣椒干在日本、新加坡、马来西亚、美国等地享有盛名；②鸡山“大红袍”，产于湖南临澧县鸡山，清甜爽脆，可生吃或伴肉炒食，菜品有“大红袍炒鸡肉”；③河北望都辣椒，形若羊角，所以也叫“羊角椒”，粗如手指，长 12cm 左右，色泽红紫油亮，皮薄肉厚，味辣而芳香，是我国传统出口的“三都”（山东益都、四川成都、河北望都）名牌辣椒之一；④云南“涮辣子”。这种辣椒只要在汤里涮几下，就是一锅辣汤，辣椒挂起来以后还可以用很多次。如果直接入口，唇舌会疼一天而不退，嚼一嚼牙龈就会出血，号称“辣椒之王”。此外，还有河北“鸡泽辣椒”、甘肃“甘谷辣椒”、陕西“西安辣椒干”“广西野山椒”“海南指天椒”等也都是辣椒中的优良品种。

辣椒制品的种类及特点

辣椒制品包括辣椒干、辣椒粉、泡辣椒、辣椒油、辣椒酱等。

辣椒制品的主要品种及特点，扫描二维码查看。

（3）烹饪运用

辣椒以青果或红果供食用，可以生食、炒食、腌食、酱食，还可加工成辣椒酱、辣椒油、辣椒粉、辣椒干等，作为调味品和防腐剂。辣椒作为烹饪原料，作主料、辅料、调料均可。作为主料者多使用辣味较轻的甜椒，可单炒、爆、熘等，如虎皮青椒。作辅料，可配以主料运用炒、爆、拌、酿等烹调方法成菜，如湖南菜的红椒酿肉、江苏的酿青椒及青椒鱼丝等。从色彩的组配而言，辣椒具有配色的功效。辣椒是重要的辣味调味料，作为调味者多选用辣味较重的干辣椒及辣椒制品，四川、湖南菜中运用甚广，川菜中的红油味、麻辣味、鱼香味都离不开辣椒。常见的辣椒调味品有辣椒粉、辣椒油、辣椒酱、泡辣椒、辣椒汁等，在烹调中运用广泛。使用辣椒时，应注意因人、因时、因物而异的原则，青年人对辣一般较喜爱，老年人、儿童则少用；秋冬季寒冷、气候干燥当多用；春夏季，气候温和、炎热，当少用；清鲜味浓的蔬菜、水产、海鲜当少用，而牛、羊肉等腥膻味重的原料可以多用。

2. 花椒

花椒又叫“椒”“大椒”“川椒”“秦椒”，是芸香科植物花椒的果皮或果实的干制品。

（1）形态特征

大小如绿豆。常见的花椒有青色、紫色与红色三种，红色味稍浓。

（2）品种和产地

花椒主要分布于秦岭以南地区，以云南、贵州、四川为最多。著名品种有四川的茂县花椒、陕西的韩城大红袍花椒。

（3）烹饪运用

花椒的调味作用有两个方面。一是花椒的麻味，这在我国西南地区的菜肴中使用较多；二是花椒的香味，在江浙一带菜肴中使用的主要是花椒的香气。花椒在菜肴中应用十分广泛，在腌渍、加热及最后的补充调味中都有使用。可以起到去腥、增香、杀菌、开胃的作用。

（4）常见的花椒味调味料

一是花椒盐。将盐炒热，再加入花椒或花椒粉炒拌均匀。如用整粒花椒则要研碎后再用。花椒盐香气浓郁，但麻味较淡，通常用于凉拌菜或在油炸菜中作调味碟，如香酥鸡。二是葱椒盐。将葱末同花椒盐拌匀。葱椒盐的生葱比花椒的香气要重些，通常用于凉拌菜中，如葱椒鸡丝。三是花椒油。先把植物油烧热，再把花椒放入浸制而成。花椒油香气重，麻味也很重，是菜肴中首选的麻味调料。花椒油常用于小吃当中。

除上述这些调味品外，花椒也常与其他调味料配合使用。与辣椒配合调制而成的就是麻辣味调料，在著名的“怪味”中，花椒也是不可缺少的一味。

3. 胡椒

胡椒又名大川，是胡椒科植物胡椒的果实。

（1）品种和产地

胡椒有黑胡椒、白胡椒之分。黑胡椒是在果穗基部的果实开始变红时，剪下果穗，用沸水浸泡至皮发黑，晒干或烘干而成；白胡椒是在果实已经全部变红时采集，用水浸渍数天，擦去外皮晒干而成，表面成灰白色。胡椒主要分部在热带、亚热带地区，东南亚盛产，我国的西南及华南地区也有出产。

（2）质量标准

黑胡椒以粒大、色黑、皮皱、气味强烈者为佳；白胡椒以个大、粒圆、坚实、色白、气味浓烈者为佳。

（3）烹饪运用

在烹调中，用于去腥解腻及调制浓味的肉类菜肴，兼有开胃、增食欲的功效，又能解鱼、蟹类的毒。

4. 芥末

芥末是十字花科植物芥菜的种子干燥后研磨成的一种粉状调味料。

（1）形态特征

芥末颜色上有淡黄、深黄之分。现在常用的芥末有芥末粉、芥末油及芥末酱等。

（2）品种和产地

我国各地均有出产，以河南、安徽产量最大。

（3）质量标准

芥末以油性大、辣味足、香气浓、无异味、无霉变者质量较好。

（4）烹饪运用

芥子和芥末是烹饪中调制芥末味型的重要调味品。颗粒状的芥子可用于制作酸菜或用于色拉的调味。芥末可用于烹饪或加工蛋黄酱、咖喱粉，在烹调中多用于凉菜的制作，如芥末肘子、芥末鸭掌、芥末三丝等，以及面食、小吃的制作，主要起提味、刺激食欲的作用。芥末粉除了辣味外，还稍带有一些苦味。在烹饪中使用时往往需经过一定的加工后，制成香辣可口的芥末糊才能用于调料。芥末糊的制法是：先将芥末粉用温开水和醋调拌，再加入植物油和糖拌匀（糖、醋在这里有减少和去除苦味的作用，植物油可起到使芥末糊色泽光润的作用）。然后，静置几个小时，使味与味之间相互渗透，以便使苦味消除，成为香辣而又无苦味的芥末糊。如要急用，可将调拌好的芥末糊放在蒸笼内或是炉旁略为加热几分钟，这时就会有一种强烈的刺鼻气味和上口极辣的现象产生，达到这样效果时的粉末糊就可用于调味了。

5. 咖喱粉

咖喱粉是由 20 多种香辛调料制成的一种辛辣微甜，呈黄色或黄褐色的粉状调味料。

（1）品种和产地

咖喱粉原产于印度，现在各地均有生产。咖喱粉的主要配料有胡椒、生姜、辣椒、辣根、肉桂、肉豆蔻、茴香、芫荽子、甘草、橘皮、姜黄等。将各种香辛料干燥粉碎后混合，或焙炒，然后贮放待其成熟。

（2）质量标准

咖喱粉的质量以色泽深黄、粉质细腻、无结块、无杂质、无异味者为佳。

（3）烹饪运用

咖喱粉在烹调中多用于焖、炒菜，有提辣增香、去腥解腻、增进食欲的作用。东南亚一带使用较广。在实际使用时，咖喱粉常与植物油、姜、葱调制成咖喱油，这样既可直接下锅煸炒，又可用来凉拌菜肴。常见的菜肴有“咖喱焖鸡”“咖喱炒虾球”“星洲炒米粉”等。

五、鲜味调味料

（一）概述

鲜味是食品的一种复杂的美味感，鲜味在烹饪中不能独立存在，需要在咸味的基础上发挥作用。当酸、甜、苦、咸四味在质地协调时，就感觉到可口的鲜味，故鲜味是综合性味觉。鲜味的呈味物质有核苷酸、氨基酸、酰胺、肽、琥珀酸等类物质。

鲜味调料又称鲜味剂，是指用来增加菜点鲜味的各种物质。目前在烹饪中使用的鲜味调料主要是味精，此外还有传统的鲜味调料蚝油、鱼露、虾油、菌油、虾籽等。

鲜味调料在烹饪中主要起增加菜点鲜美味道的作用。在烹调中使用鲜味调料时应注意掌握用量，不能太多而压制了菜点的主味和原料的本味。

（二）主要种类

1. 味精

味精又称“味素”，是从大豆、小麦面筋或含蛋白质较多的物质中提取的，味精主要的呈味成分为谷氨酸钠，此外还含有食盐及矿物质等。

（1）形态特征

味精为八面柱状晶体，不溶于乙醇，易溶于水，用水稀释至3000倍，还能感觉到鲜味。在弱酸或中性溶液中，鲜味可充分发挥，但在碱性溶液中则生成谷氨酸二钠而失去鲜味。从外形来看，味精有液态、粉状与结晶状三种。味精中谷氨酸钠的含量不是一致的，有99%、98%、95%、90%、80%五种，其中99%的颗粒状味精与80%的粉末状味精是常用的商品味精。味精易溶于水，吸湿性强。

（2）质量标准

优质味精洁白光亮，含谷氨酸钠90%以上的味精呈柱状晶粒，含谷氨酸钠80%～90%的味精呈粉末状，无杂质及霉迹；品尝时味道极鲜，具有鲜咸肉的美味，略有咸味（含氯化钠的），无其他异味。

（3）烹饪运用

味精具有强烈的鲜味，但在使用时必须与咸味料配合使用才能体现出鲜味。在使用时，投放味精的时间、温度、浓度都应注意，最适宜的使用浓度为0.2%～0.5%，亦不宜在120℃以上的高温中烹煮，因而引起失水变成焦谷氨酸钠。焦谷氨酸钠有毒性，对人体健康不利。最适宜的溶解温度为70～90℃，最适宜的投放时间应在菜肴快要成熟出锅之前。菜肴的制法不同，味精的使用方法也会有些区别，冷菜中味精的用量比热菜中的用量要大，加味精的时间也要早些；麻辣、酸甜及甜味过重的菜肴通常不宜添加味精，因为这些味道会将味精的鲜味掩盖下去；油炸、烧等方法烹制的菜肴中，应不用或少用味精，以免味精在过高的温度下性质改变，产生一些有毒物质。味精进入的胃之后，与胃酸作用生成谷氨酸，被消化吸收后，构成人体组织的蛋白质，并参与体内多种代谢过程，故有较高的营养价值。

味精的种类及特点

在味精的基础上，目前已经生产出特鲜味精、鸡精、复合味精、营养强化型味精和微胶囊味精等产品。扫描二维码查看。

2. 蚝油

蚝油是以牡蛎科动物蚝加工蚝豉所得的汁液，经浓缩后，加入糖、盐和防腐剂等制成的鲜味调味品，也有直接以蚝肉酶解所得的原汁液复制而成，有浓郁的鲜味，兼含有人体所必需的缬氨酸、亮氨酸和赖氨酸等氨基酸，为一种营养价值较高的调味品，是我国闽、粤一带的特产调味料。

（1）品类与特产

因加工技法的不同，蚝油有原汁蚝油和精制蚝油之分。前者又有两种：一种是用加工蚝豉煮牡蛎的汤加工浓缩后制成；另一种是用鲜蚝肉捣碎研细后取汁熬成。近年来出现了直接将牡蛎肉用酶水解制得的产品。原汁蚝油经改色、增稠、增鲜等处理后，即为精制蚝油。根据调味的不同，蚝油又可分为淡味蚝油和咸味蚝油两种。名产有三井蚝油、沙井蚝油、李锦记蚝油等。

（2）质量标准

蚝油以色泽棕黑、汁稠滋润、鲜香浓郁、无异味、无杂质者为佳。

（3）烹饪运用

蚝油在烹调中可作鲜味调料和调色料使用，具有提鲜、赋咸、增香、补色等作用，适用于炒、烩、烧、扒、煮、炖等多种技法，运用范围十分广泛。用其调味的名菜品种丰富多彩。广帮菜肴中形成一种风味独特的蚝油菜式，菜品很多，如“蚝油牛肉”“蚝油乳鸽”“蚝油豆腐”“蚝油扒广肚”“蚝油网鲍片”“蚝油鸭掌”等。再如谭家菜“蚝油鲍脯”、广西名菜“蚝油柚皮鸭”等，各具特色。

蚝油在菜品中的具体应用主要有以下几方面。

①在冷菜和点心主食中的应用。主要以拌料和蘸食料的形式出现。如“蚝油拌面”“蚝油拌三丝”，潮州的“白切鸡”“萝卜糕”以蚝油为味碟用于蘸食。

②在畜肉类原料中的应用。如“蚝油牛肉”，牛肉顶刀切片，致嫩处理后，上浆划油，调以蚝油，滑炒而成，成菜爽滑可口，鲜醇甘腴；煮肉作汤，略加蚝油，汤则更鲜，味则更醇。

③在禽蛋类原料中的应用。如“蚝油手撕鸡”“蚝油焖蛋”等。

④在水产类原料中的应用。如“蚝油焗青蟹”等。

⑤在蔬菜类原料中的应用。可弥补蔬菜原料的一些自身不足。用于菜心、菜薹、食用菌及豆制品中，尤可显示鲜美风味。如“蚝油生菜”“蚝油菜胆”“蚝油百叶结”等。

蚝油使用颇有讲究。由于味的相消作用的影响，蚝油在实际使用中，忌与辛辣调料、醋、糖共用，此类调味品会掩盖蚝油的鲜味，有损蚝油的特色风味。蚝油若在锅里久煮会失去鲜味，并使蚝香味逃逸。一般是在菜肴即将出锅前或出锅后趁热立即加入蚝油调味为宜，若不加热调味，则呈味效果将稍有逊色。

3. 鱼露

鱼露又称鱼酱油，或水产酱油、虾油、虾卤油、化学鱼酱油、鱼汤（胶东）、鲶汁（京族）。是以鳀鱼、虾、贝及其他海产小杂鱼如鲲鱼、三角鱼、小带鱼、马面鲀或鱼类下脚料等为原料，用盐或盐水腌渍，经长期发酵分解，取其汁液滤清后，加热杀菌而成的一种鲜味液态调味料。

（1）加工与产地

鱼露的生产一般有酶解法、酸解法、煮制法三种。其制作因地区和习惯的不同，大致也可分为两种：第一种是在整条鱼或鱼体的一部分中加入食盐，使其发酵分解后制成鱼露；第二种是在鱼的煮汤和煎汁或提取液中加入适量的食盐而制成的鱼露。各地的加工方法各有特色，基本上为将原料腌制，经蛋白酶等酶类及耐盐细菌发酵，使鱼体蛋白质水解，经晒炼溶化、过滤，再晒炼，去除鱼腥味，再过滤，加热灭菌而成。整个周期至少一年，有的可达三年以上。

我国鱼露主要产于福建、广东、浙江和广西等东南沿海地区，尤以福州市所产的鱼露最为有名。东南亚许多国家均有生产，且形成了许多名产。

（2）质量标准

鱼露以透明澄清、气香味浓、不混浊、不发黑、无异味、橙黄色、棕红色或琥珀色为上品。如呈乳状混浊即属次品。

（3）烹饪运用

鱼露的烹调运用与酱油相似，主要用于菜肴调味，可赋咸、起鲜、增香、调色。其含有多种呈鲜味的氨基酸成分，味极其鲜美，风味与普通酱油显著不同，营养价值亦比普通酱油高，是某些高档菜式的理想调味料。适用于煎、炒、蒸、炖等多种技法，尤宜调拌，或作蘸料，也可兑制鲜汤和用作煮面条的汤料，有特殊风味。既可用于汤类、鱼贝类、畜肉、蔬菜等菜肴的调味，又可用作烤肉、烤鱼串、烤鸡的佐料。民间常用其腌制鸡、鸭、肉类，制品风味独特。

烹调实例：鱼露浸肉

将750g猪腿肉洗净、煮熟，放入容器内，加入鱼露175g，上等黄酒100g，用保鲜膜封口，气温高时置于保鲜冰柜内，12小时翻个身，再浸12小时，至全部浸透即可切片供食。肉味、鱼香味交融，鲜香适口，浸制时不宜超过24小时，否则鱼味盖过肉味，效果欠佳。

4. 腐乳

（1）形态特征

腐乳多为方形，颜色有红、白、青三大类。醇香浓郁，咸鲜适口。

（2）品种和产地

腐乳是我国著名的发酵食品，生产的历史很悠久，千年相传至今，品种相当丰富，尤以江苏的苏州、无锡，浙江的绍兴及广东、广西、四川、湖南等所产最为出名。在制作时添加红曲的红腐乳称红方，又称酱腐乳、酱豆腐、红豆腐、红酱豆等；添加糟米的豆腐乳称糟方，又称糟腐乳、糟乳腐、香糟豆腐等；添加黄酒的腐乳称为醉方；添加玫瑰的称为玫瑰红乳腐；添加火腿的称为火腿乳腐；还有不添加酒料，成熟后具有刺激食欲的臭气，表面色青的青方，也称臭腐乳，如北京著名的“王致和臭豆腐”。广东地区将红腐乳称为“南乳”。另外还有小白方、棋子腐乳等。

（3）烹饪运用

腐乳鲜香味美，在烹调中可用作鲜咸味的调味料，不同的腐乳在使用时的效果也不相同。①红方腐乳。色泽艳红，香气浓郁，鲜咸味美。制作红方腐乳的汁称为“南乳汁”，烹调中可用在烧、炝、炒等菜肴中，如南“乳汁烧肉”“腐乳炝虾”“南乳扣肉”等。也可用在席间作调味碟。②青方腐乳，又叫臭豆腐，通常用作小菜。在淮扬风味中，还用做臭豆腐的臭卤来作调味料，烹制出的菜肴香气浓郁，俗称“生臭熟香”。一般用在烧鱼、芦（蒌）蒿炒肉丝等菜肴中。

5. 虾油

虾油是将海虾经过盐渍、酶解发酵、加盐卤、抽油等生产工艺制成的一种液体状调味料。

（1）成分与特点

虾油含有鲜虾浸出物中的各种呈味成分，以及酶解发酵产生的多肽和氨基酸等多种呈味成分，味道鲜咸，并具有虾油特有的香气。

（2）烹饪运用

虾油是虾油渍菜的主要原料，沿海地区也常用作鲜味调料，主要起提鲜和味、增香压异的作用。烹调中一般用于汤菜调味，也可用于烧菜或拌菜等。

六、香味调味料

（一）概述

香味调味料是指含有各种挥发性香气成分、主要用来调配菜肴的香味的原料。

人的“嗅觉”是指挥发性物质的气流刺激鼻腔内嗅觉神经（嗅觉细胞）所产生的刺激感。嗅觉部位位于鼻黏膜的深处最上部，称为“嗅膜”（嗅上皮）。

人对食品中香气的感知也是通过存在于鼻腔上端的嗅上皮中的嗅觉细胞来实现的。嗅觉细胞呈杆状，其远端伸出五六根嗅毛；另一端变细，成为无髓鞘神经纤维，穿过筛板到达嗅球。嗅细胞起着感受和传导的双重作用，既是感受器细胞又是神经节细胞。当人呼吸时，空气中的气味分子（挥发性分子）就通过外鼻孔进入鼻腔并经过嗅膜表面，被溶解于嗅腺分泌液中；这些气味分子借化学作用刺激嗅觉细胞，并被嗅觉细胞的嗅纤毛感知、形成冲动，通过嗅觉细胞将其感知信号传达到嗅球，由嗅球发出神经纤维，到达嗅觉中枢，从而识别气味，对气味作出综合判断和鉴别。

调香料中所含有的一些具有挥发性的物质，包括醇、酮、酚、醛、酯、萜、烃类等，这些挥发性物质是调香料香气产生的主要来源，也是起调香作用的主要成分。

调香料在烹饪中运用已经有悠久的历史，在《周礼》《礼记》《庄子》《吕氏春秋》等先秦文献中已有香料运用的记载。在秦汉以后，开发了一些新的香料种类，又从国外引进了荜茇、香叶、迷迭香、莳萝等，使香料的种类更加丰富。

香料在烹饪中的运用广泛，而且为许多风味特色的菜肴不可缺少的，具有去除各种烹饪原料所含的异味，赋予食品香味，杀菌消毒和增进食欲等方面的作用。

在烹饪中运用的调香料现已达120余种（不包括食用香精），大致可分为芳香料、苦香料和酒香料三大类。

（二）主要种类

1. 八角

八角又名大料、大茴香、八角茴香，是木兰科植物八角茴香（*Illicium verum*）的果实。

（1）形态特征

八角由6～13个小果集成聚合果，放射状排列，中轴下有一钩状弯曲的果柄。八角香气的主要成分是茴香醚，此外还有茴香酮、茴香醛、胡椒酚、茴香酸等。

（2）品种和产地

原产于中国，最早野生在广西的西部山区，国人栽培和利用已有四五百年历史。现除我国有栽培外，越南等地亦有栽培。喜生于气候温暖、潮湿、土壤疏松的山地上。

（3）质量标准

每年第一次开花所结的果实称为“春八角”，第二次开花结的果实称为“秋八角”。秋八角肥壮饱满，皮红色，气味浓郁，品质较好。八角以个大均匀，色泽棕红，鲜艳有光，香气浓郁，完整干燥，果实饱满，无霉烂杂质者为佳。在鉴别八角时要防止假八角混入，假八角又叫莽草果，果瘦小，尖端弯曲明显，闻着有樟脑或松枝味，用舌舔有刺激性酸味，毒性较大。真八角舔之有甜味。

（4）烹饪运用

八角在使用时适于烧、卤、酱、炸等方法烹制的菜肴，使用方法主要是腌渍与菜肴一同加热烧煮，是许多香味调料的重要原料，“五香粉”“八大料”“五香米粉”等都少不了它。此外还可以用在食品行业中，制作各种果酒、饮料、糖果等。

2. 茴香

茴香又叫小茴香、谷茴香等，是伞形科植物茴香（*Foeniculum vulgare*）的果实。每年9～10月成熟。

（1）形态特征

小茴香果实干燥呈柱形，两端稍尖，外表呈黄绿色。它的主要成分是茴香醚、小茴香酮。

（2）品种和产地

主要产于山西、甘肃、辽宁、内蒙古等地。

（3）质量标准

茴香的质量以颗粒均匀，干燥饱满，色泽黄绿，气味香浓，无杂质为佳。

（4）烹饪运用

茴香的烹饪中多用于酱、烧、卤以及火锅有香料，也可以用于面食的调味。在使用时，茴香要用纱布包裹起来，以免细碎颗粒沾在原料上，影响菜肴的观感。

3. 孜然

孜然又名安息茴香、藏茴香，是伞形科植物安息茴香（*Cuminum cyminum*）的果实，“孜然”是维吾尔语的译音。

（1）形态特征

孜然形似小茴香，一端稍尖，呈黄绿色薮暗褐色。有独特的薄荷味和水果香味，略带苦辣。

（2）产地与运用

孜然主要产于新疆南部。孜然在烹调中可以去除异味，增加香味，尤其能解羊肉的膻味，多用于羊肉菜肴的制作，在我国北方地区使用较多，如烤羊肉串、孜然羊肉等。孜然在使用时通常是先加工成粉末状后再使用，用量不宜太多，以免掩盖其他味道。

4. 桂皮

桂皮是用樟科植物肉桂（*Cinnamomum cassia*）的树皮，经干燥后制成的卷曲状圆形或半圆形调香科。广义的“桂皮”还包括天竺桂（*C. japonicum*）、细叶香桂（*C. chingii*）、川桂（*C. wilsonii*）、阴香（*C. burmannii*）等的树皮，其中每一种原植物的桂皮又分为多种商品类型。

（1）品种和产地

桂皮的种类很多，总体上可分为肉桂和菌桂两种。肉桂也叫玉桂；菌桂也称宫桂或柴桂。按产地大致可分为：①天竺桂，又名山桂或月桂，主要产于广东、四川、湖南、湖北地区，以湖北产量较多，其色呈棕黑，伴有灰白色花纹；②阴香桂，又名胶桂，主要产于两广及福建等地，以广西产量较多，其色外皮呈黑褐色，内表为黑棕色间有黄棕色斑纹；③香桂，又名细叶香桂，主要产于江西、浙江、安徽等地，以江西产量最多，其外表有细皱纹，伴有起横纹及灰色花斑纹；④川桂，又名柴桂，主要产于川贵、两广、两湖及云南等地，以贵州产量最多。外表呈灰棕色，内表皮为红棕色。

（2）质量标准

桂皮的质量以皮细肉厚，表面灰棕色，内面暗红棕色，油性大，香气浓，无虫蛀，无霉烂者为佳。

（3）烹饪运用

桂皮在烹饪中主要用于增香，多用于调制卤汤、腌制食品及制作卤菜。

5. 陈皮

陈皮又称橘皮，为芸香科植物福橘（*Citrus tangerina*）、朱橘（*C. erythrosa*）等多种橘类的果皮，或柑类、甜橙（*C. sinensis*）的果皮，经干制而成。以福橘和朱橘为原料加工者为多。

（1）品种和产地

分布于浙江、江西、福建等地。现各地均有栽培。多在培育低山地带及江河沿岸。广东出产的陈皮，以新会冻柑的果皮为佳，目前市售的陈皮，多为茶枝柑的果皮。

（2）质量标准

陈皮的质量以皮薄、片大、色红、油润、干燥无霉、香气浓郁者为佳。贮藏时宜置于通风干燥处，以防止霉变。

（3）烹饪运用

陈皮味苦而芳香，烹调中多用于炖、烧、炸等动物性原料制作的菜肴，起压制异味，增加香味的作用，代表性菜肴有：陈皮牛肉、陈皮鸡丁 、陈皮鸭、陈皮骨等。因陈皮有苦味，在使用时要注意用量不宜太多，以免影响菜肴的正味。

6. 茶叶

茶叶为山茶科山茶属植物茶树（*Camellia sinensis*）的叶子。我国是茶叶的故乡、产茶的大国。

（1）品种和产地

茶叶的品种非常多。从形状上来看，有条茶、片茶、珠茶、砖茶等；从制作工艺上来看，有绿茶、经过发酵的红茶、半发酵的乌龙茶等。著名的品种有如下几类。①龙井。产于浙江杭州，是绿茶中的名品。历史上的龙井有“狮、龙、云、虎”四个品类之别，1949 年后，归并为“狮、龙、梅”三个品类，以“狮峰”龙井为珍。清明前采芽制成的明前茶质量最好，是龙井茶中的极品。②武夷岩茶。这是工夫茶的始祖，乌龙茶中最负盛名的品种。属半发酵茶，有鲜花或焦糖香气。③蒙顶茶。蒙顶茶产于四川名山区蒙山。其茶叶细而长，味甘而清，色黄而碧，酌杯中香云蒙覆其上，凝结不散，时人谓之仙茶。它的产量较少，过去是专供皇室之用的贡茶。④普洱茶。产于云南，属于砖茶。形状各不相同，有形发小碗的砣茶、形如方块的方茶、形如心脏的紧茶、形如圆月的饼茶、形如乒乓球的球茶、大如小西瓜的团茶等。以砣茶最佳。⑤祁门红茶。简称祁红，产于安徽祁门、黟县等地，是红茶中的名品。

（2）烹饪运用

茶花叶在烹调中的应用不是很广，它的作用是给菜肴增加一些茶香，因其特有的苦味还可以带给菜肴一种很清新的口感。主要用于熏、烧、炒、炸、卤等方法烹制的菜肴中。如茶香虾、樟茶鸭子、龙井虾仁、香炸云雾、茶叶蛋等。

7. 黄酒

黄酒是我国的特产，是我国也是世界上最古老的饮料酒之一。黄酒的味道浓香醇厚，颜色由淡黄到深褐色不等。在菜肴中用黄酒来去腥增香也是中国烹饪的一大特点。黄酒中主要的香气成分是酯类、醇类、酸类、酚类、羰基化合物等。

（1）品种和产地

我国黄酒以浙江绍兴所产最为著名，因此地，黄酒也是被称为绍酒。事实上，我国黄酒好的品种也不少，大体上可分为南北两大类型，南方黄酒以糯米为原料，而北方黄酒以黍米为原料，它们在酿酒工艺上也不相同。较为著名的品种有以下几种。①绍兴酒。绍兴酒是我国黄酒中历史悠久的名酒，以产于浙江绍兴而得名，简称“绍酒”。因以鉴湖水为酿造用水，又名“鉴湖名酒”。由于陈年老酒的品质量好，当地人们习惯称它为“老酒”。绍兴酒长期以来被用作烹调中的调料酒，是我国南方使用最多的调料酒。江南地区的“酒煮肉”则完全用绍兴酒代水烹制而成。绍兴酒品种丰富多彩，有元红酒、加饭酒、加饭酒、善酿酒、鲜酿酒、香雪酒、花雕酒、女儿红等。②沉缸酒。产于福建龙岩，呈鲜艳透明的红褐色，有光泽，香气醇郁芬芳，人口酒味醇厚，主要用来饮用。③即墨老酒。产于山东即墨，是久负盛名的北方黍米黄酒。即墨老酒色泽黑褐中带紫红，晶明透亮、浓厚挂碗，有焦糜的特殊香气，饮时香馥醇和、甘甜爽口，饮后微苦而有余香回味，风味特殊。酒精度为 12° ，是一种甜型黄酒。即墨老酒除了饮用与作调料外，中医也常用来作药引或配制药剂。④丹阳封缸酒。产于江苏丹阳，丹阳是黄酒的著名产地之一，封缸酒是丹阳黄酒中最优良的品种。酒液琥珀色至棕色而明亮，香气醇浓、口味鲜甜，是我国江南糯米黄酒中草药风味独特、别具一格的浓甜型黄酒，其中糖分在 20% 以上。⑤珍珠红。产于广东兴宁，是广东省的优质酒。酒液呈深红褐色，艳丽明亮有光泽，酒气芳馥温雅，酒味浓甜如蜜，酒质醇和，是浓甜型黄酒。

（2）烹饪运用

黄酒在菜肴中应用很广泛，在原料腌制和码味时要用着它， 在菜肴的烹制时也需要它。它既可以增香去腥，还有一定的杀菌消毒作用。黄酒的用量要适度，以吃不出苦头和酒味为宜。

8. 其他香味调味料

其他香味调味料的品种及特点扫描二维码查看。

其他香味调味料

本章小结

调味原料用量虽然不多，但对菜点的色、香、味、质等方面起着至关重要的调节作用，是烹调过程中不可缺少的原料。通过本章的学习，应该重点掌握各类调味原料的性质特点和烹饪运用的特点，合理、准确、安全地选择和使用调味原料。

课堂讨论

1. 各类调味料在烹调过程中的运用规律。
2. 如何选购调味料？

复习思考题

1. 什么是调味料？如何分类？
2. 简述食盐在烹饪中的作用。
3. 简述各种甜味剂的特点及在烹饪中的使用。
4. 简述各种酸味剂的特点及在烹饪中的使用。
5. 麻辣味调味品主要有哪些？烹饪运用中应注意何问题？
6. 味精有什么特点？使用时应该注意什么问题？
7. 列举常用调香料的名称及在烹饪中的运用。
8. 掌握下列调料的烹饪运用方法：豆豉，蚝油，鱼露，虾油，腐乳。

第十一章　辅助原料

本章内容： 1. 食用油脂

2. 烹调添加剂

教学时间： 4 课时

教学目的： 使学生掌握食用油脂的主要种类和特点，并根据特点正确地选择和运用食用油脂。使学生掌握各类烹调添加剂的性质及作用，并能根据菜品的要求及卫生要求正确地运用添加剂

教学方式： 老师课堂讲授与学生讨论相结合，并通过实验验证理论教学

辅助原料又称佐助原料，是指烹饪原料中既不作为菜点的主、配料，也不起调味作用（或不是主要用于调味）的部分。主要包括食用油脂、烹调用水、烹调添加剂、芡粉等。这类原料不构成菜点的主要实体，但却对菜点的成熟、成型、着色、质感等方面起着至关重要的作用，是烹调过程中不可缺少的原料。

第一节　食用油脂

一、概述

（一）食用油脂的概念

食用油脂是指来源于生物体内可供人类烹饪运用的脂肪。习惯上将常温下为液态的称为油，在常温下呈固态的称为脂。实际上这两者之间并无严格的界限，常统称为油脂。

（二）食用油脂的分类

食用油脂按来源可分为植物油脂、动物油脂、再造油脂。

1. 植物油脂

这类油脂主要从植物的种子中提取得来，通常呈液体状态。主要包括豆油、菜籽油、花生油、棉籽油、玉米油、椰子油、芝麻油等。

2. 动物油脂

这类油脂主要从动物的脂肪组织中提取得来，一般呈固态或半固态。主要包括猪脂、牛脂、鸡油、鸭油、奶油、鱼油等。

3. 再造油脂

这类油脂是根据食品加工的需要，以各种天然动、植物油脂为原料，经精炼、氢化、酸化等方法加工处理后制成的油脂。主要包括人造奶油、氢化油、起酥油、酸奶油、代可可脂等。

（三）食用油脂的成分

食用油脂的主要成分是由多种脂肪酸形成的甘油三酯，此外还含有少量游离脂肪酸、磷脂、甾醇、色素和维生素等。

1. 甘油酯

食用油脂的主要成分为甘油酯，其中除少量甘油一酯和甘油二酯外，主要是甘油三酯。构成甘油三酯的三个脂肪酸若相同，则称为单纯甘油酯；三个脂肪酸若不相同，则称为混合甘油酯。在天然食用油脂中绝大多数为混合甘油酯。

2. 脂肪酸

油脂中含有一部分以游离状态存在的脂肪酸。脂肪酸按其分子中有无双键可分为饱和脂肪酸和不饱和脂肪酸两类。食用油脂中的饱和脂肪酸主要有软脂酸（如猪油中）、硬脂酸（如牛、羊油中）和月桂酸（如椰子油中）等；不饱和脂肪酸主要有油酸、亚油酸、亚麻酸、花生四烯酸等。其中的亚油酸因在人体内不能合成，而必须从食物中获得，被称为必需脂肪酸。

3. 磷脂

磷脂是由一分子甘油与二分子脂肪酸及一分子磷酸形成的化合物，主要有卵磷脂、脑磷脂、神经鞘磷脂等。其中卵磷脂是良好的乳化剂，在烹饪中运用较广。

4. 色素

纯净的油脂是无色的，但各种粗制油中因溶解有一些脂溶性色素而呈现不同的颜色，如绿色的叶绿素、黄色的叶黄素、橙色的胡萝卜素、橘红色的叶红素、棕色的棉酚等。

5. 维生素

食用油脂中含有的维生素为脂溶性维生素，包括维生素 A、维生素 D、维生素 E、维生素 K 等。在植物油脂中维生素 E 较多，维生素 A、维生素 D 和维生素 K 较少；在动物性油脂中则维生素 A、维生素 D、维生素 K 较多，维生素 E 较少。

（四）食用油脂在烹饪中的作用

1. 导热作用

食用油脂的“沸点”高，传热速度快，加热后易得到相对稳定的温度，是烹饪中良好的传热介质。在加热过程中，油温上升快，上升的幅度也较大，若停止加热或减小火力，其温度下降也较迅速，这样就便于烹饪过程中火候的控制和调节，并适于多种烹调技法的运用。此外，食用油能在加热后能储存较多的热量，在煎、炸、炒时，能将较多的热量迅速而均匀地传给食物，这是用油加工烹制菜点能迅速成熟的原因。用油脂烹调，有利于菜点色、香、味、形、质等达到所要求的最佳品质。

2. 调色、赋香作用

大多数食用油脂都有一定的色泽，在烹调过程中，其中一些脂溶性色素部分粘连、吸附在被烹制食物的表面使其着色。煎炸食品表层的金黄色或黄红色，是在高温油脂导热情况下，食物中所含的羰基化合物（如糖类）与含氨基化合物（如蛋白质）发生化学反应而变化的结果。烹饪中有时也利用油脂与一些富含脂溶性色素的原料共同加热熬炼，使得这些原料中的色素被部分溶解出来，均匀地分布于油脂中，成为色泽鲜艳的油脂，如辣椒油、咖喱油等，用于拌制菜肴或在菜肴出锅前或出锅后淋浇在菜肴上，以增加菜肴的色泽。此外，食用油脂本身光亮滋润，也能使菜肴增加一定光泽。

经食用油脂烹调的菜点，其香气都很浓郁，食用时更觉香气扑鼻，这是由于食用油脂具有赋香作用。首先，油脂在加热后会产生游离的脂肪酸和具有挥发性的醛类、酮类等化合物，从而使菜肴具有特殊香味；其次，原料中的碳水化合物和蛋白质在油脂的高温作用下，产生各种香气物质，使食品的香气更为突出。另外，食用油脂还是芳香物质的溶剂，甘油对亲水性呈味物质具有较多的亲和能力，脂肪酸也具有对疏水性香味物质的亲和能力。因此，食用油脂可将加热形成的芳香物质由挥发性的游离态转变为结合态，使菜点的香气和味道变得更加柔和协调。在烹饪中，常将一些香辛料与油脂一同熬炼成香气强烈的调香油脂，例如将花椒、五香面、丁香、葱等香料与植物油一同熬炼后，分别形成各具一格的花椒油、五香油、丁香油等，都各自具有强烈的芳香，尤其适用于冷菜及某些面点、小吃中使用，以达到增香、调香的效果。在使用上述这些调香油脂时，要注意尽可能避免在高温和加热时间较长的情况下使用，否则香气会逐渐挥发，减弱了应有的呈香效果。如果是在热菜中添加这些调香用的油脂，在临出锅前或装盘后淋浇在上面即可。此外，芝麻油也是烹饪中常用的一种调香油脂。在炒、熘、爆、蒸、拌类菜肴以及一些面点的制作中，常使用芝麻油以起到增香、调香的作用。

3. 滋润作用

食用油脂在菜点烹调过程中常作为润滑剂而广泛应用。例如在烹调菜肴时，原料下锅一般都需要少量的油脂滑锅，防止原料粘锅和原料之间相互粘连，保证菜肴质量；上浆的原料在下锅前加些油，可利于原料在滑油时容易散开，便于成型；在面包制作中，常加入适当的油脂降低面团的黏性，便于加工操作，并增加面包制品表面的光洁度、口感和营养；在面点加工中，对使用容器、模具、用具，为防止粘连，在其表面都需涂抹一层油脂。

4. 起酥作用

食用油脂是一些点心制作不可缺少的主要原料，如以油酥面团制作的点心，必须掺入一定比例的油脂，按一定的操作程序和要求进行操作加工，才能使制品起酥并层次清晰，达到应有的质量标准。这是因为食用油脂具有一定黏性和表面的胀力，当面粉内掺入油脂，面粉颗粒就被油脂包围而粘连在一起，但因油脂的表面张力强，不易化开，须经过反复搓擦，才能扩大油脂与面粉颗粒的接触，增强油脂的黏性，从而与面粉结合成面团。酥面仅依靠油脂的黏性使之结合起来，所以比较黏散，形成了与实面不同的性质，即起酥性。

5. 乳化作用

油水互不相溶，但借助于磷脂一类表面活性物质，可以在一定条件下，将油脂以极细小油滴形式稳定地悬浮在汤液中，形成烹饪中很受欢迎的“奶汤”。

（五）食用油脂的品质检验

食用油脂的质量主要从气味、滋味、颜色、透明度、水分、沉淀物等诸方面进行鉴别。

1. 气味

各种植物油脂都具有各自特有气味，可通过嗅觉来辨别是否正常。一般方法有下列几种：一是在盛鉴装油脂的容器开口的瞬间用鼻子挨近容器口，闻其气味；二是取一二滴油样放在手掌或手背上，双手全拢快速摩擦至发热闻其气味；三是用钢制勺取油样25g左右，加热到50℃上下闻其气味。

2. 滋味

每种油脂都具有固有的独特滋味，通过滋味的鉴别可以知道油脂的种类、品质的好坏、酸败的程度、能否正常食用等。质量好的油脂则没有异味，不正常的变质油脂会带有酸、苦、辛辣等滋味。

3. 色泽

每种油脂都有其固有的色泽。根据这一点可以鉴别油脂是否具有该种油脂的正常色泽。按油脂组成成分而言，纯净的油脂是无色透明、常温下略带黏性的液体。但因油料本身有各种色素，在加工过程中这些色素溶解在油脂中而使油脂具有颜色。油脂色泽的深浅，主要取决于油料所含脂溶性色素的含量、油料籽粒品质的好坏、加工方法、精炼程度及油脂储藏过程中的变化等。从感官上看，正常植物油的色泽，除小磨香油允许微浊外，其他种类的油脂要求色泽清淡，清亮透明，无沉淀，无悬浮物。国家标准规定色泽越浅，质量越好。

4. 透明度

品质正常的油脂应该是完全透明的，如果油脂中含有碱脂、类脂、蜡质并且含水量较大时，就会出现混浊，使透明度降低，一般用插油管将油吸出用肉眼即可判断透明度，分出清晰透明、微浊、混浊、极浊、有无悬浮物、悬浮物多少等。

5. 沉淀物

油脂在加工过程中混入的机械杂质（如泥沙、料坯粉末、纤维等）和碱脂、蛋白质、脂肪酸黏液、树脂、固醇等非油脂的物质，在一定条件下沉入油脂的下层，称为沉淀物。品质优良的油脂，应没有沉淀物，一般用玻璃管插入底部把油脂吸出，即可看出有无沉淀物或沉淀物多少。

二、食用油脂的主要种类

（一）菜油

菜油又称菜籽油，是用油菜（*Brassica campestris*）和芥菜（*Brassica juncea*）

等菜籽加工榨出的植物油脂。菜油主要产于长江流域及西南、西北地区，产量居世界首位，是我国主要的食用油之一。

1. 形态特征

菜油呈深黄色，其粗制者为深褐色，精制者呈金黄色。具有菜籽的特殊气味，略带辣味。

2. 质量标准

其质量以色泽黄亮，气味芳香，油液清澈不混浊，无异味者为佳。

3. 烹饪运用

菜油烹调运用广泛，在炒、爆、炝、炸、煎、贴、熘及炸等方法制作的菜点中常用作辅料；并用于干料涨发、半成品（如肉丸、酥肉等）的加工。由于菜油色泽黄亮，故在制作白色菜点时不宜使用，以影响色泽。

（二）大豆油

大豆油又称豆油，是从大豆（*Glycine max*）中压榨出来的植物油脂。主要产于我国东北地区，是我国北方的主要食用油脂之一。

1. 形态特征

豆油根据加工方法不同分为冷压豆油和热压豆油两种。冷压豆油色泽较浅，生豆味淡，出油率低；热压豆油出油率高，但色泽较深，生豆味浓。

2. 质量标准

豆油的品质以色泽淡黄，生豆味淡，油液清亮，不混浊，无异味者为佳。

3. 烹饪运用

豆油的营养价值较高，易被人体吸收，且不易氧化酸败。在烹调中的运用基本同于菜油，由于其色泽较淡，有时可代替猪油制作菜品。

（三）花生油

花生油是用花生（*Arachis hypogaea*）的种子加工榨出的植物油脂。主要产于华东、华北地区。

1. 形态特征

花生油因加工的方法不同可分为冷压花生油和热压花生油两种。冷压花生油颜色浅黄，气味和滋味均好；热压花生油色泽橙黄，有炒花生的香味。熔点较低，夏季是透明液体，冬季则为黄色半固体状态。

2. 质量标准

花生油的品质以透明清亮，色泽浅黄，气味芬芳，无水分杂质，不混浊，无异味者为佳。

3. 烹饪运用

花生油的营养价值较高，容易被人体消化吸收，是较好的食用油脂。烹调运用与菜油基本相同。

（四）葵花子油

葵花子油又称向日葵油，是从向日葵（*Helianthus annuus*）的种子中提取的植物油脂。

1. 形态特征

葵花子油未精炼时呈黄而透明的琥珀色，精炼后呈清亮的淡黄色或青黄色。其亚油酸含量高，熔点低。

2. 质量标准

葵花子油的品质以颜色淡，清澈明亮，味道芳香，无酸败异味者为佳。

3. 烹饪运用

葵花子油营养物质含量较多，易被人体吸收，是近年来被人们认识和广泛利用的一种高级营养食用油脂，被誉为“健康油脂”。烹调运用与菜油基本相似。

葵花子油中含天然抗氧化剂较少，加之油中含有微量的加氧酸，稳定性差。因此，葵花子油的贮藏应讲究科学，最好人为添加一些抗氧化剂，以减轻油脂的氧化。另外，没有添加抗氧化剂的葵花子油更要注意贮存时避光、避热等。最好能尽快用完，不要久存。

（五）芝麻油

芝麻油俗称麻油、香油，是以芝麻为原料加工榨出的植物油脂。因有特殊香味，故称香油。主要产于我国河南、湖北两省，产量居世界首位。

1. 形态特征

芝麻油按加工方法可分为冷压麻油、大槽麻油和小磨麻油。冷压麻油无香味，色泽金黄；大槽麻油为土法冷压麻油，用生芝麻制成，香气不浓，不宜生吃；小磨麻油是用传统工艺方法提取的，具有浓郁的特殊香味，呈红褐色。芝麻油的耐贮存性较其他植物油强。

2. 质量标准

芝麻油的品质以色质光亮，香味浓郁，无水分，无杂质，不涩口，不混浊为佳。

3. 烹饪运用

烹调中应遵循“少而香，多则伤”的原则，常用作调香料，主要起去腥、增香、和味及滋润菜品等作用。

（六）橄榄油

橄榄油是将橄榄［*Canarium album*（*lour.*）*Raeusch*］的果实用压榨法预榨，并将压榨的油粕用浸出法提取出的油脂。

1. 形态特征

橄榄油的外观为浅黄色，黏度较小，具有一种特殊的令人愉快的香味和滋味。在较低的温度（10℃左右）时仍然保持着澄清透明。橄榄油中不饱和脂肪酸的含量较高，因此营养价值较高。人体对橄榄油的吸收率约为98.4%，是植物油中吸收率较高的一种油。

2. 烹饪运用

橄榄油是一种理想的烹饪用油。橄榄油只需冷榨便可制得，不经加热消毒，不必添加防腐剂，不需精制即可食用，尤其适合作沙拉等冷拌食品的调味油，营养损失小，又无黄曲霉菌污染的机会，食用安全性高，品位高于豆油、花生油、菜油。由于其稳定性好，不易氧化，耐贮存，甚至在普通情况下贮存几年也不会变味，所以广泛用于加工鱼、肉罐头，以改善质量。适用作高温烹炸用油，也可作凉拌用油。

（七）猪脂

猪脂又称猪油，或大油、板油、网油，是从猪（*Sus scrofa domestica*）的内脏蓄积脂肪及腹、背部等皮下脂肪组织中提取的脂肪。

1. 性质和特点

猪的脂肪呈纯白色，半软，经炼制后的猪脂为白色或稍带黄色，室温下呈软膏状，并且带有猪脂的特殊香气。猪脂硬度适中，可塑性良好，并具有良好的起酥性，但氧化稳定性较差。猪脂含有1%左右的亚油酸，1%以下的亚麻酸，而不含天然抗氧剂，因此很容易氧化，常温下放置1个月就会酸败发臭。

2. 烹饪运用

猪脂是烹饪中常用的主要油脂之一。具有猪脂特有的香味。无论是烹制菜肴，还是制作面点，猪脂都是较理想的油脂之一。尤其是制作白色或浅色的菜肴、面点时，更是非猪脂不可，以求得菜、点色调的统一和谐，达到理想的制作要求。另外，在制作酥脆型的面点时，也常利用猪脂为起酥油用，以使制品形成特殊的结构而酥脆可口。在制作某些馅心时。用猪脂来调制馅心，不但馅心明亮滋润，而且香气浓郁，诱人食欲。

3. 营养及保健

与一般植物油相比，猪脂脂肪含量较高，为99.5%，其中饱和脂肪酸的含量达35%～47%，油酸含量50%～60%，亚油酸含量0～10%。猪脂中的胆固醇含量也较高，在未经精制的猪脂中，平均每 100g 含胆固醇 100mg，精制后猪油脂胆固醇 50mg，即减少了一半。

（八）奶油

奶油又称黄油、乳脂、白脱油，是以牛乳中的脂肪为主要成分的油脂，由牛乳中脂肪分离加工后得到。

1. 品类和特点

奶油的种类很多，有用乳油发酵后制成的发酵奶油；有不进行发酵制成的无酵母奶油；还有加盐奶油和不加盐奶油等。优质的奶油为透明状，色泽为淡黄色，具有奶油特有的芳香。用刀切开奶油时，切面光滑，不出水滴，放入口中能溶化，并且舌头察觉不到有粗糙感。

2. 烹饪运用

烹饪中奶油可以在制作糕点时使用，尤其是制作蛋糕。奶油是上等涂抹油脂。西餐中制作菜肴时也使用奶油，在炒菜或烹制其他食物时，适量使用奶油后，它那特殊的风味就能提高各种菜肴和食物的香味，并丰富它们的口味。

3. 营养及保健

奶油中含有蛋白质（主要是酪蛋白）、糖分（主要是乳糖）、维生素 A、维生素 E 和胡萝卜素等其他营养成分，是一种营养丰富的油脂再制品。

（九）高级烹调油和色拉油

高级烹调油是以普通植物油经脱胶、脱酸、脱色、脱臭，必要时经脱蜡等工序精制而成的高级食用油。色拉油是植物毛油经脱胶、脱酸、脱色、脱臭，必要时经脱蜡冬化工序精制而成的高级食用油。

1. 形态特征

高级烹调油色较淡，滋味和气味良好；酸价低（都要求在 0.6 以下）；稳定性好，贮藏过程中不易变质，炒菜和煎炸时不易氧化、热分解、热聚合等劣变。

色拉油除具有以上性质外，在 0℃时，5.5 小时仍能保持透明，长期在 5 ～ 8℃时不失流动性。

2. 烹饪运用

高级烹调油可用于家庭和餐馆炒菜，也用于油炸食物，但通常是用于油炸后立即食用的食品。色拉油可生吃，是用于凉拌、人造奶油、蛋黄酱和家庭手工调制色拉的上乘油脂。此外，也可用于油炸即食食品。

（十）调和油

调和油是由两种或两种以上的优质食用油经科学调配而成的一种食用油脂。

调和油的主要原料是高级烹调油和色拉油。

1. 形态特征

油质清澈明亮，气味良好，调和油品质卫生，营养丰富，不含黄曲霉素，不含胆固醇，含丰富的维生素E及高度不饱和脂肪。

2. 主要品种

（1）风味调和油

根据群众爱吃花生油、芝麻油的习惯，可以把菜油、米糠油、棉油等经全精炼，然后与香味浓郁的花生油或芝麻油按一定比例调和，以“轻味花生油”或“轻味芝麻油”供应市场。

（2）营养调和油

利用玉米胚芽油、葵花籽油、红花籽油、米糠油、大豆油配制亚油酸和维生素E含量都高的营养健康油，供应高血压、冠心病患者，以及患必需脂肪酸缺乏症者；或者调配成脂肪酸比例平衡的具有一定营养功能的食用油。

（3）煎炸调和油

利用氢化油和经全精炼的棉籽油、菜籽油、猪油或其他油脂调配成脂肪酸组成平衡、起酥性能好、烟点高的煎炸油。

3. 烹饪运用

可用于煎、炒、烹、炸等各类菜肴的制作，也可以不经加热直接食用，如凉拌等。

（十一）人造奶油

人造奶油是由精制食用油添加水及其他辅料，经乳化、急冷捏合成具有天然奶油特色的可塑性制品。在我国常称为“麦淇淋”。

1. 加工和特点

人造奶油的原料以植物性油脂为主，在生产过程中加入氢气和催化剂，使含有双键的不饱和脂肪酸与氢起加成反应，生成了饱和脂肪酸。然后将油脂与乳化剂、维生素、色素等混合，再与水溶性的成分如食盐、防腐剂、着香剂及其他调味料一起进行乳化处理，乳化后迅速冷却混合，即可得到人造奶油。优良的人造奶油具有保形性（即置于室温时，不熔化，不变形态；在外力作用下，易变形，可做成各种花样）、延展性（即放在低温处，仍易于往面包上涂抹）、口溶性（即放入口中能迅速溶化）和较高的营养价值（人造奶油在制成硬化油时，还需要配合适当的含亚油酸高的植物油，以提高营养价值）。

2. 质量标准

人造奶油产品要求有鲜明的色调，富有香味和良好的组织状。通常家庭用产品为白色、淡黄色，油分含量在80%以上，水分在16%以下，熔点在35℃以下。

其内部不含气体。

3. 烹饪运用

在烹饪中，人造奶油主要是用来制作糕点，也可将其涂抹在面包上再食用，以增加风味和丰富口感。在西餐菜肴的制作中，在时还将人造奶油用于肉类和蔬菜的菜肴制作中。

（十二）蛋糕油

蛋糕油是一种由多种乳化剂和稳定剂复合制成的、具有多项功能的蛋糕添加剂。它的主要成分包括：25% ～ 30%的饱和蒸馏单甘酯，50% ～ 60%的丙三醇单甘酯，12% ～ 18%的硬脂酸钾（钠）或棕榈酸钾（钠）。

1. 性质和特点

蛋糕油是一种良好的发泡剂和泡沫稳定剂，用于蛋糕生产中，缩短了传统的打蛋时间，将过去调制蛋糕面糊的多道工序减至一道工序，大大提高了生产效率；蛋糕的感官品质也因之得到相应提高。例如，它使蛋糕的质地更加细腻、松软，组织均匀、细密、湿润，保鲜期延长等。

2. 烹饪运用

蛋糕油总体上还是一种优良的蛋糕添加剂，但一定要正确、合理、科学地使用，特别是使用量不宜过多，必须控制。它对蛋糕所产生的不利影响大部分是由于用量过多而造成的。此外，使用蛋糕油最好与使用蛋黄粉结合起来，两者配套使用后，可明显克服单独使用蛋糕油的缺点，制成的蛋糕组织呈乳黄、乳白相间色，催人食欲，风味和口感均得到改善。同时，因蛋黄粉中含有丰富的脑磷脂和卵磷脂，还可提高蛋糕的营养价值。

使用蛋糕油对蛋糕质量也存在某些负面影响。例如，蛋糕的内部色泽明显增白，但这种白是无光泽的灰白，不利刺激人的食欲。又如这样的蛋糕虽然入口绵软，但软中带黏。

（十三）植脂鲜奶油

植脂鲜奶油是以植物脂肪（主要是氢化棕榈仁油）为主要原料，添加乳化剂（硬脂酰乳酸钠等）、增稠稳定剂（羟基丙基纤维素、羧甲基纤维素、黄原胶等）、蛋白质原料（酪蛋白酸钠等）、防腐剂（山梨酸酯等）、品质改良剂（磷酸二氢钾等）、香精香料（奶油香精、白脱香精等）、色素（β- 胡萝卜素等）、糖、玉米糖浆、盐、水，通过改变原辅料的种类和配比加工制成的制品。目前，颇受消费者青睐的各种裱花生日蛋糕就是用植脂鲜奶油进行艺术装饰的。

1. 性质和特点

植脂鲜奶油由于脂肪含量低，故用其制作的蛋糕爽口、不腻，内部组织均匀细腻，松软有弹性，口感好，催人食欲，特别适合老年人及儿童食用。而动物鲜奶油脂肪含量高，入口油腻。植脂鲜奶油在风味和物理状态上与动物鲜奶油相似，保持了动物鲜奶油的特殊风味。用其制作的蛋糕余香独特，回味悠长，裱花图案不干裂、不塌陷、不变形、不返砂，图案表面洁白如玉，有光泽。

2. 烹饪运用

在使用植脂鲜奶油时，应注意以下几点。

①搅打设备最好选用高速搅拌机。

②植脂鲜奶油在使用前必须首先完全解冻。即提前 1 天将植脂鲜奶油放在 2 ～ 7℃的冰箱保鲜柜中自然解冻 24 小时，直至完全解冻，在鲜奶油中看不见冰块为止。但不能采用微波和热水解冻植脂鲜奶油，因微波和热水能破坏植脂鲜奶油中的碳水化合物、蛋白质等成分，使之发生物理和化学变性，破坏其功能特性，鲜奶油的质量将受到严重影响。

③解冻完成后，先摇匀后再开盒使用。

④在搅打鲜奶油前，先采用各种办法（如冷水、冰块等）将搅拌缸和搅拌器冷却至 2 ～ 7℃。

⑤在搅打鲜奶油过程中，也要保持 2 ～ 7℃的温度，以保证搅打的质量。

⑥将植脂鲜奶油放入搅拌缸内，加入量应为搅拌缸容积的 20%左右。

⑦先用高速搅打，快搅打好时改用中速搅打，一般膨胀率为 3 ～ 4 倍。搅打时间因不同品牌而略有差异。搅打完成的标志是鲜奶油由液体变为固体、表面光泽消失、有软尖峰形成。如果在鲜奶油中加入水果、朱古力等配料，搅打时间则应短一些。

⑧将搅打好的鲜奶油放在 4 ～ 5℃的冰箱保鲜柜中贮存，可更加持久新鲜。

⑨植脂鲜奶油在搅打前和搅打后均可冷冻存放，但应避免反复冷冻和解冻。

⑩植脂鲜奶油在搅打前不需再加水。

其他食用油脂的种类及特点

（十四）其他食用油脂

其他食用油脂的种类及特点，扫描二维码查看。

第二节　烹调添加剂

一、概述

烹调添加剂是指为改善菜点的感官品质而在烹调加工过程中添加的天然物质

和化学合成物质的总称。这类原料在烹调加工过程中的使用量一般较少，但对改善菜点的色、香、味、质等感官性状具有很大的作用。

烹调添加剂的使用，必须严格按照卫生要求。特别是化学合成物质，使用时首先要考虑安全，其次才是烹调效果。烹调添加剂中有害杂质的含量不得超过标准，使用时应具有利于烹调，保持营养，防止原料变质，增强感官性状等方面的作用。

烹调添加剂的类型很多，根据其性质和作用可分为食用色素、膨松剂、增稠剂、致嫩剂等。

二、食用色素

食用色素是一类以菜点着色为目的、对健康无害的食品添加剂。

由于烹调中有些原料的色泽不合乎特殊风味的要求，或者某些原料的颜色在烹调加热过程中发生不良的变化，因此在烹调中常应用食用色素对这类原料进行着色，以保证制成的菜点在色泽上的感官要求。

食用色素按照来源和性质可分为天然色素和人工合成色素两大类。

（一）天然色素

天然色素是指从自然界生物体组织中直接提取的色素。

天然色素具有调色自然、色彩丰富、安全性较高，有一定的营养和药理作用等优点，但具有难溶、不易染色均匀、有时有异味、着色能力差、色调不稳、难以配成任意色调、成本高等缺点。烹调中常用的天然色素有：红曲色素、紫胶虫色素、甜菜红、辣椒红、姜黄色素、红花黄、栀子黄、β- 胡萝卜素、叶绿素铜钠、焦糖色素等。

1. 红曲色素

红曲色素是由红曲霉菌菌丝在红曲米中分泌产生的色素。

红曲米又称红曲，古称丹曲，是将米用水浸泡、蒸熟，然后接种红曲霉菌发酵后制成。红曲米成品为整粒或破碎的红色米粒，外表呈棕红色或紫红色，质轻脆，微有酸味。主要产于福建、广东，以福建古田所产最为著名。

（1）性质特点

红曲色素纯品为针状结晶，熔点 136℃，不溶于水，可溶于酒精、丙酮、醋酸等有机溶剂，对 pH 稳定、耐热性强、耐光性强，几乎不受金属离子、氧化剂和还原剂的影响。用红曲色素着色，色调鲜艳有光泽，不易改变，且较稳定，对蛋白质染着性好，食用安全性很高。

（2）烹饪运用

红曲米因对蛋白质具有较好染着性，在烹调中多用于肉类菜点及肉类加工制品的着色，如对樱桃肉、叉猪肉、粉蒸肉、香肠、火腿及豆腐乳红方的着色。红曲米运用时多加工成粉末。

2. 叶绿素铜钠

叶绿素铜钠是以绿色植物（如菠菜）或干燥蚕沙为原料，用酒精或丙酮等提取叶绿素，再使之与硫酸铜或氯化铜作用，由铜取代叶绿素中的镁，再用苛性钠溶液皂化，制成的粉末状制品。

（1）性质特点

叶绿素铜钠为叶绿素铜钠 a 和叶绿素铜钠 b 两种盐的混合物，分子量分别为 684.17 和 698.15。粉末状制品为墨绿色，有金属光泽，有氨样的臭气，易溶于水，稍溶于乙醇和氯仿，水溶液呈绿色，透明无沉淀。耐光性比叶绿素强。

（2）烹饪运用

叶绿素铜钠在烹调中主要起增加绿色或点缀的作用。使用时既可与原料混合，又可溶于水中涂刷菜点。其最大使用量为 0.5g/kg。

3. 姜黄素

姜黄素是由姜科多年生草本植物姜黄的根状茎中提取的黄色色素。

将姜黄的根状茎洗净晒干，磨成粉末，制成姜黄粉。用丙二醇或乙醇抽提姜黄粉，将得到的抽提液再经浓缩干燥后制成膏状或精制成结晶，即为姜黄素。

（1）性质特点

姜黄素纯品为橙黄色粉末，有胡椒的芳香，稍带苦味；不溶于冷水，溶于乙醇、丙二醇，易溶于冰醋酸和碱溶液，在碱性溶液中呈红褐色，在中性、酸性溶液中呈黄色，易因铁离子存在而变色；耐还原性、染着性强，但耐光性、耐热性差。

（2）烹饪运用

姜黄粉是传统的天然食用色素，具有辛辣气味并呈黄色，姜黄粉是配制咖喱粉的主要原料之一，咖喱粉的黄色主要是由姜黄色素呈现的；也可作为黄色咸萝卜等食品的增香和着色用；也常用于龙眼外皮的着色以及糕点等食品的着色。

4. 焦糖色素

焦糖色素又称焦糖色、酱色，是将白糖或饴糖等糖类物质在 160 ～ 180℃的高温下加热使之焦化，最后掺入适量开水稀释而成的一种液体胶状色素。将液态焦糖用喷雾干燥法或其他干燥法可制成粉状或块状的焦糖。

（1）性质特点

液态焦糖色呈黑褐色，是多种糖脱水缩合而成的混合物，浓度以含水量而定，易失水凝固，味略甘微苦，有轻微焦味。粉状或块状的焦糖呈黑褐色或红褐色，含水分 5%左右。

（2）烹饪运用

烹饪中运用的焦糖色素通常是由厨师自己临时熬制。在烹调中一般用于红烧、红扒、炸等烹调方法制作的菜肴。糖色能使菜点色泽红润光亮，风味别致，尤其以冰糖制作的糖色更为色正光亮。糖色的使用量以满足菜肴色泽要求为度，此外控制焦糖化程度也是非常重要的。

5. 菠菜汁

利用菠菜通过一定的加工后，提取的绿色汁液，用于调色和着色。

（1）加工和性质

将新鲜的菠菜切碎后榨汁，榨出的绿色汁液中要迅速加入一定量的碱性物质。这是利用叶绿素在弱碱条件下不容易破坏褪色的原理。一般可加石灰水，每100kg绿色汁液中加1～1.5kg石灰水，然后用力搅拌，使石灰水在汁液中充分混合均匀。最后让汁液静止20～30分钟，取其澄清的绿色汁液即可使用。使用的比例为5kg粉加1kg绿色汁液。过多不仅影响色泽，还会带有一定的苦味。如果是制取少量的绿色汁液，可直接将菠菜叶洗净、剁细，用纱布裹住，用力挤汁。在菠菜汁中还可加入一些食盐，以除去菠菜中的部分草酸，减轻苦涩味。菠菜汁可直接用于和面、制馅中。

菠菜汁中的叶绿素有一个特性：当它在酸性环境下时，很容易使绿色褪去，这是因为叶绿素结构中的镁原子在酸性环境下容易脱除，从而使绿色褪去，生成脱镁叶绿素，这是一种黄褐色的物质。如果在这种酸性环境下加热，则更容易使叶绿素褪色。然而，叶绿素在弱的碱性条件下，却是能够稳定地保持自己的绿色，使绿色蔬菜保持漂亮鲜艳的绿色。这是因为叶绿素在碱性条件下水解成叶绿素、甲醇和叶绿酸，而叶绿酸是呈鲜绿色，比较稳定。

（2）烹饪运用

菠菜汁一般用于绿色的面点制作和某些特殊菜肴的制作。如“菠饺鱿鱼”中的菠饺，“双色鸡丸”中的绿色鸡丸以及绿色糕团和某些动植物糕点的造型着色。

6. 藏花素

藏花素是一种黄色色素。它是存在于栀子和藏红花中的一种重要色素。藏花素的提取一般以大花栀子或藏红花作为原料。

（1）加工和性质

将栀子去皮后将其破碎，用水浸取，过滤煮沸灭菌，再过滤，便可得到色素的提取液。将提取液减压浓缩、喷雾干燥后便可得到。藏花素是一种安全性很高的天然食用色素，长期食用对人体一无影响。

藏花素是一种黄色至橙黄色的粉末。非常容易溶解于水，在水中立即溶解成透明的黄色溶液。藏花素不溶解于食用油脂，属水溶性色素。藏花素的颜色几乎不受酸碱环境的影响，尤其在碱性时黄色则显得更鲜明。它的耐还原性和耐微生物性均好，对热不敏感。藏花素染着于蛋白质和淀粉类食物时，其颜色比较稳定。但是藏花素的水溶液不太稳定，与铁作用后其颜色将由黄色转变为黑色，一般的自来水对其无颜色上的影响。

（2）烹饪运用

烹饪中制作面点时常有应用。使用时应注意调配藏花素应避免与铁器相接触，以免变色。调配时藏花素与水之间的比例一般在1 ： 8～1 ： 5的范围内。由于这种色素的耐热性较好，可用于烘烤类食物的着色。烹饪中藏花素还可用于一些调味汁的调色。

7. 辣椒色素

辣椒色素是从辣椒中提取出来的一种油溶性红橙色的色素。色素的主要成分为辣椒黄素和辣椒红素。

（1）加工和性质

辣椒色素不溶于水而溶于油脂和乙醇，因此为了便于食用，常常将辣椒色素制成溶解于植物油中（如用豆油、花生油、菜籽油等），也可以与乳化剂相互配合制成水分散性的辣椒色素。

辣椒色素的乳化分散性、耐热性、耐酸性很好，耐光性较差，但添加维生素C等抗氧化剂可以明显地提高辣椒色素的耐光性和耐热性。辣椒色素的色调可以从红橙色到红色，色调一般不易受酸碱度的影响。辣椒色素有一种特殊的臭味，精制后的辣椒色素可脱除臭味。

（2）烹饪运用

烹饪中辣椒色素可用于以辣椒为主要配料的辣味菜肴，如“辣子肉丁”“辣味鸡”“辣味牛肉”等菜肴的调色之用，可使菜肴的色泽红润光亮，诱人食欲。烹饪中使用的辣椒色素主要是用植物油制成的油溶性辣椒色素，使用时非常方便。用量视菜肴正常需要量及各人的喜好而定。

8. 甜菜红色素

甜菜红色素是存在于红甜菜中的一种天然植物色素。

（1）加工和性质

甜菜红色素是甜菜中有色化合物的总称。系由红色的甜菜花青和黄色的甜菜黄素所组成。甜菜花青中主要的化学成分是甜菜苷，约占红色素的75%～95%。其余的还有异甜菜苷、前甜菜苷和异前甜菜苷等化合物。

甜菜红色素是将新鲜的红甜菜（也可以是甜菜干片或甜菜粉末）用水浸泡，待水溶液的颜色变红后便可浓缩、干燥，得到甜菜红的粗制品。还可以将粗制品进一步分离，因为粗制品中含有大量的甜菜糖，虽然不影响食用，但对食物着色时有一定的影响。经过分离后的甜菜红色素是一种单纯的结晶体。

甜菜红色素是一种红紫色的结晶状粉末。可溶解于水，微溶于乙醇。水溶液的颜色呈红色至紫红色。在酸性和中性环境下比较稳定，在碱性环境下则稳定性较差。它的着色性好，但是耐光性差，耐热性差。随着加热温度的升高其颜色就显得不太稳定。但是在维生素C存在的条件下可变得稍稳定，加入适量的糖有防止其褪色的作用。总的说来，甜菜红色素与其他的天然食用色素相比，具有以下的特点：易溶解于水，固体粉末，无异味、异臭，不耐热，但可经受短时间的高温加热。一般来说，甜菜红色素在烹饪加工或贮存过程中比较稳定，并且具有十分迷人的玫瑰色或草莓色的鲜艳颜色。

（2）烹饪运用

烹饪中甜菜红色素主要用于制作某些特殊肉类菜肴的上色和糕点的着色。它可作为草莓色使用，色调鲜艳，着色均匀，颜色比较稳定，着色后的效果较好。应注意用甜菜红着色的菜肴或糕点应尽量缩短其加热的时间，否则颜色会减弱。甜菜红色素的使用量完全可以根据菜肴或糕点的正常需要来定，不做任何限制。一般在肉类菜肴中的使用量约为1～2g/kg，在糕点中的添加量约为0.5～4g/kg。

9. 玫瑰茄色素

玫瑰茄色素是从锦葵科木槿属植物玫瑰茄（*Hibiscus sabariffa*）的花萼中提取的一种红色色素。

（1）性质特点

玫瑰茄色素的主要成分是花色素苷中的花翠素和花青素。可溶于水，在酸性时溶液呈红色，在碱性时溶液呈暗蓝色，耐热性和耐光性好。

玫瑰茄红色素与合成食用色素苋菜红的颜色非常接近，呈鲜艳的紫红色。在着色食品中，它的染着性、分散性、透明性及食品在贮藏期的稳定性均可与苋菜红媲美。

（2）烹饪运用

玫瑰茄色素可用在面点和调味汁中作着色剂。也可用于饮料、糖果、果冻、果酱的着色。

（二）人工合成色素

人工合成色素是指用人工的方法合成的食用色素。

人工合成色素与天然色素相比，其色彩鲜艳、坚牢度大、性质稳定、着色力强、可以取得任意色调，而且成本较低廉、使用方便。但是，人工合成色素大多属于煤焦油染料，不仅毫无营养价值，而且有程度不等的毒性。

我国对人工合成色素的使用有严格的规定，根据1977年颁布的关于食品添加剂使用的国家标准，我国只允许5种人工合成色素有限度地使用，即苋菜红、胭脂红、柠檬黄、日落黄和靛蓝。

1. 苋菜红

苋菜红分子式为$C_{20}H_{11}O_{10}N_2S_3Na_3$，分子量为604.48，化学名称为1-（4’-磺基-1’-萘偶氮）-2-萘酚-3，6-二磺酸三钠盐，与胭脂红是同分异构体，属于单偶氮类色素。

（1）性质特点

苋菜红为紫红色均匀粉末，无臭，溶于水，0.01%水溶液呈玫瑰红色，可溶于甘油及丙二醇，微溶于乙醇，不溶于油脂。有良好的耐光性、耐热性、耐盐性、耐酸性。对柠檬酸、酒石酸等稳定，但在碱性溶液中则变成暗红色。由于其对氧化、还原作用敏感，故不适于在有氧化剂或还原剂存在的食品（如发酵食品）中使用。

（2）烹饪运用

苋菜红在烹调中多用于面点的着色、点缀，使面点的色泽红亮、艳丽，如寿桃、寿子蛋糕等。有时也可用于工艺菜肴的色泽点缀。我国食品添加剂使用卫生标准规定，其最大使用量为0.05g/kg。

2. 胭脂红

胭脂红又称丽春红，分子式为$C_{20}H_{11}O_{10}N_2S_3Na_3$，分子量为604.48，化学名称为1-（4’-磺基-1’-萘偶氮）-2-萘酚-6，8-二磺酸三钠盐，与苋菜红是同分异构体，属于单偶氮类色素。

（1）性质特点

胭脂红为红色至深红色粉末，无臭，溶于水呈红色，溶于甘油，微溶于乙醇，不溶于油脂。耐光性、耐酸性尚好，但耐热性、耐还原性相当弱，遇碱变成褐色。

（2）烹饪运用

胭脂红在烹调中常用于面点的着色、点缀，可以使面点的色泽红亮、艳丽，但使用时不宜高温加热。我国的食品添加剂使用卫生标准规定，最大使用量为0.05g/kg。

3. 柠檬黄

柠檬黄分子式为$C_{10}H_9O_9N_4S_2Na_3$，分子量为534.37。

（1）性质特点

柠檬黄为橙黄色均匀粉末，无臭，0.1%水溶液呈黄色，溶于甘油、丙二醇，微溶于乙醇，不溶于油脂。耐热性、耐酸性、耐光性、耐盐性均好，遇碱稍微变红，耐氧化性较差，还原时褪色。

（2）烹饪运用

柠檬黄在烹调中既可单独使用，以增加烹饪制品的黄色；又可与其他色素配合运用，表现各种不同的色彩。其使用方法与胭脂红和苋菜红类似，我国食品添加剂使用卫生标准规定，最大使用量为0.1g/kg。

4. 靛蓝

靛蓝又称为酸性靛蓝、磺化靛蓝，分子式为$C_{10}H_8O_8N_2S_2Na_2$，分子量为466.39。

（1）性质特点

靛蓝为蓝色均匀粉末，无臭，0.05% 水溶液呈深蓝色。对水的溶解度较其他食用合成色素低，溶于甘油、丙二醇，不溶于乙醇和油脂。对光、热、酸、氧化都很敏感，耐盐性较弱，还原时褪色，但染着力好。

（2）烹饪运用

靛蓝很少单独使用，常与其他色素配合使用，在烹调中主要增加菜品色彩。其使用方法与胭脂红和苋菜红类似，我国食品添加剂使用卫生标准规定，最大使用量为 0.1g/kg。

5. 日落黄

日落黄又称橘黄，化学名为 1-（对 - 磺苯基偶氮）-2- 萘酚 -6- 磺酸二钠盐。

（1）性质特点

日落黄是一种橙色的颗粒或者是粉末，无臭。很容易溶解于水，在浓度为 0.1% 的水溶液中呈现出橙黄色。日落黄还可溶解于甘油中，难溶于乙醇，不溶于油脂，属水溶性人工色素。21℃时在水中的溶解度为 25.3g。日落黄的耐光性、耐热性、耐酸性非常好。但在遇碱时其颜色由原来的橙黄色转变为红褐色，还原时会褪色。

（2）烹饪运用

日落黄无论是单独着色还是与其他色素调配后着色效果均很好。在烹饪中可用于面点、工艺菜及冷菜造型的着色。它的最大使用量为 0.1g/kg。

三、膨松剂

膨松剂又称膨胀剂、疏松剂，是促使面点膨胀、疏松或酥脆的一类食品添加剂。

膨松剂主要用于面点的制作过程中。通常在加热前和面过程中将膨松剂掺入。当烘烤加工时，膨松剂受热分解产生气体，使面胚起泡，在内部形成均匀致密的多孔性组织，从而使成品具有酥脆或膨松的特点。

膨松剂包括碱性膨松剂、复合膨松剂和生物膨松剂。

（一）碱性膨松剂

碱性膨松剂是化学性质呈碱性的一类无机化合物。

碱性膨松剂在使用过程中能使面团膨胀、疏松，并有去酸作用；能加快干货原料的涨发速度，增强干货中蛋白质的吸水能力；能作为嫩化剂软化畜禽肌肉纤维，改善畜禽肌肉纤维的质感；可去除油发干料表面的油腻和油脂中轻微的哈喇味；还可保持绿色蔬菜的色泽。

由于各种碱性膨松剂的性质不同，碱溶液的浓度和用量也有变化，在应用时应视碱性膨松剂的种类适当运用。碱性膨松剂主要包括碳酸氢钠、碳酸氢铵、碳酸钠等。

1. 碳酸氢钠

碳酸氢钠又称小苏打、酸式碳酸钠、重碱等，分子式为$NaHCO_3$。

（1）性质特点

碳酸氢钠为白色结晶性粉末，无臭，味稍咸，易溶于水，其水溶液呈弱碱性，pH 8.3。在潮湿空气或热空气中即缓慢分解，产生二氧化碳。遇酸即强烈反应而产生二氧化碳。在60～150℃时分解产生二氧化碳，产气量为261cm³/g。

$$2NaHCO_3 \rightarrow Na_2CO_3+CO_2+H_2O$$

（2）烹饪运用

碳酸氢钠多用于小吃、糕点、饼干的制作，使面点膨松，在使用过程中宜先溶于适量的冷水中，防止在成品中出现黄色斑点或膨松不均匀。其使用量按实际需要而定，用量一般要小。也可用于部分菜肴的制作，改善菜肴的质感，如蚝油牛肉、爆肚尖等，但会影响菜肴的风味。

2. 碳酸氢铵

碳酸氢铵又称碳铵、臭粉、酸式碳酸铵、重碳酸铵，分子式为NH_4HCO_3。

（1）性质特点

碳酸氢铵为白色粉状结晶，有氨臭气味；稍有吸湿性，易溶于水，水溶液呈弱碱性，pH7.8；对热不稳定；在空气中易风化。在30～70℃时分解出氨、二氧化碳和水，产气量为700cm³/g。

$$NH_4HCO_3 \rightarrow NH_3+CO_2+H_2O$$

（2）烹饪运用

碳酸氢铵在烹调中主要用于面点菜肴的制作，常与碳酸氢钠配合使用。生成的二氧化碳和氨均易挥发，对面点具有促进膨松、柔嫩等作用。

3. 碳酸钠

碳酸钠又称纯碱、苏打，分子式为Na_2CO_3。

（1）性质特点

碳酸钠为白色粉末或细粒，无臭，具碱味；易溶于水，水溶液呈强碱性。有潮解性，能因吸湿而结成硬块。在潮湿的空气中逐步吸收二氧化碳，生成碳酸氢钠。水溶液遇酸分解放出二氧化碳。

（2）烹饪运用

碳酸钠在菜肴制作中可用于鱿鱼干、墨鱼干、鲍鱼干等干料的涨发，促进干货原料最大限度地吸收水分，使原料柔软、脆嫩。碳酸钠在面点制作中广泛用于面团的发酵，起酸碱中和的作用；在面条制作中能增加面条的弹性和延伸性。

（二）复合膨松剂

复合膨松剂是由两种或两种以上起膨松作用的化学成分混合制成的膨松剂。

1. 发酵粉

发酵粉又称焙粉，是由碱性剂、酸性剂和填充剂组成的复合型化学膨松剂。

（1）性质特点

发酵粉为白色粉末状物质。发酵粉中的碱性剂主要是碳酸氢钠，用量占20% ～ 40%，其作用是与酸反应产生气体；酸性剂主要有柠檬酸、明矾、酒石酸氢钾、磷酸二氢钙等，用量占35% ～ 50%。其作用除了与碱性剂反应产生气体外，还能分解碳酸钠、降低成品的碱性；填充剂主要为淀粉、脂肪酸等，用量占10% ～ 40%；其作用在于防止膨松剂吸潮结块、增加膨松剂的保存性，并能在产气时起调节产气速度、使气泡均匀产生的作用。

（2）烹饪运用

发酵粉在烹饪中主要用于面点的制作，起膨松作用，如制作馒头、包子及部分糕点，特别适用于油炸食品。其一般使用量为糕点类以面粉干重计使用1% ～ 3%，馒头、包子等面食品以面粉干重计使用0.7% ～ 2%。

2. 明矾

明矾又称钾明矾、钾矾、钾铝矾，分子式为$AlK(SO_4)_2 \cdot 12H_2O$。

（1）性质特点

明矾为无色透明坚硬的大结晶或结晶性碎块和白色结晶性粉末，是含有结晶水的硫酸钾和硫酸铝复盐。无臭，味微甜，有酸涩味。比重1.75，溶于水，不溶于乙醇，在甘油中能缓缓地完全溶解，在水中水解生成氢氧化铝胶状沉淀。受热时失去结晶水而成白色粉末状的烧明矾。

（2）烹饪运用

明矾多与碳酸氢钠配合使用作为油条、馓子等油炸食品的膨松剂，具有使成品膨松、酥脆的作用，在使用时应控制用量，过多则后味发涩。明矾在食品加工中还可用于防止果蔬变色，也可腌制海蜇、银鱼等水产品。

（三）生物膨松剂

生物膨松剂是指含有酵母菌等发酵微生物的添加剂。

目前在面包和其他面点中广泛使用的主要是啤酒酵母，该酵母在使用形式上有压榨酵母（又称鲜酵母）、活性干酵母、野生酵母三种。

酵母菌是微小的单细胞微生物，属于真菌类。酵母菌为一类重要的发酵微生物，在养料、温度和湿度适合的条件下能迅速生长繁殖。在发酵过程中，酵母菌首先利用面粉中原来含有的少量的葡萄糖、果糖和蔗糖等进行发酵。在发酵的同时，面粉中的淀粉酶促使面粉中的淀粉转化而产生麦芽糖，麦芽糖的存在提供了酵母菌可利用的营养物质，得以连续地发酵。酵母菌分解糖产生二氧化碳、乙醇、醛及一些有机酸等。

生物膨松剂在烹饪中运用历史悠久，是传统的发酵面点膨松剂。生物膨松剂能促使面点膨胀、疏松或酥脆，并具有去酸作用，多用于糖和油脂含量较多的糕点制品。

1. 压榨酵母

压榨酵母又称鲜酵母，是未经干燥处理的新鲜面包酵母。将纯酵母菌种移植于含糖的培养液中，在适宜条件下经一定时间培养后使酵母菌数量达到一定标准，采用高速离心法使酵母沉淀，然后用压滤机滤去过量的水分，再将酵母压榨成长方块状，即得成品。

（1）性质特点

压榨酵母的水分含量约为70%。呈乳白色或淡黄色，软硬适度，不发黏，无腐败气味，具有酵母特有的清香味。

（2）烹饪运用

压榨酵母常用于馒头、糕点、面包等发酵制品的制作。使用量一般为面粉的0.5%～1%，在使用时先用30℃的温水将压榨酵母化开，搅拌成酵母悬浮液，然后和入面团中。

2. 活性干酵母

活性干酵母是将压榨酵母在低温、真空条件下脱水干制成淡黄色颗粒状物。

活性干酵母的水分含量在10%以下，发酵力较压榨酵母弱，其最大的特点是易长期保存。

活性干酵母在面团中的发酵原理与鲜酵母相同。其中的酵母菌加入面团中以后将面团中可发酵的糖类进行生醇发酵，产生乙醇和二氧化碳，使面团起发、膨松并且有酒香味。

活性干酵母在使用前必须在一定条件下活化一段时间，以恢复酵母的活力，提高发酵能力，同时也有利于酵母在面团中的均匀分布。活化的方法是用30℃的温水添加适量的砂糖和酵母营养盐，制成培养液，使干燥酵母粉均匀地悬浮其中，并保温20～30分钟。

3. 老酵母

老酵母又称发面、肥面，是将含有野生酵母菌的面团放在适宜温度中，经一定时间后形成的带其他杂菌、乙醇、二氧化碳并有酸性的面团。

老酵面多用于民间家庭，运用历史悠久，运用范围广泛，是民间传统的面点发酵剂。

老酵母是在民间至今仍在广泛应用的生物性膨松剂，常用于各类发酵面点食品，如馒头、包子、花卷等，使制品具有膨胀、松软、泡嫩的特点。在贮存和使用时应注意防止发霉变质，影响质量。

四、增稠剂

增稠剂又称为黏稠剂，是指用于改善菜点物理性质、增加菜点的黏稠度、赋予菜点黏滑适口感觉的添加剂。

增稠剂的种类很多，主要分为植物性增稠剂和动物性增稠剂两大类。植物性增稠剂是从含有淀粉的粮食、蔬菜或含有海藻多糖的海藻中制取的，这一类占多数，如淀粉、果胶、琼脂等。动物性增稠剂是从含有胶原蛋白的动物原料制取的，例如明胶、酪蛋白等。

（一）植物性增稠剂

1. 淀粉

淀粉又称芡粉，为由许多葡萄糖缩合而成的多聚糖。化学式：$(C_6H_{10}O_5)_n$，分子量：直链淀粉 50000 ～ 150000，支链淀粉约 400000。

（1）性质特点

淀粉一般为由直链淀粉和支链淀粉混合组成的粉末状的干制品。显微结构呈微小的圆形、椭圆形或多角形等不同形状，因植物来源而异。无味无嗅，在冷水和乙醇中不溶解。在水中加热至 55 ～ 60℃时则膨胀变成有黏性的半透明凝胶或胶状溶液（淀粉糊化）。淀粉的分子结构是由许多右旋葡萄糖聚合而成的，其聚合度为 100 ～ 30000。可用热水分为两部分：溶化的部分称为直链淀粉，占 10% ～ 20%；不溶化的部分称为支链淀粉，占 80% ～ 90%。直链淀粉是由右旋葡萄糖以 α-1，4 苷键连接成的直链分子，遇碘呈蓝色；支链淀粉是由右旋葡萄糖以 α-1，4 苷键和 α-1，6 苷键连接成的分枝巨大分子，遇碘呈紫色至紫红色。不同植物来源的淀粉，其直链淀粉和支链淀粉的比例是不同的。

（2）常见品种

常见的芡粉主要有菱角淀粉、绿豆淀粉、豌豆淀粉、马铃薯淀粉、甘薯淀粉（山芋淀粉）、木薯淀粉、马蹄粉等。

①菱粉。菱粉是用菱角加工而成的淀粉。呈粉末状，颜色洁白且有光泽，细腻而光滑，黏性大，但吸水性较差，产量也较少，是所有芡粉中质量最好的一种。

②绿豆粉。绿豆粉是用绿豆加工成的淀粉。色泽洁白，粉质细腻。淀粉颗粒小而均匀，热黏度高，热黏度的稳定性和透明度均好，糊丝也较长，凝胶强度大，胀性好。宜作勾芡和制作粉丝、粉皮、凉粉的原料。为芡粉中的上品。

③豌豆粉。又称豆粉，是用豌豆种子加工而成的淀粉。颜色洁白，质地较细，手感滑腻。黏度高，胀性大，是芡粉中的上品。

④马铃薯粉。又称土豆粉，是由马铃薯的块茎加工制得的淀粉。色泽白，有光泽，粉质细。淀粉颗粒为卵圆形，颗粒较大，黏性较大，糊丝长，透明度好，

但黏度稳定性差，胀性一般。为芡粉中的上品。

⑤玉米淀粉。是目前在烹饪中使用的最普遍、用量最大的一种淀粉。玉米淀粉颗粒为不规则的多角形，颗粒小而不均匀，糊化速度较慢，糊化热黏度上升缓慢，热黏度高，糊丝较短，透明度较差，但凝胶强度好。在使用过程中宜用高温，使其充分糊化，以提高黏度和透明度。

⑥甘薯粉。又称山芋粉、红薯粉，是用甘薯的块根加工而成的淀粉。色泽灰暗，淀粉颗粒呈椭圆形，粒径较大，胀性一般，且味道较差。为芡粉中的下品，多在芡粉紧缺时代用。

⑦木薯粉。又称生粉、树薯粉、木薯粉，是用木薯的块根加工干制而成的淀粉，主要产于我国南方。其特点是粉质细腻，色泽雪白、黏度好、胀性大、杂质少。值得注意的是木薯粉含有氢氰酸、不宜生食，必须用水久浸，并煮熟解除毒性后方能食用。木薯淀粉是广东、福建等地主要的芡粉原料。

⑧蚕豆粉。又称蚕豆淀粉。是用豆科植物蚕豆的种子加工而成的淀粉。成品黏性足，吸水性较差，色洁白、光亮、质地细腻。蚕豆粉是我国南方较为普遍使用的勾芡原料。它还可做糕点、面包、粉丝、甜酱、酱油等。

⑨荸荠粉。又称马蹄粉，是以莎草科植物荸荠的球茎为原料，磨碎去渣后，分出湿粉，再烘干、磨细后制成的白色粉状物质。马蹄粉粉质细腻，结晶体大，味道香甜。荸荠粉是多用途的食品辅料，为咸、甜菜肴勾芡、挂糊、扑粉常用的芡粉，尤其在粤菜中运用较多，具有冷却后不稀化成汁的优点。也可作为清凉饮料及冰糕食品的用料，还可以做成多种点心、小吃。

⑩藕粉。又称藕澄粉。是以睡莲科植物藕的根状茎为原料加工而成的淀粉。每年的立冬到翌年清明之间为加工期。藕粉加工一般要经过清料、磨浆、洗浆、漂浆、干燥5道工序。市售藕粉一般采用真空包装，为白色或白里透红，呈片状或粉末状。品质以色白，气味清香、浓郁，无杂质，无杂粉，含水量10% ～ 15%为佳。藕粉在菜肴的制作上主要作为勾芡粉料以及制作一些花色菜肴。

⑪ 百合粉。是用百合科植物百合的鳞茎加工的淀粉。其加工的方法为：把洗净泥沙的生百合加水，用臼捣烂，滤去渣滓，静置半天，使它沉淀后，倒去面上的水，把沉淀的粉质放入清水中漂洗一二天，然后去水晒干，就成为百合粉。百合粉可作芡粉使用。此外用百合粉还可制作“蜜汁百合”“百合莲子羹”“桂花糖百合”“百合枸杞羹”“糯米百合粥”等各式甜羹。

⑫ 蕨粉。又称山粉，是由野生蕨类植物蕨菜的根状茎中提取的淀粉。蕨根茎中淀粉含量高达30%左右，经过采挖—清洗—粉碎—过滤—分离—沉淀—再过滤—再分离—再沉淀反复提取加工即得蕨粉。蕨粉可作芡粉使用，也可用于面条、糕点、小吃的制作，如陕西宁强县所产的“根面”即用蕨粉为原料

制成。

⑬ 葛粉。是由豆科植物葛的块根中提取出的白色粉末状淀粉。葛粉的加工分为采挖、清洗刮皮、碎浆过滤、沉淀、干燥、包装等几个步骤。葛粉洁白如玉，清凉爽口，属高档淀粉。可作芡粉使用，用于菜肴的勾芡、上浆或挂糊。也可作为制作糕点、小吃的原料，制作“葛粉包”“葛粉圆子”等。葛粉还可加工粉丝、粉皮等淀粉制品。

⑭ 蕉芋粉。又称蕉藕粉，是由美人蕉科植物蕉芋的根状茎中提取的淀粉。蕉芋粉的加工经洗粉、过滤、去渣、沉淀、晒粉等工序，出粉率达 15% ～ 20%。蕉芋粉可作芡粉使用，用于菜肴的勾芡、上浆或挂糊。也可作为制作菜肴、糕点、小吃的原料。蕉芋粉还可加工粉丝、粉皮等淀粉制品及加工饴糖、胶黏剂等。

⑮ 小麦淀粉。又称澄粉，是由禾本科植物小麦的麦麸洗面筋后沉淀而成或用面粉制成的淀粉。特点是色白，但光泽较差，质量不如马铃薯粉，勾芡后易沉淀。小麦淀粉常用作勾芡的淀粉，也可作上浆、挂糊、扑粉的粉料。还可用于船点等点心的制作。

⑯ 首乌粉。是由蓼科植物何首乌的块根中提取的淀粉，经清洗、去皮、去杂、粉碎、过筛、沉淀、分离、烘干等工序制作而成。成品呈粉状，洁白光泽，无异味，调熟呈半透明糊状，微苦，清凉爽口。首乌粉可用作勾芡的淀粉。此外还可制作菜肴、糕点和小吃，如“何首乌煨鸡”等。

⑰ 桄榔粉。是由棕榈科植物桄榔的茎中提取的淀粉。制桄榔粉的传统方法是每年夏季，在它开花之前，选高大的桄榔树砍倒，取出赤黄色的髓心，砍成小段，放到石臼中舂烂，用石磨磨成粉，置缸中用清水搅和，滤去粗渣，再放入布袋里，在清水缸中反复搓洗，使淀粉自布眼渗出，经过三次沉淀，得到湿的淀粉，晒干后即成桄榔粉。桄榔粉口感洁甜，细腻爽滑可口。可用作勾芡的淀粉。此外还可制作菜肴、糕点和小吃，如制作面条、面饼等，或直接用开水冲食。

⑱ 芡实粉。是由睡莲科植物芡实的种仁中提取的淀粉。芡实粉可用作勾芡的淀粉。此外还可制作药膳、糕点和小吃。

（3）质量标准

芡粉的质量以色泽洁白、带有光泽、吸水性强、胀性大、黏性好、无沉淀物、不易吐水、能长时间保持菜肴的形态、色泽和口感者为佳。淀粉由于吸湿性较强，因此保管时须注意防潮防霉，应置于干燥通风处，以保证质量。

（4）烹饪运用

淀粉为我国传统使用的增稠剂，在烹调中的应用极为广泛。糊化了的淀粉具有保护原料水分、吸收水分、提高菜肴的持水能力、改善菜肴质感的作用；可突出菜肴的柔软、滑嫩和酥脆爽口的特点。淀粉在烹调中常用于原料的上浆、挂糊及菜肴的勾芡；也可用于制作蓉、泥、丸等工艺菜；还可用于原料的粘裹及定型；还是面食制作加工时不可缺少的拍粉材料。

2. 果胶

果胶是广泛存在于水果和蔬菜以及其他植物细胞壁间的中胶层中的一种多聚糖，主要成分是半乳糖醛酸的长链缩合而成的产物。因在植物细胞内以胶态与纤维素结合在一起，故称果胶物质。

（1）性质特点

果胶为白色或淡黄色粉末，稍有特殊气味。不溶于乙醇等有机溶剂，易溶于水，溶于20倍的水则成黏稠状液体，在水中的溶解度随碳链的增长而降低。对酸性溶液稳定；在稀碱或果胶酶的作用下易水解形成甲醇与游离果胶酸。果胶形成的凝胶，甲酯化程度越高，凝胶的强度越大，胶凝速度越快。

（2）烹饪运用

果胶在食品工业中有着广泛的应用。主要用于低浓度果酱、果酱、果冻、果胶软糖、巧克力等食品中，来提高产品质量、改善产品风味、延长产品货架期；也可用作冰激凌、雪糕等冷饮食品的稳定剂；还可防止糕点硬化和提高干酪的品质等。

3. 琼脂

琼脂又称洋粉、冻粉、琼胶，是由红藻类石花菜及同属的其他红藻如江篱、麒麟菜等浸制、干制而成的一类海藻多糖。

（1）性质特点

琼脂的主要成分由琼脂糖和琼脂酸两部分构成。琼脂糖是D-半乳糖与3，6脱水-L-半乳糖相间以β-1，3糖苷键相连的高分子多糖。琼脂酸是琼脂糖的硫酸酯。琼脂吸水性和持水性高。在冷水中不溶解，但能吸水膨胀为凝胶块。在沸水中极易分散为溶胶，溶胶液呈中性反应，0.5%的浓度时冷却到45℃以下即可形成凝胶，1%的浓度时冷却到45℃以下即可形成坚实的凝胶。琼脂在使用过程中可反复熔化、反复胶凝。

琼脂的商品有条状和粉状两种。条状琼脂呈细长条状，长26～35cm，宽约3mm，末端皱缩成十字形，淡黄色，半透明；表面皱缩，微有光泽，质地轻软而有韧性，完全干燥后则脆而易碎。粉状琼脂为鳞片状粉末，无色或淡黄色。

（2）烹饪运用

琼脂在我国食用历史悠久。在烹饪中运用较广，条状琼脂可作为凉拌菜食用；因具有凝胶性质，可用于制作胶冻类菜肴，增加肉冻的韧性；还可熔化后添加适量色素浇在盘底，冷却后用于花式工艺菜的制作；在制作一些风味小吃，如小豆羹、芸豆糕等夏令应时凉点时，常用琼脂作为增稠剂和凝固剂；将琼脂与糖液混合后作为蜜饯、沙琪玛等食品的糖衣，可增强风味特色。

（二）动物性增稠剂

1. 明胶

明胶是由富含胶原蛋白的动物性原料，如皮、骨、软骨、韧带、肌膜等经加工而制成的凝胶物质。

明胶溶解于水，在浓度约为15%，即可凝成胶胨。胶胨柔软而有弹性，口感嫩滑。在烹饪中广泛用于制作高级水晶冻菜。水晶菜透明凉爽，是夏秋季节的佳肴。明胶在使用时应注意其水溶液加热煮沸时间不可过久，以避免继续水解，否则溶液冷却后也不会凝结成胶，将导致菜肴制作的失败。

2. 蛋白胨

蛋白胨是一种富含蛋白质的凝胶体。它是用动物的肌肉组织、骨骼等为原料，在大火上烧开后，再以小火长时间焖煮，使原料中的蛋白质尽可能地溶于水中，溶液中蛋白质浓度越高其黏稠度越强，这种蛋白质溶液经冷冻处理后即可凝结成柔软而有弹性的蛋白胨。

蛋白胨因其主要成分是蛋白质，其凝结能力较差，必须经冷藏才会凝固成冻胶。因此在烹饪中常添加一些富含胶原蛋白的原料制备，或直接添加皮胨或明胶于蛋白质溶液中以增加其凝固能力。蛋白胨营养丰富，滋味鲜美，一般适合制作羊糕、水晶肴肉等冷菜。

五、致嫩剂

致嫩剂又称嫩化剂、肉类嫩化剂，通常是指可以使肉类组织嫩化的添加剂。

目前使用的致嫩剂主要可以分为碱性剂和蛋白酶两类。蛋白酶类致嫩剂主要有木瓜蛋白酶、菠萝蛋白酶、无花果蛋白酶等。

蛋白酶能够将肉中的结缔组织及肌纤维中结构较复杂的胶原蛋白、弹性蛋白进行适当降解，使这些蛋白质结构中的部分连接键发生断裂，使肉的品质变得柔软多汁、易于咀嚼，提高了肉类菜肴的嫩度，改善了肉类菜肴的口感和风味。以蛋白酶作为肉类的致嫩剂，不仅致嫩效果好，而且因为蛋白酶本身在受热变性后可以被消化吸收，因此安全卫生、无毒害。

致嫩剂一般在肉类菜肴及肉制品烹调加工以前使用。在使用时先用温水或调味浆汁将蛋白质酶粉末溶解，然后和已切好的肉片或肉丝一起拌和均匀，放置0.5～1小时后，即可用于烹制。对于块形较大的原料，可用细长尖物在原料上戳一些深孔，使蛋白酶溶液渗入孔内，放置一段时间后即可。

由于蛋白酶致嫩剂对底物的专一性较宽，对人的皮肤也有腐蚀作用，因此在使用操作时应注意对手的保护。

（一）木瓜蛋白酶

木瓜蛋白酶是存在于未成熟的番木瓜果实胶乳中的蛋白质水解酶。

番木瓜（*Carica papaya*，异名 *Papaya latex*）又称万寿果、木瓜，番木瓜科木本植物。原产美洲热带，我国广东、广西、福建、台湾和云南。浆果肉质，长椭圆形至近球形，成熟时黄色或淡黄色，果肉厚。果实富含维生素 C、胡萝卜素、蛋白酶等，成熟后可供生食。

1. 性质特点

木瓜蛋白酶为白色至浅黄褐色的粉末，微具吸湿性。可溶于水、甘油和70%的乙醇。水溶液的颜色由无色至亮黄色，透明状。最适 pH 为 5 ～ 7，专一性较宽。耐热性较强，可在 50 ～ 60℃时使用。

2. 烹饪运用

木瓜蛋白质酶在烹调中主要用于肉类及肉制品加工时对肌肉纤维的软化，使菜肴具有软嫩滑爽的特点，如蚝油牛肉、铁板牛柳等。在使用时先用温水或调味浆汁将木瓜蛋白酶粉末溶解，然后放入已切好的肉片或肉丝中拌和均匀。放置0.5 ～ 1 小时后，即可用于烹制。

（二）菠萝蛋白酶

菠萝蛋白酶是从菠萝的根、茎或果实的压榨汁中提取的一种蛋白质水解酶。

1. 性质特点

菠萝蛋白酶为黄色粉末，是一种糖蛋白，含糖量约 2%。对底物的专一性较宽，最适 pH 范围 6 ～ 8。可水解肽键，还可起酯酶的作用。

2. 烹饪运用

菠萝蛋白酶主要作为酒的澄清剂，以分解蛋白质而使酒液澄清。在烹调中主要用于肉类的嫩化处理。在使用时先将菠萝蛋白酶粉末用 30℃温水或调味浆汁溶解，然后放入已切好的肉片或肉丝中拌和均匀，静置 0.5 ～ 1 小时后进行烹制。菠萝蛋白酶的使用温度不宜超过 45℃，否则这种酶会失去活性。

六、凝固剂

凝固剂通常是指促进食物中蛋白质凝固的添加剂。

在豆制品制作加工过程中，关键工序是蛋白质凝固，俗称“点脑”，又称点卤、点浆。其原理是经热变性后的大豆蛋白质在凝固剂的作用下，由蛋白质溶胶发生胶凝作用，转变成蛋白质凝胶。

由于对豆制品种类和质量要求的不同，点脑的方式有很大差别。大体分为北豆腐点脑和南豆腐点脑两大类。点脑与豆浆的浓度、温度、pH 以及凝固剂的种类、浓度、用量、加入方法等有关。点脑的温度一般为 70 ～ 90℃，在较高温度下点脑，大豆蛋白质凝固速度快，蛋白质网络组织粗而有力，凝固物韧性好、持水性差，适于制作北豆腐、豆腐干等；在较低温度下点脑，凝固剂与大豆蛋白质作用较缓慢，形成的网络结构较细嫩、持水性强，适于制作南豆腐以及油豆腐、冻豆腐的白坯。点脑豆浆的 pH 一般为 6.8 ～ 7.0。

凝固剂主要有两类：一类是盐类，如盐卤、硫酸钙、氯化钙等；另一类是有机酸类，如葡萄糖酸 -δ- 内酯产生的葡萄糖酸等。

（一）盐卤

盐卤又称为卤水、苦卤、苦汁卤水，一般指由咸水（海水、盐湖水）制盐后所残留的母液（下脚料）。

1. 性质特点

卤水是黑褐色的液汁，味苦而有毒。含有大量的镁、钾、钠的氯化物和硫酸盐等，其主要成分为氯化镁，此外还有硫酸镁、氯化钠、氯化钙、氯化钾、溴化镁等物质。以上物质均有凝固蛋白质的能力，且由于 Mg^{2+} 具有苦味，所以又称"苦汁"。盐卤的商品种类有卤块、卤片和卤粉等。其中卤片较软，卤块稍软，卤粉最硬。

2. 烹饪运用

卤水是在我国北方制作豆腐（即北豆腐）常用的凝固剂。使用时先将盐卤释到波美度 18° ～ 22° ，使用量为干大豆重量的 2% ～ 3.5%。

（二）石膏

石膏是一种矿产品，主要成分为硫酸钙。石膏为白色结晶，性脆，无臭，有涩味，比重 2.32，微溶于水，溶解度因温度而改变，水溶液呈中性。

1. 性质特点

石膏分生石膏和熟石膏两种。生石膏含有两分子的结晶水，又称为二水石膏，分子式为 $CaSO_4 \cdot 2H_2O$；熟石膏是将生石膏高温煅烧失去部分结晶水后形成的，因含有半分子的结晶水，又称为半水石膏，分子式为 $CaSO_4 \cdot 1/2H_2O$。

2. 烹饪运用

石膏是在我国南方制作豆腐（即南豆腐）和百叶常用的凝固剂。由于熟石膏溶解度低、凝固作用速度很慢，因此在制作南豆腐时一般都是用生石膏。由于比卤水点脑蛋白质凝固速度慢得多，所以石膏点脑多采取冲浆法。由于豆乳温度高时制作的豆腐发硬，点脑温度宜控制在 85℃左右。石膏的使用量为干豆重的 2% ～ 2.5%为宜，在民间多凭经验，其加入量多少决定于气温、浆温及原料的新鲜程度等因素，例如夏天使用量少于冬天，陈豆使用量少于新豆，点浆温度高的使用量较少。

用石膏点脑制作的豆腐保水性强、质地细嫩，与用卤水点脑制作的豆腐相比具有许多优点。缺点是大豆香味较淡、残留未溶解的硫酸钙会呈现涩味。

（三）氯化钙

1. 性质特点

氯化钙的分子式 $CaCl_2 \cdot 6H_2O$。为白色的结晶，呈片状、粉状或粉末状，无臭，味微苦，多孔而有吸湿性，露置空气中极易潮解，易溶于水和酒精。

2. 烹饪运用

氯化钙可作为豆制品加工的凝固剂，主要用于制作冻豆腐、油炸豆腐等，其使用量为干大豆重量的 2% ～ 2.5%。氯化钙还常在食品加工中用作脱水剂、食物保存剂等，其溶液可保持果蔬的脆性，还起护色作用。

（四）氯化镁

1. 性质特点

氯化镁的分子式 $MgCl_2 \cdot 6H_2O$。白色的单斜晶体，味苦咸，有吸湿性，极易潮解，易溶于水和酒精。

2. 烹饪运用

氯化镁可作为豆制品加工的凝固剂，其特点是：用氯化镁制作的豆腐味道好，但保水性不强，缺乏良好的纹理。其使用量为干大豆重量的 2% ～ 2.5%。

（五）葡萄糖酸 -δ- 内酯

葡萄糖酸 -δ- 内酯又称葡萄糖酸丁位内酯，是由葡萄酒酸经化学处理，使葡萄糖酸分子内的羧基和醇基起反应，并引起内部酯化而成的，是制作豆腐的一种新的凝固剂。

1. 性质特点

葡萄糖酸 -δ- 内酯的分子式 $C_6H_{10}O_6$，分子量为 178.16，为白色结晶或结晶性粉末。味道初觉甜，后具有酸味，无臭。因具有右旋旋光性，故又称右旋葡萄糖酸 -δ- 内酯。对水的溶解度约为 59%，其 1% 水溶液的 pH 为 3.5，呈酸性。

用葡萄糖酸 -δ- 内酯作凝固剂的实质是葡萄糖酸对大豆蛋白起凝固作用。其原理是葡萄糖酸 -δ- 内酯在室温下会缓慢水解转变为葡萄糖酸。当温度升高或 pH 增加时，葡萄糖酸 -δ- 内酯的水解速度加快。与氯化钙、硫酸钙不同的是，葡萄糖酸 -δ- 内酯是利用蛋白质的酸凝固使豆浆发生凝固，而且比硫酸钙更容易使用。在 90℃以上的高温中凝固，也可以得到保水性好、有弹性的豆腐。

2. 烹饪运用

用葡萄糖酸 -δ- 内酯作凝固剂制作的豆腐称为“内酯豆腐”。内酯豆腐比用其他凝固剂制作的豆腐质量更优，持水性好、质地细腻、有弹性，但微有酸味。这种凝固剂价格较贵，为降低成本、改善风味，可将葡萄糖酸 -δ- 内酯与石膏混合使用。单独使用葡萄糖酸 -δ- 内酯作凝固剂的使用量为干豆重量的 1.2% ～ 1.8%。

本章小结

辅助原料用量虽然不多，但对菜点的成熟、成型、着色、质感等方面起着至关重要的作用，是烹调过程中不可缺少的原料。通过本章的学习，应该重点掌握各类辅助原料的性质特点和烹饪运用的特点，合理、准确、安全地使用辅助原料。

课堂讨论

如何正确看待烹调添加剂的使用？

复习思考题

1. 简述食用油脂的化学成分。
2. 总结食用油脂在烹饪中的作用。
3. 如何检验食用油脂的品质？
4. 芡粉有哪些种类？在烹饪中有何作用？
5. 试述膨松剂的作用原理。
6. 天然色素和人工合成色素各有何优缺点？
7. 芡粉的质量如何评价？
8. 致嫩剂的致嫩原理如何？

参考文献

[1] 崔桂友．烹饪原料学[M]. 北京：中国轻工业出版社，2001.
[2] 赵廉．烹饪原料学[M]. 北京：中国纺织出版社，2008.
[3] 中国烹饪百科全书编委会．中国烹饪百科全书[M]. 北京：中国大百科全书出版社，1992.
[4] 李里特．食品原料学[M]. 北京：中国农业出版社，2011.
[5] 崔桂友．烹饪原料学[M]. 北京：中国商业出版社，1997.
[6] 中国烹饪百科全书编委会．中国烹饪百科全书[M]. 北京：中国大百科全书出版社，1992.
[7] 冯德培．简明生物学词典[M]. 上海：上海辞书出版社，1983.
[8] 贺学礼．植物学[M]．北京：高等教育出版社，2004.
[9] 刘凌云，郑光美．普通动物学[M].3版．北京：高等教出版社，1997.
[10] 刘建学，等．食品保藏原理[M]. 南京：东南大学出版社，2006.
[11] 马成广．中国土特产大全（上、下）[M]. 北京：新华出版社，1986.
[12] 何长志．食品知识手册[M]. 北京：中国轻工业出版社，1991.
[13] 马长伟，曾名勇．食品工艺学导论[M]. 北京：中国农业大学出版社，2005.
[14] 聂凤乔．中国烹饪原料大典（上）[M]. 青岛：青岛出版社，1998.
[15] 聂凤乔，赵廉．中国烹饪原料大典（下）[M]. 青岛：青岛出版社，2004.
[16] 冯德培．简明生物学词典[M]. 上海：上海辞书出版社，1983.
[17] 中国预防医学科学院营养与食品卫生研究所．食物成分表（全国代表值、全国分省值）[M]. 北京：人民卫生出版社，1995.
[18] 聂凤乔．蔬食斋随笔别集[M]. 太原：山西经济出版社，1995.
[19] 王焕华，倪慧珠．中国传统饮食宜忌全书[M]. 南京：江苏科学技术出版社，2002.
[20] 文君．常见食物相克[M]. 北京：中国商业出版社，2005.
[21] 顾瑞霞．乳与乳制品生理功能特性[M]. 北京：中国轻工业出版社，2000.
[22] 冯德培．简明生物学词典[M]. 上海：上海辞书出版社，1983.
[23] 华中师范大学，南京师范大学．动物学（上、下册）[M]. 北京：高等教育出版社，1983.
[24] 大连水产学院．鱼类学[M]. 北京：中国农业出版社，1989.
[25] 东海水产研究所．简明水产词典[M]. 北京：科学出版社，1983.

[26] 朱水根 . 烹饪原料学 [M]. 长沙 : 湖南科学技术出版社，2004.
[27] 林正秋，徐海荣 . 中国饮食大词典 [M]. 杭州：浙江大学出版社，1991.
[28] 王兰 . 烹饪原料学 [M]. 南京：东南大学出版社，2007.
[29] 赵廉 . 烹饪原料学 [M]. 北京：中国财经出版社，2002.
[30] 中华人民共和国国家质量检验检疫总局总局，中国国家标准化管理委员会 .GB/T 1350—2009 稻谷 [S]. 北京：中国标准出版社，2009.
[31] 中华人民共和国国家质量检验检疫总局总局，中国国家标准化管理委员会 .GB/T 1352—2009 大豆 [S]. 北京：中国标准出版社，2009.
[32] 中华人民共和国国家质量检验检疫总局总局，中国国家标准化管理委员会 .GB/T 1353—2009 玉米 [S]. 北京：中国标准出版社，2009.
[33] 中华人民共和国国家质量检验检疫总局总局，中国国家标准化管理委员会 .GB/T 1351—2008 小麦 [S]. 北京：中国标准出版社，2008.
[34]《中国农业百科全书》编写组 . 中国农业百科全书 · 蔬菜卷 [M]. 北京：中国农业出版社，1990.
[35]《中国大百科全书》编写组 . 中国大百科全书·农业卷: 上、下册 [M]. 北京: 中国大百科全书出版社，1990.
[36] 刘荣光 . 水果生产手册 [M]. 桂林：广西科学技术出版社，1991.
[37] 萧帆 . 中国烹饪辞典 [M]. 北京：中国商业出版社，1992.
[38] 黄仲华 . 中国调味食品技术实用手册 [M]. 北京：中国标准出版社，1991.
[39] 苏望懿 . 油脂加工工艺学 [M]. 武汉：湖北科技出版社，1990.

附录　烹饪原料学实验

实验一　显微镜的使用

（2课时）

一、实验目的

了解显微镜的基本构造，初步掌握显微镜的使用方法。

二、材料与工具

用具：显微镜、毛笔、载玻片、盖玻片、镊子。
材料：血液涂片现成装片、洋葱根尖细胞现成装片、具有雌蕊的花。
试剂：50% 酒精。

三、操作及观察

（一）显微镜的基本结构

显微镜是实验室中最常用的仪器，其基本结构由机械部分、光学部分和聚光系统组成。

1. 机械部分

镜座：指显微镜的基部呈马蹄形的底座。镜座具有支撑和稳定显微镜的作用。

镜柱：镜座上的短柱称为镜柱。

镜臂：指显微镜中部弯曲的柄。镜臂是取放显微镜时用手把握之处，并有支撑镜筒的作用。

倾斜关节：镜臂与镜柱之间有一倾斜关节，可以使显微镜在 90° 角范围内，随意倾斜成任何角度。

载物台：在镜臂基部有一个方形或圆形的平台，称为载物台。载物台的中央有一圆孔，可以透过光线。圆孔两侧有压片夹，用以固定玻片标本。

镜筒：在载物台的圆孔上方，有一附于镜柄上端的圆筒，称为镜筒。镜筒上下两端附有镜头。显微镜调节式的镜筒上附有筒长刻度，在观察物体之前，应抽至 160 ～ 170mm 的地方。镜筒上端有目镜，可从镜筒内抽出。目镜有低倍和高倍之分。

物镜转换器：在镜筒下端有可旋转的圆盘，称为物镜转换器。下面附有 2 ～ 4 个物镜，以螺旋旋入转换器内。物镜也有低倍与高倍之分。转动转换器可换用物镜。请注意：转换时要用手转动圆盘部分，不能直接转物镜，以免使物镜松动。

粗、细调节螺旋：在镜柄的上端有两组螺旋。大的称为粗调节螺旋（又称粗对焦器、大调节器），小的称为细调节螺旋（又称细对焦器、小调节器）。用调节螺旋对焦点。前者升降镜筒较快，用于低倍镜对焦；后者升降镜筒较慢，用于高倍镜对焦。

2. 光学部分

物镜：又称接物镜，固定在物镜转换器的螺旋口处。有低倍与高倍之分。较短的是低倍镜，一般放大10倍（10×）；较长的是高倍镜，一般放大40倍（40×）、45倍（45×）或60倍（60×）。

目镜：又称接目镜，安插在镜筒的上端。也有低倍与高倍之分。较长的是低倍镜，一般放大5倍（5×），或6倍（6×）；较短的是高倍镜，一般放大10倍（10×）、12倍（12×）或15倍（15×）。

显微镜的总放大倍数是接目镜的放大倍数与接物镜的放大倍数的相乘积。例如，使用5× 接目镜与10× 接物镜，则总放大倍数是50倍；使用10× 接目镜与40× 接物镜，则总放大倍数是400倍。

3. 聚光系统

聚光器：在载物台的圆孔的下面，有由一片或数片透镜所组成的聚光器，有集射光线于物体的作用。聚光器附有一组由金属片组成的虹彩光圈，其侧面伸出一杠杆，可前后移动使光圈开闭。光圈开大则光线较强，适于观察色深的物体；光圈缩小则光线较弱，适于观察透明（或无色）的物体。

反光镜：在聚光器下方有反光镜，可将光线反射至聚光器。此镜一面平，一面凹。凹面具有较强的反光性，多用于光线较暗的情况下；光线较强时用平面镜即可。

（二）显微镜的使用方法

1. 取放和搬动

用右手握紧镜臂，将其自柜中取出，左手托住镜座，保持镜体直立，轻放于桌上，使镜臂向着自己，摆在距实验台边缘至少10cm以内略偏左方处。

在搬动过程中，不可用一只手倾斜式提携显微镜，以防目镜等部件脱落至地。

2. 使用操作规程

显微镜的使用操作规程主要包括两项内容：一是光度的调节，二是焦距的调节。使用的方法主要包括两个方面：一是低倍镜检视，二是高倍镜检视。

（1）低倍镜检视

观察任何标本，首先一定要从低倍镜观察起。因为低倍镜视野大，容易发现标本，并在标本上找到欲观察的对象。

下面以观察血液涂片（现成装片）为例说明低倍镜的使用步骤。

①提升镜筒。转动粗调节螺旋，把镜筒向上提起。

②转动物镜转换器。转动物镜转换器，使低倍接物镜对准载物台的圆孔，两者相距约 1cm。

③对光。两眼睁开，用左眼（可以两眼交换观察）对着接目镜向下看。打开虹彩光圈，用手转动的反光镜，使它正对着光源，但不可对直射的阳光。光视野（即从镜内看到的圆形部分）呈现一片均匀的白色时即可。

④调焦。取一血液涂片装片，放在载物台上。使有标本的部分正对中央圆孔。用压片夹固定。转动粗调节螺旋，使镜筒下降至低倍接物镜距装片 0.5cm 左右为度。然后自目镜观察，同时转动粗调节螺旋，缓缓提升镜筒，至视野内的物像清晰为止，此为对焦点。再以虹彩光圈调节光线至适宜强度。

注意视野内看到的物像是倒像。尝试将装片上下左右轻轻移动，观察物像的移动方向如何。

（2）高倍镜检视

观察细微结构时，用低倍镜往往不能得到预期的效果，此时要转用高倍镜再仔细观察。

首先将要将在低倍镜下已经找好、需要用高倍镜进一步详细检视的部分移到视野正中央。

然后提升镜筒，转动物镜转换器（手持圆盘部分转动，不能直接转物镜），换高倍镜。从侧面观察下降镜筒，使高倍接物镜几乎接触玻片（1mm 左右）为止。

再从接目镜观察，转动细调节螺旋，提升镜筒，一般旋转半圈至一圈即可出现物像（要特别注意操作，切勿压破盖玻片或载玻片）。可将光圈开大，上下调节细调节螺旋，使物像达到最清晰为止。在高倍镜下视野内的血液涂片标本能看到多大部分？与低倍镜所见比较一下。

使用高倍镜时，一定先从低倍镜开始（如上步骤）准备详细观察的标本部分，要移到视野正中央。在高倍镜下对焦点只能用细调节螺旋，不能用粗调节螺旋。光圈要开大。由低倍镜转高倍镜要多练习几次，要初步掌握使用方法。

3. 整理与维护

观察完毕后，必须先把接物镜头转开，然后取出玻片标本。每次实验完毕后，都要把高、低倍物镜转向前方，不可使物镜正对着聚光器。然后放回镜柜内，加锁。

在使用过程中，学生不得擅自拆卸显微镜的组件。

要注意经常保持显微镜的清洁。如果金属部分有灰尘，一定要用清洁的软布擦干净。如果镜头有灰尘，必须用特制的擦镜纸轻轻地擦去，切勿用手或其他布、纸等擦拭，以免损坏透镜。

（三）洋葱根尖细胞现成装片的观察

按照上述操作步骤，用显微镜观察洋葱根尖细胞的现成装片，进一步熟悉显微镜的使用方法。

（四）花粉细胞临时装片的观察

制作临时装片：用毛笔在花柱顶端刷几下，在载玻片中央涂一涂，即有一些粉状物附于载玻片上，此即花粉。在载玻片中央有花粉处加一滴50%酒精。用镊子取一干净盖玻片，先使盖玻片一边接酒精，再轻轻放下，勿使盖玻片与载玻片间留有气泡，或使酒精逸出过多。如果逸出，用吸水纸从盖玻片一旁轻轻吸去。这就是临时装片的制作方法。

观察花粉：按照上述操作步骤，将做好的临时装片先在低倍镜下观察，再转高倍镜观察。

（五）示范

1. 实体显微镜。
2. 双筒解剖镜。
3. 有条件进可进行新式显微镜的示范和演示，以及参观电子显微镜等。

四、作业

1. 以观察花粉细胞为例，详细说明显微镜使用的操作步骤。
2. 由低倍镜转高倍镜时应特别注意哪几点？
3. 在显微镜使用的过程中，应注意哪些问题？
4. 总结自己第一次使用显微镜的成败得失。

实验二　谷类和豆类粮粒的结构

（2课时）

一、实验目的

了解谷类和豆类粮食的结构，结合教材内容进一步理解粮粒各部分的营养成分。

二、实验用具、材料、试剂

用具：显微镜、放大镜、刀片、解剖针、镊子。

材料：小麦粮粒、小麦粮粒的纵切面现成切片、蚕豆种子。

试剂：碘－碘化钾溶液（2g KI 溶于 5mL 蒸馏水中，稍热溶解，再溶入 1g 碘，稀释至 100mL）。

三、实验内容

（一）小麦粮粒的结构

1. 小麦粮粒纵切面的肉眼观察

用刀片将小麦粮粒沿腹沟纵切开，然后用碘－碘化钾溶液染色。可以看到大部分染成蓝色，这是含淀粉粒的“胚乳”；在下端角上不呈蓝色的部分即是“胚”。

2. 小麦粮粒纵切面切片的显微镜观察

将小麦粮粒纵切面切片玻片置于显微镜载物台上，将标本移至中央部位，在低倍镜下仔细观察以下各部分：果皮与种皮、胚乳、胚。

果皮与种皮：两者紧密相连，不易区别，形成籽粒的外皮。这就是磨面粉后麸皮的主要部分。

胚乳：位于外皮与胚之间的部分。在胚乳的上方，最外一层细胞较大，长方形，称为“糊粉层”，主要含蛋白质。其内为薄壁细胞，内储淀粉粒。在胚乳的最下面与胚相连处有一层排列整齐的细胞，称为“上皮细胞”，又称为“吸收层”，在胚生长过程中，通过该层细胞可吸收胚乳内的养料供胚生长。

胚：位于籽粒的下端角上。胚包括子叶、胚芽、胚轴和胚根四个部分。①子叶。一枚，呈盾形，与胚乳黏合在一起。②胚芽。位于胚的上端，其外有一层鞘状体包围。③胚根。位于胚的最下端，外有一层鞘状体包围。④胚轴。位于胚芽与胚根之间，又称“胚茎”。

（二）蚕豆种子的结构

1. 种皮

取蚕豆种子一粒，找出种皮上的种脐、种孔。

2. 胚

蚕豆种子的胚也是由子叶、胚芽、胚轴和胚根构成。

剥去外皮，里面两片肥大的部分即子叶。沿一侧将子叶分开，连接两片子叶的部分即胚。胚芽夹在两片子叶之间，胚根朝向种孔。胚轴在胚芽与胚根之间。

四、实验报告

绘制小麦籽粒的纵切面结构示意图和胚的结构详图。

实验三　面粉中面筋含量及面筋质量的测定

（2课时）

一、实验目的

了解不同面粉中面筋的含量和质量的测定方法,加深对面团加工质量的认识。

二、实验用具、材料、试剂

用具：台天平、容器、5g 砝码、大量筒、尺、玻璃板。

材料：特制粉、标准粉。

试剂：碘 - 碘化钾溶液（2g KI 溶于 5mL 蒸馏水中，稍热溶解，再溶入 1g 碘，稀释至 100mL）。

三、实验内容

（一）面筋含量的测定

1. 湿面筋的含量

称取特制粉 10g，置于容器中，加 15 ～ 20℃的水 10mL；称取标准粉 10g，置于另一容器中，加 15 ～ 20℃的水 10mL。分别捏成较光滑的面团，置常温水中静置 20 分钟。

用手掌将面团放在温水中捏揉，以除去面团中的淀粉，直至水中不再出现白色淀粉为止（挤出的水分遇碘液不显蓝色）。然后尽量将面筋中的水分挤出，至稍感黏手时进行称重，计算湿面筋的百分含量。

计算公式可较粗略地表示为：湿面筋含量（%）=（面筋质量 / 样品质量）×100%

湿面筋的含量比较准确的表示方法，是以每 100g 含水量为 14% 的小麦粉含有湿面筋的克数表示。

计算公式：湿面筋含量（%）=（m/10）×［86/（100 － M）］×100%

其中，m 表示湿面筋质量（g）；M 表示每百克试样含水克数（g）；86 表示换算为 14% 基准水分试样的系数；10 表示试样质量（g）。

2. 干面筋的含量

用重量分析法测定，即将称量的湿面筋置于 105℃的烘箱中，烘至完全干燥，称重后计算干面筋的百分含量。

计算公式可较粗略地表示为：湿面筋含量（%）=（面筋质量 / 样品质量）×100%

干面筋的含量比较准确的表示方法，是以每百克含水量为 14% 的小麦粉含有干面筋的克数表示。

计算公式：干面筋含量（%）=（$m_{干}$/10）×［86/（100 − M）］×100%

其中，$m_{干}$表示干面筋质量（g）；M 表示每百克试样含水克数（g）；86 表示换算为 14% 基准水分试样的系数；10 表示试样质量（g）。

一般来说，干面筋的重量大约相当于湿面筋重量的 1/3，所以常以湿面筋的含量来推算面粉中干面筋的含量。

（二）面筋质量的测定

1. 延伸性

延伸性指面筋拉长到某种程度而不至于断裂的特性。通常用 4g 湿面筋，在 25 ～ 30℃水中静置 15 分钟后取出，搓成 5cm 长的条状。然后放在直尺一侧，一只手固定一个刻度，另一手将面筋沿尺慢慢拉长，直至断裂为止，记录拉断时的长度。长度在 15cm 以上为延伸性好；在 8 ～ 15cm 为延伸性中等；在 8cm 以下为延伸性差。

2. 比延性

比延性即比延伸性，指单位时间里延伸的长度。一般用 2.5g 湿面筋，在 30℃的清水中挂上 5g 砝码，使面筋延伸，在一定时间以后（一般 1 小时）测量面筋延伸的长度，计算其比延性，即每分钟内面筋延伸的长度。

比延性＝面筋最后的延伸长度（cm）/ 延伸时间（min）SX

比延性在 0.4（cm/min）以下者为强面筋；在 0.4 ～ 1（cm/min）为中性面筋；在 1（cm/min）以上为弱面筋。

3. 流散性

取一定量的湿面筋，揉圆后放在反面贴有坐标纸的玻璃板上，上面盖一培养皿，一起置于 30℃恒温箱中。在一定时间以后（一般 2 小时）测量面筋直径扩大的程度，计算流散性（直径 mm/h）。流散性大，说明面筋弹性小；反之，流散性小，则说明面筋弹性强，有的面筋可保持 3 小时以上不流散。

4. 弹性

指面筋拉长或压缩后，立即恢复其固有状态的性能。如果手指压面筋时不粘手，指压后复原能力快，不留指印，则为弹性强的面筋。

实验四　蔬菜和果品细胞结构的观察

（2 课时）

一、实验目的

1. 了解蔬菜和果品细胞的基本结构。

2. 识别蔬菜和果品细胞中的几种内含物。

3. 进一步掌握显微镜的正确使用方法。

二、实验用具、材料和试剂

用具：显微镜、载玻片、盖玻片、镊子、解剖针、刀片。

材料：洋葱鳞茎、马铃薯块茎（或藕、荸荠、甘薯、板栗，最好这几种材料都有）、葱叶（或其他绿叶蔬菜）、红辣椒果实（或番茄果实、胡萝卜块根，最好这几种材料都有）。

试剂：碘 – 碘化钾溶液（2g KI 溶于 5mL 蒸馏水中，稍热溶解，再溶入 1g 碘，稀释至 100mL）。

三、实验内容

（一）洋葱表皮细胞结构的观察

1. 临时装片的制作

用小镊子从洋葱鳞叶的凹面撕下小片表皮，移到准备好的干净载玻片上，加 1 滴碘液中染色（使细胞质和细胞核呈黄色），然后将盖玻片倾斜地放下一边，慢慢放下另一边。注意碘液应当充满整个盖玻片的面积，如果溶液不够，可用滴管或玻璃棒小心地从盖玻片边上加 1 小滴，但要注意溶液不要过多而流出，不致使盖玻片上面浸湿。

2. 细胞基本结构的观察

将临时玻片置于显微镜载物台上，使有表皮的地方对准接物镜下中央位置。

首先，在低倍镜下观察细胞群，在低位镜下可以看到一些排列整齐，彼此紧密相连、略为长方形的细胞群。

然后，选取视野中物像最清晰的一部分，移至视野中央，在高倍镜下观察细胞结构。在高倍镜下，调节光圈，直到看清细胞内部结构为止，仔细观察以下结构。

（1）细胞壁

所有的表皮细胞几乎是一致的，每个细胞呈长的多边形，似一个各方关闭的盒子。由于细胞壁是透明的，上下两个壁几乎看不到，四周侧壁呈明显的线条，把每个细胞分开。

（2）细胞质

细胞质是在细胞壁内侧被染成黄色的透明黏液层，有时很窄，有时较宽（尤其在细胞的角隅处）。细胞质中具有许多不明显的小颗粒即各种细胞器或贮藏物质。

细胞质包围的中央空泡即“液泡”。细胞质和液泡接触的界面为“液泡膜”，而与细胞壁的接触界面为“原生质膜”。

（3）细胞核

细胞核是细胞质中被染成黄色的圆球形小体，细胞仁总是沉没在细胞质中，常常随细胞质一起被液泡挤在靠近细胞壁的一侧，有时位于中央。

注意一点，有些细胞中的细胞质和细胞核看不到，这常常是因为在剥取表皮时细胞被破坏，细胞内的内含物从细胞中流失了。

（二）叶绿体的观察

用镊子选取绿色蔬菜嫩叶的一小部分，制成临时装片，置于低倍镜下观察，选取视野中物像比较清楚的一个部分，移至视野中央，转至高倍镜下详细观察。在细胞内有许多绿色略呈椭圆形成圆盘形颗粒，这就是叶绿体，叶绿体中含有大量的叶绿素。

（三）有色体的观察

用镊子撕取红辣椒的内果皮一小块，制成临时玻片。置于显微镜下观察，可见在果肉细胞内存在着许多形状不甚规则的红色小颗粒，这就是有色体。它们中含有大量的色素物质，决定了辣椒的红色。在番茄果肉细胞，或胡萝卜块根薄壁细胞中，也可以看到有色体。

（四）淀粉粒的观察

切开马铃薯块茎，用解剖针或刀片从截面上刮取少许混浊的液汁，制成临时装片，置于显微镜下观察。在低倍镜下，可以看到大小不同的颗粒。选择颗粒不过于稠密、不彼此覆盖的部分，移至视野中央，转到高倍镜下观察。

淀粉粒是无色固体颗粒，是贮藏组织细胞被刮被后从细胞中释放出来的。大多数马铃薯淀粉粒具有明暗交替的层次，这些层次在淀粉粒的一边比另一边宽，形成偏心的结构。

马铃薯的淀粉粒有单粒淀粉、复粒淀粉和半复粒淀粉三种类型。

单粒淀粉：只具有一个结构中心的淀粉粒。常较大。

复粒淀粉：每粒淀粉粒具有两个以上结构中心，围绕每个中心分别积累淀粉层。常较小。

半复粒淀粉：有两个以上结构中心，除围绕每个中心的淀粉层外，还有包围几个中心的共同的淀粉层积累。

为了证明颗粒由淀粉组成，可以在观察和绘图以后，进行淀粉与碘的特异反应，从盖玻片的一侧滴加少量碘—碘化钾溶液，然后在盖玻片的另一侧用吸水纸吸水，使碘—碘化钾溶液逐渐引入盖玻片下，可以看到淀粉粒由无色变成深蓝色或紫色。

四、实验报告

1. 绘制几个典型的洋葱鳞叶表皮细胞，说明细胞的基本结构。
2. 绘制马铃薯的三种不同类型的淀粉粒。

实验五　蔬菜和果品细胞质壁分离与复原

（1课时）

一、实验目的

1. 观察蔬菜和果品细胞的质壁分离现象，加深对植物细胞基本性质的认识。
2. 加深对蔬菜和果品在加工过程中（如腌渍过程中）理化性质变化的理解。

二、实验原理

活细胞是一个渗透系统，原生质膜具有选择通透性。当细胞与外界高渗溶液接触时，细胞内的水分外渗，原生质随着液泡一起收缩而发生质壁分离；其后，当细胞与外界低渗溶液（或清水）接触时，细胞外的水分进入，具有液泡的原生质体就又吸水而发生质壁复原。

三、实验用具、材料和试剂

用具：显微镜、小培养皿、载破片、盖玻片、镊子、刀片、吸水纸。

材料：洋葱鲜茎（或大葱假茎基部幼嫩部位）。

试剂：0.03% 中性红溶液，1M 硝酸钾溶液（或 8% 食盐水）。

四、实验内容

1. 切下一片较幼嫩的洋葱鳞片，用刀片在鳞片内侧切成面积为 $1cm^2$ 左右的小块数片，用镊子将内表皮小块轻轻撕下。

2. 将切好的鳞片表皮内侧朝下，滴入 0.03% 的中性红溶液中染色 10 ～ 15 分钟，取出用蒸馏水稍加冲洗。制成临时装片后，在显微镜下观察，可以明显地看出液泡染色，而无色透明的原生质层紧贴细胞壁（在细胞角隅上更明显）。

3. 从盖玻片的一边滴 1 滴 1M 硝酸钾溶液，在另一边用吸水纸吸水，将硝酸钾溶液引入盖玻片下使之与样品接触，立即观察，可以看到液泡体积缩小，液泡周围的原生质跟着收缩。到一定程度后，可以看到原生质和细胞壁发生分离，称为质壁分离。分离发生在质膜和壁之间，可以看到薄而光滑的质膜包裹着原生质。

4. 观察到质壁分离以后，在盖玻片一边小心加清水 1 滴，在另一边用吸水纸慢慢吸去水液，使高渗的硝酸钾溶液被基本上吸掉。在显微镜下可看到质壁分离停止，带有液泡的原生质体开始重新吸水膨大，最后又充满整个细胞壁，这就是质壁分离的复原现象。质壁分离复原缓缓进行时，细胞仍会复活；如进行很快，则原生质体会发生机械破坏而死亡。

5. 另取一部分材料，置于载玻片上，先在酒精灯火焰上加热，以杀死细胞，再引入硝酸钾溶液，观察有无质壁分离发生。

五、实验报告

画出细胞质壁分离后的细胞形状。

实验六　根菜类和茎菜类的形态特征观察

（1 课时）

一、实验目的

1. 了解根菜类和茎菜类的形态特征，加深对其类别划分的认识。
2. 了解营养器官变态和一般营养器官的区别和联系。

二、实验材料

用具：刀片、放大镜。

材料：萝卜、胡萝卜、甜菜肉质直根；荸荠、慈姑、芋；马铃薯；姜、莲藕；洋葱、百合。

三、实验内容

（一）变态根类蔬菜的形态结构

1. 萝卜、胡萝卜、甜菜根的外形

观察萝卜、胡萝卜、甜菜根的外形，它们均由主根、下胚轴和节间很短的茎膨大发育而成。主根上有侧根，下胚轴上却不产生侧根，各种植物这部分长短不同。

2. 萝卜和胡萝卜根的结构

观察萝卜和胡萝卜根的大体结构，区分周皮、次生韧皮部、次生木质部和射线，并比较萝卜和胡萝卜主要食用部分属于什么结构。

（二）变态茎类蔬菜的形态结构

1. 球茎

观察荸荠、慈姑、芋的球茎，区别节、节间、鳞片叶、顶芽和侧芽。

2. 块茎

观察马铃薯块茎，周皮上有皮孔；块茎上有螺旋排列“芽眼”，每个芽眼内有 2 ～ 3 个腋芽，芽眼的侧缘有一条叶痕称为“芽眉”；块茎顶端可以看到顶芽存在。

横剖马铃薯块茎，自外向内可见周皮、皮层、维管束环。马铃薯块茎的维管束为双韧维管束（由外韧皮部、形成层、木质部和内韧皮部所组成），中央大部分为髓，马铃薯块茎中的维管束环，在芽的附近分离而进入芽内。

3. 根状茎

观察莲藕、姜的根状茎，注意区别节、节间与芽。

4. 鳞茎

将洋葱或百合鳞茎纵切，观察顶芽，鳞茎盘、鳞叶、腋芽。鳞茎盘为节间极短的变态茎，其下产生许多变态根。

四、实验报告

1. 绘制萝卜、胡萝卜、马铃薯的横切面结构图。

2. 绘制洋葱鳞茎纵切面结构图。

3. 为什么说马铃薯是茎的变态？为什么说洋葱的肥厚肉质片是叶的变态？

实验七　果品的类型鉴别

（2课时）

一、实验目的

了解常见果品原料的形态特征和内部构造，并掌握果实可食部分的组织特征。

二、材料和用具

材料：苹果、梨、桃、杏、葡萄、核桃、枣、柿、柑橘、猕猴桃、草莓等。
用具：水果刀、放大镜。

三、方法步骤

将各类果实各取两种作为代表进行纵剖和横剖，观察果实内各部分的结构。

（一）仁果类果实

包括苹果、梨、山楂、枇杷等。

果实主要由子房及花托膨大形成。子房下位，位于花托内，由5个心皮构成。子房外、中壁肉质，内壁革质。可食部分主要为花托。

（二）核果类果实

包括桃、杏、李、梅、樱桃和枣等。

果实由子房发育形成。子房外壁形成外果皮，子房中壁发育成柔软多汁的中果皮，子房内壁形成木质化的内果皮（果核），内有种子。可食部分为中果皮。

（三）浆果类果实

包括葡萄、柿、猕猴桃、草莓、树莓、醋栗等。

果实由子房发育而成。子房外壁形成膜质状外果皮，子房中、内壁发育成柔软多汁的果肉。葡萄的可食部分为中、内果皮。

（四）坚果类果实

包括核桃、板栗、榛子等。

果实由子房发育形成，子房外、中壁形成总苞，子房内壁形成坚硬内果皮，可食部分为种子。

（五）柑橘类果实

包括柑橘、橙、柚、柠檬等。

果实均由子房发育形成。子房外壁发育成具有油胞的外果皮，中壁形成白色海绵状中果皮，内壁发育成囊瓣，内含多数柔软多汁的纺锤状小砂囊的内果皮。可食部分为内果皮。

四、实验报告

1. 绘制实际观察的各类果实的纵剖面和横剖面图，并注明各部分名称，指出哪些部分是可食部分。

2. 比较各类果实的主要差别。

实验八　家畜肉的组织结构和肌纤维的观察

（2 课时）

一、实验目的

1. 加深对家畜肉组织结构上的认识。

2. 了解肌纤维的显微结构。

二、材料和器材

材料：家畜肉（生，带皮、骨，1kg）。

器材：显微镜、载玻片、盖玻片、解剖针、蒸馏水、吸水纸、细镊子。

试剂：0.1% 次甲基蓝溶液。

三、实验步骤

（一）家畜肉组织结构的观察

观察家畜肉的肌肉组织、结缔组织、脂肪组织和骨骼组织的形态结构。注意观察肌间脂肪的分布状况。

（二）肌纤维的显微结构观察

取肌肉组织一块置烧杯中，加适量水，用电炉将肉煮至变色，则肉已成熟。用细镊子从熟家畜肉上取下小束肌肉，放在载玻片上加 1 ～ 2 滴水，用解剖针仔细分离（越细越好），加盖玻片置于显微镜下观察。

家畜肉的肌肉为横纹肌，肌肉组织由长形的肌纤维组成，在低倍镜下选好视野后，在高倍镜下观察，可看到肌纤维有明暗相间的横纹，在细胞膜下面分布许多椭圆形的细胞核，故横纹肌为多核的细胞。如果观察不够清楚，可用 0.1% 次甲基蓝染色。

四、实验报告

绘制横纹肌结构图。

实验九　鱼类原料部分种类的特征识别

（2 课时）

一、实验目的

1. 识别鱼类原料中常见的和有代表性的种类。
2. 了解生物分类的类群中同类鱼的共同特征。

二、材料和用具

材料：常见的和有代表性的鱼标本和鲜鱼。
用具：量尺、纸、笔。

三、实验内容

（一）鱼体外形的观察和测量

以鲫鱼为例，测量以下指标。
全长：自吻端到尾鳍末端的直线长度。
体长：自吻端到尾鳍基部最后一椎骨为止的长度。
头长：自吻端到鳃盖骨后缘的长度（不包括膜盖膜）。
体高：身体的最大高度，通常采用背鳍起点等腹面的垂直高度。
吻长：白眼前缘到吻端的直线长度。

眼径：白眼眶前缘到后缘的直线距离。

尾柄头：自臀鳍基部的后端到尾鳍基部的直线距离。

尾柄高：尾柄部分最低处的垂直距离。

鳍条：柔软而分节。末端分支的称为分支鳍条；末端分支的称为不分支鳍条。

鳍棘：硬而不分节，不能分为左右两半。

假棘：硬而分节，且能分为左右两半。

鳍式：记录背鳍（D）、臀鳍（A）、胸鳍（P）和腹鳍（V）的鳍式。通常用罗马数字表示鳍棘数，阿拉伯数字表示鳍条数。如鲤鱼背鳍鳍式：D Ⅲ—15 ～ 22。

鳞式：侧线鳞数目 SX（侧线上鳞数目侧线下鳞数目 SX）。

（二）鱼的种类鉴定

对照教材和有关参考书中对各种鱼的特征描述和有关资料中的检索表对不太熟悉的种类进行鉴定。

（三）鱼的加工制品的识别

认识鱼翅、鱼肚、鱼皮、鱼骨的特征。

四、作业

1. 记录所观察鱼的主要特征。

2. 详细描述鲨鱼、银鱼、草鱼、带鱼、黑鱼、真鲷、舌鳎等的特征，并比较它们的异同点。

实验十　海参类原料的部分种类特征识别

（1 课时）

一、实验目的

识别海参类的主要种类的特征。

二、材料

海参主要种类的标本、纸、笔。

三、实验内容

1. 对照教材和有关参考资料，识别下列海参，并记录其主要特征：刺参、梅花参、绿刺参、花刺参、糙海参、黑乳参、玉足海参、辐肛参、白底辐肛参、乌皱辐肛参。

2. 注意观察以下特征。

（1）体表是否有疣刺，疣刺的形状，排列情况。

（2）口部特征。

（3）肛部特征。

（4）腹面管足的数目和排列情况。

四、作业

描述各种海参的主要特征。

实验十一　虾蟹类原料的主要种类特征识别

（1课时）

一、实验目的

识别虾蟹类主要原料的特征。

二、材料

虾蟹原料标本、纸、笔。

三、实验内容

对照教材和参考资料，识别下列原料，并记录其主要特征。

1. 虾类

龙虾、对虾、白虾、毛虾、日本沼虾、罗氏沼虾、螯虾。

2. 蟹类

三疣梭子蟹、锯缘青蟹、日本蟳、中华绒螯蟹、溪蟹。

四、作业

1. 描述所观察的虾蟹原料的主要特征。

2. 三疣梭子蟹和中华绒螯蟹的主要形态差异。

实验十二　软体动物原料的部分种类特征识别

（1课时）

一、实验目的

识别软体动物类原料主要种类的特征。

二、材料

软体动物类原料标本、纸、笔。

三、实验内容

对照教材和参考书，识别下列原料，并记录其主要特征。

1. 腹足纲

鲍鱼、红螺、扁玉螺、田螺、螺蛳。

2. 瓣鳃纲

蚶、贻贝、海蚌、江珧、扇贝、日月贝、牡蛎、文蛤、蛤蜊、西施舌、竹蛏、缢蛏、河蚌。

3. 头足纲

金乌贼、无针乌贼、枪乌贼、长蛸、短蛸。

四、作业

1. 描述所观察的软体动物原料的主要特征。
2. 腹足类、瓣鳃类、头足纲三类原料的主要异同点。
3. 乌贼（墨鱼）和枪乌贼（鱿鱼）的形态差别。

实验十三　调香料的特征识别

（1课时）

一、实验目的

识别饮食业中运用的调香料。

二、材料

调香料标本。

三、实验内容

对照教材和参考书，识别下列原料，观察并记录下列香料的特征。

1. 芳香料

八角、茴香、丁香、肉桂、孜然、薄荷、桂花等。

2. 苦香料

肉豆蔻、白豆蔻、草豆蔻、豆蔻、草果、砂仁、荜茇、白芷、陈皮等。

四、作业

描述所观察的调香料的主要特征。

实验十四　烹饪原料的市场调查

（课余时间）

一、实验目的

通过对烹饪原料市场销售情况调查，了解烹饪原料的商品流通特性。

二、调查场所

当地农贸市场和有加工性烹饪原料供应的商店。

三、调查内容

1. 上市烹饪原料的种类，要求做好记录。
2. 上市烹饪原料的商品化处理情况，质量特征，上市季市，产地。
3. 上市烹饪原料的零售价格，日、旬、月差价。
4. 采购者的意见。

四、作业

1. 将调查的烹饪原料归类整理成名录。
2. 引起原料市场价格变化的因素有哪些？